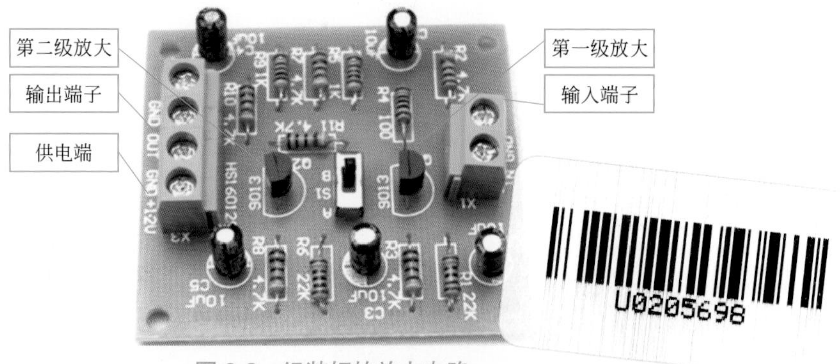

图 3-2　组装好的放大电路

图 3-4　用面包板制作的电路

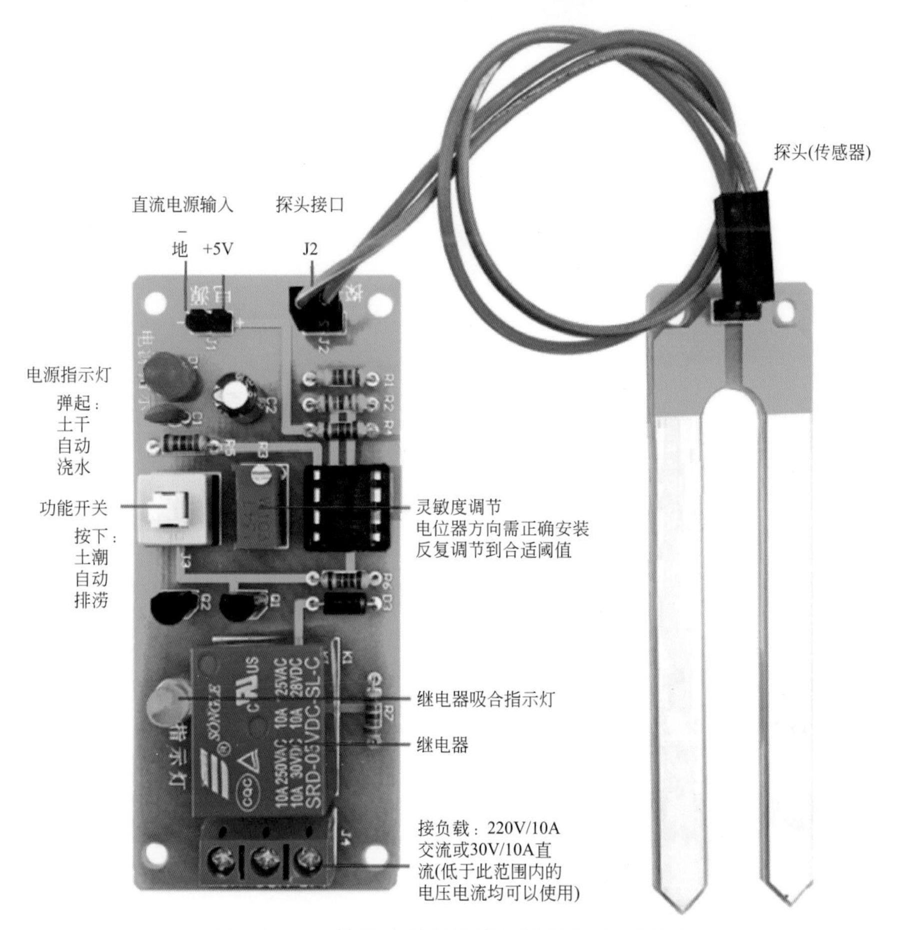

图 3-63　土壤湿度控制器电路板与探头连接图

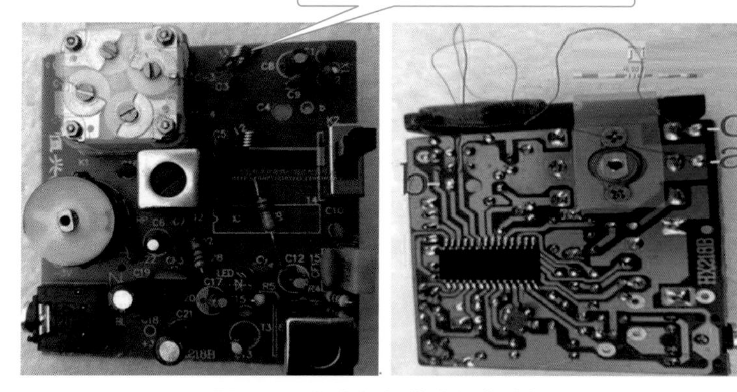

图 3-79　调频调幅收音机电路板

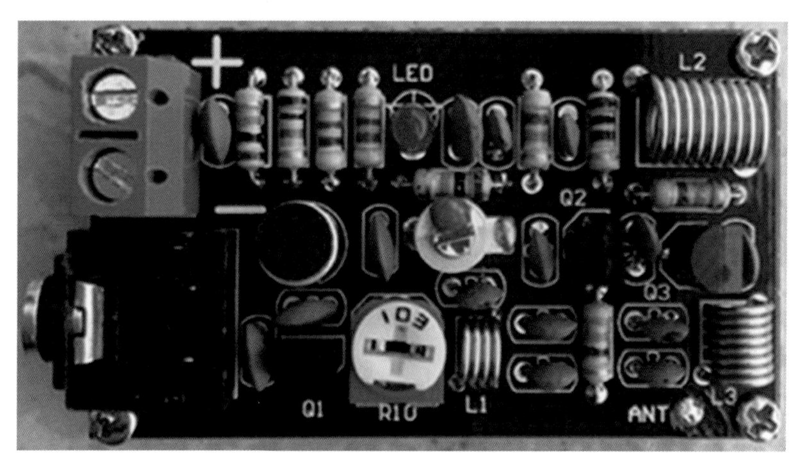

图 3-83　调频发射电路板

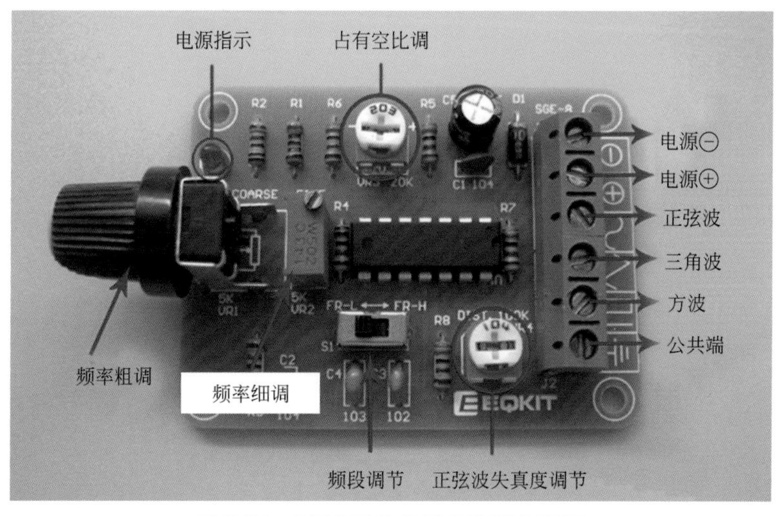

图 3-94　8083 函数信号发生器电路板

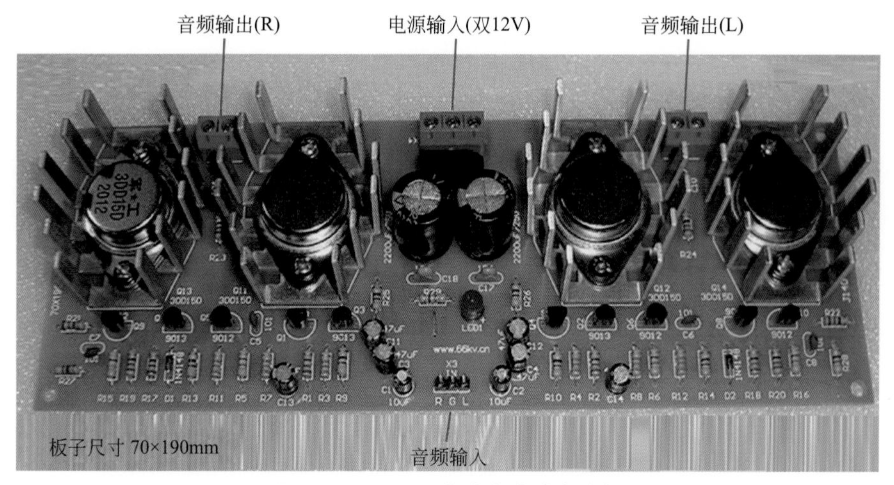

图 3-106　OCL 大功率功放电路板

图 4 43　数字电路时钟电路板

图 5-10　红外洗手、烘干器电路板

图 5-17　触摸、振动报警器电路板

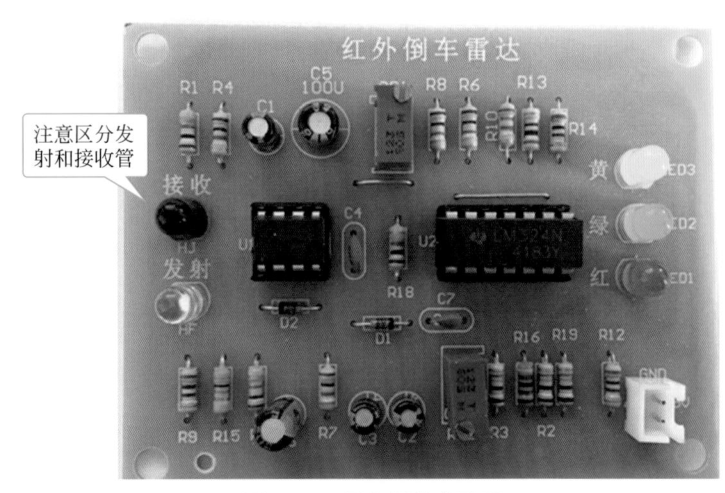

图 5-42　倒车雷达电路板

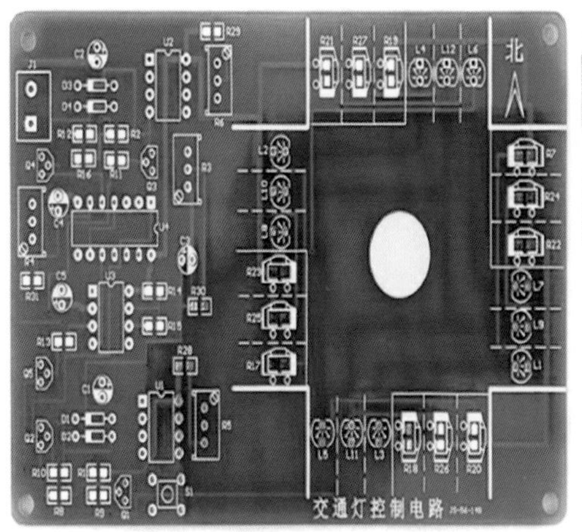

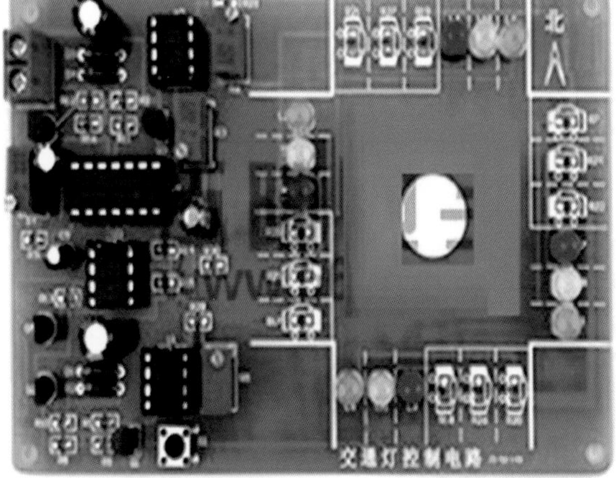

图 6-15　交通灯控制电路板

图 6-17　15 路彩灯控制器印制板图

从零开始学

电子制作

张校铭　主编

董忠　陈辉　副主编

化学工业出版社

·北京·

本书从原始的矿石收音机制作讲起，通过130个制作实例，详细介绍了门控门铃类小电器的制作、充电器类小电器制作、灯光控制类小电器制作、医用类小电器的制作、报警防盗类小电器的制作、温湿度控制类电器制作、音响类、生活类电子产品制作等各类型制作的电路板和图纸设计、元器件焊接组装、调试与检修等方法和技巧。书中通过大量实例、制作步骤图解与视频讲解相结合的方式，清晰、直观讲解电子制作的流程、所需的电路相关原理知识以及最终制作成电子产品的方法和技巧，读者看得懂，学得会，还可以举一反三，将所讲到的案例通过拆解与组合的方法用到别的电子产品中。

本书可供电子爱好者、初学者、电工电子技术人员阅读，也可供相关专业的院校师生参考。

图书在版编目（CIP）数据

从零开始学电子制作/张校铭主编. —北京：化学工业出版社，2019.3（2025.1重印）

ISBN 978-7-122-33807-5

Ⅰ.①从… Ⅱ.①张… Ⅲ.①电子器件-制作 Ⅳ.①TN

中国版本图书馆CIP数据核字（2018）第015864号

责任编辑：刘丽宏　　文字编辑：陈　喆

责任校对：张雨彤　　装帧设计：刘丽华

出版发行：化学工业出版社（北京市东城区青年湖南街13号　邮政编码100011）

印　　装：涿州市般润文化传播有限公司

787mm×1092mm　1/16　印张$15^3/_4$　彩插2　字数367千字　2025年1月北京第1版第13次印刷

购书咨询：010-64518888　　售后服务：010-64518899

网　　址：http：//www.cip.com.cn

凡购买本书，如有缺损质量问题，本社销售中心负责调换。

定　　价：59.80元

版权所有　违者必究

前 言

电子技术是日常工作和生活中应用非常广泛的技术，目前已经渗透到各个行业。随着近年来电子技术的飞速发展，各种电子产品层出不穷，它们产生的种种效果及神奇魅力强烈地吸引着广大电子爱好者。越来越多的电子爱好者希望通过亲手制作这些电子作品来体验电子制作的乐趣。同时，电子制作不是简单的插件组装，而真正意义是学会分析电路、掌握 PCB 电路板组装、调试与检修。为了帮助电子技术爱好者尽快掌握电子技术，实现自己进行电子制作的梦想，我们编写了本书。

本书从原始矿石收音机制作讲起，通过 130 个制作实例，详细介绍了门控门铃类小电器的制作、充电器类小电器制作、灯光控制类小电器制作、医用医疗理疗类小电器的制作、报警防盗类小电器的制作、温湿度控制类电器制作、音响类、生活类电子产品制作等各类型制作的电路板和图纸设计、元器件焊接组装、调试与检修等方法和技巧。

书中通过大量实例、制作步骤图解与视频讲解相结合的方式，清晰、直观讲解电子制作的流程、所需的电路相关原理知识以及最终制作成电子产品的方法和技巧，读者看得懂，学得会，还可以举一反三。这些案例作者都经过反复调试和验证，有相关配套器件，读者学了就能用。

本书内容具有以下特点。

- **案例丰富：**既有原始的矿石收音机制作，也有现代流行的生活、医用、防盗、灯控、智能控制等各类型制作实例。
- **完整的制作流程：**每一个制作实例详细说明相应电子作品制作的整个过程，包括电子元器件选用、电路板图纸识图、元件的焊接与组装、PCB 制作与调试等。
- **制作步骤图解与二维码视频讲解相结合：**详细展示每一个制作的电路板设计思路和工作过程，演示焊接、组装方法，有如老师亲临指导。

此外，书中所介绍的各种电子制作实例，笔者都有制作成功的成品和相关制作课件，可以为读者提供全程制作、调试、维修指导，如读者在阅读本书时有什么疑问，请发邮件到 bh268@163.com 或关注下方二维码咨询，会尽快回复。

本书由张校铭主编，董忠、陈辉副主编，参加本书编写的还有寇冠徽、张振文、张校珩、曹振华、孔凡桂、孔祥涛、曹振宇、焦凤敏、张胤涵、曹祥、王桂英、王可山、赵书芬、张伯虎、张伯龙、蔺书兰。

由于水平所限，书中不足之处难免，恳请广大读者批评指正。

编 者

视频讲解目录

目录

第三章 从制作中学通模拟电路原理、调试与检修技术 35

第四章 从制作中学通数字电路原理、调试与检修技术 118

第五章 学会 555 万能电路应用与扩展 153

第一章

电子制作与电子技术入门

一、认识电子元器件

要想学好电子技术，首先要学会电子元件的识读及其作用，以后再学会元器件各种应用甚至是二次开发。各种形形色色的电子元器件如图 1-1 所示。详细学习电子元器件也可参看《从零开始学电子元器件识别、检测、维修、代换、应用》一书，书中配有视频，可快速掌握电子元器件知识。

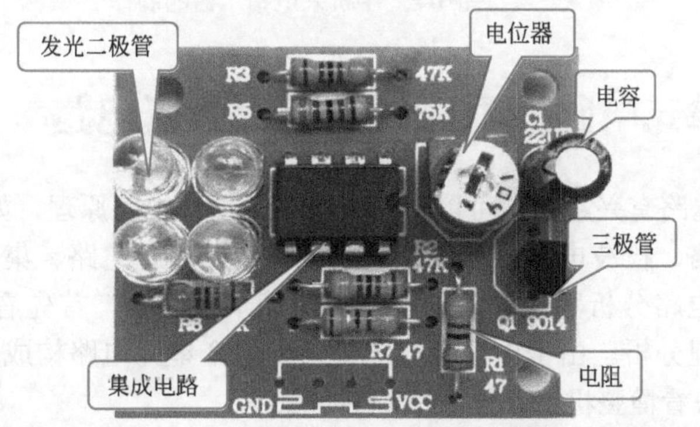

认识电路板上的电子元器件

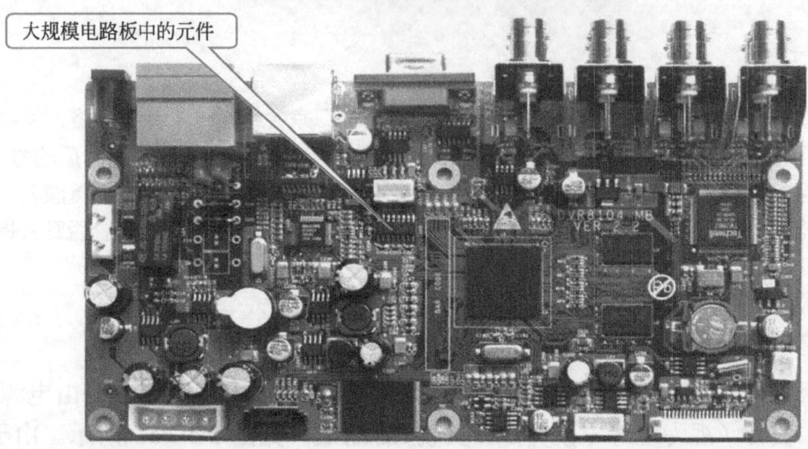

图 1-1　电路板上形形色色的电子元器件

二、学电路——先从插件焊接做起

由于现代社会科技发达，网络上有各种电子制作的套件，电路板上有电子元件的标识及标号，因此对于一个没有任何基础的电子爱好者，可以利用简单的电路，找些通用电子元器件，按照电路板图上的标号插接元件，练习焊接技术，如图 1-2 所示。至于焊接完成后电路能否工作暂时不管，只要会焊接且达到无虚焊、假焊现象即可，如若能通电，电路能正常工作，那是更好，可提高兴趣。

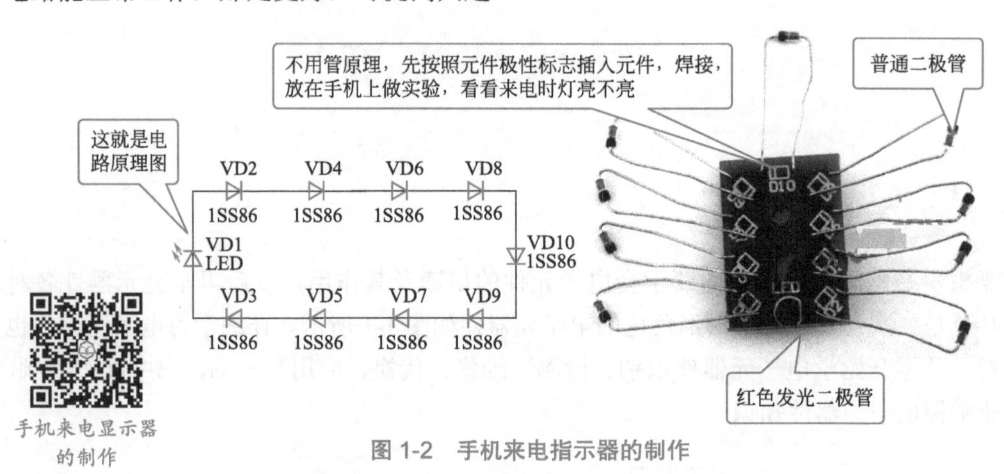

图 1-2　手机来电指示器的制作

手机来电显示器的制作

三、了解单元电路原理，试试自己分析电路

当对电子电路有兴趣后，可以学习一些电子单元电路原理，如电阻电路、电容电路、二极管整流电路、检波电路、三极管放大电路、晶闸管电路、集成电路等单元电路，电源电路、数字电路分析和原理。在学习中由简单到复杂，首先看清电路中元件的作用，然后再进行原理分析。由于电子整机电路是无限个单元电路构成的，所以先分析出单元电路就可以很快看懂整机电路分析及电路原理。

提示

对于模拟电路来说没有固定的模式参考，没有哪个厂家会给你一个参考电路，需要自己利用元器件再用你所学到的电路知识自己搭接电路；而数字电路是固定的，厂家出厂的每一片芯片，出厂时都会给你一个最小应用电路及参数值参考，同时会给你数字电路状态的真值表，只有有了这些数字电路才能应用，因此在学习数字电路时应先查到该电路的应用资料，否则就是一个无用的废料。

1.全波整流电路

电路板如图 1-3 所示，电路原理及波形图如图 1-4 所示。整流电路由电源变压器 T、四个整流二极管（视为理想二极管）和负载 RL 组成，如图 1-4（a）所示。由于四个二极管接成电桥形式，故将此电路称为桥式整流电路。

当 u_2 为正半周时，VD1、VD3 导通，VD2、VD4 截止。电流流通的路径为: A → VD1 → RL（电流方向由上至下）→ VD3 → B → A；当 u_2 为负半周时，VD2、VD4 导通，VD1、VD3 截止。电流流通的路径为: B → VD2 → RL（电流方向由上至下）→ VD4 → A → B。这样，在 u_2 变化的一个周期内，负载 RL 上得到了一个单方向全波脉动直流电压 u_o，其波形如图 1-4（b）所示。

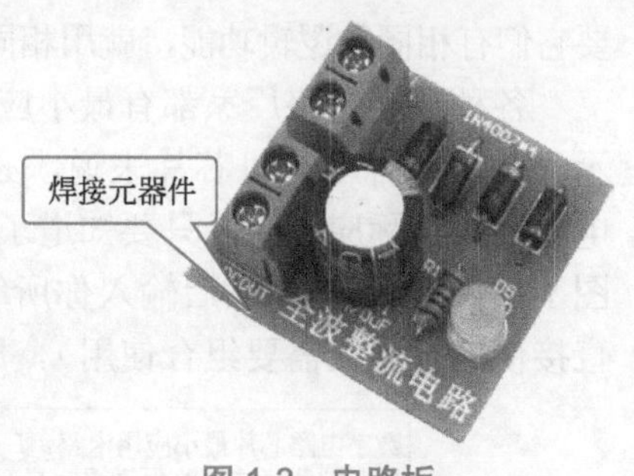

图 1-3 电路板

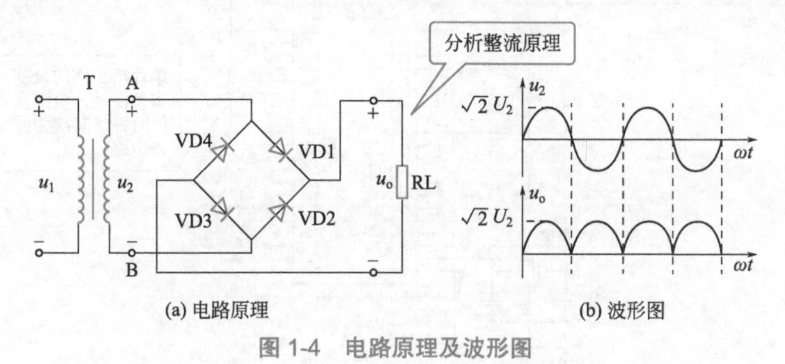

图 1-4 电路原理及波形图

提示

如果还是不懂这个电路原理，没关系，暂时放着，只要会做，知道这是个整流电路就可以了。

2.数字门电路

门电路可以看成是数字逻辑电路中最简单的元件。目前有大量集成化产品可供选用。最基本的门电路有 3 种：非门、与门和或门。非门就是反相器，它把输入的 0 信号变成 1，1 变成 0。这种逻辑功能叫“非”，如果输入是 A，输出写成 $P=\overline{A}$。与门有 2 个以上输入，它的功能是当输入都是 1 时，输出才是 1。这种功能也叫逻辑乘，如果输入是 A、B，输出写成 $P=A\cdot B$。或门也有 2 个以上输入，它的功能是输入有一个 1 时，输出就是 1。这种功能也叫逻辑加，如果输入是 A、B，输出就写成 $P=A+B$。

把这三种基本门电路组合起来可以得到各种复合门电路，如与门加非门成与非门，或门加非门成或非门。图 1-5 是它们的图形符号和真值表。此外还有与或非门、异或门等等。

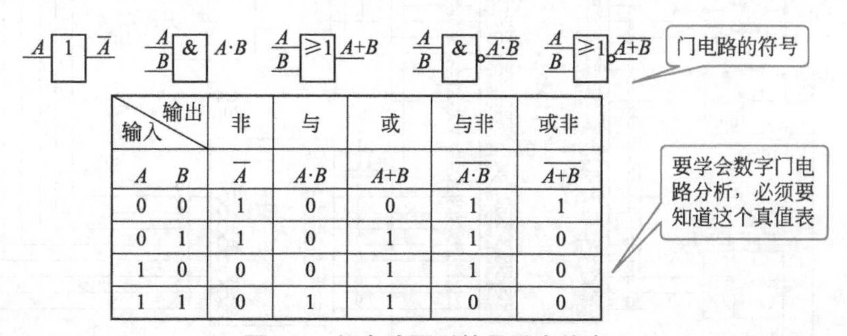

输入 \ 输出		非	与	或	与非	或非
A	B	$\overline{A}$	$A\cdot B$	$A+B$	$\overline{A\cdot B}$	$\overline{A+B}$
0	0	1	0	0	1	1
0	1	1	0	1	1	0
1	0	0	0	1	1	0
1	1	0	1	1	0	0

图 1-5 门电路图形符号及真值表

数字集成电路有 TTL、HTL、CMOS 等多种，所用的电源电压和极性也不同，但只要它们有相同的逻辑功能，就用相同的逻辑符号。而且一般都规定高电平为 1、低电平为 0。

各种数字电路厂家都有最小应用单元电路、极限参数与工作状态真值表，如图 1-6 所示。对于各种单片机芯片来说，必备条件是电源、时钟、复位，其次为输入、输出接口电路。在实际应用中，只要知道了最小电路，再按照你的需求添加元件或相应的电路（如图 1-7 所示电路），然后输入你所编写的程序（实际上各种程序网上都有程序包，有些可直接使用，有些需要组合使用），即可完成你所需要的功能。

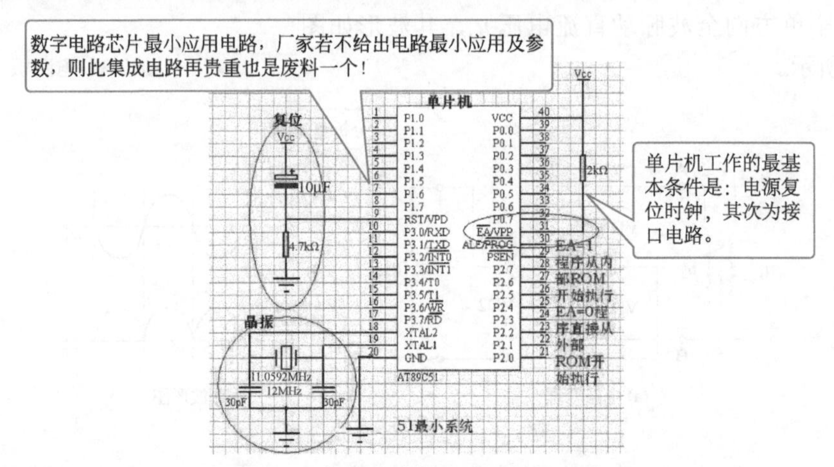

图 1-6　数字电路最小应用单元电路

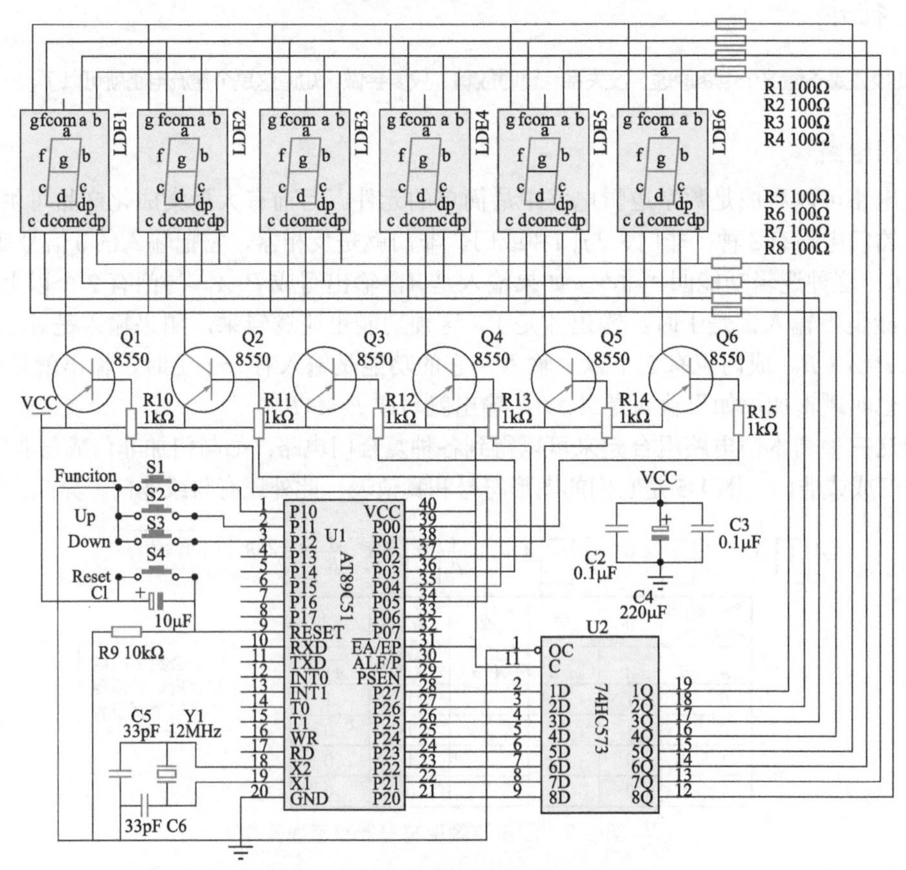

图 1-7　用单片机制作成的电子钟电路

提示

门电路及数字电路有很多种，不可急于求成，在学习中慢慢理解（好玩儿的门电路在第四章中），防止因为理解不了而失去兴趣。当基本了解了电路原理后，找些电路，先按照图纸分析电路，了解原理，然后按照电路分析对照图纸在电路板上安装元器件（注意：最好是按照单元电路组装，若不会，则可在核对元件、图纸无误后以普插方式全部插好元器件），安装好元器件后按照原理图再核对元件、焊接，如此多分析几次电路自然就熟悉了。

四、根据电路原理进行电路制作组装

知道电路组装后要学会分析电路原理，然后根据电路中的元件作用先后顺序插接元器件，如图 1-8 所示。

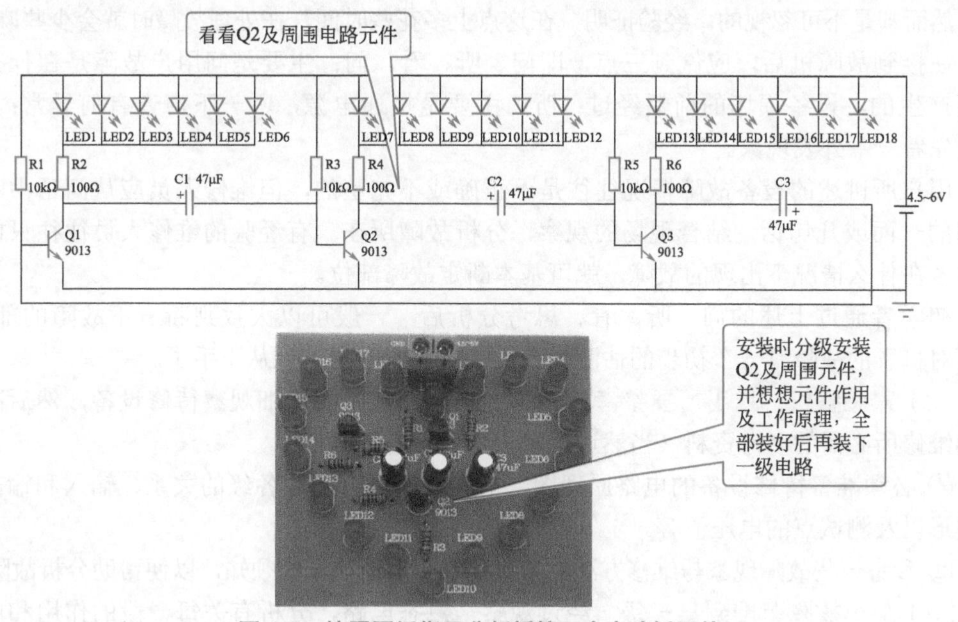

图 1-8　按照图纸指示分析插接一个电路板元件

五、学会电路调试方法

了解电路分析及原理后，可以根据图纸学会电路的调试，调试过程为先直流后交流，先静态后动态，直到电路中的电压和电流达到要求为止，如图 1-9 所示。

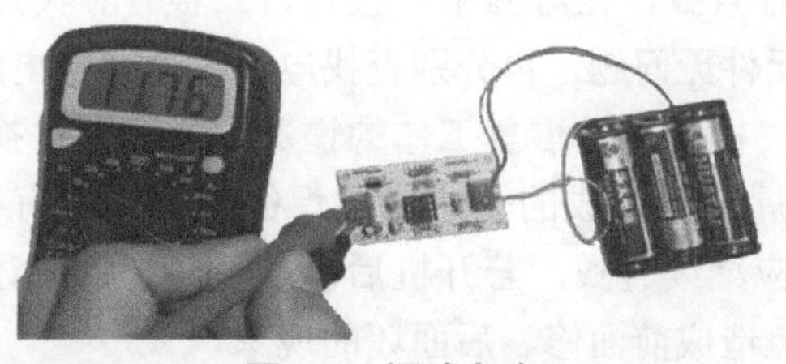

图 1-9　调试电路

六、电路故障检修

当知道电路调试后，电路不能工作，要使其正常工作，就要对电路进行检修，直到修复正常为止。常用电路检修技巧及维修方法如下：

1.电路检修技巧

经验丰富的修理工，可以通过观察故障现象来判断出故障的部位或是损坏的元件。对于初学者要做到这一点是很不容易的，所以初学时应遵照“逐步分析法”这一维修原则，并掌握好“问、看、听、测、断”五字之诀。同一故障现象因机型不同，所损坏的部位也有可能不一样。所以我们必须掌握维修的基本原则，才能应付日新月异的无线电设备修理。下面我们就分类讲解这些原则。

（1）初步检查 初步检查是指不必对设备做彻底了解的检查，这种检查看起来无关紧要，然而却是不可忽视的。经验证明，在这点上多花些时间，在处理故障时就会少些麻烦。

在接到故障机后，应做到三点，即问、听、看。问：主要是问用户故障是在什么情况下产生的，设备损坏的前后经过；听：主要是接通电源，听一下声音有何异常；看：主要先看一下外表现象。

用户所讲述的设备故障情况往往是不正确或不完整的，但维修人员应从问话中听取有用的一面或几句话，结合现场的观察，分析故障所在。有经验的维修人员往往只问一下设备在什么情况下出现的故障，就可基本断定故障部位。

初学者通过上述的问、听、看、思考分析后，一般可以大致判断一下故障的部位，从而对机子的故障有一个初步的估测，在维修时就不会感到无从下手了。

（2）熟悉整机，找出所要参考的资料 打开机壳后应详细观察待修设备，然后准备辅助维修所必需的参考资料（当然这是对初学者而言的）。

① 必须准备待修设备的电路原理图，上面一般都会标注各级的关系、输入和输出电压波形以及测试点的电压值等。

② 参考一些故障现象与维修方法的书籍和说明书上的维修须知，以便帮助分析故障。

（3）缩小故障范围到某一级 经过观察，熟悉电路，分析有关每一段的作用和所有各级之间的相互关系，确定从哪一级开始下手后，先测这级的输入，看其是否正常。如果不正常，应检查一下前一级是否有故障。如果正常再测这级的输出，如果输出不正常，那么故障可能出在这一级。为了验证该疑级是否有故障，可将这一级与下一级断开，重测一次，如果输出仍不正常，则肯定在这一级，如果正常，那么故障在下一级。

（4）缩小故障范围到某一元件 确定故障后，开始寻找故障的具体元件是哪个时，应该以三极管为核心进行查找，在维修中三极管、二极管、集成电路等是最易坏的，而且多是自己损坏。上述元件无问题，再分别查找电感、电容、电阻等其他元件。

（5）替换损坏元件，检查整机恢复工作的情况 故障元件换好后，应进一步对整机进行复查。看是否有因焊接而造成的短路或虚焊的地方，若有补焊，若无则通电试机，开机后若还有故障出现应继续查找，若开机后没有故障了，应让机子工作一会儿，看故障是否会重新出现，以免造成前面修、后面坏的现象。

（6）更换损坏元件时应该注意的事项

① 更换元件之前，应设法分析产生故障的原因。例如：一个二极管被烧坏，可能是出于电路中：二极管的连续工作电流或反峰值电压不够，若是如此，换上一个新二极管，仅仅是暂时处理，而未从根本上消除故障，它还会被烧坏。因此，在换元件之前，必须用一点时间来分析故障的原因。

② 替换的元件最好规格相同，大小相等。

③ 对新元件进行检查，以免换上去的是一个坏元件，而造成不必要的麻烦。

2.常用维修方法

（1）观察法 上一节提出了通过询问用户来大概确定设备的故障部位，维修人员在准备修理时，必须先用“观察法”，具体步骤如下：

① 看有无明显短缺的元器件，如有应将短缺元件装好。

② 看有无明显损坏的元件。如电容表皮起泡，二、三极管炸裂等。将从外表看出是损坏的元件换好后，再查其他损坏的部位。

（2）在路电阻测量法 即在待修设备不通电，也不断开线路的某部分，用万用表电阻挡在线路中粗测某零件是否损坏。这种方法实用、简便、迅速，在不太了解线路的情况下，有时也能很快找出故障。

① 用 R×1 挡粗测二极管、三极管的好坏：在线路中与二极管、三极管相接的电阻、电容，一般阻值都比较大，而二极管、三极管的正向电阻又很小，用 R×1 挡测表针也会启动三分之一左右。

② 测电阻：可以根据待测电阻的阻值来测量。例如：在路测一个 10kΩ 电阻，可以用 R×100 或 R×1k 挡正反向测，如果正反向两次测得的阻值都小于 10kΩ，那么这只电阻不一定损坏。

③ 测量各供电电路正反电阻：一般用 R×1 挡测量，正反两次，阻差较大为正常，否则可能是短路性故障。

（3）电压测量法 电压测量法是指用万用表电压挡测电路各相应点电压值，并且与正常值相比较，如超出故障范围，则说明该电路有故障，在正常范围内则无故障。

（4）电流测量法 电流测量法是将万用表调至电流挡，将电路某点断开，将万用表串入（即两表笔分别接两断点。直流电流时，红笔接供电端，黑笔接负载端），如电流超出正常值则该电路有故障，在正常范围内则无故障。

（5）干扰法 干扰法主要用于检查电路的动态故障。所谓动态故障是指在电路中输入适当信号时才表现出来的故障。在实际操作时，常用螺丝刀（螺钉旋具）或表笔接触某部分电路的输入端，注入人体感应信号和火花性杂波，通过喇叭中的“喀喀”声和荧光屏上的杂波反应，来判断电路工作是否正常。检查顺序一般是从后级逐步向前级检查，检查到哪级无“喀喀”声和杂波反应异常时，故障就在哪一级。

（6）元器件代换法 无论是初学者还是有丰富经验的维修人员，都要使用这种方法，因为有很多种元器件用万用表不易测出其好坏，如三极管、二极管、高压硅堆、行输出变压器、集成电路、电容、电解等。

用此法应注意：决不能盲目地换件，代换时二、三极管的引脚不能接错；集成电路最好用电路插座；电解电容的极性不能接错。

（7）短路法　将某点用导线或某种元件越过可疑元件或可疑的级直接同另一点相接，根据电路情况可采用导线或电容，使信号从这条通路通过，以识别这个元件或这一级是否有故障，这种方法叫短路法。

（8）断路法　把前、后两级断开或断开某一点来确定故障的部位称断路法。此方法常结合电压测量器及其他方法配合使用。

（9）并联法　将好的元件与电路中可怀疑的坏元件并联在一起，从而判断故障是否因此件所引起的，这种方法叫并联法。主要用于判断失效、断路的元件，至于击穿、漏电故障不必用此法。优点是不用把死件从线路板上焊下，操作起来比较简便。

（10）串联法　在电路中串联一个元件使故障排除，这种方法叫串联法。

（11）对分法　对分法就是将线路分成两部分或几部分，来判断故障发生在哪一级。

（12）比较法　“有比较才有鉴别”，在检修家用电器时，电路中的各种电量的参数，如电压、电阻和电流等，在机器正常与不正常时，数据往往不一样。因此，平时要多收集一些机器正常工作时的电量数据，以供检修时参考。

（13）波形法　用示波器观察高频、中频、低频、扫描、伴音等电路的有关波形。用示波器或扫频仪依照信号流过的顺序，从前级到后级逐级检查。如果信号波形在这一级正常，到下一个测试点就不正常了，则故障就在这两个测试点之间的电路中，然后再进一步检查这部分的元器件。某些电路原理图还画出了各测试点的工作波形，用示波器查对起来是很方便的。

（14）温度法　此法分为降温法和升温法。用手触摸某个元件温度，为进一步判断是否因为该元件质量差而引起机器发生故障，就可以用温度法。

① 降温法。用棉花蘸酒精，擦在怀疑温升过高的元件（如晶体管）上，若故障消失，说明该元件需要更换或需要调整工作电流。

② 升温法。当发现软故障时，无法确切判断是否过热元件导致，那么就用热烙铁靠近被怀疑元件，如果加温后，故障明显，则说明该元件有问题。

（15）寻迹法　主要使用寻迹器查找故障的部位。寻迹器是一种专用设备，有模拟寻迹器和数字寻迹器（逻辑试验笔）两种。

（16）干燥法　机件受潮后，灵敏度会显著下降或产生其他故障，可以用干燥法来恢复其工作。

（17）洗涤法　有时电位器、波段开关、功能开关等因积聚了灰尘污物导致接触不良，用酒精清洗，故障就能排除。

线路板使用年限太长，也会产生很多油污，可能会出现无故障的故障，即元件没有损坏，但机子就是工作不正常。可以用刷子蘸酒精将线路板刷一下，这也是一种洗涤法。

对于上述修理方法，我们应该注意灵活掌握，综合运用。只要方法得当，即使再难的故障也能排除。

七、大规模电路分析

了解了单元电路及简单机型的电路分析，知道如何调试维修电路方法后就可以找到一些大型图纸，先结合一些书中的讲解分析整机流程，通过电路工作原理进行电路识读，了解电路多了以后再慢慢分析一些无解说的图纸，能达到这种水平你已经算是电子行业的高手了。

八、学会移植大法设计理解电路，成为真正电子硬件高手

看到这步要恭喜你了，你已经具有自己设计电路的能力了！可以利用学过的知识设计电路硬件了。只要将所学过的电路直接拿过来，把一些需要的电路按照规律连接到一起，你就是一个电路设计者了，此时元件的参数基本不需改动，但要想深入学习，就要再学一学电路的计算，计算出某些电路的工作点、元器件的参数等。

当学会电路分析后，可以进行电路拓展，实际应用中很多设备中电路是相同的，增加不同元器件就可构成不同的电路。如图 1-10 所示为水温自动控制器电路原理图。

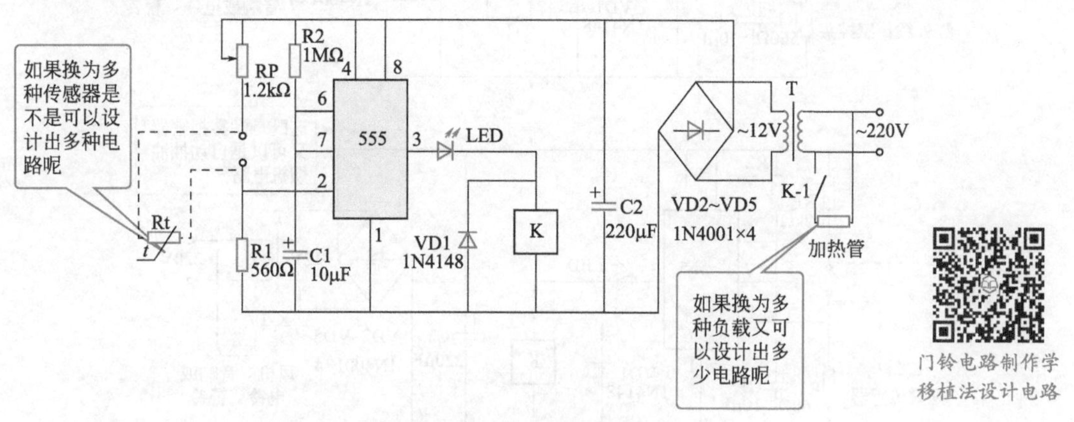

图 1-10　水温自动控制器电路原理图

水温自动控制器电路设计工作原理分析：220V 电源电压通过二极管 VD2 ～ VD5 整流、电容器 C2 滤波后，给电路的控制部分提供了约 12V 的电压。555 时基电路接成单稳态触发器，暂态为 11s。

设控制温度为 26℃，通过调节电位器 RP 使得 $R_P+R_t=2R_1$，Rt 为负温度系数的热敏电阻。当温度低于 26℃时，Rt 阻值升高，555 时基电路的 2 脚为低电平，则 3 脚由低电平输出变为高电平输出，继电器 K 导通，触点吸合，加热管开始加热，直到温度恢复到 26℃时，Rt 阻值变小，555 时基电路的 2 脚处于高电平，3 脚输出低电平，继电器 K 失电，触点断开，加热停止。

上面是一个电加热电路原理分析，大家可以把某些执行元件和输入元件更换一下，就可以很快知道另一个电路原理，如图 1-11 所示。

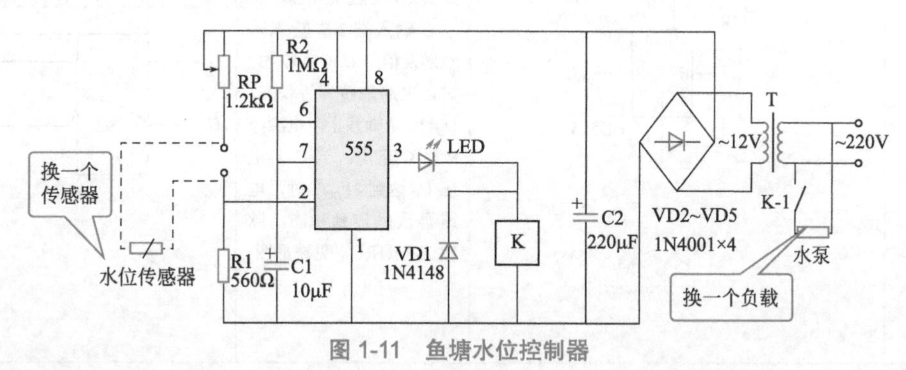

图 1-11　鱼塘水位控制器

大家看，只是把电路更换个传感器和负载器件，其他元件并没有改变，这不就轻松地熟悉了一个控制电路吗。

再看两个电路，如图 1-12 所示。

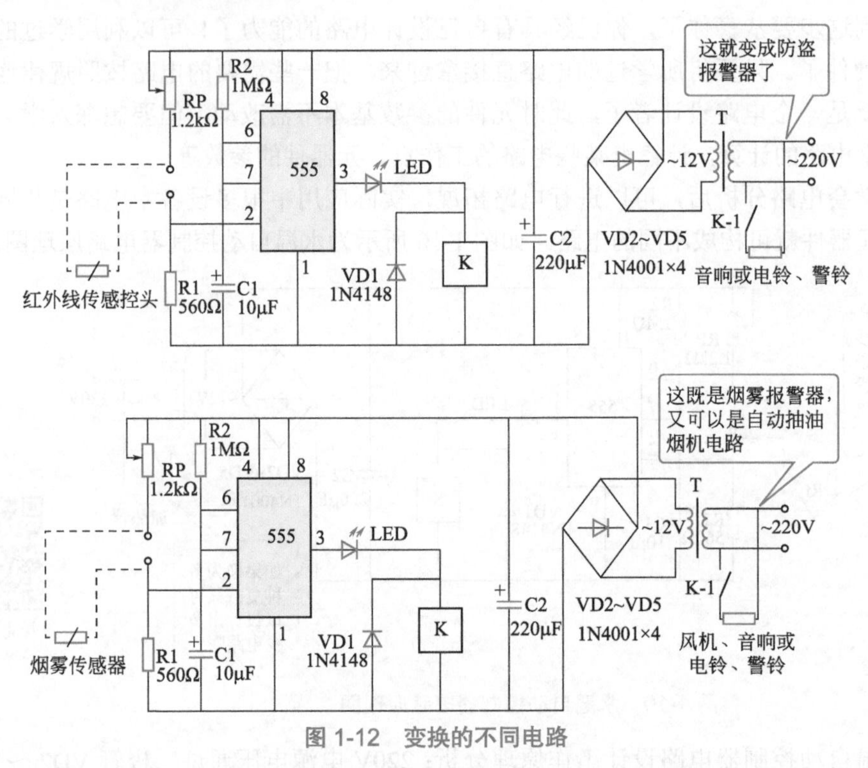

图 1-12　变换的不同电路

同样是 555 电路，可以制作出成百上千种电路，因此要想制作出更多的电路，就要再深入了解掌握一些 555 的功能及工作状态，如表 1-1 所示。

表 1-1　555 时基电路的应用表

电路名称	原理图	工作原理	波形图
单稳态	U_i R C $+V_{CC}$ U_o IC CB555	R、C 组成定时电路。常态为稳态，输出端 3 脚 U_o=0，放电端 7 脚导通到地，C 上无电压。 在输入端 2 脚输入一负触发信号 U_i（$\leqslant V_{CC}/3$）时，电路翻转为暂稳态，U_o=1，7 脚截止，电源经 R 对 C 充电。当 C 上电压 U_C 达到 $2V_{CC}/3$ 时，电路再次翻转到稳态，脉宽 T_W=1.1RC，见波形图	U_i V_{CC} $\frac{1}{3}V_{CC}$ U_o V_{CC} 0 U_C $\frac{2}{3}V_{CC}$ 0 T_W

续表

电路名称	原理图	工作原理	波形图
多谐振荡器（无稳态电路）	$+V_{CC}$ R1 R2 C 7　8　4 $\overline{S}$ 2 R 6 3　U_o 1 IC CB555	置“1”端S（2脚）和置“0”端R（6脚）接在一起，R1、R2和C组成充放电回路。 刚通电时，C上无电压，输出端（3脚）U_o=1，放电端（7脚）截止，电源经R1、R2向C充电。当C上电压U_C达到$2V_{CC}/3$时，电路翻转，U_o变为“0”，7脚导通到地，C经R2放电，放电至$U_C=V_{CC}/3$时，电路再次翻转，U_o又变为“1”，如此周而复始形成振荡，输出方波，振荡周期T=0.7（R1+2R2）C，见波形图	U_C $\frac{2}{3}V_{CC}$ $\frac{1}{3}V_{CC}$ t U_o t T T_1　T_2
双稳态触发器	$+V_{CC}$ R1 C1 U_2 $\overline{S}$ 2　8　4 3　U_o C2 U_6 R 6 1 R2 IC CB555	置“1”端S（2脚）和置“0”R（6脚），分别接有C1、R1和C2、R2构成微分触发电路。 当有负触发脉冲U_2加至（2脚）时，3脚U_o=1。当有正触发脉冲U_6加至（6脚）时，U_o=0，实现两个稳态，见波形图	U_2 U_6 U_o
施密特触发器	$+V_{CC}$ 8　4 U_i 2 6 3　U_o 1 IC CB555	2、6脚接在一起作为触发信号U_i的输入端。 当输入信号$U_i \geqslant 2V_{CC}/3$时，输出信号U_o=0；当输入信号$U_i \leqslant V_{CC}/3$时，输出信号U_o=1。施密特触发器可以将缓慢变化的模拟信号整形为边沿陡峭的数字信号，见波形图	U_i $\frac{2}{3}V_{CC}$ $\frac{1}{3}V_{CC}$ t U_o t
利用555电路的放电端7脚可以组成电平转换电路	+15V　+30V R1 1kΩ 8　4 U_i 2 6 7　U_o 1　5 IC CB555 C1 0.1μF	为反相电平转换电路，R1为上接电阻。输出U_o与输入U_i相位相反，但幅度为U_i的两倍	

续表

电路名称	原理图	工作原理	波形图
利用555时基电路的复位端4脚可组成同相电平转换电路	+15V +30V R1 1kΩ 8 U_i 4 7 U_o 1 5 IC CB555 C1 0.1μF	输出 U_o 与输入 U_i 相位相同，且 U_o=2U_i	
延时关灯电路	VD2 1N4001 +9V SB C1 47μF 8 4 2 6 3 K EL ~220V K-1 IC NE555 1 5 VD1 1N4001 R1 510kΩ C2 0.1μF	555接成单稳态模式，C1、R1为定时元件。按一下SB，照明灯EL亮，延时约25s后自动关灯	
可调脉冲信号发生器	R1 510Ω +15V 8 4 7 R2 510Ω NE555 OUT1 3 VD1 1N4148 2 6 C3 1μF VD2 1 5 OUT2 RP1 20kΩ 1N4148 C2 0.1μF RP2 1MΩ R3 10kΩ C1 6800pF	555接成无稳态，RP2为频率调节电阻，RP1为占空比调节电阻。输出100Hz～10kHz的方波，占空比可在5%～95%之间调节。OUT1输出脉冲方波，OUT2输出交流方波	

大家看看，了解了表1-1，是不是可以利用555电路设计制作出成百上千种电路呢，照这样学习，学会几百个电路很容易吧。

用AD软件绘制电路原理图

RS232转485电路学AD原理图设计制作

RS232转485电路学电路板布局设计制作

九、学习一些工具软件为你助力

现代电子产品中可应用多种软件操作，如利用PROTEL/AD等制版软件绘制电路原理图、制作PCB板图等，对设计制作各种电路均会有很大的帮助。

RS232转485电路学电路板布线设计制作

十、学一些语言，让你成为飞机中的战斗机

科学的发展，各种语言程序可使数字电路逐步替代模拟电路，使电路简单化，并且可实现多种功能。因此对硬件电路精通后，可以学一些诸如汇编语言、C语言等程序语言进行编程，运用单片机技术设计出更好的电路。至此你已经是真正的电子技术高手了。

第二章

从古老的矿石收音机到现代行走机器人

例001　古老的矿石收音机制作

在20世纪六七十年代，矿石收音机是非常常见的一种收音机，是不使用电源，电路里只有一个半导体元件的收音机的统称。矿石收音机特指用天线、地线以及基本调谐回路和矿石作检波器而组成的没有放大电路的无源收音机，矿石收音机是最简单的无线电接收装置，由于最初用矿石来作检波器，故由此而得名。

1
2
3
4
5

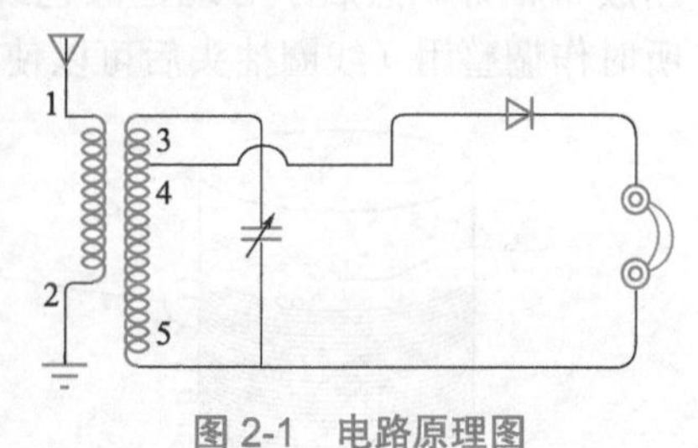

图2-1　电路原理图

简单的矿石收音机由一个线圈、可变电容器、检波器和耳机构成，如图2-1～图2-3所示，由于只有一个调谐回路而被称为“单回路矿石收音机”。这样的机

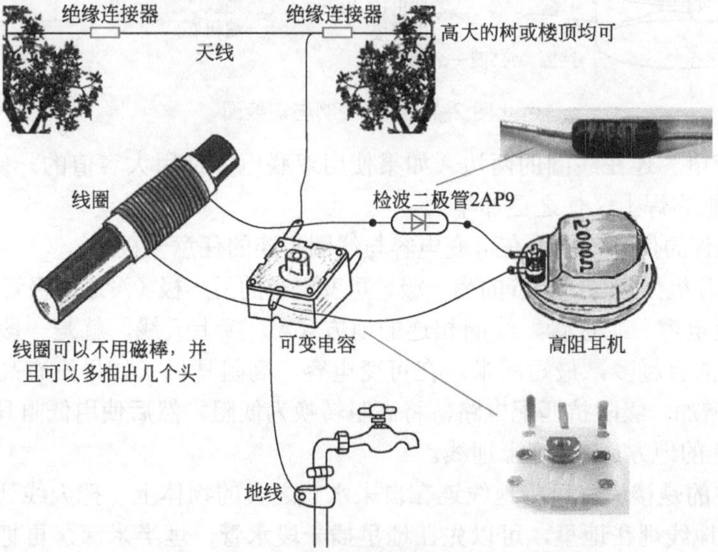

绝缘连接器
绝缘连接器
天线
高大的树或楼顶均可
线圈
检波二极管2AP9
2000Ω
线圈可以不用磁棒，并且可以多抽出几个头
可变电容
高阻耳机
地线

图2-2　结构与实物接线图

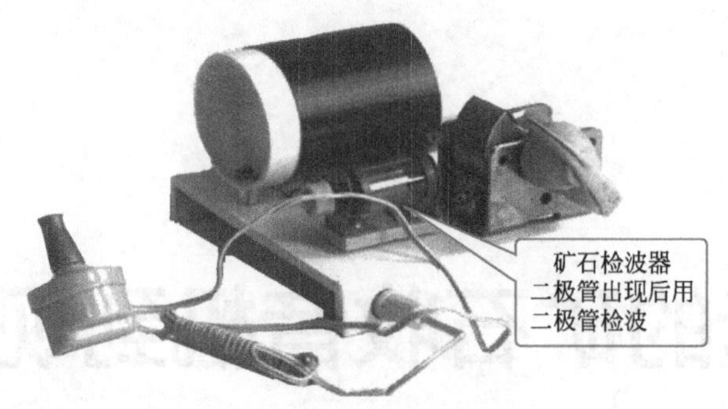

图 2-3　组装好的实物图

器，在配用良好的天线、地线时可以接受当地或稍远一点的电台，但是分隔电台的能力很不好，经常会出现“夹音”现象，也就是两个或者更多电台同时响。优质的矿石收音机需要极好的天线、地线，高 Q 值的线圈和可变电容，低正向压降的检波器，灵敏以及有良好阻抗匹配的耳机。矿石收音机具有以下优点：不需要电源，节能环保；可以用来测试天线或地线的效率；可以用来引导初学者、小朋友进入无线电、广播及 DIY 的天地；线路简单，容易制作；接上功放机，可收听到最佳音质的 AM 广播。

矿石收音机制作步骤：

① 在纸筒上用漆包线绕制线圈，绕制几十圈，可以在头尾处钻一个眼，把线穿过去，用胶带粘好。然后小心地把漆包线的漆去掉，可以用砂纸磨。线圈可以抽头，以便在收听时作调整用（线圈抽头后可以使用多挡开关作为调整开关），如图 2-4 所示。

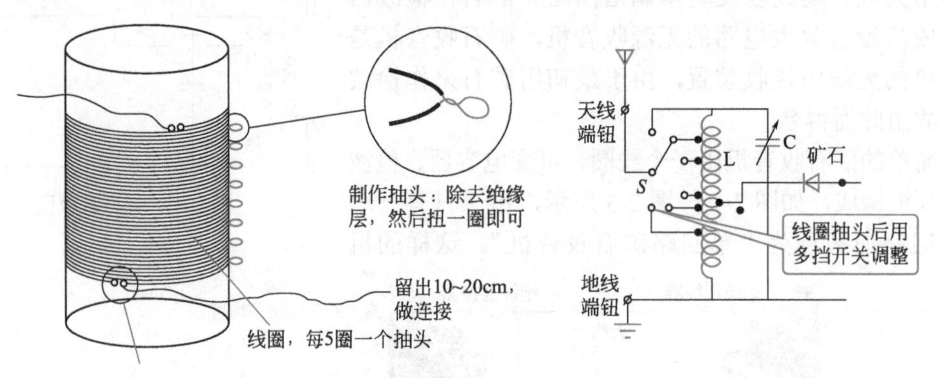

图 2-4　线圈绕制与切换图

② 将可变电容连在线圈的两边（如果使用双联电容使用大容值的一侧），用电烙铁配合松香焊锡把它焊上，使之更加牢固。

③ 将二极管的任意一极连在可变电容与线圈相连的任意一极上。

④ 将高阻耳机分别与二极管的另一极、可变电容的另一极（没连二极管的一极）相连。

⑤ 在可变电容、二极管、线圈相连的地方（A）接上天线，就是一段导线，越长越好，越长收到的台越多，最短两米。在可变电容、高阻耳机（如果没有高阻耳机，可以如图 2-5 所示增加一级阻抗匹配电路，将高阻转换为低阻，然后使用低阻耳机或扬声器收听）、线圈相连的地方（B）连上地线。

⑥ 如果住的是楼房，可将地线连在自来水管之类的物体上，把天线架在室外，如果是平房，就把地线埋在地里，可以先在地里插一段水管，埋半米深，再把地线连上然后尽量把天线架高。

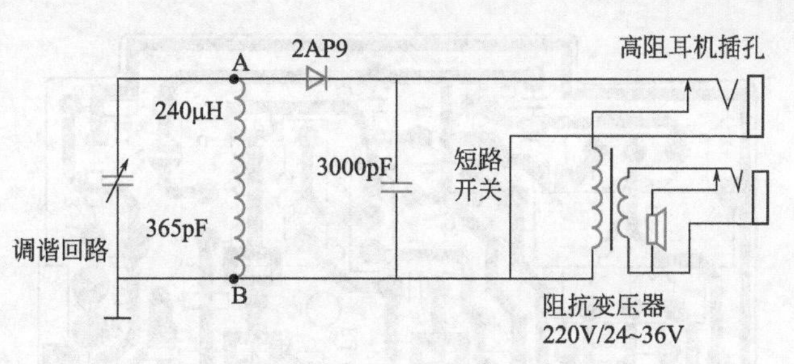

图 2-5　增加一级阻抗匹配电路

⑦ 戴上耳机试听一下，转动可变电容，就能收到电台了。

收音机工作过程与原理

例002　中波段调幅收音机制作

提示

本节视频（可扫上方二维码）中详细讲解电子产品的原理、工作过程、电路分析、组装调试维修知识（学习中原理、工作过程、电路分析只要简单了解即可），为了读者在有限篇幅内学习更多知识，后面章节省去了一些在组装中相同的步骤，因此本节视频作为重点应多看几次，以便快速掌握电子产品的原理组装调试技术。

一、电路原理与电路分析

超外差收音机电路原理图如图 2-6 所示，详细电路原理可以扫码看视频。

1.电气原理图及印制电路板图

低压 3V 电源袖珍超外差式晶体管收音机电气原理图如图 2-6 所示，印制电路板图如图 2-7 所示。

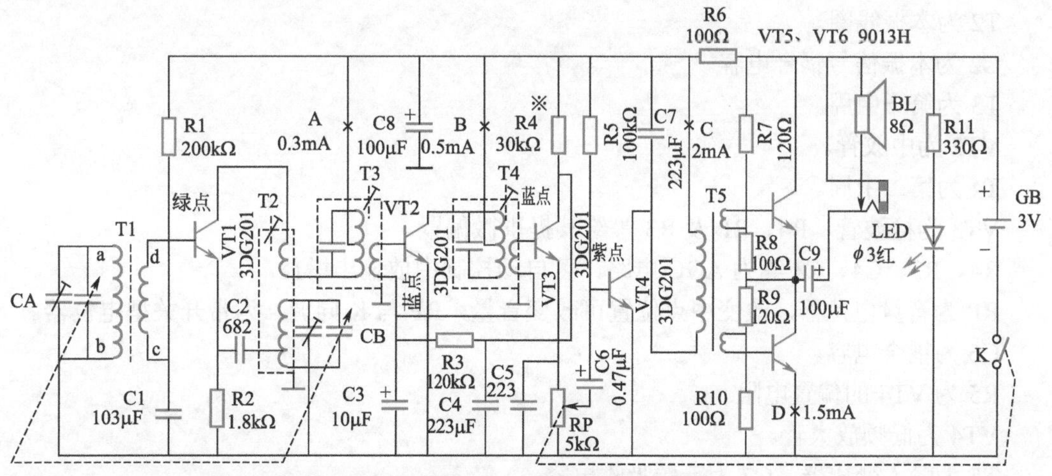

图 2-6　袖珍收音机实验套件电气原理图

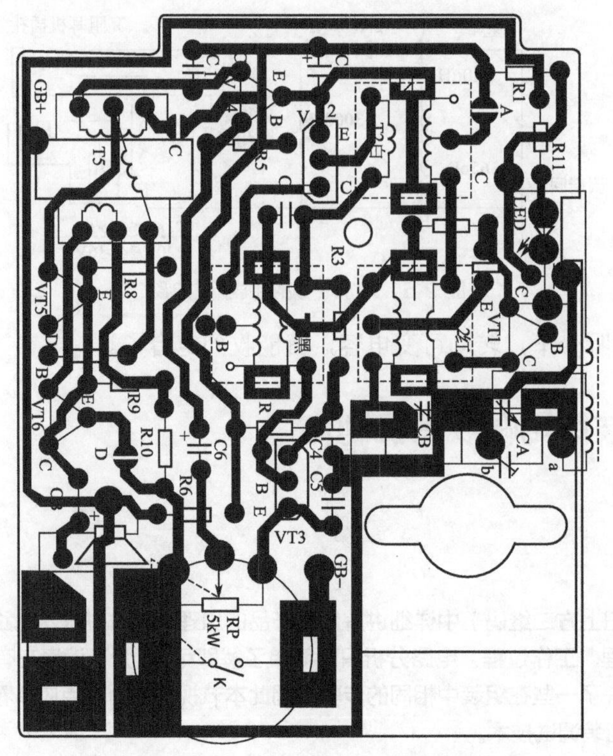

图 2-7　袖珍收音机实验套件印制电路板图

2.电路分析

CA、CB 为双联，改变其电容量可选出所需电台。

T1 为天线线圈，作用是接收空中电磁波，并将信号送入 VT1 基极。

R1、R2 为 VT1 偏置电阻。

C1 为旁路电容。

VT1 为变频管，一管两用即混频和振荡。

T2 为本振线圈。

C2 为本振信号耦合电容。

T3 为第一中周。

VT2 为中放管。

T4 为第二中周。

VT3 为检波管，R4、RP 及 R3 等给其提供微偏置。

R4、R3、C4、C3 等为 AGC 电路，可自动控制中放输出增益。

RP 为音量电位器，改变中点位置可改变音量，RP 与 K 同调，为带开关型电位器。

C6 为耦合电容。

R5 为 VT4 的偏置电阻。

VT4 为低频放大管。

T5 为输入变压器。C7 为高频吸收电容。

R6、C8 为前级 RC 供电元件，给中放变频检波级供电。

VT5、VT6 为功率放大管，R7、R8、R9、R10 为基极偏置。

C9 为输出耦合电容。

BL 为扬声器，常用阻抗为 8Ω。

J 为输出插座。R11、LED 构成开机指示电路。

GB 为 3V 供电电源。

3.电路基本工作过程

由 T1 接收空中电磁波，经 CA 与 T1 初级选出所需电台，经次级耦合送入 VT1b 极，VT1 与 T2 产生振荡，形成比外来信号高一个固定中频的信号，经 C2 耦合送入 VT1 e 极，两信号在 VT1 中混频，在 c 极输出差频、和频及多次谐波，送入 T3 选频，选出固定中频 465kHz 信号，送中放级 VT2，VT2 在 AGC 的控制下，输出稳定信号送 T4 再次选频后，送入检波级 VT3 检波，取出音频信号，经 RP 改变音量后，送 VT4 放大，使其有一定功率推动 VT5、VT6 两个功放管，再经 VT5、VT6 功放放大后，使其有足够功率，推动扬声器发出声音。

二、电路组装步骤（详细过程扫码看视频组装）

1.检查资料及元器件

拿到收音机套件后，首先要核对图纸资料，熟悉一下图纸，然后对元器件进行清点，如图 2-8 所示。

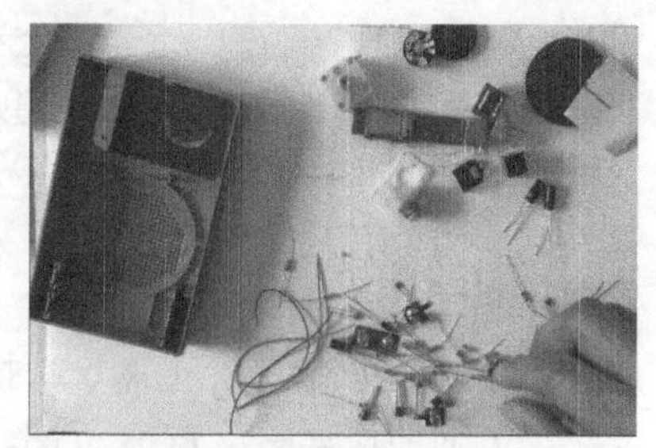

图 2-8 超外差收音机元器件

2.测量元器件

当所有元器件清点完毕，种类、数量齐全后，要对所有部件进行检查、检测，如机械部件是否完好，有无碎裂损坏，半导体元器件要用万用表进行检测，一是练习识别测量元器件，二是确保元器件是良好的元件。电子元器件的测量如图 2-9 所示。

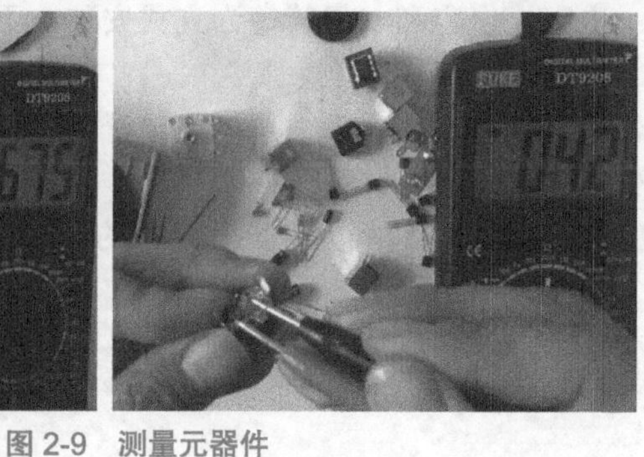

图 2-9 测量元器件

收音机组装过程

（1）磁性天线测量 磁性天线由线圈和磁棒组成，线圈有一、二次两组，可用万用表 R×1 挡测量电阻值，测得一次线圈阻值应为 6Ω 左右，二次线圈阻值应为 0.6Ω 左右。

（2）振荡线圈及中频变压器的测量 中频变压器俗称“中周”，它是中频放大级的耦合元件。普遍使用的是单调谐封闭磁芯型结构，它的一、二次绕组在一个磁芯上，外面套着一个磁帽，最外层还有一个铁外壳，既作紧固又作屏蔽之用，靠调节磁帽和磁芯的间隙来调节线圈的电感值。

磁帽上红色为振荡线圈，黄色（白色、黑色）为中频变压器（内置谐振电容）。用万用表 R×1 挡测量中频变压器和振荡线圈的阻值，正常应为零点几欧到几欧。若万用表指针指向为∞，说明中频变压器内部开路。

（3）输入变压器的测量 用万用表的 R×1 挡测量其各个绕组的阻值，正常应为零点几欧到几欧。若万用表指针指向为∞，说明输入变压器内部开路重复。

（4）扬声器的测量 用万用表的 R×1 挡测量，所测阻值比标称阻值略小为正常。同时，测量时，扬声器应发出“咔咔”声。

共他阻容元件、二极管和三极管的测量用万用表按常规进行。

对于测试过的元器件，应归类并标注，防止在组装中出现差错，如图 2-10 所示。

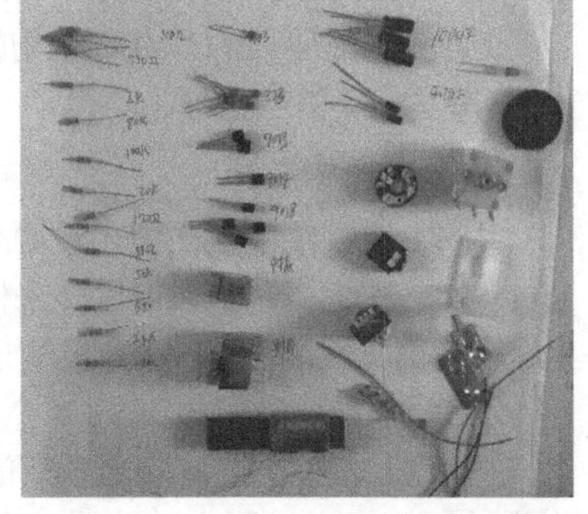

图 2-10 对元器件进行标注归类

对于半导体元器件，短路（击穿）、开路和漏电是可以测试出来的，但是对于特性不良的元件无法测出好坏（此种元器件测试时是好的，但是到电路中不能良好地工作或者根本不能工作，需要用代换法才能准确判断出该元件损坏）。

3.插接电子元器件

（1）检查 PCB 有无毛刺、缺损，检查焊点是否氧化。

（2）对照原理图及 PCB 板图，确定每个组件所在 PCB 上的位置。

（3）安装顺序：电阻、瓷片电容、二极管、三极管、电解电容、振荡经圈、中频变压器和输入输出变压器、可调电容（双联）和可调电位器、磁性天线、连线。

（4）安装方式：电阻、电容和二极管等为立式安装，不宜过高。有极性的元器件注意不要装错，输入、输出变压器不能互换等。

（5）当所有元器件全部测试完成后，可以将电子元器件插接到电路板上，插接元器件可以采用两种方法。

① 根据图纸边熟悉电路原理边插元件，插元件的同时再次了解电路原理，一步步将元器件插好，如图 2-11 所示。

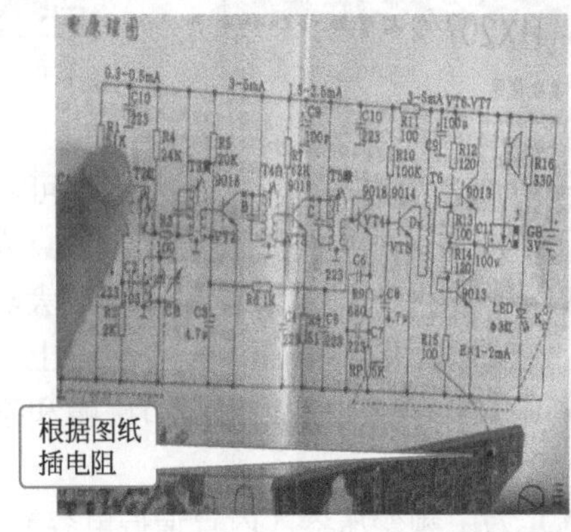

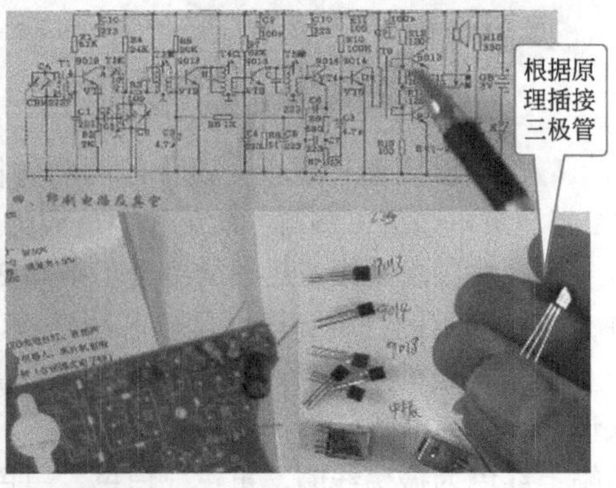

图 2-11 逐步插接元器件

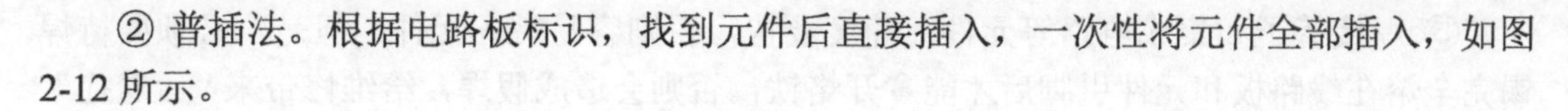

② 普插法。根据电路板标识，找到元件后直接插入，一次性将元件全部插入，如图2-12所示。

注意

1. 对于初学者尽可能使用根据电路原理图一步步插件法，可以达到事半功倍的效果。
2. 插件时应遵循先插平放元件，再插立放元件；先插小件，再插大件的规则。

4.焊接电子元器件与剪脚

在电子设备组装过程中，对于技术人员焊接是一项基本功，焊接时应使焊点圆润饱满，不能有虚焊、假焊现象，焊点既不能过大也不能过小，焊点间不能有粘连现象，焊接时间不能过长，过长会损坏电路板，也不能过短，过短会出现虚焊、假焊现象。

（1）清洗电烙铁头　插上电源，将烙铁在松香上蘸后再通电，正常时应该冒烟并有“吱吱”声，这时再蘸锡，让锡在烙铁上蘸满才好焊接，如图2-13所示。注意一定要先将烙铁头蘸在松香上再通电，防止烙铁头氧化，从而可延长其使用寿命。

图2-12　普插法

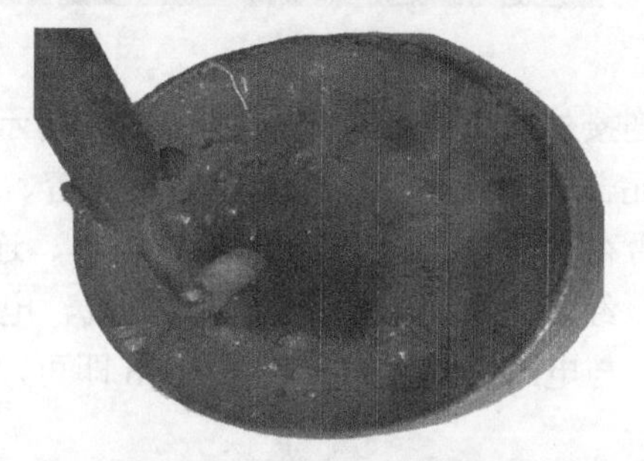

图2-13　清洗电烙铁头

（2）焊接　如图2-14所示。

① 拿起烙铁不能马上焊接，应该先在松香或焊锡膏（焊油）上蘸一下，目的：一是去掉烙铁头上的污物；二是试验温度。而后再去蘸锡，初学者应养成这一良好的习惯。

② 待焊的部位应该先蘸一点焊油，特别脏的部分应先清理干净，再蘸上焊油去焊接。焊油不能用得太多，不然会腐蚀线路板，造成很难修复的故障。尽可能使用松香焊接。

③ 烙铁通电后，烙铁的放置头应高于手柄，否则手柄容易烧坏。

④ 如果烙铁过热，应该把烙铁头从芯外壳上向外拔出一些；如果温度过低，可以把头向里多插一些，从而得到合适的温度（市电电压低时，不易熔锡，无法保证焊接质量）。

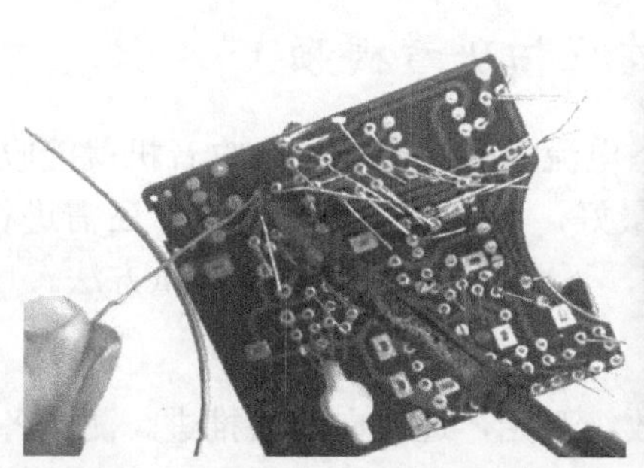

图2-14　焊接元件引脚

⑤ 焊接管子和集成电路等元件，速度要快，否则容易烫坏元件。但是，必须要待焊锡完全熔在线路板和元件引脚后才能拿开烙铁，否则会造成假焊，给维修带来“后遗症”。

焊接看起来是件容易事，但真正把各种元器件焊接好还需要一个锻炼的过程。例如，焊什么件，需多大的焊点，需要多高温度，需要焊多长时间，都需要在实践中不断地摸索。

（3）剪脚 焊接完成后要剪掉多余的元件引脚，可以用斜嘴钳或剪刀进行剪切，一般引脚长度不应大于 1mm，如图 2-15 所示。

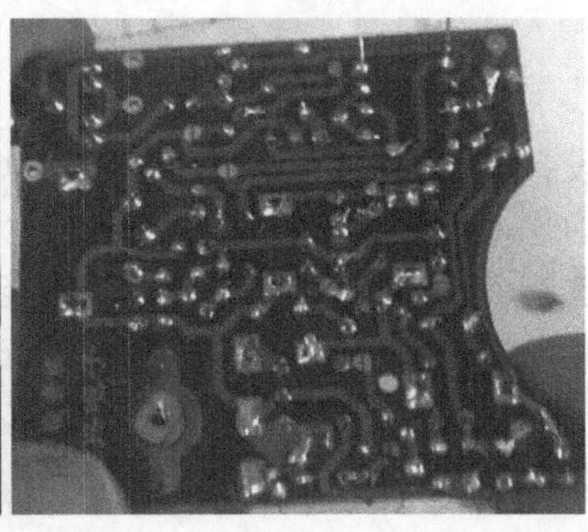

图 2-15 剪脚

（4）连接外部引线及总装 如图 2-16 所示。当按要求把所有的元器件焊好后，还需仔细检查元器件的规格、极性（如电解电容、二极管、三极管等元器件的极性）是否有错误；是否存在虚焊（假焊）、漏焊、错焊、连焊等现象；当有错焊、连焊的焊点时容易损坏元件。经以上检验无误后，把喇叭线、电池线焊好，注意导线两端的裸线部分不要留得过长，与电路板焊接的一端有 2mm 即可，否则易产生短路现象。

收音机调试维修

图 2-16 连接外部引线及总装

三、电路的调试与检修（详细过程扫码看视频）

当元器件正确无误焊好后，并且静态电流满足指标要求，收音机就能收听到电台的广播。为使收音机灵敏度最高，选择性最好，并能覆盖整个波段，还需进行整机调试。整机调试一般有调中频、调覆盖、调跟踪，下面分别介绍调整和测量方法。

1.静态工作点测量及调试

测量静态工作点的顺序是从末级功放级开始，逐级向前级推进。测量各级电路静态工作点的方法是用数字万用表的直流电流挡测量各级的集电极电流，电路板上有对应的开路缺口，如图2-17所示。

正常情况下可通过改变偏置电阻的大小使集电极电流达到要求值。如果集电极电流过小，一般是晶体管的E、C极接反了，或偏置电路有问题，或是管子的β值过低。如果集电极电流过大，应检查偏置电阻和射极电阻，否则是晶体管的β值过大或损坏。若无集电极电流一般是e、c、b的直流通路有问题。无论出现哪种问题，应根据现象结合电路构成及原理认真分析，找出原因，如此才能得到锻炼和提高。各级的静态工作点（集电极电流）正常后需把各级的集电极开路缺口焊上，这时一般都能收听到本地电台的广播。

如果收听不到电台的广播，则应采用信号注入法（或称干扰法）检查故障发生在哪一级，如图2-18所示。方法是：用万用表的欧姆挡，一支表笔接地，用另一支表笔（或者手持螺丝刀金属部分）由末级功放开始，由后向前依次瞬间碰触各级的输入端，若该级工作正常扬声器发出“咔咔”声；碰触到一级输入端若无“咔咔”声，说明后级正常，而故障可能发生在这一级，应重点检查这一级。

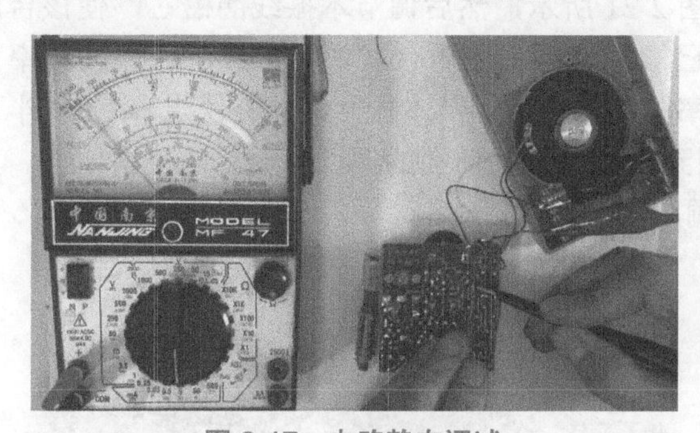

图2-17　电路静态调试

图2-18　信号注入法检测

在这一级工作点正常的情况下，一般是元件错焊、漏焊造成交流断路或短路，使传输信号中断。如果从天线输入端注入干扰信号，扬声器有明显的反应，而收听不到电台的广播，一般是本振电路不工作或天线线圈未接好（如漆包线的漆皮未刮净）造成的，应检查本振电路和天线线圈。如果出现声音时有时无，一般是元件虚焊或元件引脚相碰造成的。当静态电流正常，并能接收到电台信号且有声音后，才能开始调中频。

2.中频的调试

中频的调试是调节各级中放电路的中频变压器的磁芯，使之谐振在465kHz。在中波段高频端选择一个电台（远离465kHz），先将双联电容的振荡联的定片对地瞬间短路，检查本振电路工作是否正常，若将振荡联短路后声音停止或显著变小，说明本振电路工作正常。用无感螺丝刀由后级向前级逐级调中频变压器（中周）的磁芯，如图2-19所示。边调边听声音，使声音最大，如此反复调整几次即可。调节中频变压器（中周）的磁芯时应注意：不要把磁芯全部旋进或旋出，因为中频变压器出厂时已调到465kHz，接到电路后因分布参数的存在需要调节，但调节范围不会太大。

图2-19　用无感（非金属）螺丝刀调试中频

3.频率覆盖的调整

频率覆盖是指双联电容器的动片全部旋进定片（对应低频端），至双联电容器的动片全部旋出（对应高频端）所能接收到的信号频率的范围。例如：中波段频率覆盖范围为535～1605kHz，留有余地的话中频覆盖应调整在525～1640kHz。调覆盖又叫作调刻度，如果中波段的频率覆盖是525～1640kHz，那么中波段所能接收到的各电台的频率与收音机的频率度盘上的频率刻度应基本一致，如中央一台在华北地区的广播频率为639kHz，调好覆盖后其频率指针应指示在639kHz。调覆盖时首先将调谐旋钮（或拉线）装好，调节频率旋钮时指针应从低端频率刻度起，到高端频率刻度止，即指针随双联电容器动片的旋出从低端向高端应走完刻度全程，如图2-20所示。

4.刻度标准盘的调整

在低频端接收一个本地区已知载波频率的电台（如中央一台，载波频率为639kHz），调节频率旋钮对准该台的频率刻度，如图2-21所示，然后调节本振线圈磁芯，使该台的音量最大。再在高频端选择一个本地区已知载波频率的电台（如保定经济台载波频率为1467kHz），调节频率旋钮对准该台的频率刻度，然后调节本振回路的补偿电容CB（半可变电容），使其音量最大。然后，再返回到低频端重复前面的调试，反复两三次即可。其基本方法可概括为：低端调电感，高端调电容。

图2-20　调试双联电容器

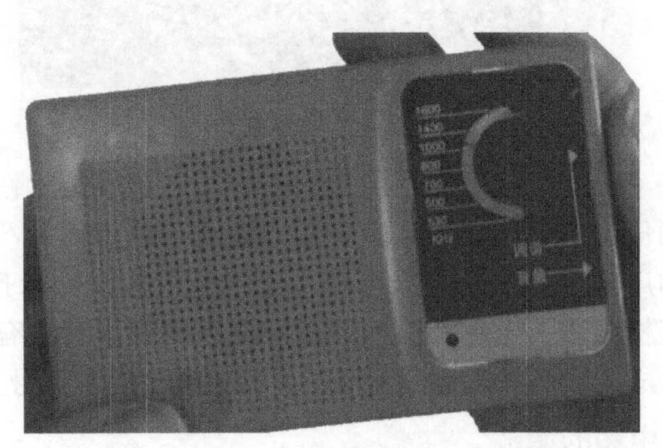

图2-21　调整刻度盘

5.三点统调

调跟踪又称统调，如图2-22所示。三点统调在设计本振回路时已确定，而且在调覆盖时本振线圈磁芯和补偿电容CB的位置已确定，能否实现跟踪就只取决于输入回路了。所以，统调（调跟踪）是调节输入回路。

用电台播音调跟踪：在低频端接收一个电台的播音（如中央一台639kHz），调节输入回路的天线线圈在磁棒上的位置，使声音最大；再在高频端接收一个电台（天津台1467kHz），调节输入回路的补偿电容CA（半可变电容），使其声音最大。然后，再返回到低频端重复前面的调试，反复两三次即可。其基本方法可概括为：低端调输入回路的电感，高端调输入回路的补偿电容。一般用接收电台信号调跟踪与调覆盖，可同时进行，低端调本振线圈的磁芯和天线线圈在磁棒上的位置，高端调本振及输入回路的补偿电容。

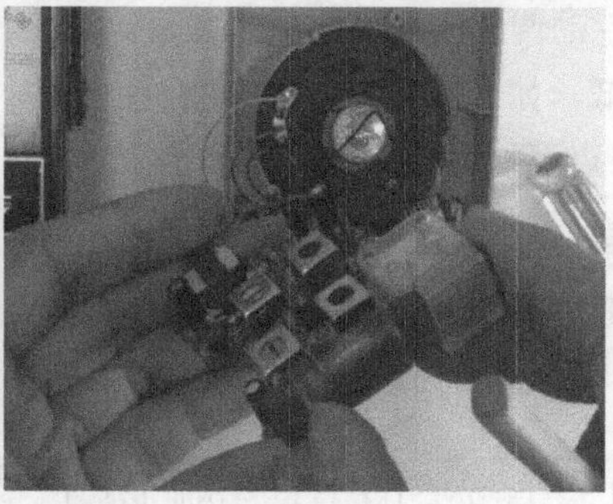

图 2-22　三点统调

如此高频端、低频端、中端反复调试，便可以实现三点统调（跟踪）。

提示

对于收音机，大家可能都认为比较简单，实际则不然，收音机中包含了谐振电路、选频电路、差频电路、振荡电路、放大电路、检波电路、自动增益控制 AGC 电路、功率放大电路，电声变换电路。因此真正学会收音机原理分析与调试检修，就等于掌握了近一半电子硬件技术。

例003　通用串联稳压电源制作

1.电路分析（扫码看制作视频）

电路如图2-23所示，BX1、BX2为熔丝，T为电源变压器，VD1～VD4为整流二极管，C1、C2为保护电容，C3、C4为滤波电容，R1、R2、C5、C6为RC供电滤波电路，R3为稳定电阻，C8为加速电容，DW为稳压二极管，R4、R5、R6为分压取样电路，C7为输出滤波电容，Q1为调整管，Q2为推动管，Q3为误差放大管。

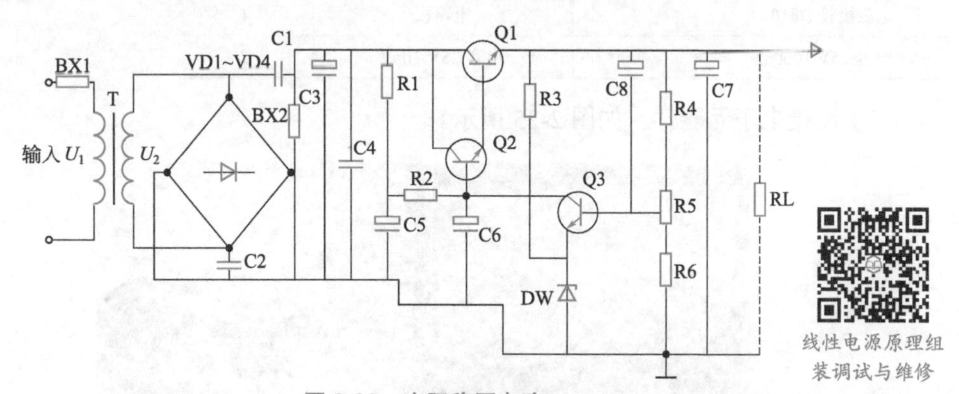

图 2-23　实际稳压电路

2.电路工作原理

（1）自动稳压原理　当某原因+V ↑→ R5 中点电压↑→ Q3U_b ↑→ U_{be} ↑→ I_b ↑→ I_c ↑→ U_{R1R2} ↑→ U_C ↓→ Q2U_b ↓→ I_b ↓→ R_{ce} ↑→ U_e ↓→ Q1U_b ↓→ U_{be} ↓→ I_b ↓→ I_c ↓→ R_{ce} ↑→ U_e ↓→ +V ↓原值。

（2）手动调压原理　此电路在设计时，只要手动调整 R5 中心位置，即可改变输出电压 V 的高低，如当 R5 中点上移时，使 Q3U_B 电压上升，根据自动稳压过程可知 +V 下降，如当 R5 中点下移时，则 +V 会上升。

3.制作过程

（1）根据图纸清点元器件　如图 2-24 所示。

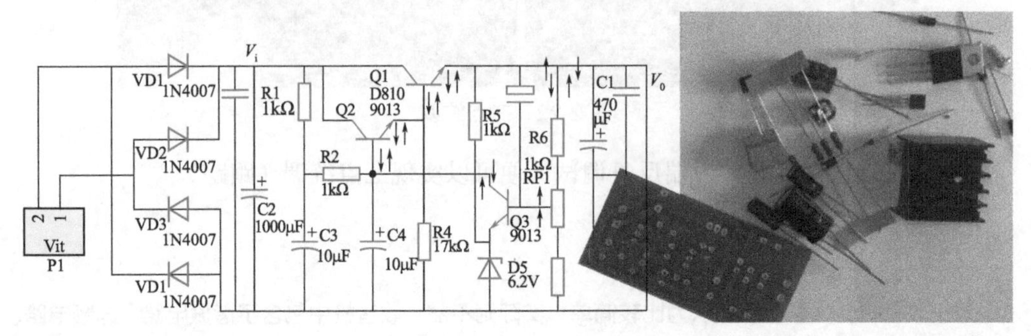

图 2-24　清点元器件

（2）列写元件清单　见表 2-1，在电子制作组装中被称为 BOM 单，每台电子器材在生产中都有详细的材料单。

表 2-1　元件清单

品名及规格	数量	品名及规格	数量
稳压二极管 0.5W 6.2V 稳压	1	三极管 9013	2
电阻 0.25W 1kΩ	4	散热器	1
电阻 17kΩ	1	螺钉 N3	1
二极管 1N4007	4	电容 25V 470μF	1
蓝白可调 W1K	1	接线端子 KF126-2P	2
三极管 D810	1	电路板	1
电容 25V 1000μF	1	电容 25V 10μF	2

注意：此表为元件清单，也可以叫材料定额，在工厂批量生产中供插件人员使用

（3）测量电子元器件　如图 2-25 所示。

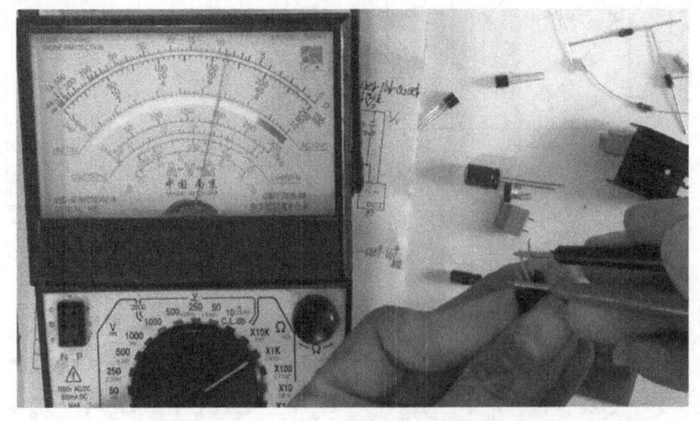

图 2-25　测量电子元器件

（4）在电路板上安装电子元器件　如图 2-26 所示。

（5）焊接电子元器件　如图 2-27 所示。

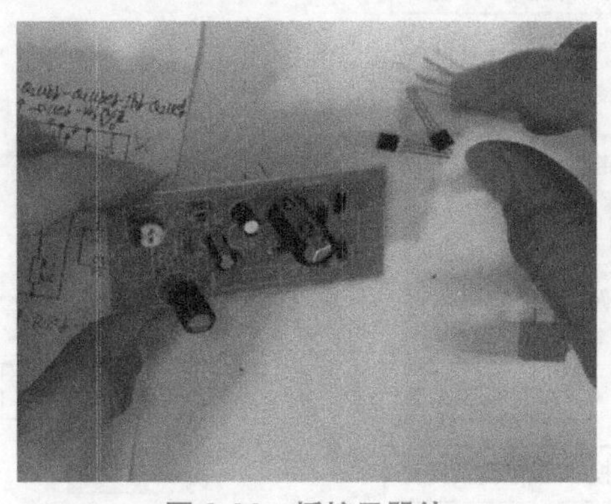

图 2-26　插接元器件

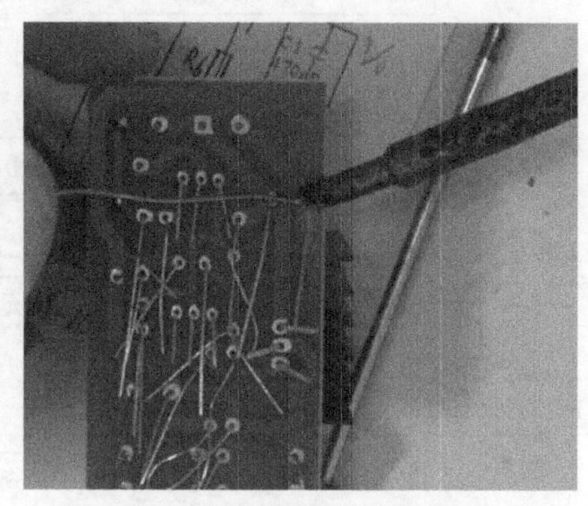

图 2-27　焊接元器件引脚

（6）剪脚　如图 2-28 所示。

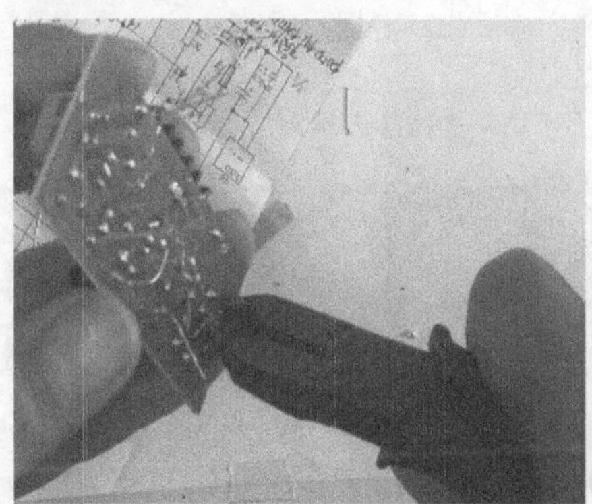

图 2-28　剪脚

（7）调试　接通电源，对稳压电源进行调试，如图 2-29 所示。对输入电源的要求：应大于输出电源 5V 以上。

（8）电路故障检修　如图 2-30 所示，此电路常出现故障主要有：无输出、输出电压高、输出电压低、纹波大等。

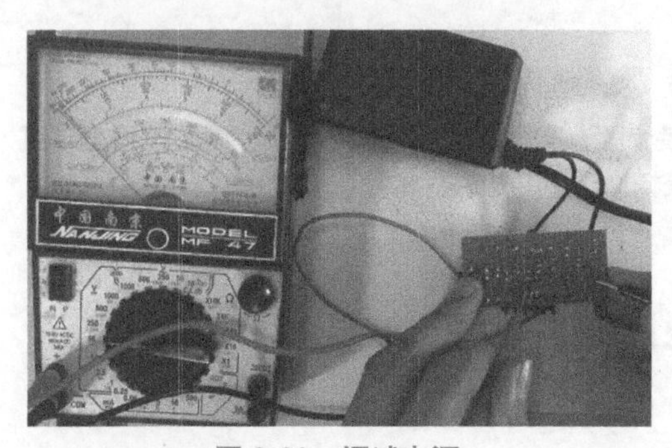

图 2-29　调试电源

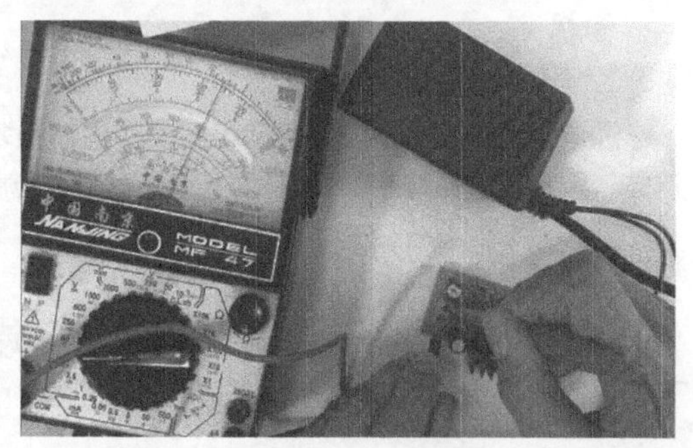

图 2-30　检修电源

无输出或输出不正常的检修过程如图 2-31 所示。对于初学者，自己根据电路原理，可以试着多画一些，这样的流程图分析各种电路维修过程对后续学习可起到事半功倍的效果。

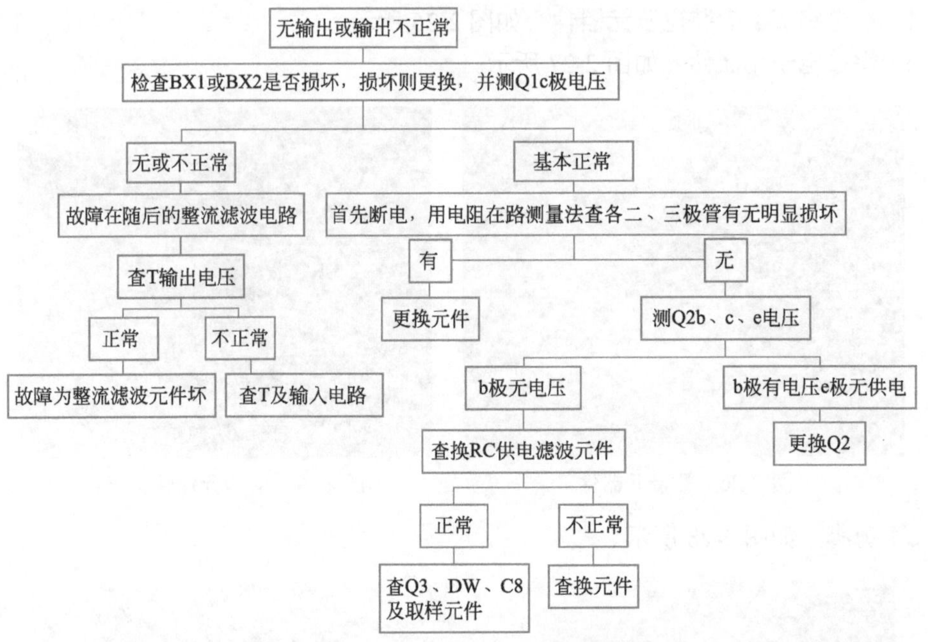

图 2-31　无输出或输出不正常的检修过程

除利用上述方法检修外，在检修稳压部分时（输出电压不正常），还可以利用电压跟踪法由后级向前级检修，同时调 R5 中点位置，哪级电压无变化，则故障应在哪级，如图 2-32 所示。

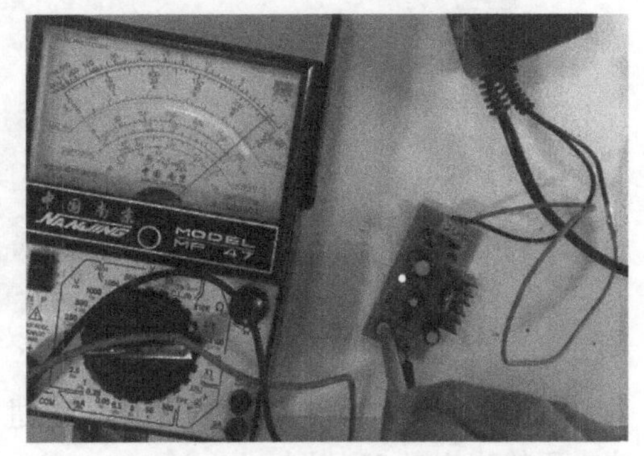

图 2-32　电压跟踪法调试维修电源

如输出电压偏高或偏低，首先测取样管基极电压，调 R5 电压不变则查取样电路，电压变化则测 Q3 集电极电压，调 R5 电压不变则查 Q3 电路及 R1、R2、C1 与 C6、DW 等元件，如变再查 Q2、Q3 等各极电压，哪级不变化故障在哪级。

提示

通过以上两个例子的组装应该知道了具体组装步骤，实际应用中所有电子产品组装过程基本就这些，因此后续实例中组装过程为使读者在有限篇幅学到更多知识，将以上步骤省略。

例004　利用三端稳压器制作稳压电源

1.电路工作原理

电路如图 2-33 所示，本电路 VD1 ～ VD4 组成整流电路，用于将输入的交流电压转换成直流电压；C1 用于对整流后的电压进行滤波；C2 用于防止产生自励振荡；IC1 为固定式三端稳压集成电路；C3 用以滤除输出端的高频信号，改善电路的暂态响应；VD5 为电源输出指示灯；R1 为发光二极管 VD5 的限流电阻，防止输出高电压时 VD5 烧毁；CZ1、CZ2 均为输入端，只是为了方便接插设置成 2 个端子，CZ3、CZ4 均为输出端，为了方便接插也设置成 2 个端子，标“+”的是正极，标“−”的是负极。

当稳压电源输出电流大于 500mA 时，常另加散热器或增加分流元件，否则将过热烧毁。

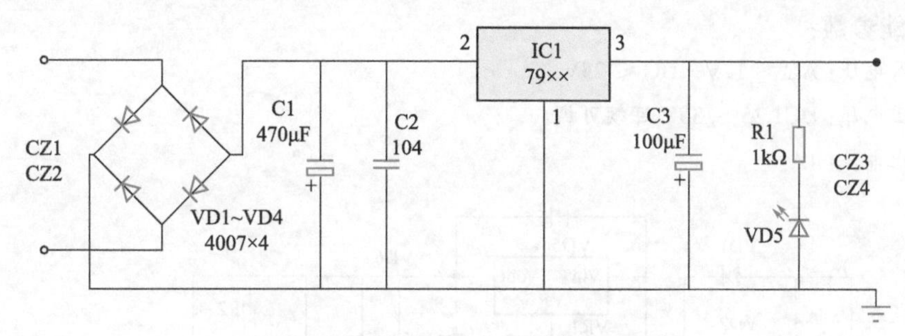

图 2-33　三端稳压电源电路原理图

2.电路组装

根据电路或元器件清单清点元器件，然后对元器件进行测量、插接、焊接、调试。元器件如图 2-34 所示。元器件清单如表 2-2 所示，组装好的稳压电源如图 2-35 所示。

表 2-2　三端稳压电源所需元器件清单

序号	名称	数量	序号	名称	数量
1	PCB 板	1	7	1kΩ 电阻	1
2	纸质说明书	1	8	7912 稳压集成电路	1
3	2 位插针	2	9	470μF 电解电容	1
4	DG302 插座	2	10	100μF 电解电容	1
5	1N4007	4	11	104 瓷片电容	1
6	发光二极管	1			

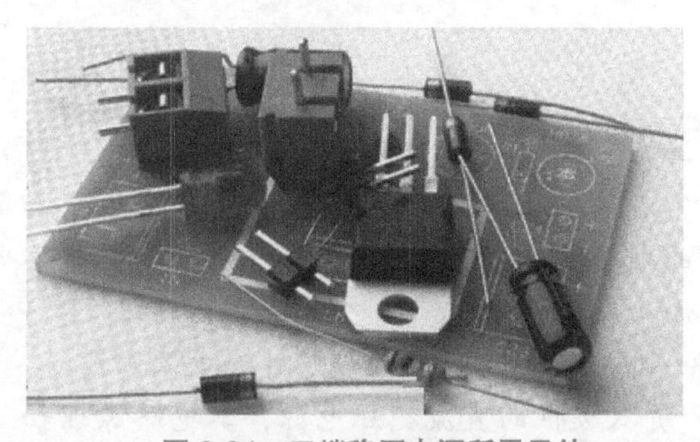

图 2-34　三端稳压电源所需元件

图 2-35　组装好的三端稳压电源

知识拓展一：LM317可调稳压电源

LM317 的输出电压范围是 1.25 ~ 37V，负载电流最大为 1.5A。它的使用非常简单，仅需两个外接电阻来设置输出电压。此外它的线性调整率和负载调整率也比标准的固定稳压器好。LM317 内置有过载保护、安全区保护等多种保护电路。电路如图 2-36 所示。

为保证稳压器的输出性能，R 应小于 240Ω。改变 RP 阻值即可调整稳压电压值。VD5、VD6 用于保护 LM317。

输出电压计算公式：$U_o=(1+R_P/R)\times1.25$。

性能参数：

输入电压：AC ≤ 17V，DC ≤ 25V。

输出电压：DC1.25 ~ 35V 连续可调。

输出电流：1A。

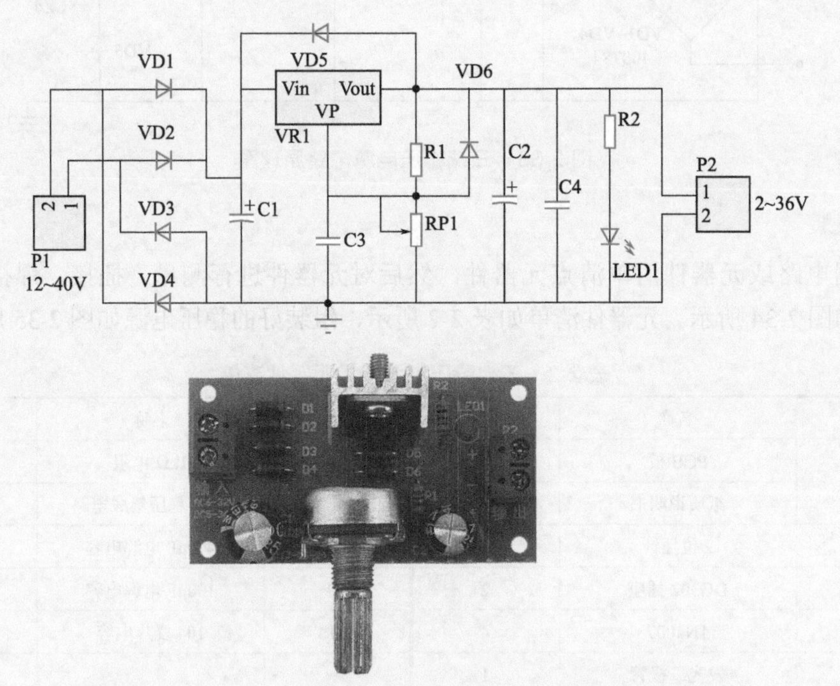

图 2-36　LM317 可调稳压电源电路原理图及组装后的电路板图

知识拓展二：正、负双极性直流稳压电源

对于要求更大的电流的电路，单个集成稳压电路就不够用了，怎样制作一个输出功率更大的稳压电源呢？对更为精密的电子设备，这样的电源输出是满足不了要求的，怎样才能使得输出的电压更为精确和稳定呢？

上面制作的是正极性直流稳压电源，但在实际中很多集成芯片和电路需要正、负直流电源供电。因此可制作一个正、负双极性的直流稳压电源，其电路原理如图 2-37 所示。

正、负直流稳压电源电路与单极性的直流稳压电源对元件的要求主要有两点不同：降压变压器输出端口有中心抽头；采用 LM337 负电源稳压器。电路工作原理与单极性直流稳压电源相同。

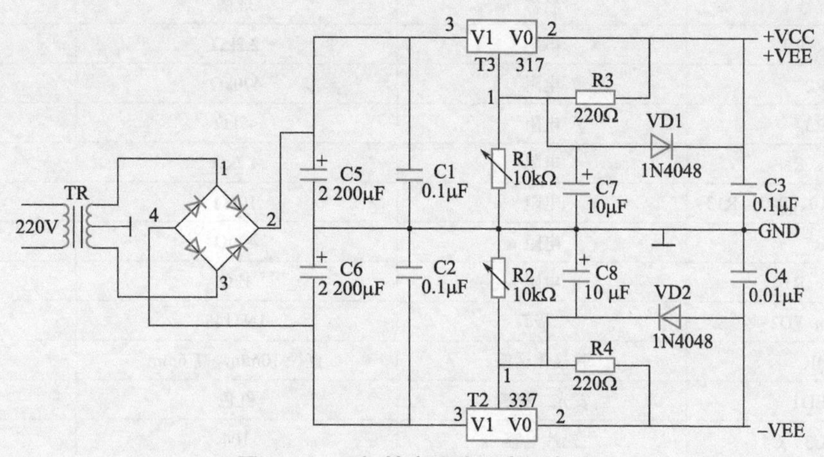

图 2-37　双极性直流稳压电源电路

例 005　声控开关制作

1. 电路基本工作原理（可扫码看制作视频）

电路原理如图 2-38 所示。本电路主要由音频放大电路和双稳态触发电路组成。

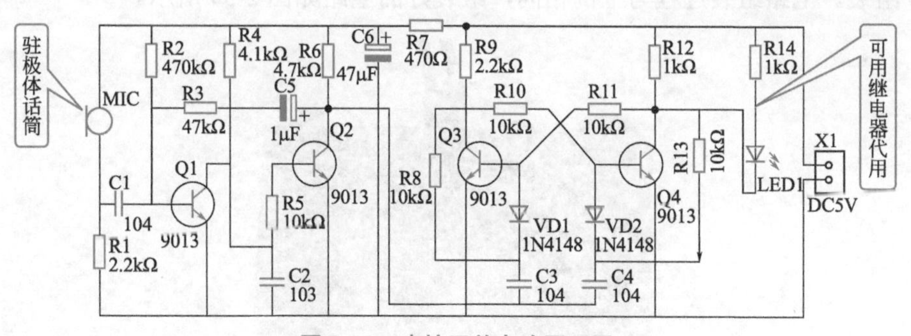

图 2-38　声控开关电路原理图

Q1 和 Q2 组成二级音频放大电路，由话筒元件 MIC 接收的音频信号经 C1 耦合至 Q1 的基级，放大后由集电极直接馈至 Q2 的基极，在 Q2 的集电极得到一负方波，用来触发双稳态电路。R1、C1 将电路频响限制在 3kHz 左右，为高灵敏度范围。电源接通时，双稳态电路的状态为 Q4 截止，Q3 饱和，LED1 不亮。当 MIC 接到控制信号，经过微分处理后负尖脉冲通过 VD1 加至 Q3 的基级，使电路迅速翻转，LED1 被点亮。当 MIC 再次接到控制信号，电路又发生翻转，LED1 熄灭。如果将 LED 回路与其他电路连接也可以实现对其他电路的声控。

本电路采用直流 5V 电压供电，LED 熄灭时整机电流为 3.4mA，LED 点亮时整机电流在 15mA 以内。

2. 电路组装

① 材料定额及元件清单如表 2-3 所示。

表 2-3 声控开关的材料定额及元件清单

位号	名称	规格	数量
R1、R9	电阻	2.2kΩ	3
R2	电阻	470kΩ	1
R3	电阻	47kΩ	1
R4、R6	电阻	4.7kΩ	2
R5、R8、R10、R11、R13	电阻	10kΩ	5
R7	电阻	470Ω	1
R12、R14	电阻	1kΩ	1
VD1、VD2	二极管	1N4148	2
MIC	驻极体话筒	直径 10mm，高 6mm	1
LED1	发光二极管	红色	1
C1、C3、C4	瓷片电容	104	3
C2	瓷片电容	103	1
C5	电解电容	1μF	1
C6	电解电容	47μF	1
Q1、Q2、Q3、Q4	三极管	9013	4
VCC	插针	2P	1
	PCB	28mm	1

② 组装。电路组装过程与上例相同，组装好的电路如图 2-39 所示。

图 2-39 组装好的声控开关电路

例006 LED心形灯制作

流水灯原理与制作

从图 2-40 所示原理图中可以看出，18 个 LED 被分成 3 组，每当电源接通时，3 个三极管会导通，由于元器件存在差异，只会有 1 个三极管最先导通，这里假设 Q1 最先导通，则 LED1 这一组点亮，由于 Q1 导通，其集电极电压下降使得电容 C2 左端下降，接近 0V，由于电容两端的电压不能突变，因此 Q2 的基极也被拉到近似 0V，Q2 截止，故接在其集电极的 LED2 这一组熄灭。此时 Q2 的高电压通过电容 C3 使 Q3 集电极电压升高，Q3 也将迅速导通，LED3 这一组点亮。因此在这段时间里，Q1、Q3 的集电极均为低电平，LED1 和 LED3 这两组被点亮，LED7 这一组熄灭，但随着电源通过电阻 R2 对 C2 的充电，Q2 的基极电压逐渐升高，当超过 0.7V 时，Q2 由截止状态变为导通状态，集电极电压下降，LED2 这一组点亮。与此同时，Q2 的集电极下降的电压通过电容 C3 使 Q3 的基极电压也降低，Q3 由导通变为截止，其集电极电压升高，LED13 这一组熄灭。接下来，电路按照上面叙述的过程循环，3 组 18 个 LED 便会被轮流点亮，同一时刻有 2 组共 12 个 LED 被点亮。这些 LED 被交叉排列呈一个心形图案，不断地循环闪烁发光，达到动感显示的效果。

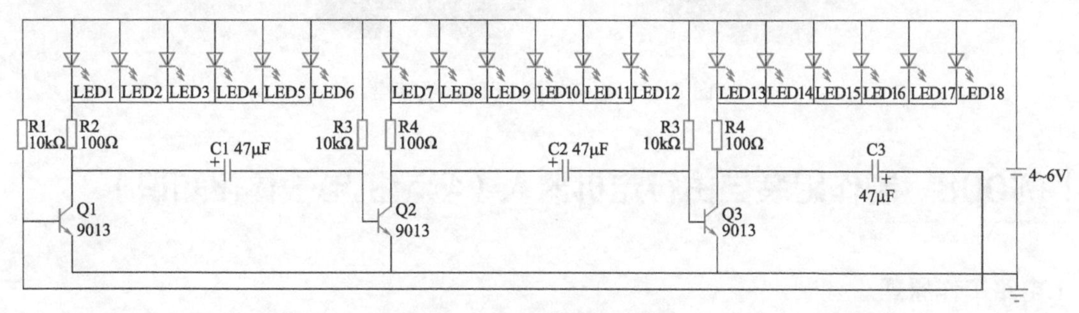

图 2-40　心形灯电路原理图

组装时按照电路板元件标号或者按照原理图插接元器件，只要电路元件插接无误，电路通电即可工作，如图 2-41 所示。

图 2-41　组装好的心形灯

提示

将发光二极管按不同方式排列，可得到多种图案。

例007　LED幸运转盘制作

1.电路工作原理

电路原理图如图 2-42 所示。接通电源，HQS1404 进入自检状态，蜂鸣器鸣叫一声，十个指示灯同时点亮，自检完成后 0 号指示灯亮，其他指示灯熄灭，系统进入等待状态，等待按下按键。当检测到 AN1 键按下后，蜂鸣器鸣叫一声，10 个指示灯进入高速转动状态，直到放开按键后指示灯转速开始降低，最后指示灯随机停在某个数值上，同时蜂鸣器鸣叫一声表示本次幸运转盘结束。再次按下 AN1 键后，重新启动。R1 为限流电阻，Q1 为驱动三极管，驱动蜂鸣器 FMQ 发声。VD0 ～ VD9 为 10 个数值的指示灯，R2 为限流电阻，AN1 用于启动幸运转盘旋转。

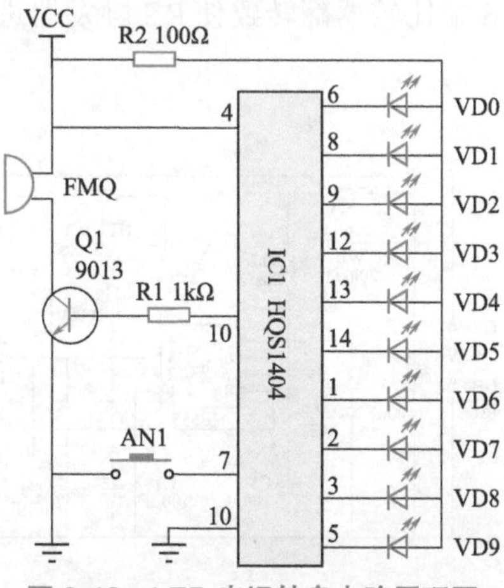

图 2-42　LED 幸运转盘电路原理图

2.电路制作

组装时按照电路板元件标号或者按照原理图插接元器件，只要电路元件插接无误，电路通电即可工作，如图 2-43 所示。

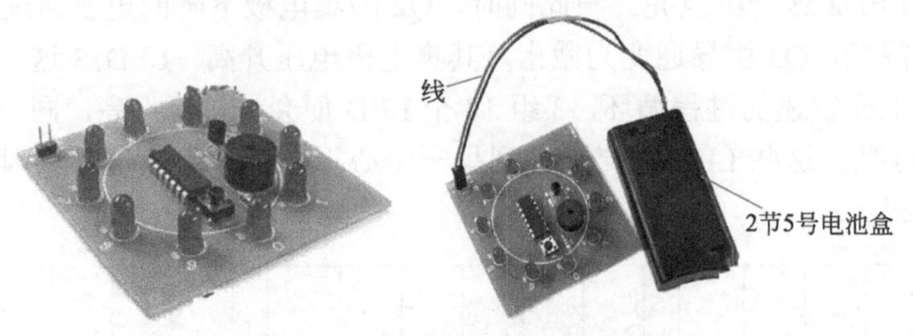

图 2-43　组装好的 LED 幸运转盘

例008　制作组装自由行走机器人（学习机电一体化知识）

1.电路工作原理

装配好的自由行走机器人可以进行前进、后退、发声、闪眼睛等动作。调节电路中的元件参数（电位器）可以控制机器人行走的时间及距离。

自由行走机器人电路原理图如图 2-44 所示。集成块采用 NE555 时基电路，内部由比较器、RS 触发器、放电管等部分组成，图中 6 脚 R 端的正相输入端和 7 脚放电端连在一起为 RS 触发器翻转做了准备。2 脚是 S 端的反相输入端，3 脚是输出端。初始状态时 RS 触发器的 Q 端输出低电平放电管截止不放电，3 脚输出高电平。此时 W2、R13、C5 构成正稳态的延时电路，电源通过 W2、R13 对 C5 充电（调节 W2 可以调节 C5 达到触发电平的时间），当 C5 端的电压达到 2VCC/3 时，R 端比较器翻转输出高电平。此时 S 端电平基本不变从而致使RS触发器触发翻转进入另一个稳态，Q端输出高电平，放电管导通，C5 的电压瞬间被拉为低电平。因在正稳态时 MT2 端为高电平对 C1 充满了电，2 脚一直处于高电平，当 RS 触发器触发翻转进入另一个稳态后 MT2 变为低电平，此时 C1 通过 W1、R6、R14 对地放电，调节 W1 可以调节放电的时间，当 C1 端的电压降到 VCC/3 时 S 端比较器翻转致使 RS 触发器进入正稳态。依次循环，分别调节 W2、W1 可以控制正、

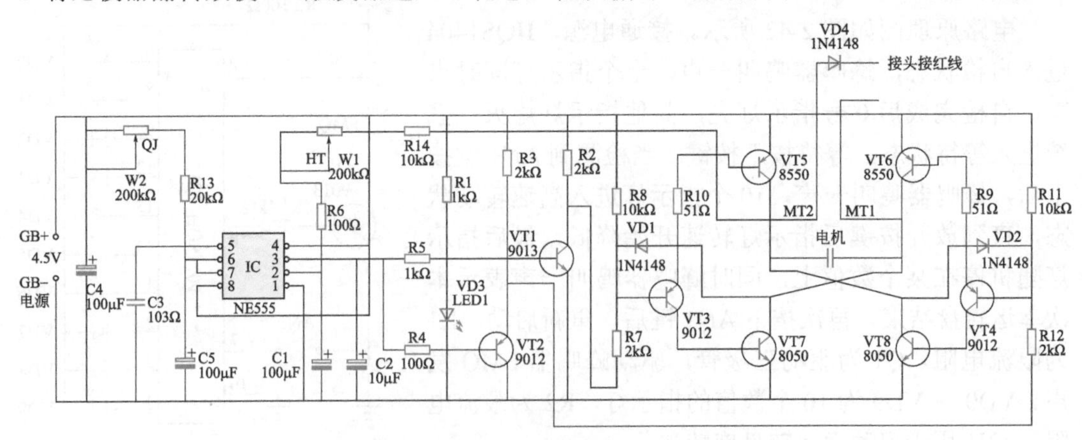

图 2-44　自由行走机器人电路原理图

负稳态电路的延时长短。3 脚是正、负稳态的输出端，正、负稳态分别输出正、负电平。该电平加到电容 C2 上给 C2 充电使输出电平稳定，该电平就是后面驱动电路的控制信号。该控制信号经 R5 加到 VT1 的基极，VT1 是 NPN 管，基极正电平时 VT1 的 c、e 极导通，而 VT2 截止，也即是正稳态时 9013 导通，9013 集电极被拉为低电平，再经过 R7 加到 VT3 的基极使 VT3 导通，从而 VT5、VT7 导通，电流通过 MT2 经过电机后流经 MT1。电机正转机器人向前行走、发声、闪眼睛。W2 控制电机正转的时间。当 NE555 处于负稳态时输出低电平，通过 R4 加到 VT2 上，VT2、VT4、VT6、VT8 导通。电流通过 MT1 经过电机后流经 MT2。电机反转机器人后退，由于发声、闪灯电路经过一个二极管供电，正转时有电压，反转时二极管截止，发声、闪灯电路无电压停止工作。

2.制作过程

自由行走机器人元器件如图 2-45 所示，印制电路板图如图 2-46 所示，元器件清单如表 2-4 所示。

图 2-45　自由行走机器人元器件

简单的行走机器人制作

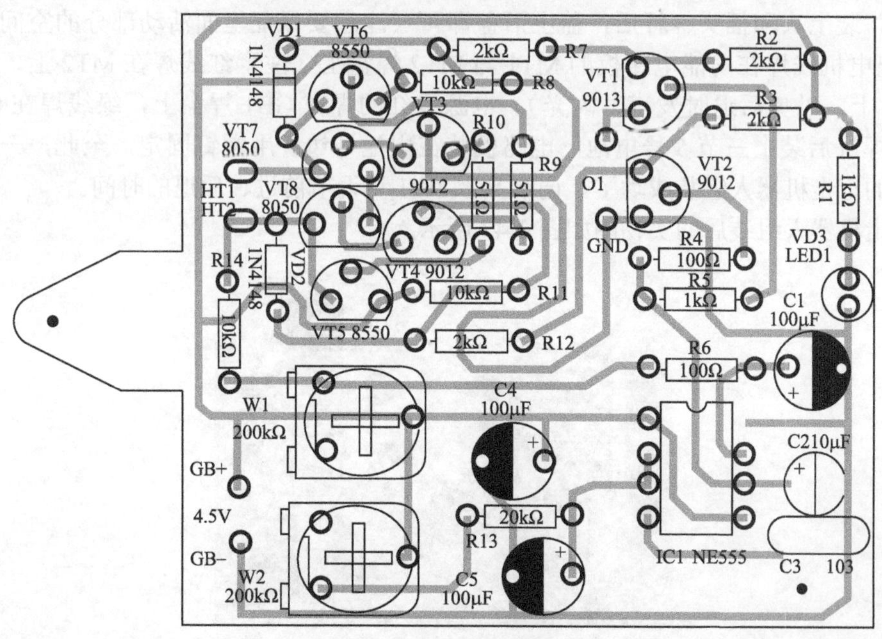

图 2-46　自由行走机器人印制电路板图

表 2-4 自由行走机器人元器件清单

序号	名称	型号规格	位号	数量	序号	名称	型号规格	位号	数量
1	三极管	9013	VT1	1	10	电阻	100Ω	R4、R6	2
2	三极管	9012	VT2、VT3、VT4	3	11	电阻	10kΩ	R8、R11、R14	3
3	三极管	8550	VT5、VT6	2	12	电阻	51Ω	R9、R10	2
4	三极管	8050	VT7、VT8	2	13	电阻	20kΩ	R13	1
5	集成块	NE555	IC	1	14	可调电阻	200kΩ	W1、W2	2
6	二极管	1N4148	VD1、VD2、VD4	3	15	电解电容	100μF	C1、C4、C5	3
7	发光二极管	LED1 ϕ3mm	VD3	1	16	电解电容	10μF	C2	1
8	电阻	1kΩ	R1、R5	2	17	瓷片电容	103	C3	1
9	电阻	2kΩ	R2、R3、R7、R12	4	18	电路板			1

3. 组装调试过程

① 当拿到套件后，对照“元器件清单”清点元件，并用万用表测量所有元件，特别是瓷片电容，最好用数字万用表的电容挡测量，若没有数字表，可用万用表粗略估计测量一下，确保电容容量正确。

② 在焊接时应按先焊小元件，再焊大元件，最后再焊集成块的原则进行操作，元件尽量贴着底板“对号入座”，不得将元件插错。由于集成块 NE555 采用双排 8 脚直插式结构，引脚排列比较密集，焊接时用尖烙铁头进行快速焊接，如果一次焊不成功，应等冷却后再进行一次焊接，以免烫坏集成块。焊完后应反复检查有无虚、假、错焊，有无拖锡短路造成故障，只要按上述要求焊接组装，一通电即可正常工作。

③ 功能电路板部分装配完成后再焊接电机、电源部分的引线。打开机器人后盖将接线焊在电机上，同时把到头部分的红线焊下串接一个 1N4148 的二极管，再焊接电源线；一根焊接在电极片的负极，另一根焊接在开关的一端，电源和电机接线焊好后从后背的孔引出。装上头和插头杠杆后，盖上后盖即可（注意要保证里面活动部分的空间以免卡住）。把电机线焊在功能电路板的 MT1 与 MT2 焊盘上（注意红线焊在 MT2 上，绿线焊在 MT1 上，以免后退时发声、闪光）。电源线红的焊在 GB+ 焊盘上，绿线焊在 GB− 焊盘上。焊好后装上三节 5 号电池，电路板装在电池外边，用螺钉固定，至此，一个能行动自如的行走机器人组装成功了。调节 W2、W1 可调节前进、后退的时间。

行走机器人组装后的实物图如图 2-47 所示。

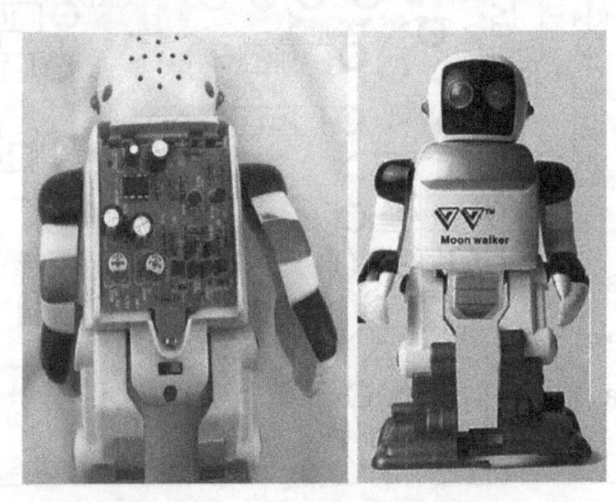

图 2-47 组装后的行走机器人

第三章

从制作中学通模拟电路原理、调试与检修技术

例009　最基本的三极管负反馈放大电路制作

1.电路分析

电路是由两个三极管组成的负反馈放大电路，如图 3-1 所示。电路中 Q1、Q2 是两个起放大作用的 NPN 型小功率三极管，R1 ～ R9 是它们的直流偏置电阻；R10 是电路的负载电阻；R11 是负反馈电阻，它的大小直接影响负反馈的强弱；C1、C3、C5 是耦合电容；C2、C4 是射极电阻旁路电容，提供交流信号的通道，减小放大过程中的损耗，使交流信号不因射极电阻的存在而降低放大器的放大能力；J1 是一个短路线，可接通或断开，用来测试有无负反馈时输出信号的变化；X1、X2、X3 分别是信号输入、信号输出和电源输入。

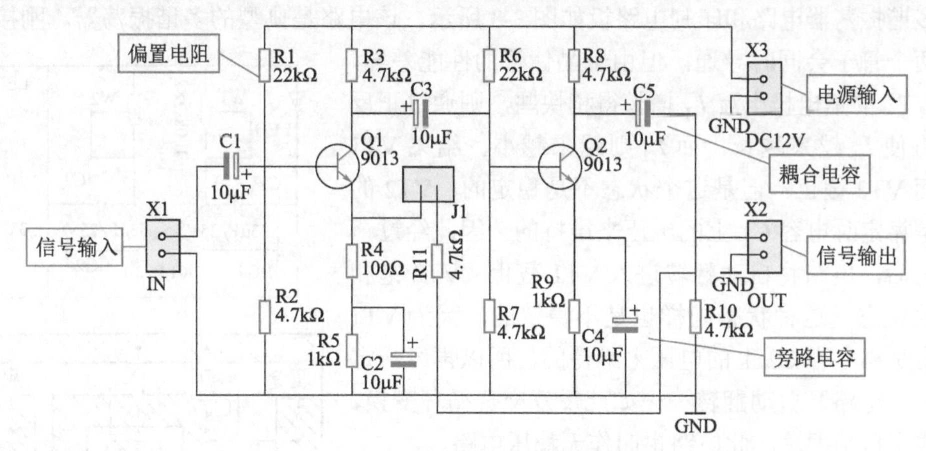

图 3-1　放大电路原理图

2.信号流程

正弦波信号从 X1 输入，经过耦合电容 C1 进入 Q1 基极，由 Q1 放大后从 Q1 集电极输出，经 C3 耦合进入 Q2 的基极，再从 Q2 集电极输出经输出耦合电容 C5 到了负载电阻 R10 上，输出信号还有一路经 R11 送到 Q1 的发射极形成负反馈。

3.制作过程

按图中标号核对元件，然后插接焊接即可，只要元器件无误，组装后即可工作。调试时电源电压为12V直流，输入信号可以采用1kHz/2mV正弦波信号源，输出端接示波器，观察输出波形。组装好的放大电路如图3-2所示。

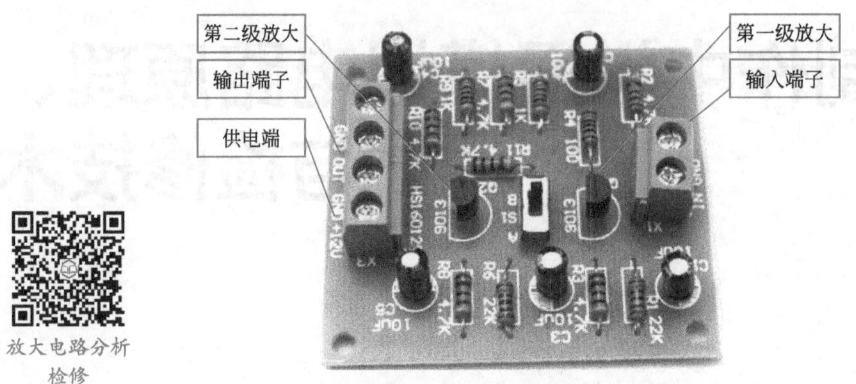

放大电路分析检修

图3-2　组装好的放大电路

注：在无示波器时，可用后面章节中的正弦信号发生器（例059）和故障循显器配合试验检查放大器放大效果。

例010　制作多谐振荡器学会多种电路应用

多谐振荡器可以输出方波脉冲，可以应用于多种电路作信号源无波发声器单、双稳态、各种玩具（电子猫）电路等，是一种万能电路，后面会有很多电路中会见到此电路。

1.电路工作原理

多谐振荡器电路和印制电路板如图3-3所示。该电路是典型的多谐振荡器。刚接电源时，两个管子会同时导通，但由于晶体管的性能差异，假设VT1的集电极电流I_{c1}增长得稍快些，则通过正反馈，将使I_{c1}越来越长，而I_{c2}则越来越小，结果VT1饱和而VT2截止。但是这个状态不是稳定的，VT2的截止是靠定时电容C1上的电压来维持的，因此经过一定时间后，电路将自动翻转进入VT1截止、VT2饱和导通的状态。这种状态同样也是不稳定的，因为VT1的截止是靠电容C2上的电压来维持的，所以再经一定时间后，电路又自动翻转……如此反复交替循环变换，就形成了自励振荡。此电路也叫作无稳压电路。

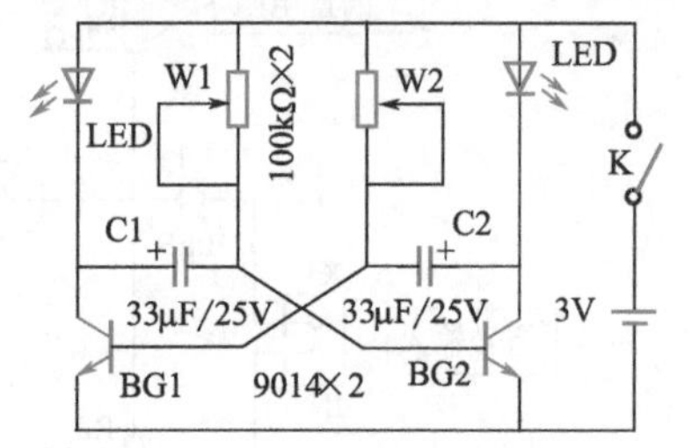

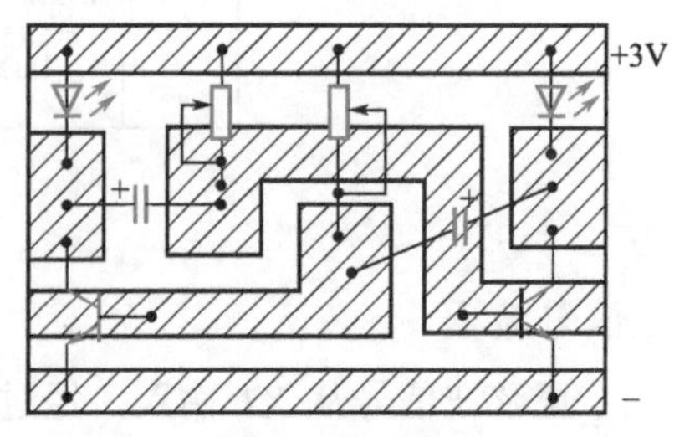

图3-3　多谐振荡器电路和印制电路板图

2.元件选择和制作

LED选用绿色发光二极管，三极管只要是NPN型小功率管（如9014）即可，制成后只要略调W1与W2，使两个发光二极管轮流闪烁即可。

注意

图 3-3 为多谐振荡器电路和印制电路板图，如果没有印制板，可以直接利用面包板（又称为洞洞板或万能电路板）直接按照图 3-3 连接线路焊接即可，也可以按照原理图连接线即可达到制作要求，如图 3-4 所示。后续章节中的电路印制板图均可用面包板制作。

图 3-4　用面包板制作的电路

例 011　磁摆小玩具制作

1.电路工作原理

依据磁极具有同性相斥、异性相吸的特点。磁摆装置由磁性摆锤、电磁驱动等电路组成。电路见图 3-5，印制板图见图 3-6。

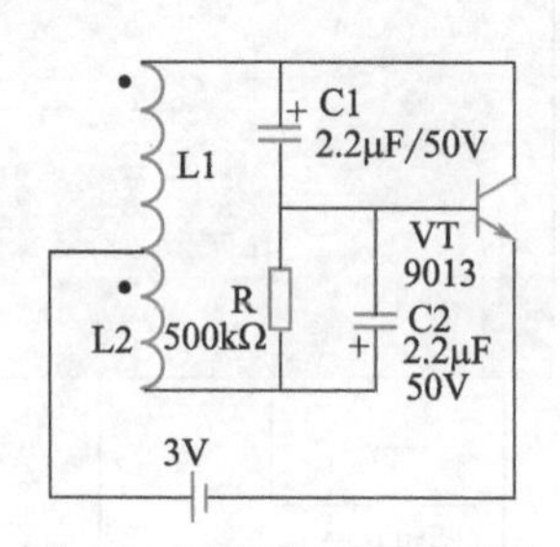

图 3-5　磁摆小玩具电路图

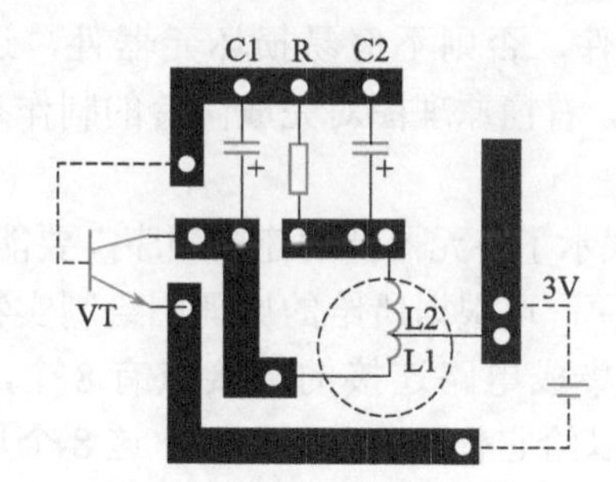

图 3-6　磁摆小玩具印制板图

当磁性摆锤处于线圈的正中位置时，三极管 VT 的 b、e 极因电阻 R 和电容 C2 阻断，故无电压通过，c 极电流为零（线圈 L2 因直流电阻甚微，可视为短路）。当磁性摆锤移位时（稍加外力），磁性摆锤的磁力线便切割线圈而产生感应电压，磁摆的磁极与线圈的磁场之间产生新的磁场，它们互相作用、互相影响，使三极管 VT 的 b、e 极感应电压周期性地不断变化，通过三极管 VT 的 c 极励磁电流产生的磁场，对磁摆不停地吸与斥，不断地补充能量，使磁摆持续工作。

2.制作

线圈部分很关键，用纸壳做一个外径为 20mm、内径为 10mm、高为 20mm 的圆形骨架，用两根直径为0.1mm的漆包线同向并绕，L1为2000匝，L2为1600匝，把L1的始端定为引线1，将它们的末端与L2的始端绞合在一起，定为引线2，将L2的末端定为引线3，分别焊入电路，千万不能把线头弄错了，不然电路是不会工作的。磁性摆锤用废弃的小耳塞中的三只磁环，重叠起来，从它原来的铁盖中心穿一根细尼龙线悬吊起来即可。装配时磁摆与线圈的距离越近越好，摆线长则周期短，摆线短则周期长，可根据需要适当调整。VT的基极电压为0.3V，集电极电压为2.8V。

例012　简单电子门铃制作

简单的门铃电路制作

1.组成和制作原理

门铃主要由电源、音乐集成电路（包括三极管和电阻等元器件）、扬声器、按钮开关以及外壳等部分组成，门铃原理见图3-7。

用于制作门铃的音乐集成电路很多，常见的型号有9300、9300C、9301、KD132、KD153、KD153H、HFC482大规模集成电路等。不同的集成电路其信号输出端不同。9300C、9301、KD153H等型号的集成电路带有高阻输出端，可直接驱动压电陶瓷发声装置使其发声。9300、9300C、9301、KD152、KD153、KD153H和HFC482等型号的集成电路，必须将输出信号用三极管放大后，才能使扬声器发声。配套三极管多为9013、9014、8050等型号管。

2.识读原理图

在原理图上各元器件是用符号（图形符号与字母）表示的，应认识各元器件的符号并和实物联系起来。每件电子作品都要按照电路图去制作，不能装错元器件，否则不但易损坏元器件，还会导致制作失败。看懂原理图对完成门铃的制作有重要作用。

图3-7表示了各元器件的连接顺序，要能看懂。为了制作方便，可根据所给的原理图绘制实物连接图。本音乐集成电路连接的焊接点有8个，共两排。我们可以给它们编号为1～8，这8个焊点中3和7是连在一起的，4与5是连在一起的。

从图中可以看到三极管c极接3或7均可，由于7有元件引线插孔，故安装方便。因此c极可装在焊点7上。三极管b极接6，e极接4和5，同样，接5方便些。

在自己组装学习中，这些音乐块用任何一种型号均可，声音可能不对，但可达到学习制作、理解原理的目的

9300

8 7 6 5

1 2 3 4

按钮开关

扬声器

三极管

9013

图3-7　门铃原理图

3.制作步骤

① 焊点镀锡。分别给音乐集成片的焊点镀锡，镀锡的量要少而薄。

② 导线的处理。对导线处理的方法，应先上锡，然后再焊接到电路板上。

③ 三极管的安装与焊接。三极管3条引线e、b、c要分别插在5、6、7等3个引线

插孔中。三极管 e、b、c 的区分方法如图 3-8 所示。插装前要仔细核对，检查无误后，用点锡焊接法将 3 个焊点焊好。

④ 按钮开关的组装。

⑤ 扬声器引线的焊接　焊接扬声器引线时，可先在有圆孔的焊点上镀锡，再焊引线。焊接引线时，不要把引线焊在已焊有线圈引线的焊点上，以防止线圈引线脱落。

⑥ 各部分的连接　由图 3-7 可看出，按钮开关的两根引线要焊到 1、2 两个焊点上，扬声器要焊在 1、3 两个焊点上，电池正极焊在 1 上，负极焊在 4 上。焊完后再检查一下有无漏焊的元件，无误后，即可装好电池，按一下开关，即可有音乐声。

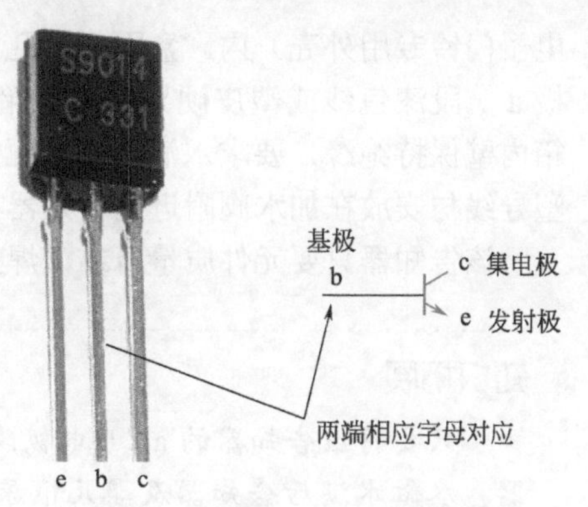

图 3-8　三极管元件符号与实物图

用门铃电路学制作多种电路

例 013　太阳能热水器水满告知器制作

还是上一个电路元件，您能想象出可以制作太阳能热水器水满告知器吗？

1.电路工作原理

太阳能热水器水满告知器的电路如图 3-9 所示。水箱的金属外壳 b 和水位电极 a 构成了水满探测电路；模拟声集成电路 A、三极管 VT 和扬声器 B 等构成了音响发生电路。

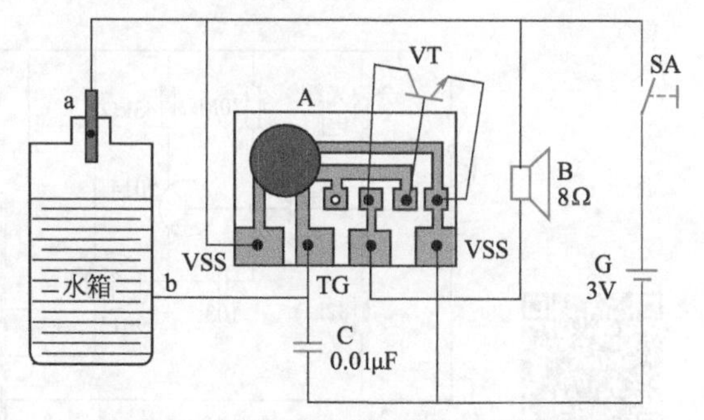

图 3-9　太阳能热水器水满告知器电路图

加水时，闭合电源开关 SA，由于 a、b 间呈开路状态，A 的触发端 TG 脚无高电平信号输入，所以 A 的内部电路不工作，扬声器 B 无声。当注入水箱的水达到最大容量时，水面与电极 a 接触，A 的 TG 脚通过水箱外壳 b、水的电阻（约几千欧姆）和电极 a，从电源 G 的正端获得高电平触发信号，于是 A 工作，所输出模拟声电信号经三极管 VT 进行功率放大后，推动扬声器 B 发出清脆的“叮——咚”声来，告诉主人：水满了，快关进水阀。

2.元器件选择

模拟声集成电路 A 选用 KD153H 型“叮咚”门铃专用集成电路芯片，也可用芯片外观和引脚功能完全相同的 KD-9300 系列或 HFC1500 系列音乐集成电路芯片来代替。三极管 VT 选用 9013 或 3DX201、3DG12、3DK4 型硅 NPN 中功率三极管，要求 $\beta > 100$。

C 选用 CT1 型瓷介电容器，它能有效消除外界杂波干扰引起 A 的误触发，避免 B 无故发声。B 选用 YD58-1 型、8Ω、0.25W 小口径动圈式扬声器。SA 可选用 CKB-1 型拨动开关。

3.制作与使用

整个告知器电路以 A 芯片为基板，按图 3-9 所示接线焊装在一个市售塑料香皂盒（或电子门铃专用外壳）内。盒面板开孔固定电源开关SA，并为扬声器B开出放音孔。将电极a一段漆包线或塑皮硬导线由水箱溢水管口伸入水箱，注意既要固定牢靠，又要与水箱内壁保持绝缘，要求水满后水面正好与其端头相接触。电极a、水箱外壳b通过双股软塑导线与安放在加水阀附近的告知器小盒相连即成。

该告知器只要元件质量可靠，焊接无误，不需要任何调试就能正常工作。

知识拓展

只要将该告知器的a、b电极改成自制的相应探测传感器，就可改制成下雨告知器、水缸水满后告知器及婴儿报尿器等。换成振动开关，还可制作成振动传感器等电路。

例014 迎宾器制作

迎宾器电路及印制板图如图3-10所示。利用人走过迎宾器时会产生一个阴影的特点，通过光敏电阻对光线变化信号的接收，作为传感器，控制语音电路发声。

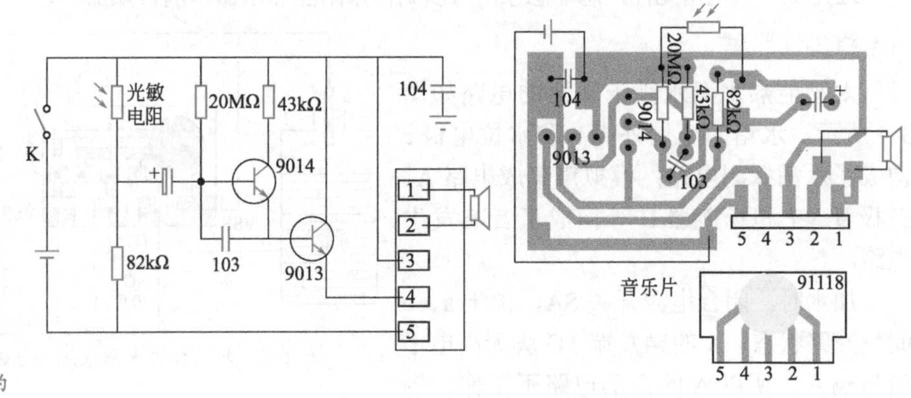

门铃电路制作的来客告知器

图3-10 迎宾器电路及印制板图

安装说明：

① 按照图3-10把元件安到电路板上，安好检查无误后开始连接，光敏电阻最后安装。连接时对照原理图弄清后再连接。

② 光敏电阻的安装：先把光敏电阻装进黑色套筒的一头内1cm左右，把光敏电阻脚分开不能短路，然后捏扁用烙铁加热，封闭套筒这头不留缝隙，再把多余的光敏脚断掉留5mm焊线。

最后把黑色套筒的另一头用烙铁加热缩小后，从壳子里面向外穿入直径ϕ5mm的孔里，露出1～2cm，多余的脚剪去即可。

注意

在制作中，可用红外接收管代替光敏电阻，其感应效果更佳。

例015 读写坐姿不良倾斜报警器制作

1.电路工作原理

读写坐姿不良倾斜报警器的电路如图3-11所示。集成电路A、三极管VT及扬声器组成了语音发生电路。SQ是一种玻璃水银导电开关，主要起到位置倾斜检测作用。SA为电路电源开关。

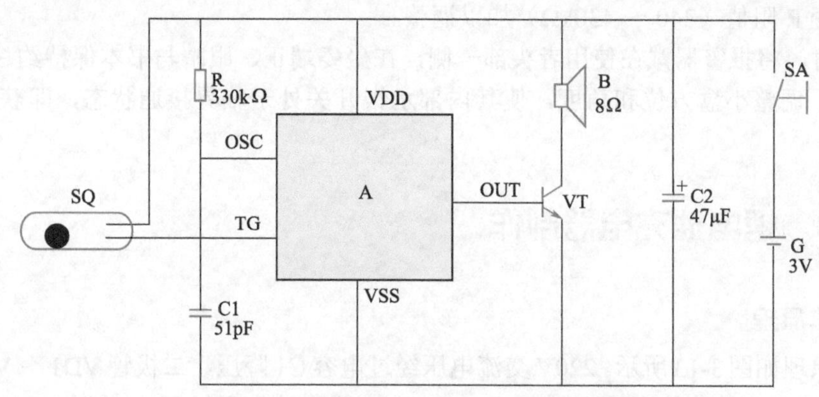

图3-11 读写坐姿不良倾斜报警器电路图

平时，当读写者坐姿端正时，SQ内部两接点断开，A无触发信号不工作，扬声器无声。此时整机耗电甚微，静态电流小于3μA。一旦读写者身体倾斜超过限度，SQ内部两接点就会被水银桥接通，A因触发端TG脚获得正脉冲触发信号而工作，其输出端OUT脚送出内储“请注意，近视！快坐正！”语音电信号，经三极管VT功率放大后，推动B发出坐姿不良告警语。

电路中，R、C1分别为A的外接振荡电阻器和电容器，其数值大小影响语音声音调及速度。C2为退耦电容器，能消除因电池内阻增大而产生的扬声器发音畸变，相对延长电池使用寿命。

此电路不仅可作为坐姿不良报警器，还可用于多种倾斜、控制电路中作检测用。

2.元器件选择

A选用HFC5209型“请注意，近视！快坐正！”语音集成电路。晶体管VT可选用9013或3DG12、DK4、3DX201型硅NPN中功率三极管，要求$\beta>100$。SQ选用KG-101或KG-102型玻璃水银导电开关。R选用RTX-1/8W型碳膜电阻器。C1选用CC1型瓷介电容器。SA选用1×1小型拨动开关，G选用SR44或G13-A型扣式微型电池两粒串联而成，电压3V。

3.制作与使用

图3-12所示为该报警器印制电路板接线图。印制板实际尺寸约为30mm×25mm，可用刀刻法制作。A芯片通过5根10mm长的元件剪脚

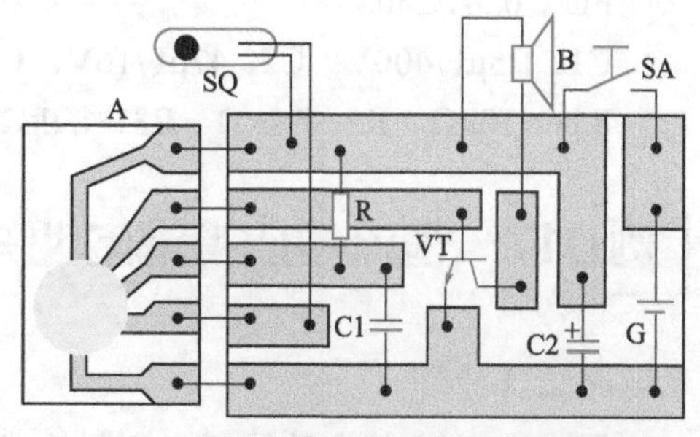

图3-12 读写坐姿不良倾斜报警器印制电路板接线图

做出引线焊到电路板上去。电池夹用两片 14mm×8mm 的磷铜皮弯折成“L”形，并用小铆钉固定到电路板上。

焊接好的电路板连同扬声器、开关 SA 一起装入尺寸约为 55mm×33mm×14mm 的绝缘小盒内。SQ 应水平安放在盒子中，SA 在盒子上部开孔固定，并注意在盒面板上开出释音孔，盒子背面用强力胶粘固上适当长度的宽幅橡皮筋松紧布带，用以在使用者头部固定报警器。

制作成的报警器，电路一般无须做任何调试，即可满意工作。如嫌语音声不够真切，可适当改变 R 阻值（240 ～ 430kΩ）加以调整。

使用时，将报警器戴在使用者头部一侧，在坐姿端正、眼睛与书本保持约 33cm 距离的条件下，调整小盒方位和角度，使其内部水银开关处于临界接通状态，即获最佳工作灵敏度。

例016　锂电池充电器制作

1.电路工作原理

电路原理如图 3-13 所示。220V 交流电压经过电容 C1 降压、二极管 VD1 ～ VD4 整流、电容 C2 滤波后，将充电电流限制在 70mA 左右。当电池电压低于 4.2V 时，ZD 关断，电流全部充入电池。当电池电压升高到 4.2V 时，ZD 开始导通发挥分流作用。由于充电电流较小，故充电时间较长。电路中，电阻 R2 和 R3 的阻值精度要求很高，为 1% 的误差。

431构成的充电器

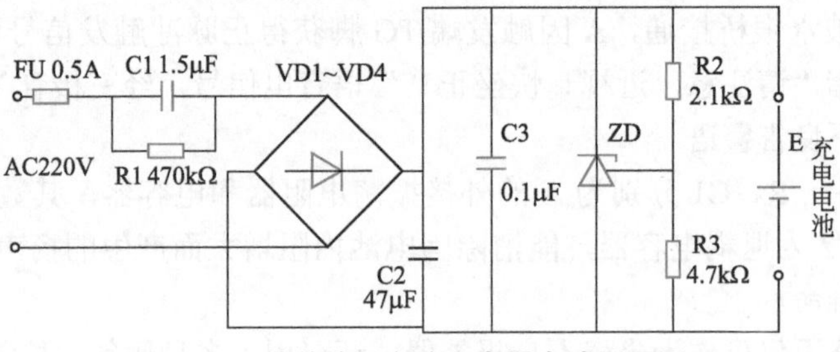

图 3-13　简单的锂电池充电器电路原理图

2.元器件选择

VD1 ～ VD4：1N4004。

ZD：TL431。

FU：0.5A/250V。

C1：1.5μF/400V。C2：47μF/16V。C3：0.1μF/63V。

R1：470kΩ。R2：2.1kΩ。R3：4.7kΩ。R1 ～ R3 均采用 1/4W 金属膜电阻。

例017　恒流恒压镍镉电池充电器制作

1.电路工作原理

图 3-14 为一款高性能恒流恒压的镍镉电池充电器电路原理图。市电经整流桥 VD 整流后，在电路中获得脉动直流电压。该电压一路经开关变压器 TR 的 1、2 绕组加至开关

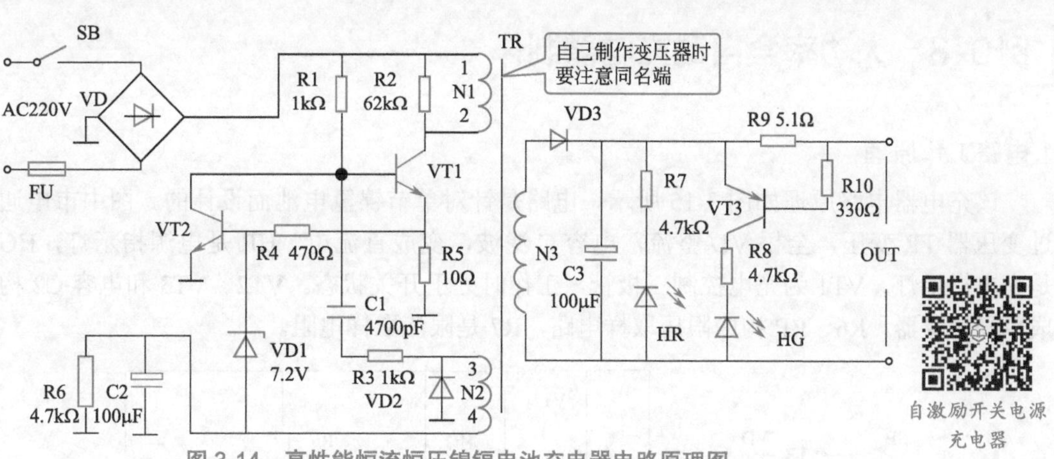

图 3-14 高性能恒流恒压镍镉电池充电器电路原理图

管 VT1 的 c 极，另一路经限流电阻 R1 加到 VT1 的 b 极，为 VT1 提供启动电流，VT1 开始导通，其集电极电流在 TR 的 1、2 绕组中产生 1 为正、2 为负的电动势，经 TR 耦合，在 TR 的 3、4 绕组中感应出 3 正 4 负的电动势。此电动势经 R3、电容 C1 叠加到 VT1 的 b 极，使 VT1 迅速饱和导通。

由于流过电感的电流不能突变，故在 TR 的 1、2 绕组中产生 1 负 2 正的电动势。经 TR 耦合，在 TR 的 3、4 绕组中感应出 3 负 4 正的电动势，使 VT1 声带由导通进入关断状态。整流后的电压经 R3 对 C1 不断地充电，VT1 又开始导通，进而进入下一轮的开关振荡状态。关断期间，TR 通过次级 5、6 绕组，经 VD3 及其负载电路释放能量，输出所需的充电电压。

稳压电路由稳压管 VD1、VT2 等元件组成。当负载减轻或市电升高时，电压上升。当该电压大于 7.2V 时，VD1 被击穿，VT2 迅速导通，使 VT1 关断，进而使开关电源电压趋于下降。反之，则控制过程相反，从而使 TR 输出电压基本稳定。

当充电电路处于空载时，R8 上无电流流过，VT3 的 e、b 极电压基本相等，VT1 关断，HG（绿灯）灭，电源指示灯 HR（红灯）亮；当接入电池进行充电时，充电电流在 R8 上产生的压降，使 VT3 正偏导通，HG 亮，表示正在充电。随着电池不断地充电，其充电电流逐渐减小，R8 上的压降也随之减小，当 VT3 的 e、b 极偏压小于 0.7V 时，VT3 关断，HG 熄灭，表示电已充满。

2.元器件选择

SB：电源开关，1A/250V。

VD 为 1 A 整流桥。VD1：稳压二极管，稳定电压值 7.2V，选用型号为 2CW56。VD2：开关二极管，1N4148。VD3：1N4007。

HR、HG：LED 红、绿发光二极管。

VT1：MJE13003。VT2：8050。VT3：8550。

R1、R3：1kΩ。R2：62kΩ。R4：470Ω。R5：10Ω。R6、R7、R8：4.7kΩ。R9：5.1Ω。R10：330Ω。R5 为 1W，其他为 1/4W，均为金属膜电阻。

C1：4700pF。C2：100μF。C3：100μF。C1 ～ C3 耐压值均为 2.5V。

TR 为铁芯小型变压器。N1、N2 用 ϕ0.21mm 的漆包线绕 16 匝；N3 用 ϕ0.15mm 的线绕 160 匝。

例018 大功率全自动充电器制作

1.电路工作原理

该充电器电路原理如图3-15所示。电路是针对单节镍氢电池而设计的。图中市电通过变压器TR变压，全桥VD整流，电容C滤波，变成直流电。HR是电源指示灯，HG是充电指示灯。VT1为充电控制三极管，工作时处于开关状态。VT2、VT3和电容C2构成单稳触发器。R6、RP构成限压取样电路，R7是限流取样电阻。

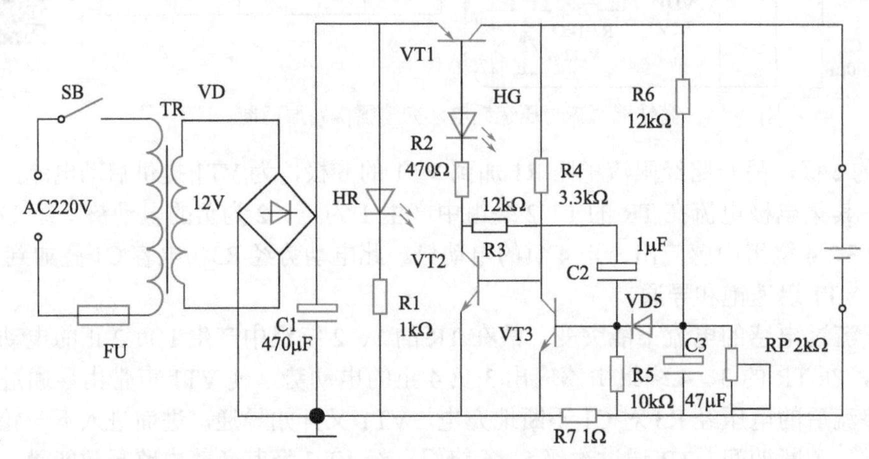

图3-15 全自动充电器电路原理图

待机状态时，接通电源，若不接电池，则三极管VT2因无基极电压而关断，三极管VT1也关断，无电压输出。此时只有电源指示灯HR红色LED发光管指示灯亮。

充电过程中，当正确接上充电电池后，三极管VT2因电池的余电而轻微导通，其集电极电位下降，VT1迅速导通，输出电压升高；由于C2是正反馈作用，电路状态迅速达到稳态。此时，VT1、VT2导通，VT3关断，给电池充电，充电指示灯HG绿色LED发光管亮。

限流充电时，如果充电电流大于限定值，电流取样电阻R7两端电压升高，三极管VT3的b、e极间电压呈高电位，单稳触发器状态被触发。VT3导通，VT1、VT2关断，充电停止。而后单稳器自动复位，又进入充电状态，这样周而复始地进行脉动充电。充电指示灯HG闪烁。

随着充电的进行，电池两端电压缓慢上升，脉宽变窄，充电电流变小，充电指示灯HG闪烁逐渐变快变暗。待电池接近充满时，二极管VD5导通，VT3也导通，VT1、VT2关断。充电电路关断，结束充电。在实际充电过程中，由于电池充电静置一会儿后，电池电压又有稍许降低，因而会出现间歇充电现象，但看不到HG闪烁。这种涓流充电方式有利于延长电池寿命。

2.元器件选择

SB：按钮开关。

TR：市售220/6～12V的电源变压器，容量为10～20W。

VT1：CD511；VT2、VT3：9013、9014。

VD 为 2A 全桥。HR、HG：红、绿发光二极管。VD5：开关二极管 1N4148。

其他元件参数按图 3-15 所示选取。

3.调试

安装无误后，按以下步骤调试：把电容 C2、C3 断开，在输出端并接一个 220μF 左右的电解电容，此时该电路就相当于一个可调稳压电源；先不接电池，接通电源，HR 红色发光管亮；将 VT3 的 b、e 极短接，此时指示灯 HG 绿色发光管亮，用万用表测输出端电压，调节电位器 RP，直到输出电压等于电池电压，再接回电容 C2、C3 便可。

例 019　电蚊拍类电器制作

电蚊拍电路学多倍压整流电路原理

1.电路工作原理

电蚊拍的电路如图 3-16 所示，它主要由高频振荡电路、三倍压整流电路和高压电网三部分组成。

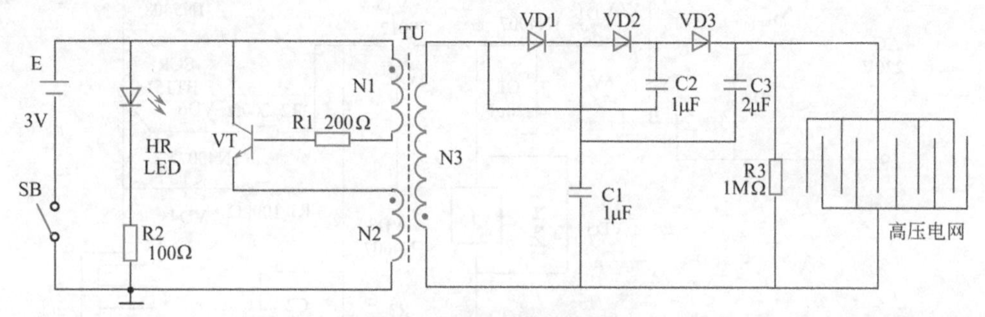

图 3-16　电蚊拍电路原理图

当按下电源开关 SB 时，由三极管 VT 和高频变压器 TU 构成的高频振荡器通电工作，把 3V 直流电变成 18kHz 左右的高频交流电，经 TU 升压到约 600V，再经二极管 VD1 ～ VD3、电容 C1 ～ C3 的三倍压整流升高到 1500V 左右，并加到蚊拍的金属网上。当蚊蝇触及金属网丝时，因电网短路，蚊蝇即会被强大的电流击晕、击毙。

电路中，红色发光二极管 HR 和限流电阻 R1 构成指示灯电路，用来指示电路通断状态及显示电池电能的耗损情况。

2.元器件选择

三极管 VT 选用 2N5609 型硅 NPN 中功率三极管，亦可用 8050、9013 型等常用三极管代替。HR 选用直径为 3mm 的红色发光二极管，VD1 ～ VD3 选用 2LD5100 高压硅整流二极管。

R1 ～ R3 均选用 RTX-1/8W 型金属膜电阻，其中 R1 为 200Ω，R2 为 100Ω，R3 为 1MΩ。C1 ～ C3 选用 CL11-630V 型涤纶电容，其中 C1、C2 为 1μF，C3 为 2μF。SB 选用 6mm×6mm 立式微型轻触开关。电源 E 用 5 号干电池两节串联而成，电压为 3V。

高频变压器 TU 须自制，选用 EE19 型铁氧体磁芯及配套塑料骨架，N1 用直径为 0.22mm 的漆包线绕 22 匝，N2 用同号线绕 8 匝，N3 用直径为 0.08mm 的漆包线绕 1400 匝左右。注意图中黑点为同名端，按头尾顺序绕制，绕组间垫 1 ～ 2 层薄绝缘纸。

电路正常工作时耗电 40mA，击毙蚊蝇时有很强烈的“啪啪”声音。如果输出电压很低，不能击毙蚊蝇，则可以调换一下 N2 的线头；如果 R3 阻值过小，则可适当增加 R3 的阻值，同时电极之间的距离不应小于 10mm。

例020 电子灭鼠器制作

1.电路工作原理

电路如图 3-17 所示，B 是一只隔离、升压式变压器。由于电网利用大地作为一个电极，为防止杀鼠时市电触电保安器误动作，用变压器将电路与市电隔离。次级 6V 左右的低压经 VD1 整流、C1 滤波后得到 7V 左右的直流电压作控制用。高压交流电由 VD2 整流后得到的脉动电压作触杀电源。单向晶闸管 SCR 用于高压的开 / 关控制，SCR 阴极直接接在电网上。

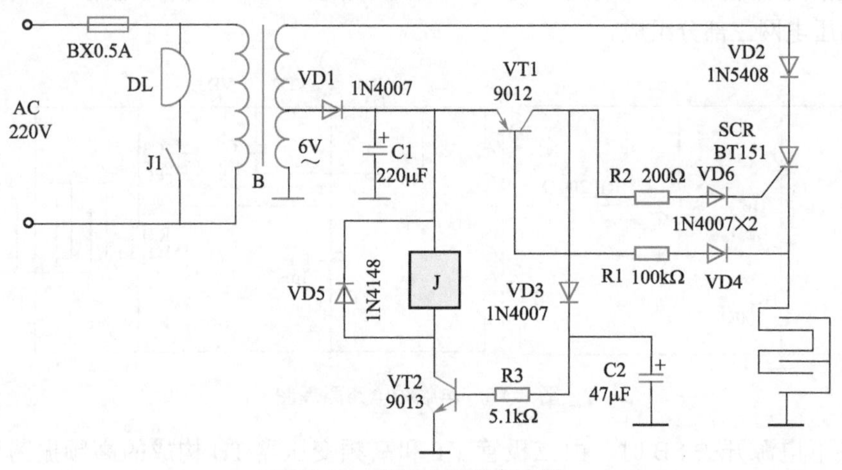

图 3-17 电子灭鼠器电路图

静态时，三极管 VT1 因基极电路悬浮而截止，SCR 亦截止，电网对地间只有很低的直流电压，因而产生的电场很弱，不会使老鼠引起警觉。当有老鼠碰到电网时，VT1 立即导通，将 SCR 触发，脉动高压电立即加在电网上，将老鼠击毙。与此同时，VT2 也饱和导通，继电器 J 通电吸合，电铃 DL 接通电源而打响，通知人员将死鼠及时移走，以免 SCR 及变压器长时间通过大电流而烧毁。

2.元器件选择与制作

B 选用容量为 300V · A 左右的控制变压器改制，将低压绕组拆除，另用 ϕ0.30mm 的漆包线绕 1500 匝左右，在 20 匝处抽头作低压绕组。J 用 6V 小型继电器。制作时，所有元件装在一个电路板上。电网可用铁丝在离地 2cm 高的瓷绝缘支撑物上缠绕数道形成，电路的公共端用铁钉钉入地下。为了加强效果，可在地面泼些水。

3.调试

若 R1 为 100kΩ，则 VT1 不能饱和，可用两个 9012 管复合代替 VT1；R2 阻值为可调整，初步设定 200Ω，以使 SCR 能被可靠地触发导通。

例021　电子灭蝇器制作

1.电路工作原理

该装置电路原理如图3-18所示。整个装置直接由220V市电经整流后供电。R3、R4、R5、C1和双基极二极管组成张弛振荡器，其输出脉冲信号用于控制晶闸管VS的导通和关断。晶闸管VS处于关断状态，市电经VD整流再经R6和L1的等效电阻向C3充电。当VS被触发导通后，C3上的电荷经导通的晶闸管VS和L1的等效电阻迅速放电。当放电电流过零时，晶闸管VS又自动关断。如此反复循环，在变压器的次级L2上就获得了高压脉冲电压，这一电压加在由许多等距离金属丝组成的电网上，电网下设有诱饵，苍蝇嗅到诱饵而来，落在电网时触及电网高压而被电死，死蝇从网距空间自动下落，达到自动灭蝇的效果。

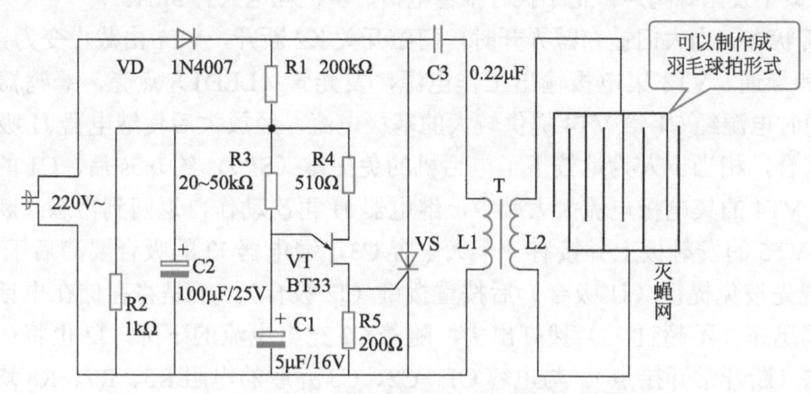

图3-18　电子灭蝇器电路原理图

2.元器件选择与制作

R3的阻值在20～50kΩ之间选择。振荡电容C1最好选用电解电容，如选用普通铝电解电容，应保证漏电流足够小。C2为滤波电容，在保证耐压的前提下，容量大些为好。变压器用14in黑白电视机行输出变压器的磁芯，初级用ϕ0.1mm的漆包线绕600匝，次级利用原高压包线圈。绕好后变压器需经烘干浸漆处理。

改变R3的电阻值，使振荡频率在10～20Hz范围内，此时可测得输出电压在4kV左右。灭蝇盒的尺寸为320×225×70mm^3。在灭蝇盒顶部用14号铁丝制成高压电网。相邻铁丝距离为7mm。灭蝇盒前侧开一方孔，以便清除死蝇。使用时应封死，严防苍蝇从该洞进出。灭蝇盒应安置在高处防止人员碰触电击且应固定牢靠。

例022　远程电话防盗报警器——“看门狗”制作

1.电路工作原理

电路原理图如图3-19所示。整机采用四节1号电池串联供电，无停电之忧，加上省电设计，使用两年以上才需要换电池。K1为总电源开关，正常工作时应置闭合位。

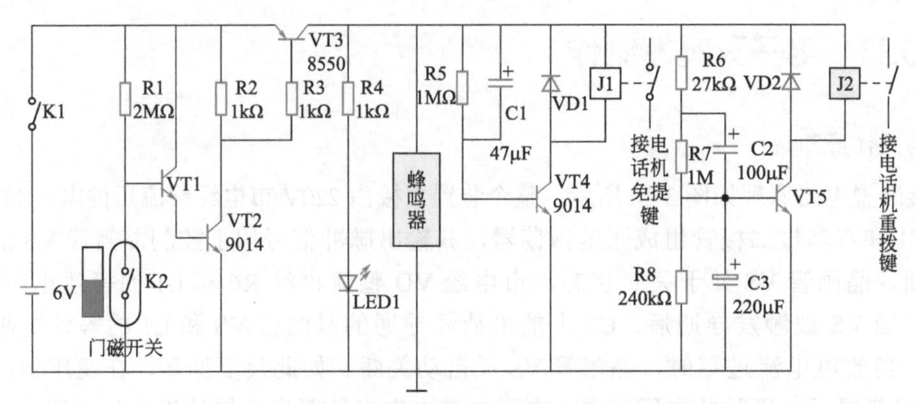

图 3-19　远程电话防盗报警器电路原理图

① 守候状态。当大门关好时，门磁开关 K2 闭合，VT1 基极接地，使 VT1 ～ VT5 均截止，此时既不发出蜂鸣声，也不拨打报警电话，整机耗电只有 3μA。

② 报警状态。当大门被窃贼弄开时，门磁开关 K2 断开，VT1 由截止变为导通，VT2 和 VT3 饱和导通，VT3 集电极输出工作电源，发光管（LED1）点亮，蜂鸣器得电发出蜂鸣声，同时电源经 C1 给 VT4 提供较大的基极电流，经放大后使继电器 J1 吸合，J1 的常开接点闭合，相当于人为地按下了电话机的免提键（SP），约 0.5s 后，C1 的充电电流迅速下降，VT4 的集电极电流大大减少，继电器 J1 再次动作，返回到常态（断开常开接点）。由于 VT5 的发射极上并接有一个大电容 C3，继电器 J2 的吸合要滞后于 J1 的吸合约 1s，实现先按免提键（J1 吸合）后按重拨键（J2 吸合），于是将存储在电话机内的主人手机号码迅速（不超过 3s）拨打出去。随着 C2 充电电流的下降，J2 也将在几秒钟之后回到常态（断开常开接点）。与电容 C1、C2、C3 并联的电阻 R5、R7、R8 均为放电电阻，VD1、VD2 分别起保护三极管 VT4 和 VT5 的作用。整机报警拨号时，耗电也只有几十毫安。

2.制作及使用要点

① 安装门磁开关时由于干簧管容易断裂，应先焊在一小片印制板上并引出两根连线，然后用宽胶带粘贴在大门的门框上；磁铁选用扬声器的永磁体较好，将它安装在大门上，调节永磁体与干簧管的相对位置，使大门打开 10cm 以上时门磁开关 K2 断开，关上门 K2 便闭合，最后再用宽胶带将永磁体固定。

② 将电池的正负极上好锡，用导线连接，既省去了电池座，又避免了电池与簧片接触不良的故障，需更换电池时剪开更换即可。

③ 本电路所用元器件不多，采用万能 PCB 板直接按图布线，一装即成。

④ 选购任意一台具有免提、重拨功能的电话机（专用于报警），接好电话线（与家中原有的座机并联），免提键、重拨键分别与 J1、J2 的常开接点相连，然后用该电话拨打主人手机一次，以存储主人的手机号码。

⑤ 离家出门时，闭合总电源开关 K1，先按下报警电话机的免提键，使电话机的免提指示灯亮，再打开门（此时电话机的免提指示灯由亮变灭，蜂鸣器发声），最后关上门（蜂鸣器停止发声）；从外边回来进屋后，应记住按一下报警电话机的免提键，使免提指示灯熄灭，以不影响家中座机的正常使用。

例023　手机锂离子电池充电器制作

1.电路工作原理

锂离子电池的充电过程分两阶段进行：首先进行恒流充电到4.2V+0.05V；其次进行恒压的第二阶段充电。恒压充电电流会随着时间的推移而逐渐降低，待充电率降到0.1CmA时，表明电池已充到额定容量的93%或94%，此时即可认为基本充满，如果继续充下去，充电电流会慢慢降低到零，直至电池完全充满。恒流充电率为0.1～1.5CmA（CmA：当电池额定容量为1000mA·h时，则1.0CmA充电率表示充电电流为1000mA，1.5CmA就表示充电电流为1500mA，依此类推）。标准充电率为0.5CmA，约需2h可将电池电压（放电到3.0V的电池）充到4.2V，再转入恒压充1h左右，即可结束充电。整个充电过程需3h。当充电率为1.5CmA时，第一阶段的充电时间约需0.5h。

自制充电器电路如图3-20所示，该充电器主要由恒流源、恒压源和电池电压检测控制三部分组成。其工作原理为：市电经电源变压器降压、整流、滤波后，由IC1构成恒流源经继电器的常闭触点向电池进行第一阶段恒流充电。当电池的电压上升至由IC3组成的电压比较器所设定的4.2V时，电压比较器输出高电平，经R7、ZD2触发晶闸管SCR导通，继电器J得电吸合，J-1的常闭点断开，常开点接通，转为由IC2组成的恒压源进行第二阶段的恒压充电。继电器之所以要用晶闸管来控制，是因为在转为恒压充电时，电池的电压会有所下降，电压比较器又会转为输出低电平，但由于晶闸管触发后的自保持特性就可消除这一影响。ZD2和C4的作用是消除误触发。VD5的作用是防止电池电流倒流损坏IC1。

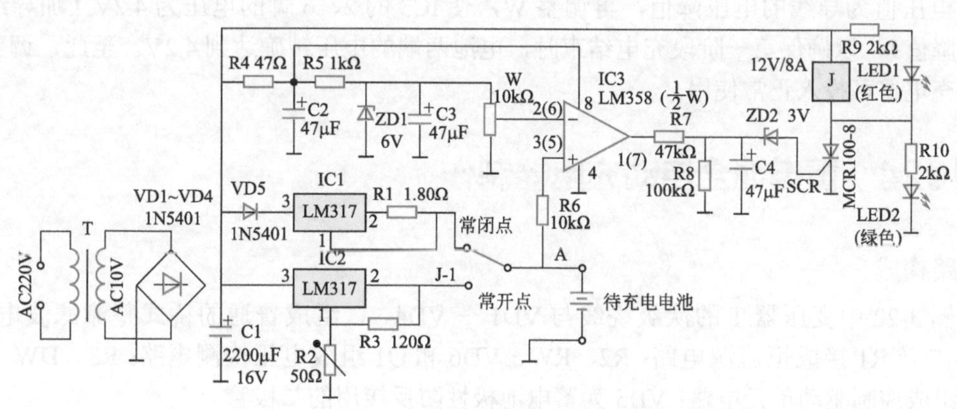

图3-20　锂离子电池充电器电路图

2.元器件选择

电源变压器T的次级电压为10V，输出功率根据设定的第一阶段充电电流大小而定。IC1、IC2采用可调三端稳压集成电路LM317，恒流源的电流大小由R1的阻值大小决定，电阻R1的功率应大于等于2W，笔者选用的阻值是1.8Ω。恒压源电压的高低由R2和R3的阻值的比值决定。按LM317使用手册的推荐，R3的阻值在120～220Ω之间选取，电压高低的计算方法为：$V=1.25(1+R_3/R_2)$。IC3应选用单电源供电的运放，可用廉价的LM358双运放（只用其中一个运放）。为保证调试的精确性，可调电阻R2及W均应选用精密可调电阻。继电器选用工作电压为12V且触点电流较大的，以减少接触电阻，笔者选用的是8A的。晶闸管SCR选用小电流的单向晶闸管，笔者用的型号为MCR100-8的1A单向晶闸管。VD1 ～ VD5应选用工作电流大于3A的二极管。另外，因第一阶段的充电电流较大，充电器输出到电池座的导线内阻引起的电压降会影响控制电压的精度，同样，电池座与电池也应接触良好。在设计电路板时，应注意区分IC1、IC2的引脚（图3-21）。IC1、IC2应加足够大的散热片，如两者共用散热片时，其中一个应加绝缘片，建议加在IC2上，理由是IC1工作时发热量较大，加绝缘片会增加热阻，影响散热效果。为了减少IC1、IC2与散热片的接触热阻，接触面应加散热硅脂。因为LM317的散热板与其输出端内部是相连的，所以散热片应独立绝缘。发光二极管LED1和LED2的作用是指示充电的工作状态，第一阶段恒流充电时LED1亮，第二阶段恒压充电时LED2亮，可分别选用不同颜色的发光二极管，以示区别。

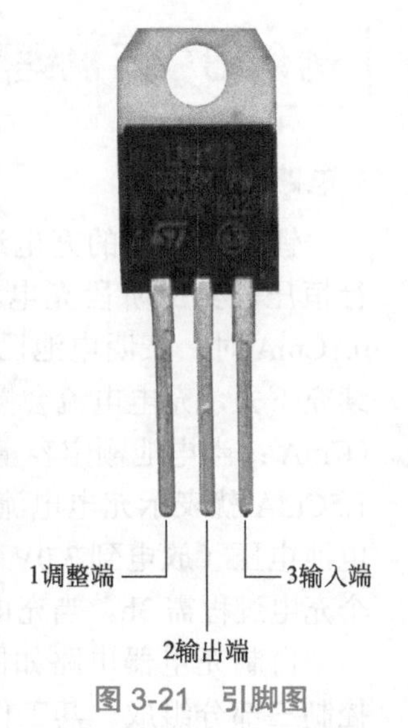

图3-21　引脚图

3.调试

充电器装好后，先断开R7，接通一假负载，接上电源，用数字万用表测量IC3的2、6脚电压，调整W，使电压为4.2V，初步调好比较电压点及IC2的输出端的电压，调整R2，使电压为4.2V。接着，断开电源，接上R7，断开假负载，接上待充电电池。然后接上电源，这时充电器给电池进行恒流充电。为确保比较电压点精确，应分别测量电池两端的电压和电压比较器采样点A点与IC3的4脚之间的电压，A点的电压值减去电池两端的电压值为导线的电压降值，再调整W，使IC3的2、6脚的电压为4.2V（加导线的电压降值），以确保第一阶段充电结束时，电池两端的电压精确达到4.2V。至此，调整完成，充电器可投入正常使用。

例024　蓄电池全自动充电器制作

1.电路构成

图3-22中变压器T的次级绕线与VD1 ～ VD4、C组成普通的桥式整流滤波电路；LM317及R1接成恒流源电路；R2、RW、VD6和Q1组成电压检测电路；R3、DW、Q2和J组成控制驱动单元电路；VD5为蓄电池极性防反接用的二极管。

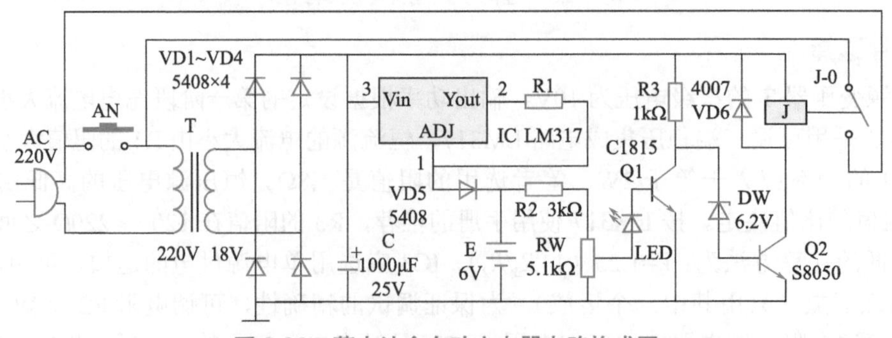

图3-22　蓄电池全自动充电器电路构成图

2.工作原理

将本充电器的电源插头插入 AC220V 交流市电时，变压器的初级绕组构不成回路，故 T 的次级绕组无电压输出，整机不工作。当给蓄电池充电时，首先将蓄电池接入充电器的输出端子上，按下电源开启按钮 AN，T 的次级绕组初级得电工作，其次级输出的 AC18V 电压经 VD1 ～ VD4 整流、C 滤波后，向 IC 及 J 供电。由于初始充电时，蓄电池电压较低，R2 等构成的电压检测电路不工作，Q1 处于截止状态。另外，电压经 R3、DW 加至 Q2 的 b 极，Q2 饱和导通，J 吸合，其触点 J-0 接通，放开 AN 后因 J-0 接通使电路依旧工作，随着充电时间的推移，蓄电池的电压逐渐升高，待升高到电压设定值时（普通 6V 铅酸蓄电池最高充电电压一般为 7V，12V 的铅酸蓄电池最高充电电压为 14V），LED 导通，Q1 导通，Q2 截止，J 释放，J-0 断开，充电器整机断电，达到了充电器无人值守充电的目的。LED 在这里兼作蓄电池充满指示灯，Q1 导通即 LED 同时点亮。

3.制作要点

LM317 必须加装足够的散热片。R1 的阻值大小为 1.25V/I（I 为充电电流，A），功率为 I^2R_1。

4.调试

断开 R2 与 VD5 的负极，此时按下 AN，J 应吸合，将 RW 调到下端“地”点，在 R2 的断开端加上蓄电池充满时的电压设定值，缓慢地调整 RW，待听到继电器释放的声音时，调整结束，最后将 R2 焊回电路中即可。

例 025　高精度可调限流直流稳压电源制作

如图 3-23 所示，市电通过 220V/24V、3A 变压器连接到接线端子 J4，由整流桥 BR1 整流、EC1 和 R1 平滑滤波，输出至电压调整管 Q2 的集电极。这个电路具有不同于其他稳压电源的特点。

电源的基准电压由一个固定增益的运算放大器 U2 提供，VZ1 选用稳压值 5.6V 的稳压管。接通电源后运算放大器 U2 的输出电压增加致使 VZ1 导通，通过 R7 稳定在 5.6V 附近，因为 R8 与 R10 的阻值相同，所以 U2 的输出电压是 11.2V。U3 的放大倍数 A 大约为 3 倍，根据公式 $A=(R_{13}+R_{18})/R_{13}$，11.2V 的基准电压能放大到超过 30V，电位器 VR3 和电源 R14 组成输出电压零位调节器，使它能输出 0V 的电压。

电路一个非常重要的特点，是能预置最大输出电流，可有效地从恒压源变为恒流源。电路通过 U1 检测串联在负载上的电阻 R19 两端的电压降，U1 的反相输入端通过 R9 接到基准 0V。同时，同相输入电压能够由 VR1 调节，假设输出电压只有几伏，调节 VR1 使 U1 的同相输入端为 1V，电路的电压放大部优先使输出电压保持恒定，而串在输出回路的 R19 产生的影响可以忽略不计，因为 R19 的阻值很小且在电路电压控制反馈回路之外。当负载和输出电压不变时，电路处于稳压状态，当负载电流增大导致 R19 上压降大于 1V 时，U1 输出为低电平，由于 U1 的输出端通过 VD2 连接到 U3 的同相输入端，使 U1 强制将 U3 的同相输入端电位降低，故输出电压降低，直到电流采样电阻 R19 两端的压降降到 1V，电路转入恒流模式。通过监测 R19 上的压降来降低输出电压，从而实现

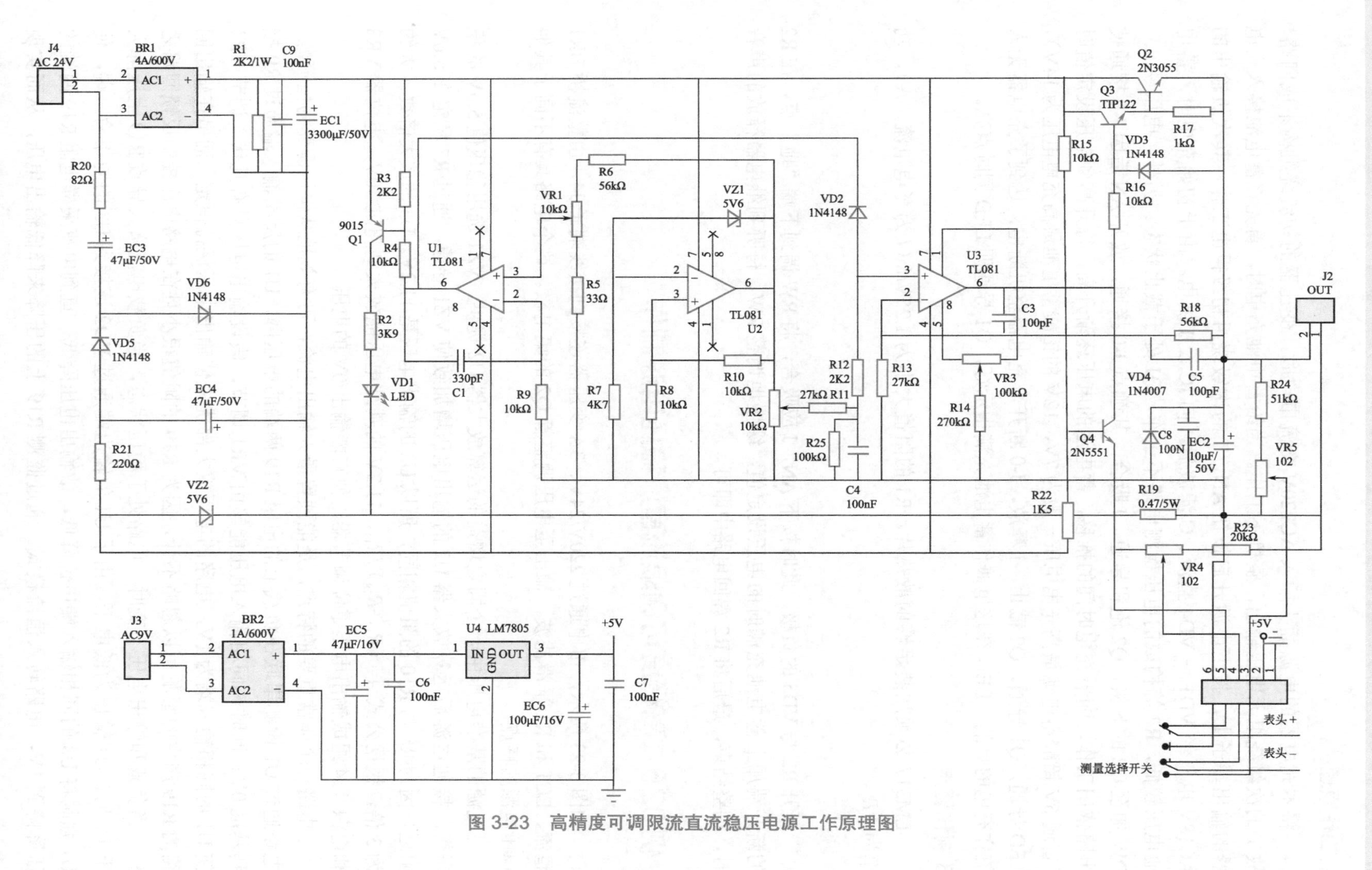

图 3-23 高精度可调限流直流稳压电源工作原理图

对电流的限流，是一个保持输出电流恒定的有效方法，而且非常精确，可以将电流控制到2mA。C1在这里的作用是增加电路的稳定性。Q1用于指示限流电路是否动作，只要进入限流状态，Q1就会驱动LED发光。为了使U3能控制输出电压到0V，需要一个负的供电电压，负电压由一个简单的电压泵电路提供，由EC3、EC4及相关元件组成，经R21和VZ2稳压而成。这个负电压同时给U1和U3提供电源，U2由单电源供电。

为了避免在关闭电源时电路出现失控，由Q4及其相关元件组成一个保护电路，当交流电压消失时，负电压也会马上消失，Q4导通，输出电压变为0V，从而有效地保护了电路和与之相连的负载。在正常工作期间，Q4的基极通过R22连接到负压而截止，U3的内部有一个输出短路保护电路，Q4导通也不会使IC损坏，这样能很快地泄放掉滤波电容存储的电荷，这个功能对于做实验是非常有利的，因为多数的稳压电源在关闭电源开关时往往会由于输出电压瞬间的升高而损失惨重。

为防止VR2接触不良，使输出电压升到最大值，在U3的同相端接入R25，当VR2开路时，将U3的同相端电压拉为0V，从而使输出为0V。

1.元器件的选择

变压器的品质直接影响着电源的输出质量，变压器的功率以不小于100W为好，输入电压为220V，输出两组电压：24V/9V。9V给数字表头供电，也可以单独用一个3W、9V的变压器给表头供电。调整输出电压的VR2采用多圈线绕电位器。其他元件没有特殊要求，机箱根据自己的条件选取即可。散热片大些为好，注意功率管Q2与散热片间的接触要好，要涂导热硅脂。

2.调试

电路板为单面板，用热转印法制作而成，大电流的走线要焊上一层焊锡，在220V输入端串一个1.5A的熔断器，检查无误后通电，测量IC的供电应为正电压30V左右，负电压5.6V，表头供电压为5V。将VR2逆时针旋到底，调节VR3，使输出电压为0V。将限流电位器VR1逆时针旋到底，将测量选择开关拨到电流挡，输出端接入一个电流表，这时恒流指示灯应亮，调节VR4，使表头显示的电流值与电流表的读数相等；将测量选择开关拨到电压挡，输出端接入一个电压表，调节VR5，使表头显示的电压值与电压表的读数相等，调试完成。

图3-24所示是焊好元件的电路板图。图3-25所示是PCB走线图的焊脚面。

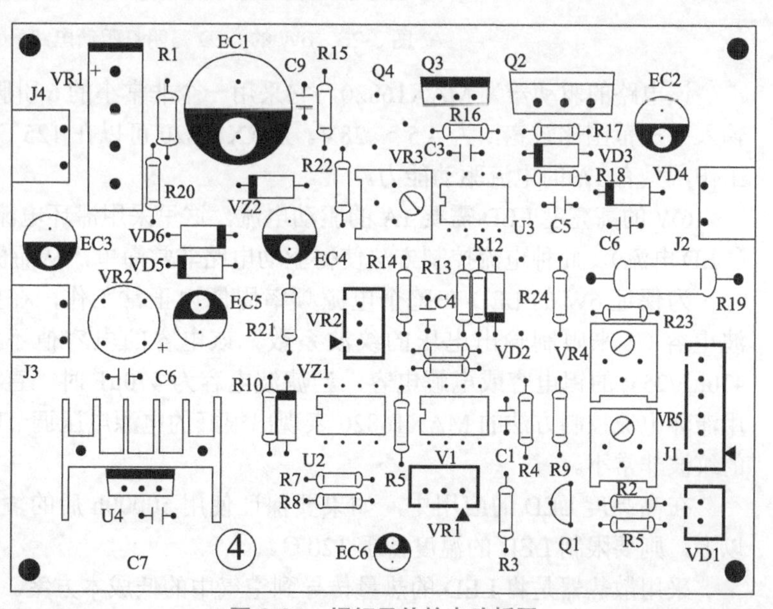

图3-24 焊好元件的电路板图

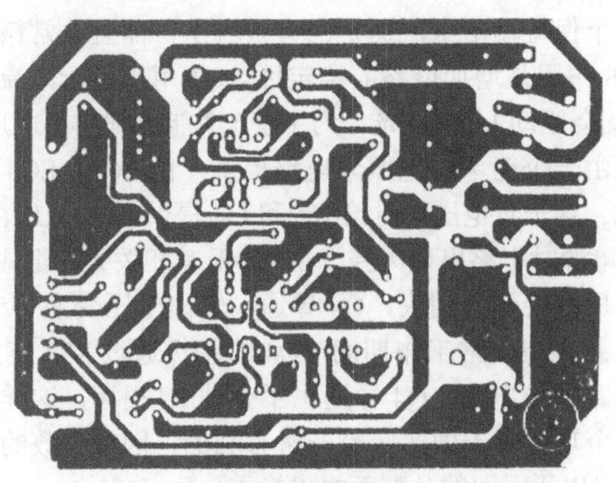

图 3-25 PCB 走线图的焊脚面

例026 小功率高亮度LED照明灯制作

1.电路工作原理

图 3-26 所示为 6W 的 LED 照明灯的驱动电路。它由二极管整流桥 VD1 ～ VD4，滤波电容 C1、C2，驱动器 MAX16820，功率管 VT1 和限流电阻 R1 等元件组成。

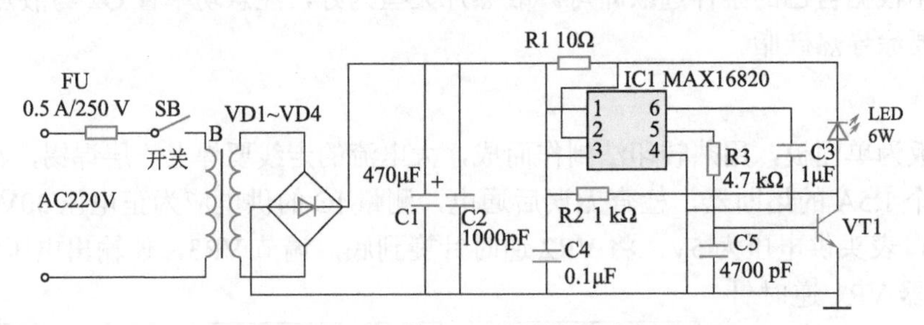

图 3-26 6W 的 LED 照明灯驱动电路

该电路的驱动器为MAX16820，它采用一个非常小的 6 引脚 TDFN 封装。MAX16820 输入电压范围比较宽，为 4.5 ～ 28V。MAX16820 可以在 125℃以下的高温环境中安全地工作，具有 1A 的电流驱动能力。

6W 的高亮度 LED 需要 1A 的驱动电流，这里采用滞环电流控制方法来控制降压电流（LED 电流）。此种电流控制方法使得驱动电路非常简单，从而保证 LED 电流的精度控制。

为保证 6W 的 LED 在整个电源频率周期内正常工作，在整流桥输出端，并联了滤波电容 C1 来限制输出电压的纹波系数。该电容的电容值不能小于 400μF，可以选用 470μF/25V 的钽电容或电解电容。当滤波电容为 470μF 时，直流电压的纹波为 4.5V。采用滞环电流控制方法的 MAX16820 表现出很好的电源电压调节特性，使得 LED 驱动电流的纹波非常小。

在高亮度 LED 的应用中，如果要保证使用 50000h 后的输出光通量仍为原来的 90% 以上，则要限制 LED 的温度低于 120℃。

采用散热器是将 LED 的热量传导到空气中的低成本方案。LED 驱动电路的印制电路板（PCB）就安装在散热器的背面，将 LED 产生的热量直接传导到散热器（散热器尺寸为 30mm×30mm×2mm），再通过对流将热量散发到周围空气中。

2.元器件选择

SB：选用 AN4 型按钮开关，参数为 3A/300V。

FU：熔断器，参数为 0.5A/250V。

VD1 ～ VD4：硅整流二极管，如 1N4007 等。

VT1：NPN 型三极管，可用 13002、13003 等。

IC1：驱动集成电路 MAX16820。

R1：10Ω。R2：1kΩ。R3：4.7kΩ。电阻 R1 ～ R3 均采用 1/4W 金属膜电阻。

B：成品电源变压器，参数为输入 200V、输出 12 ～ 15V、功效 8 ～ 15W。

C1：CD11 型电解电容，470μF/25V。C2：CL 型电容，1000pF/63V。C3：高频瓷片电容，1μF/63V。C4：CL 型涤纶电容，0.1μF/1000V。C5：高频瓷片电容，4700pF/63V。

LED：白光 LED，单颗功率为 0.5W，共 12 颗。

调光调速调压电路

例 027　单向晶闸管调光灯电路制作

1.电路工作原理

由灯泡、开关 S、整流管 VD1 ～ VD4、晶闸管 100-6 与电源构成主电路；由电位器 RP1，电容 C1，电阻 R1、R2 构成触发电路。接通 220V 后，经过 VD1 ～ VD4 全桥整流得到的脉动直流电压加至 RP1，给电容 C1 充电，当 C1 两端电压上升到一定的程度时，就会触发晶闸管 Q1，灯泡点亮。同样地，调节 RP1 改变 C1 充 / 放电时间常数，因而改变触发脉冲的长短，改变 Q1 的导电角（导通程度），达到调节灯牌亮度的目的。电路原理图如图 3-27 所示。

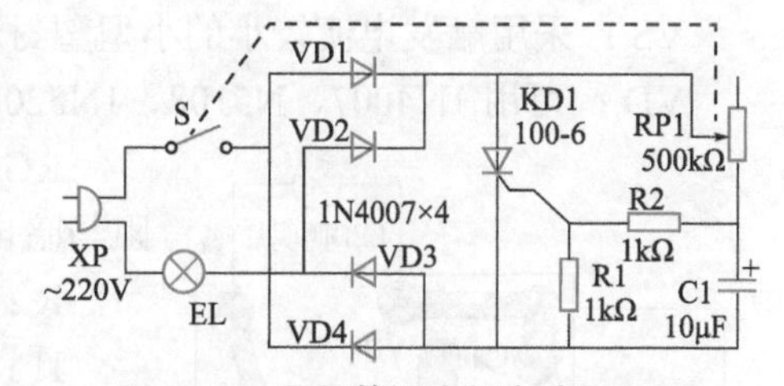

图 3-27　晶闸管调光灯电路原理图

2.制作过程

按图 3-27 中的标号及元器件清单表 3-1 核对元件，然后插接、焊接即可，只要元器件无误，组装后即可工作。调试时电源电压为 12V 直流，输入信号可以采用 1kHz/2mV 正弦波信号源，输出端接示波器，观察输出波形。印制电路板图如图 3-28 所示。

表 3-1　晶闸管调光灯电路元器件清单

位号	名称	规格	数量
VD1、VD2、VD3、VD4	二极管	1N4007	4
R1、R2	电阻	1kΩ	2
C1	电解电容	10μF	1
RP1	带开关电位器	500kΩ	1
KD1	可控硅	MCR100-6	1
	PCB 板	30mm×35mm	1

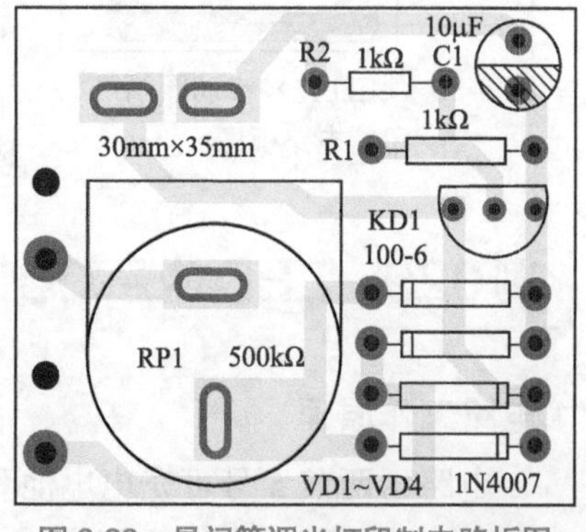

图 3-28　晶闸管调光灯印制电路板图

例028 LED光控自动照明灯制作

1.电路工作原理

如图3-29所示，晶闸管VS构成照明灯H的主回路，控制回路由二极管VD和电阻R、光敏电阻RG组成分压器构成。VD的作用是为控制回路提供直流电源。白天自然光线较强，RG呈现低电阻，它与R分压的结果使VS的门极处于低电平，则VS关断，灯H不亮；夜幕降临时，照射在RG上的自然光线较弱，RG呈现高电阻，故使VS的门极呈高电平，VS得正向触发电压而导通，灯H点亮。改变R的阻值，即改变了它与RG的分压比，故可以调整电路的起控点，使H在合适的光照度下点亮发光。

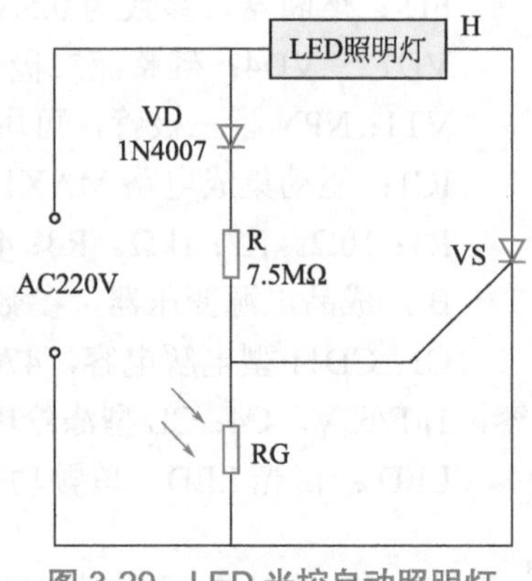

图3-29 LED光控自动照明灯电路原理图

本电路的特点是它具有软启动功能。夜幕降临，自然光线逐渐变弱，RG的阻值逐渐变大，VS门极电压也逐渐升高，所以VS由阻断态变为导通态要经历一个微导通与弱导通阶段，即H有一个逐渐变亮的软启动过程。当VS完全导通时，流动H的电流也是半波交流电，即灯处于欠压工作状态。这两个因素对延长灯泡使用寿命极为有利。因此，本电路十分适用于路灯、隧道灯，可免去频繁更换灯具的麻烦。

2.元器件选择

VS：采用触发电流较小的小型塑封单向晶闸管，如2N6565、3CT101等。

VD：可用1N4007、N5108、1N5208型等硅整流二极管。

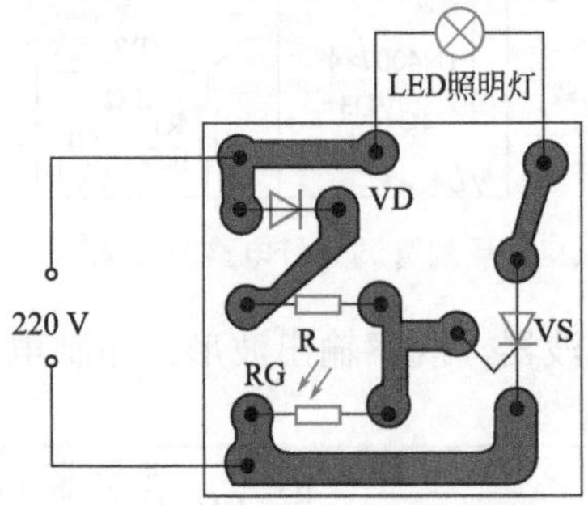

RG：可用MG45型非密封型光敏电阻，要求亮电阻与暗电阻相差倍数愈大愈好。

R：可用1/8W型金属膜或碳膜电阻，阻值为7.5MΩ。

H：LED照明灯可以选用20W以下灯具。

图3-30是此照明灯的印制电路板图。只要焊接无误，电路一般情况下，不用做任何调试，即可投入使用。如电路起控点不合适，可以适当变更R的阻值。若R阻值大，则起控灵敏度低，即在环境自然光线比较暗的情况下，LED灯才点亮；若R阻值小，则起控灵敏度高，环境光线稍暗，LED灯即点亮。

图3-30 LED光控自动照明灯印制电路板图

例029 LED应急灯制作

1.电路工作原理

电路由两节5号可充电电池和电子开关等元件组成，如图3-31所示。当开关SB闭合时，市电220V经电容C1降压和二极管VD1～VD4整流后，经二极管VD5和开关

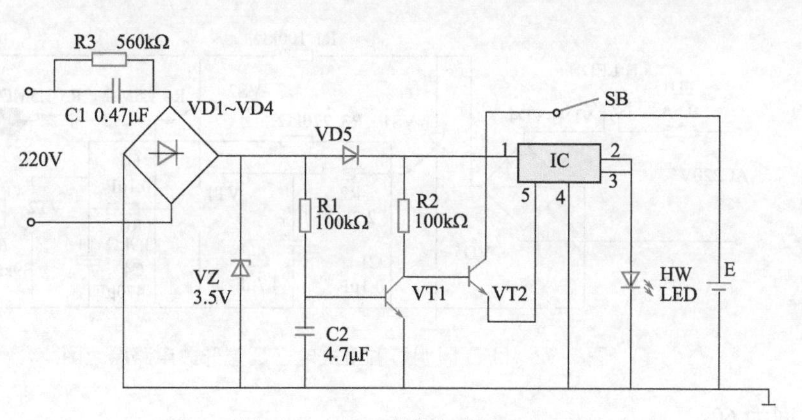

图 3-31　LED 应急灯电路原理图

SB 向电池 E 充电，充电电流约为 30mA。稳压二极管 VZ 的稳压电压值为 3.5V。由于 VZ 为 3.5V，VD5 的导通压降为 0.7V，所以电池 E 最多充到 2.8 ～ 3.3V，因此长期充电不会因过充造成电池损坏。

在正常充电时，三极管 VT1 导通，VT2 关断，此时，由于电子开关 IC 控制端的 5 脚没有大于或等于 3.6V 的控制电压而处于关断状态，LED 灯 HW 不会亮。当市电停电时，VT1 关断，VT2 导通，IC 控制端的 5 脚有了大于 3.6V 的控制电压，所以 IC 开关导通，LED 灯 HW 点亮。IC 导通压降为 0.5V，灯 HW 实际获得的电压应为 3.1V，故 HW 应选用 3.0 ～ 3.2V 的超强亮度 LED 光源。

2.元器件选择

C1：0.47μF/400V。C2：4.7μF/16V。

IC：TWH8778。

VT1、VT2：9013、9014。

VD1 ～ VD5：整流二极管 1N4004。VZ：稳压二极管 2GW51。

HW：LED 白光发光二极管。

E：选用 3.6V 微型蓄电池。

R1：100 kΩ。R2：100kΩ。R3：560kΩ。R1 ～ R3 均为 1/4W 碳膜电阻。

SB：KNX 型按钮开关。

例 030　LED 照明灯触摸式电子延熄开关制作

1.电路工作原理

如图 3-32 所示，交流市电经二极管 VD1 ～ VD4 桥式整流后，变成脉动直流电，一路直接加到单向晶闸管 VS1 的阳极，另一路通过电阻 R1 加到 VS2 的阳极，平时 VS1 和 VS2 均处于关断状态。

当手指触摸一下金属片 M 时，人体感应到的信号使 VS2 导通，VS1 也随之导通，对应 LED 照明灯通电发光。二极管 VD5 对电容 C2 起提升电压的作用。VS1 导通后，C2 上的两端电压实测值约为 1.6V。此电压经电阻 R3 向电容 C4 充电。一定时间后，对应三极管 VT1 导通，这时 C2 上的电荷被释放，VS1 关断，H 熄灭。按图中 R3、C4 的取值，

触摸延时灯学感应控制可控硅电路

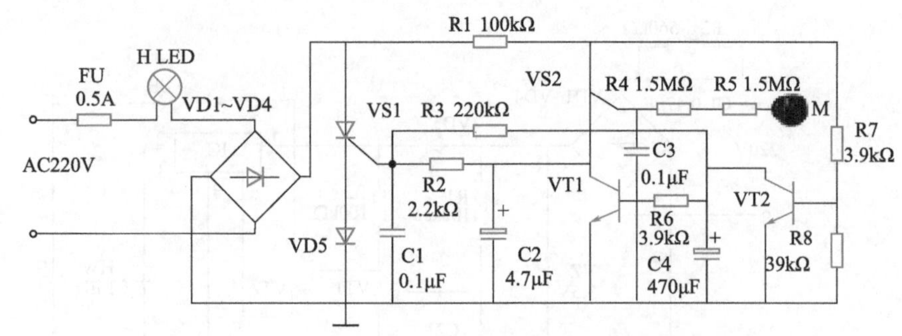

图 3-32 LED 照明灯触摸式电子延熄开关电路原理图

实测延熄时间为 60s。

图中 C1 和 C3 是抗干扰电容，这里与触摸片 M 连接的两个电阻 R4、R5 采用串联方式，目的是提高安全性。

三极管 VT2 为电容 C4 提供放电回路，当延熄结束后，VS1 关断。220V 的直流脉动电压通过电阻 R1、R7 加到 VT2 基极，VT2 饱和导通，C4 上电荷被快速释放，为再次的延时做好准备。

2.元器件选择

H：采用 2W 的 LED 成品灯。

FU：普通熔断器，0.5A/250V。

VD1 ～ VD4：硅整流二极管，选用 1N4004、1N4007 等。

VD5：快恢复二极管 FR107。

VS1、VS2：单向晶闸管，为 3CT061、3C5062 等。

VT1、VT2：NPN 型三极管，为 9013、9014。

R1：100kΩ。R2：2.2kΩ。R3：220kΩ。R4、R5：1.5MΩ。R6、R7：3.9kΩ。R8：39kΩ。R1 ～ R8 均为 1/4W 碳膜电阻。

C1：高频瓷片电容，0.1μF/250V。C2：CD11 型电解电容，4.7μF/100V。C3：0.1μF/250V。C4：CD11 型电解电容，470μF/63V。

例 031 光敏感应开关制作

1.电路工作原理

如图 3-33 所示，光敏电阻 RG1 型号为 5537，暗电阻约为 2MΩ，亮电阻为 20 ～ 45kΩ，当环境暗时，Q1 基极到 VCC 的电阻比较大，Q1 截止，Q1 集电极为高电位，Q2 导通，负载接通。当环境光线比较亮时，Q1 导通，Q1 集电极为低电位，Q2 截止。负载可以接 LED、蜂鸣器、直流电机等小电流用电设备。当周围环境光线黑暗后，负载工作，如 LED 亮（蜂鸣器响、电机转动）。

2.制作过程

按图 3-33 核对元件，然后插接、焊接即可，只要元器件无误，组装后即可工作。调试时电源电压为 3 ～ 6V 直流电源均可，用纸板遮盖、打开光敏电阻，负载应有变化（控制继电器可以控制灯泡亮暗）。光敏感应印制电路板图如图 3-34 所示。

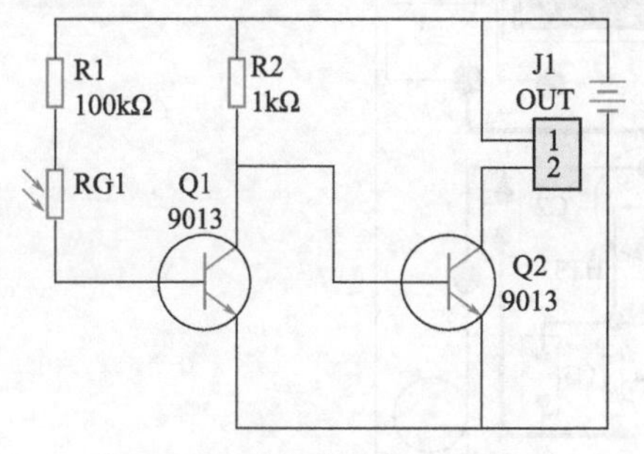

图 3-33　光敏感应开关电路图

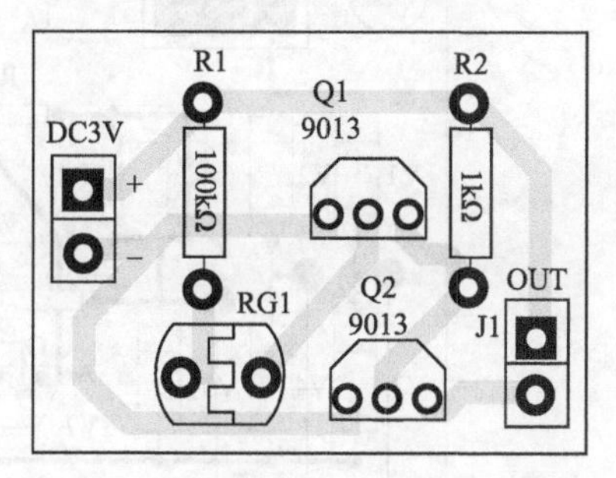

图 3-34　光敏感应开关印制电路板图

光控感应开关的制作

例 032　线性调光控制器制作

1.电路工作原理

电路如图 3-35 所示，印制电路板图如图 3-36 所示。接通电源后，经 V1 ～ V4 组成的桥式全波整流电路形成脉动直流电，其正端经 1A 熔断器接至 100W 灯泡，负端则直接接至晶闸管 V7 的阴极 K。直流电压经 100W 灯泡后，又经 R1、R2 加至 12V 齐纳管 V5，由 V5 钳位后对 C2 进行充电，当 U_{C2} 上升至单结晶体管 V6 峰点电压 U_p 时，V6 导通，电容器 C2 经过 V6 的 e-b1、R4 构成放电回路，在电阻器 R4 两端形成一个正向尖脉冲，并注入晶闸管 V7 的控制极 G，使其导通，白炽灯发光。调整 RP 阻值大小，可以改变电容器 C2 的充电时间，即控制晶闸管 V7 的导通角（前移或后移），实现线性调光的目的。

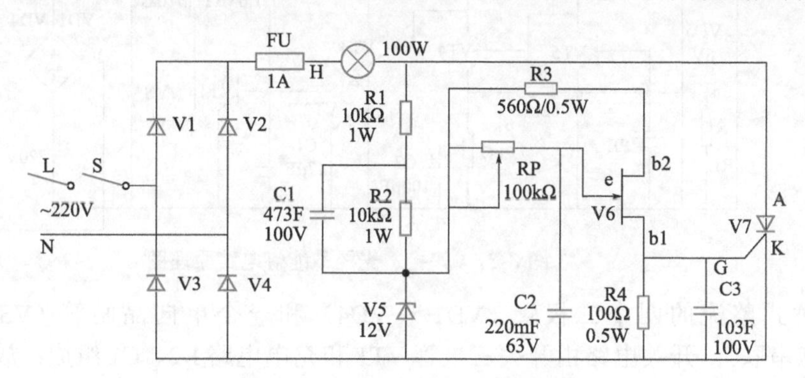

图 3-35　线性调光控制器电路图

2.元器件选择与制作过程

电路元件只要按电路图中参数选用即可。晶闸管 V7 选用常见的 MCR100-6、BT162D 等；单结晶体管 V6 选用 BT33；二极管 V1 ～ V4 选用 1N4007；C1、C2、C3 选用 50V 以上的涤纶电容；RP 选用 100kΩ 带开关电位器，R1 ～ R4 均选 RJ21 型电阻器。制作印制板时可以按与图比例为 1 ：1 的大小制作。只要元件良好，安装无误，一般无须任何调试便可满意工作，但要注意安全。

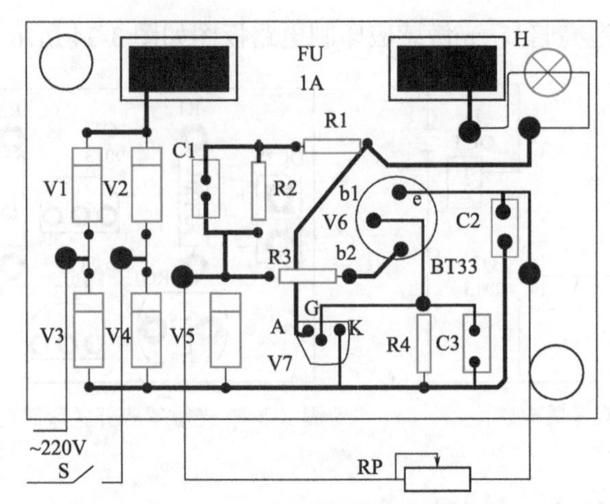

图 3-36 线性调光控制器印制电路板图

例033 声光控节能灯制作

1.电路工作原理

图 3-37 为声控、光控节能灯电路原理图。该电路由主电路、开关电路、检测电路及放大电路组成。

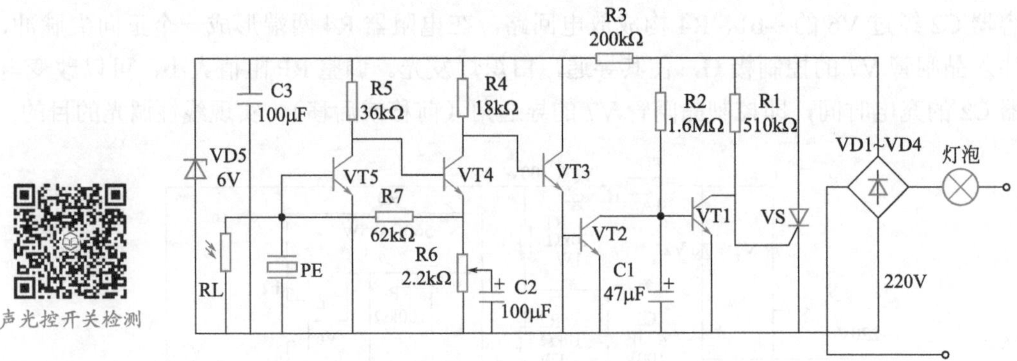

图 3-37 声控、光控节能灯电路原理图

组成桥式整流的四个二极管（VD1 ~ VD4）和一个单向晶闸管（VS）组成主路（和灯泡串联）；开关电路由开关三极管 VT1 和充电电路 R2、C1 组成；放大电路由 VT2 ~ VT5 及电阻 R4 ~ R7 组成；压电片 PE 和光敏电阻 RL 构成检测电路；控制电源由稳压管 VD5 和电阻 R3 构成。

交流电源经过桥式整流和电阻 R1 分压后接到晶闸管 VS 的控制极，使 VS 导通（此时 VT1 截止）；由于灯泡与二极管和 VS 构成通路，使灯亮。同时整流后的电源经 R2 向 C1 充电；如果达到 VT1 的开门电压，VT1 饱和导通，晶闸管关断，灯熄灭。在无光和有声音的情况下，压电片上得到一个电信号，经放大使 VT2 导通，C1 经 VT2 放电，使 VT1 截止，晶闸管极高电位使 VS 导通灯亮，随着 R2、C1 充电的进行使灯自动熄灭。

调节 R5，改变负反馈的大小，使接收声音信号的灵敏度有所变化，从而可调节灯的灵敏度。光敏电阻和压电片并联，有光时阻值变小，使压电片感应的电信号损失太多，

不能使放大电路 VT2 导通，所以灯不亮。

2.元器件选择

VD1 ～ VD4 可选用 1N4004（当然也可选用整流桥堆，如 BR108、RS307 等）。VT1 ～ VT5 选用 9011。VS 选用 1A/400V 的塑封管（如 MCR100-6、MCR100-8 等）。R2 选用 0.5W 的碳膜电阻；R1 ～ R6 选用 1/8W 碳膜电阻。C1 选用 47μF/10V 电容，C2、C3 选用 100μF/10V 电容，其中对 C1 的要求比较高。VD5 选用 2CW10（稳定电压为 3 ～ 6V）。压电片直径 5 ～ 30mm。光敏电阻的暗电阻要求在 1MΩ 以上。

3.安装调试

图 3-38 是该节能灯的印制电路板参考图，实际尺寸为 40mm×30mm。安装时可先安装主电路，然后即可实验。如果可行，再进一步安装检测电路和放大电路，最后安装光敏电阻。光敏电阻可选用 MG45-32 或 MG45-34 系列非密封型；压电片可选用 ϕ27mm 的压电陶瓷片，要求高灵敏度。压电陶瓷片应安装在具有共振性能的空腔圆盖内，由于它只对猝发声反应，而对连续缓慢变化的音响不敏感，故具有较强的抗干扰能力（若采用驻极体话筒作声感受器，虽灵敏度可以提高，但抗干扰能力会下降不少）。装配完毕后可放在容积适中的小型盒中（如袖珍收音机壳体等）。

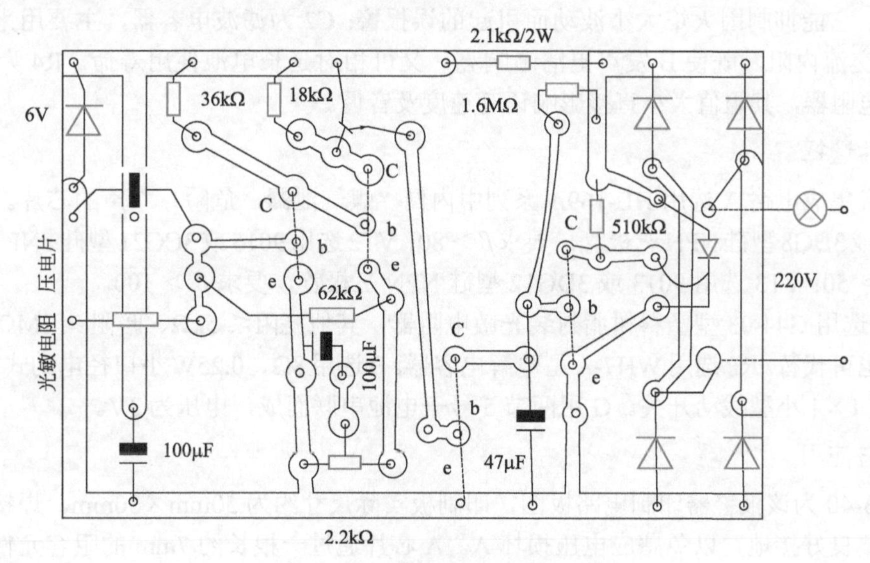

图 3-38　节能灯的印制电路板参考图

该节能灯的功能是：在有光的场合下灯不亮，只有在无光（夜晚）且有声音情况下灯才亮，灯亮了一段时间（2min 左右）后自动熄灭；再次有声音时灯才会再亮。此灯特别适合在公共场所使用，如楼层的走廊、宿舍的门洞等，这样夜晚就不需要人去关灯而自动熄灭，既节约了用电，又延长了灯泡的使用寿命。

例 034　红外线煤气炉熄火报警器制作

1.电路工作原理

红外线煤气炉熄火报警器的电路如图 3-39 所示。光敏电阻器 RP 和三极管 VT1、VT2

以及与VT2集电极相接的A触发端（TG脚）处于低电位，A内部电路不工作，B无声。一旦炉火因故而自行熄灭，RL就会失去火光照射内阻大增，VT1、VT2获合适偏压先后导通，A因TG脚获得高电平触发信号而工作，其OUT端内储语音电信号，经VT3功率放大后，驱动B反复发出“煤气泄漏，危险！”声，提醒主人及时关闭煤气阀门或重新点燃炉火。

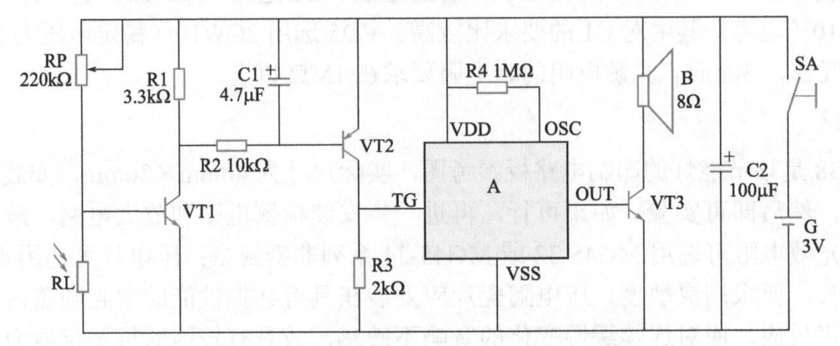

图3-39　红外线煤气炉熄火报警器电路图

电路中，RP为VT1上偏置可调电位器，改变其阻值可调节报警灵敏度。C1为延迟电容器。它能抑制因火焰大小波动而引起的误报警；C2为滤波电容器，主要用来减小电池G的交流内阻，既使B发声更清晰响亮，又可相对延长电池使用寿命。R4为A的外接振荡电阻器，其阻值大小直接影响语音速度及音调。

2.元器件选择

语音集成电路A选用HL-169A系列中内储“煤气泄漏，危险！”声的芯片。VT1选用9014或3DG8型硅NPN三极管，要求$\beta > 80$；VT2选用9015或3CG21型硅PNP三极管，要求$\beta > 50$；VT3选用9013或3DG12型硅NPN三极管，要求$\beta > 100$。

RL选用G44-03型塑料树脂封装光敏电阻器，其他亮阻≤5kΩ、暗阻≥1MΩ的光敏电阻器也可代替。RP选用WH7-A型电解电容器。B选用8Ω、0.25W小口径电动式扬声器。SA选用1×1小型拨动开关。G用两节5号干电池串联而成，电压为3V。

3.制作与使用

图3-40为该报警器印制电路板图，印制板实际尺寸约为50mm×30mm。焊接时电烙铁外壳要良好接地，以免感应电压损坏A。A芯片通过一根长约7mm的阻容元件剪脚线插焊到电路板对应数标孔内。

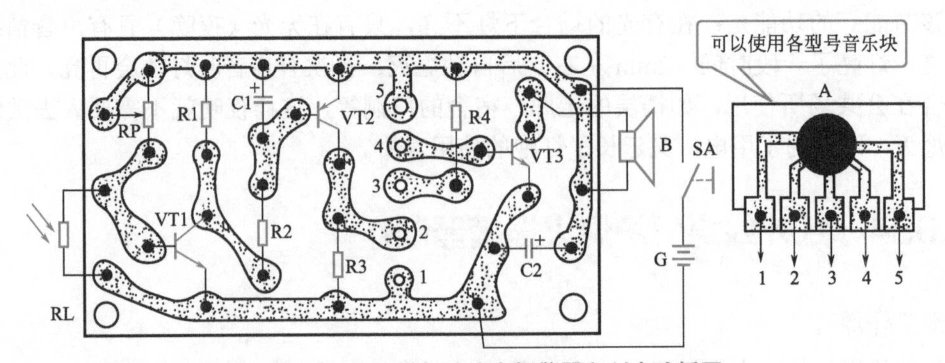

图3-40　红外线煤气炉熄火报警器印制电路板图

整个电路全部组装在体积合适的绝缘小盒（如塑料香皂盒）内。盒面板开孔固定SA，并为B开出释音孔，盒侧面开孔安装RL，并加装用黑铁皮卷制的避光罩，要求罩长不小于30mm、罩口直径略大于RL直径，以有效防止外界其他光线对RL造成干扰。

调试时，首先将RP调至阻值最大位置，再将RL对准炉火，距离约为30cm，并合上SA，然后，用小螺丝刀由大往小缓慢调节RP值（注意：RP阻值不可调至零，以免VT1偏置电流太大导致损坏），使处于临界发声状态，即获得最佳熄灭报警灵敏度。最后，听语音报警声是否真切，如不满意，可通过改变R4阻值（820kΩ ~ 1.2MΩ）来加以调整，直到理想为止。

使用时，将光敏电阻对准炉火，相距约30cm，并合上开关SA，此时电路进入炉火监视状态。一旦炉火自行熄灭，报警器便会很快发出语音报警声。由于本电路在监控状态耗电极少（实测静态总电流小于0.1mA），可全天工作，能收到理想的保安效果。

例035　多种可燃性气体检测器制作

自动吸油烟机学气敏传感器运放电路

1.电路工作原理

电路原理图如图3-41所示。检测比较电路由U1和气敏探头MQ-2为主构成［MQ-2气体传感器所使用的气敏材料是在清洁空气中电导率较低的二氧化锡（SnO_2）］。当传感器所处环境中存在可燃气体时，传感器的电导率随空气中可燃气体浓度的增加而增大。使用简单的电路即可将电导率的变化转换为与该气体浓度相对应的输出信号。

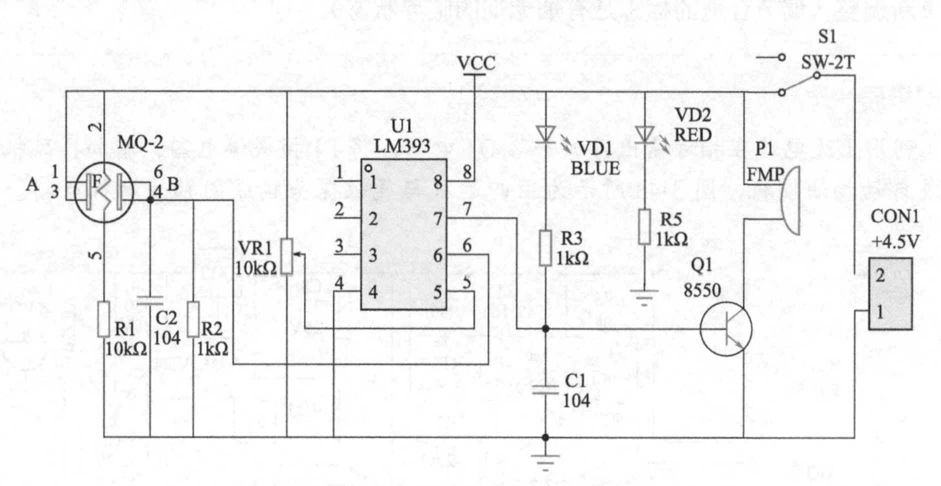

图3-41　电路原理图（6脚为气敏探头）

气敏探头是气敏半导体，F为加热电阻器丝在加热状态下吸附在A-B极的煤气、油烟产生导电离子，使A-B极间的电阻器变小。在正常空气环境下，监控电路进入工作状态后，当环境中无有害气体时，气敏管呈高阻状态，IC 7脚无输出，此时蜂鸣器P1无输出，整机处于待命状态。当有害气体浓度达到一定程度时，气敏管4脚有输出，IC 7脚有输出，高分贝蜂鸣器报警。

MQ-2气体传感器对液化气、丙烷、氢气的灵敏度高，对天然气和其他可燃蒸气的检测也很理想。这种传感器可检测多种可燃性气体。

2.制作过程

电路插件焊接部分比较简单，焊接顺序按照元件高度从低到高的原则，首先焊接电阻，焊接时务必用万用表确认阻值是否正确；焊接有极性的元件如三极管、指示灯、电解电容时务必分清楚极性，尽量参考所给图片的元件方向焊接；焊接电容时引脚短的是负极，插入PCB丝印上阴影的一侧；焊接LED时注意引脚长的是正极，并且焊接时间不能太长，否则容易焊坏；集成电路芯片可以不插。初步焊接完成后请务必细心核对，防止粗心大意。电路板如图3-42所示。

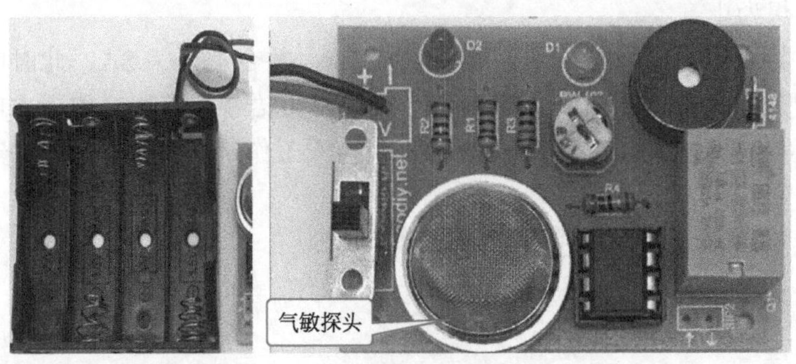

图3-42　多种可燃性气体检测器电路板

只要元器件无误，组装后即可工作。调试时电源电压为6V直流电源供电，气体可以使用打火机气体调试。

无论有烟无烟，只要接通电源，就动作。最常见的情况是VR1调节不合适，应将VR1重新调整（调节合适的标志是有烟无烟的临界状态）。

知识拓展

利用上述电路在相近输出再加一路Q1电路，将P1换成继电器，增加排风机可做成自动抽油烟机，图3-43所示为用四运放与气敏探头构成的抽油烟机电路。气

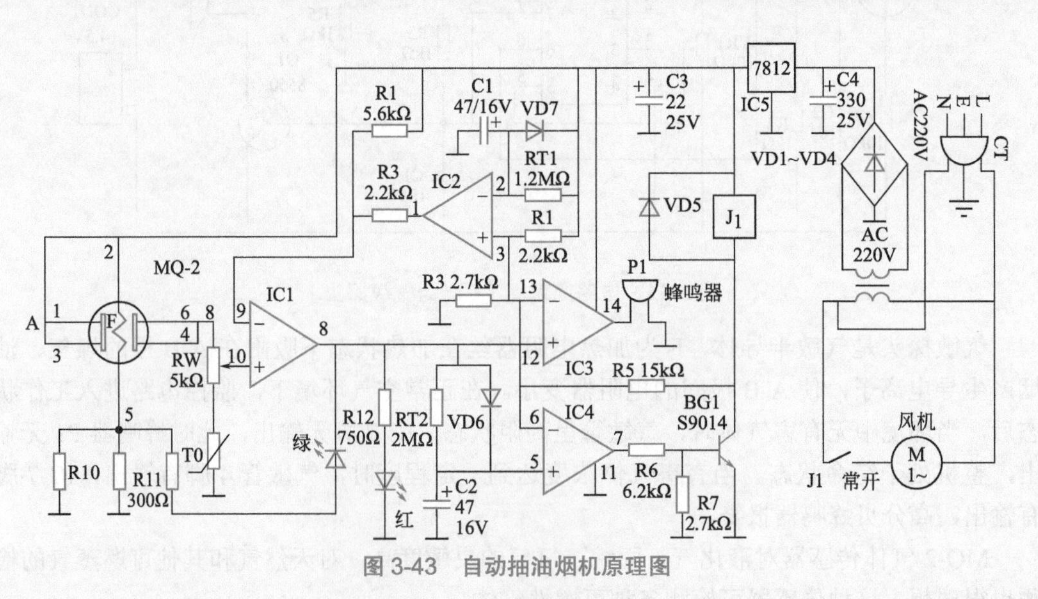

图3-43　自动抽油烟机原理图

敏探头的A-B间是气敏半导体，F为加热电阻器丝，在加热状态下吸附在A-B极的煤气、油烟产生导电离子，使A-B极间的电阻器变小。在正常空气环境下，监控电路进入工作状态后，IC2 2脚为高电平（12V），3脚约8V，1脚为低电平0V。所以IC1 9脚约有4V电压。当环境中无油烟时，气敏管呈高阻状态，ICl 8脚远低于4V，IC4脚也为低电平。所以，IC3、IC4输出都是低电平，此时蜂鸣器和BG1都不工作，整机处于待命状态。由于加热丝有电流，绿色发光管亮。当煤气或油烟浓度达到一定程度时，气敏管与RW、T0的分压值就会超过4V。这时IC1翻转，8脚输出高电平12V，IC3脚和IC4 6脚电位都是8V。因此，IC3 14脚输出高电平，高分贝蜂鸣器报警。同时，另一路经VD6，使IC4 7脚输出高电平，BG1导通，继电器吸合，排气扇电机开始转动。此时由于IC1 8脚为高电平，绿色发光管熄灭，红色发光管点亮，指示煤气油烟超标。

VD6、RT2和C2组成排气延时电路，当室内油烟煤气浓度恢复正常后，IC1 8脚为0V，VD6截止，电容器C2通过RT2放电（需3min左右）。当放电至电压值低于8V时，IC4重新翻转，排气扇关闭。

VD7与C1、RT1组成开机延时电路。电源接通后，IC2 3脚立刻获得8V直流电压，而2脚电位在RT1对C1充电的同时缓慢上升，经2min左右才能达8V以上。在此之前，IC2 1脚为高电平（12V），报警、排气电路都不工作，这样可防止刚开机时由于气敏头为冷态，还未进入正常工作状态而发生误动作。VD7能在电源关断后使C1的储能迅速泄放，以保证较短时间再次开机。VD5则保护开关控制器BG1。

总之，自动抽油烟机正常工作状态时，按下自动按钮，绿灯点亮，如室内煤气和油烟浓度小于0.15%，机器即进入待命状态；如室内油烟超标，开机2min后就立即启动报警，且抽油烟电机开始工作，绿灯熄灭，红灯点亮，直至室内气体正常，红灯熄灭，报警音响停止，绿灯点亮，3min后电机停转。

例036 带排风的有害气体报警器制作

1.电路工作原理

带排风的有害气体报警器电路如图3-44所示，它主要由电源变换、有害气体检测电路、电子开关、报警喇叭和通风控制电路组成。

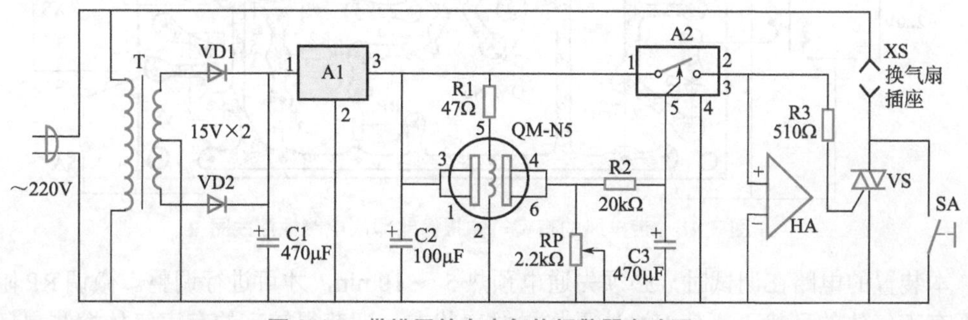

图3-44 带排风的有害气体报警器电路图

接通电源，220V 交流电经 T 降压，VD1、VD2 全波整流，C1 滤波和 A1 稳压后，输出 12V 直流电压，供给控制电路使用。QM-N5 为有害气体检测器件。12V 直流电经 R1 降压后供给 QM-N5 灯丝，一旦 QM-N5 检测到烟雾时，其测量电极 1、3 脚和 4、6 脚间的电导率迅速增大，使 RP 两端电压降增加。该电压经 R2、C3 组成的延时电路后，加至功率开关集成电路 A2 的控制端 5 脚，当达到 A2 的开门电压 1.6V 时，A2 内部“开关”闭合，报警喇叭 HA 得电发声；与此同时，双向晶闸管 VS 经限流电阻 R3 获得触发电流导通，使接入插座 XS 内的换气扇得电运转。待有害气体排尽后，QM-N5 两测量极之间的导电率显著减小，RP 两端电压低于 1.6V，A2 内部“开关”打开，HA 断电停止发声；VS 亦截止，使被控换气扇停止运转。

电路中，由 R2 和 C3 组成的延时触发电路，能够有效抵消气敏管 QM-N5 固有的初始特性对开关电路带来的影响，这对于防止因市电频繁停送造成的 HA 误发声、换气扇误动作是很有必要的。SA 为手动开关，可使换气扇连续通电工作。

2.元器件选择

气敏器件选用普通 QM-N5 型。A1 选用 7812 型（1.5A、12V）三端固定稳压集成电路；A2 选用 TWH8778 或 QT3353 型功率开关集成电路。VS 选用 TLC386 型（3A、700V）双向晶闸管。VD1、VD2 均选用 1N4001 型硅整流二极管。

HA 选用 ME1800 系列两针式电子音源器件。RP 选用 HW115-2 型卧式微调电位器。R1 选用 RJ-1W 型金属膜电阻器，R1 ～ R3 选用 RTX-1/4W 型碳膜电阻器。C1 ～ C3 一律选用 CD11-25V 型电解电容器。T 选用 220V/15V×2、5W 优质电源变压器，要求长时间运行不过热。XP 选用交流电两极插头。XS 选用机装型交流电两眼插座。SA 选用 KND2 型（5A、250V）船形开关。

3.制作与使用

图 3-45 是本装置的印制电路板接线图，印制板实际尺寸约为 75mm×45mm。焊接好的电路板连同变压器 T 一起装入用绝缘阻燃材料做成的机壳内。盒面板开孔伸出气敏探头（注意：QM-N5 应在电路板有铜箔的一面），并直接固定音响器 A；盒侧面开孔固定插座 XS 和手动开关 SA。插头 XP 则通过长约 1.5mm 的双芯塑胶线引出盒外。

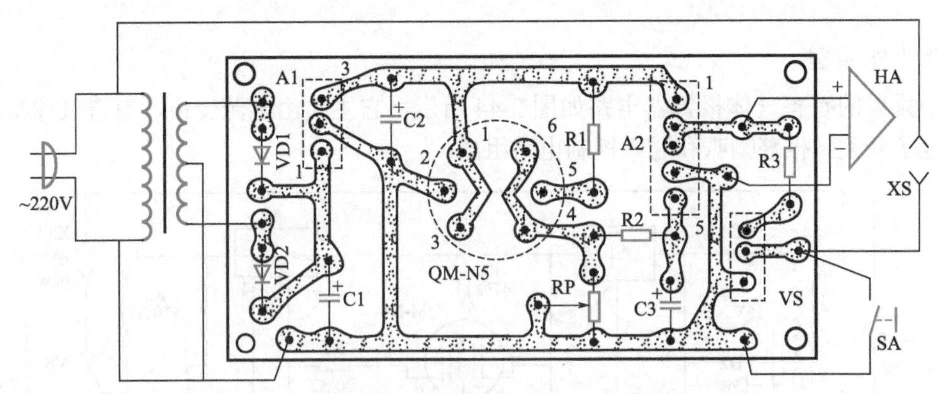

图 3-45 带排风的有害气体报警器印制电路板接线图

本装置的电路在调试时，必须先通电预热 5 ～ 10min，才可进行调整。微调 RP 阻值，在无有害气体的环境下，使 HA 处于临界发声状态，即获得较高的有害气体探测灵敏度。

由于 C3 的延时作用，调 RP 时应一点一点缓慢进行，否则无法调好灵敏度。必要时断开 C3 一脚调节 RP，待调试结束后再焊好 C3。

实际安装时，报警器小盒应安装在容易接触到有害气体的地方。由于各种气体的密度不同，它们在室内的分布情况也有所侧重，一般来说密度小的气体多处于室内高处，密度大的气体多在室内的低处，安装时应根据对象注意加以区别对待。本报警器除对烟雾、煤气、一氧化碳气体进行探测报警外，还对氢气、烷类、烯类、汽油、柴油、乙炔、氨类、蒸气、醚蒸气等同样有较好的探测报警作用。因此，其用途可延伸至工农业生产和科研等各个领域。

例 037 马桶水位监测器控制器制作

1.电路组成

主要由电源、水位监测电路组成，如图 3-46 所示。

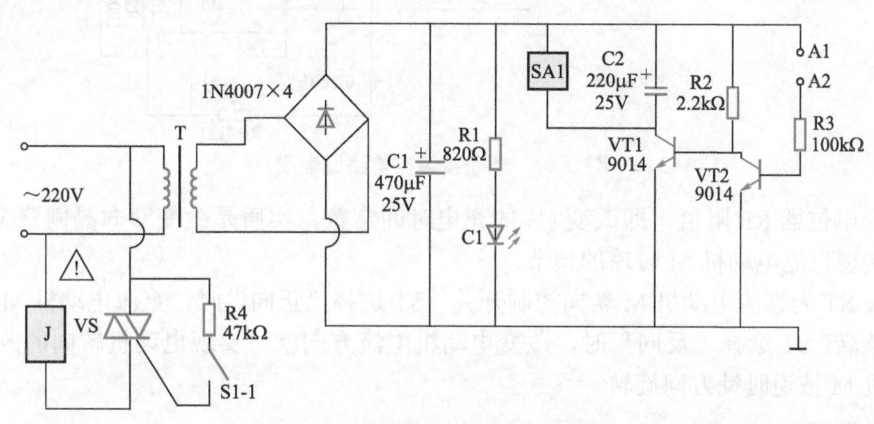

图 3-46 马桶水位监测器电路组成

2.元器件作用

T 是变压器，把 220V 转换成 9V，经 1N4001 桥式整流；SA1 是继电器；VT1、VT2、R2、A1、A2 组成控制电路；A1、A2 是水位检测的两个探头；VS 是晶闸管；J 是进水电磁阀。

3.工作原理

当抽水马桶的水位过低或缺水时，水位监测器的两个水位检测探头 A1、A2 处于断开状态。三极管 VT2 因无基极偏置电流而截止，VT1 处于正偏而导通，直流继电器 SA1 有电流通过而动作，使触点 S1-1 吸合，双向晶闸管 VS 触发信号经电阻 R4 提供而导通，进水电磁阀工作，向马桶加水。

当马桶水位正常时，水位监测的两个探头 A1、A2 被水浸没而导电，使 VT2 导通，VT1 截止，直流继电器 SA1 无电流通过而释放，触点 S1-1 断开，双向晶闸管无信号而阻断，进水电磁阀不工作。

由于本制作涉及晶闸管、电磁阀等元件，工作在市电下，请注意安全。T 初级部分有高电压，因此在带电状态下不应接触，以免造成电击！

例038　电子按摩器制作

1.电路工作原理

电子按摩器电路原理如图3-47所示。220V市电经由闭合电源开关SB，电阻R1、R2，电位器RP组成的分压电路分压后，给电容C3充电。当C3充电至一定值时，双向二极管VD5导通，输出一触发脉冲电压到双向晶闸管VS触发极，VS受触发导通，输出端输出受控脉动直流电压，为直流电动机M供电。电动机M得电旋转，带动按摩头做按摩动作。

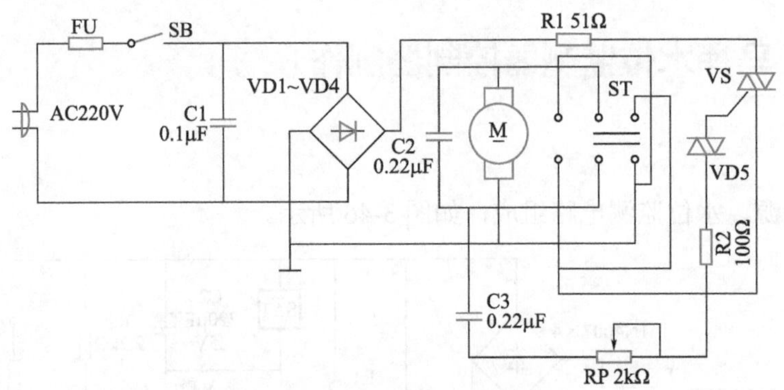

图3-47　电子按摩器电路原理图

改变电位器RP阻值，即改变C3的充电时间常数，实质是改变双向晶闸管VS的导通角，实现直流电动机M转速的调节。

开关ST为直流电动机M转向控制开关，ST选择“正向”时，直流电动机M按顺时针方向旋转；ST选择“反向”时，改变电动机电流方向就可实现电动机转向的改变，直流电动机M按逆时针方向旋转。

2.元器件选择

FU：2A/250V的熔断器。

VD1～VD4：硅整流管1N5404。VD5：双向二极管DB3型。

M：直流电动机2W/220V。

SB：5A/250V按钮开关。ST：船形开关5A/250V。

VS：双向晶闸管BTA16。

RP：2kΩ、2W线绕电位器。

R1：51Ω、5W。R2：100Ω、1W。R1、R2均为金属膜电阻。

C1：0.1μF/400V。C2：0.22μF/400V。C3：0.22μF/400V。

例039　电子催眠器制作

1.电路工作原理

电子催眠器的电路原理如图3-48所示。电路由高压振荡发生器、整流器及张弛振荡器组成。高压振荡发生器由三极管VT、变压器TR以及电阻R1等组成。按下开关SB后，变压器TR中的N1、N2与VT组成的高压振荡器起振，振荡电压经线圈N3升压到

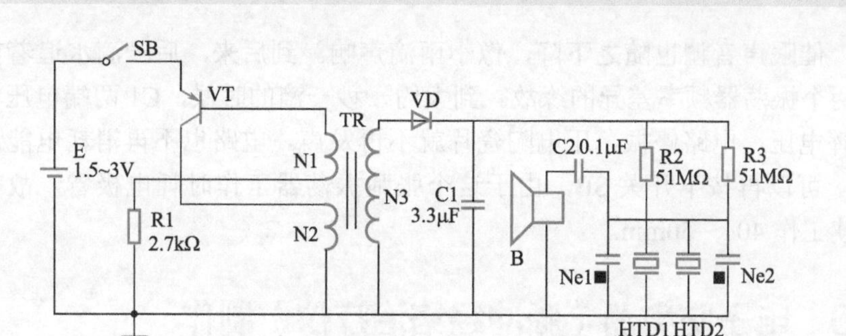

图 3-48　电子催眠器电路原理图

约 300V。此电压经二极管 VD 整流，向电容 C1 充电，在电容 C1 两端上获得直流电。

启辉器 N1、N2，压电陶瓷片 HTD1、HTD2，电阻 R2 及 VD 组成张弛振荡器，其工作原理是：C1 的直流电压经电阻 R2、R3 分别向压电陶瓷片 HTD1、HTD2 充电，当此电压充至启辉器 Ne1、Ne2 的启辉电压时（60 ～ 80V），启辉器放电导通，压电陶瓷片上积累的电荷就被泄放，电压下降；当降至启辉器的启辉电压时，启辉器停止辉光呈关断状态，压电陶瓷片将继续通过电阻 R2、R3 充电，使电压不断上升……如此周而复始地振荡。压电陶瓷片在放电过程中，其两端电压有较大的变化。由于压电效应，压电陶瓷产生机械振动，因而就发出类似雨滴的“哒哒”响声。

2.元器件选择与制作

VT 可采用 8550 型锗 PNP 三极管，$\beta \geqslant 100$。VD 可采用 1N4007 型等硅整流二极管。启辉器 Ne1、Ne2 可用市场常见的 8 ～ 40W 的启辉器，启辉电压为 60 ～ 80V。

R1：2.7kΩ、1/4W。R2、R3：51MΩ、1/4W。

C1 要求采用 3.3μF、耐压 400V 以上的电解电容器。

变压器 TR 需要自制：N1 绕 20 匝，N2 绕 30 匝，N3 绕 350 匝，均采用直径为 0.1mm 的高强度聚酯漆包线。

E：电池 1.5 ～ 3V。

SB：小型常开轻触按键开关。

HTD1、HTD2：压电陶瓷片，可采用 HTD-27A 型。

B：选用 8Ω 小型扬声器，如果感觉声音过大可以去掉该扬声器。

3.电路调试

首先调整电阻 R1，使电容 C1 上的电压为 250 ～ 300V。若电压始终调不上去，可能是线圈 N3 的匝数过少。若 C1 两端根本无电压，则说明高压发生器没有起振，可将线圈 N1 与 N2 的两端对调一下，如果将 N1 或 N2 两线头对调一下 C1 两端仍然没有电压，可测一下 8550 的放大系数是不是过小，或电源 E 的电压是不是过低，TR 是不是损坏等。

另外压电陶瓷片 HTD1 或 HTD2 的电容值决定振荡频率的高低，若压电陶瓷片的电容值过小，会使雨滴声频率过高影响催眠效果，此时只要将电阻 R2 或 R3 的阻值增大些即可。

临睡前只要按一下开关 SB，电容 C1 即被充满高压。两个张弛振荡器即开始起振，由于电路元件具有一定的离散性，两个振荡器的振荡频率不可能完全一致，故能产生两声雨滴声响。在刚按下开关 SB 时，雨滴声频率会由低变高，说明 C1 两端电压在升高，经数秒后，音调不再上升，说明 C1 两端电压已充到最高值。松开 SB 后，随着 C1 两端电压下降，催眠声音调也随之下降，像小雨滴声响。到后来，后一滴水追着前一滴水声音，这是两个振荡器频率差异的缘故。到大约一秒一滴的时候，C1 两端电压小于压电陶瓷片的启辉电压，电路停振，压电陶瓷片就不再发声。电路也不再消耗电能。若此时还没有睡着，可以再按下开关 SB。由于这个张弛振荡器工作时耗电极省，故每按下 SB，电路可连续工作 40 ～ 50min。

例040　电子防身器（脉冲经络治疗仪）制作

1.电路工作原理

该防身器电路原理如图 3-49 所示。接通开关 SB 后，由三极管 VT、变压器 TU1 等外围元件组成一个振荡器，将 3V 直流电压放大为 400V 左右的电压，再经二极管 VD1、VD2 进行整流。经电阻 R2、RP 给 C5 充电，导致 C5 两端的电压不断地升高。当 C5 的电压升高至某一设定值时，经过 R3 提供给晶闸管 VS 控制极触发电压，VS 在得到触发电压后，开始导通。从而使二次升压变压器 TU2 导通振荡，在 TU2 的次级上感应出三万多伏的脉冲高压。

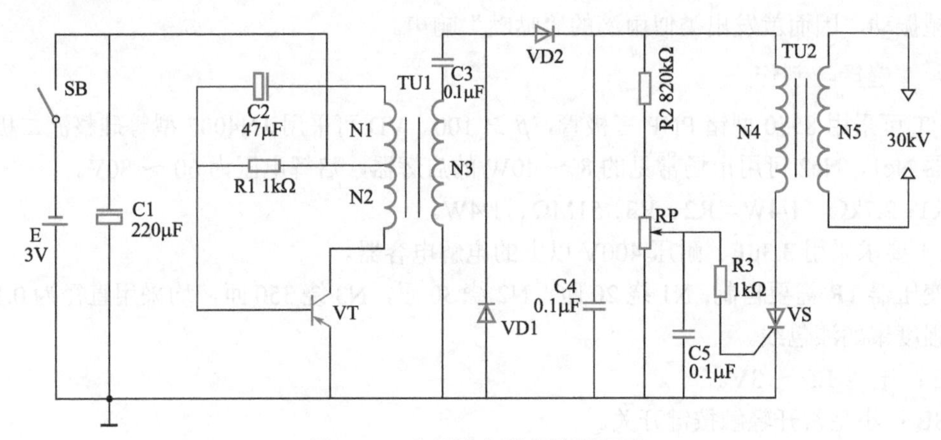

图 3-49　电子防身器电路原理图

用高压线从半线圈 N5 两极引出，可以用来防身放电。正常工作时，N5 的两端电极在距离 10mm 的时候可以产生很强烈的蓝色电弧。

2.元器件选择

VS 晶闸管型号为 3CT064（一般在 400V 左右，调整导通的时间根据 RP、R2 来进行设定）。

E：3V 镍氢充电电池。

TU1：EE19 铁氧体磁芯，N1 的绕线直径为 0.2mm，绕 15 匝；N2 的绕线直径为 0.45mm，绕 48 匝；N3 的绕线直径为 0.27mm，绕 480 匝。

TU2：EE22 铁氧体磁芯，N4 的绕线直径为 0.2mm，绕 20 匝；N5 的绕线直径为 0.17mm，绕 2600 匝。

VD1、VD2：高压硅粒子二极管。

VT：PNP 型三极管，8550。

C1：220μF/16V。C2：47μF/16V。C3、C4、C5：0.1μF/630V。

R1：1kΩ。R2：820kΩ。R3：1kΩ。R1 ～ R3 均为 1/4W。

SB：KNX 型按钮开关。

提示

在中医针灸中，有一种电针治疗疏通经络仪，其电路原理与此电路相同，唯一不同点是 TU2 次级线圈匝数少，输出电压稍低些，为 1 ～ 2kV。

例 041　高灵敏度的助听器制作

1.电路工作原理

该助听器电路原理如图 3-50 所示。该电路采用运算放大器集成电路 IC（LD505）进行组装，外围元件少，电路简洁。

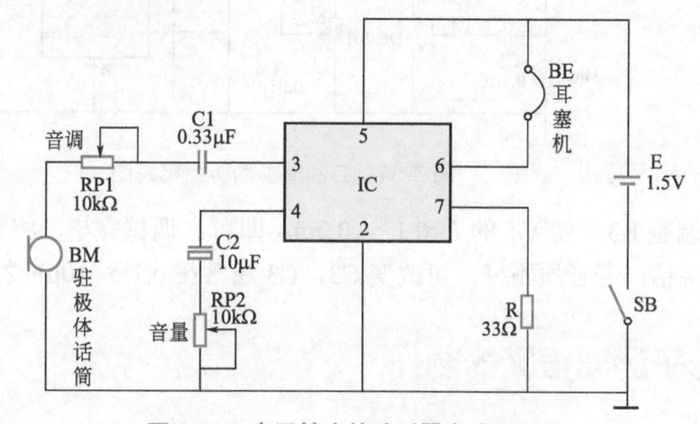

图 3-50　高灵敏度的助听器电路原理图

LD505 是一种低压、低功耗、高增益的线性放大器，由一个运算放大器和一个甲类的单管输出级组成。其工作电压为 1 ～ 1.6V，电压增益为 72dB，失真为 5%，运放的典型工作电流为 0.21mA，输出管工作电流为 1.5mA，由于 LD505 加有负反馈，故具有较高的温度稳定性。LD505 采用标准的 8 脚双列直插式封装。

图中 RP1 为音频调节电位器，RP2 为音量控制电位器，电阻 R 为外接负反馈电阻。电路中使用的是助听器专用微音器及高阻抗耳塞机，声音清晰，可供中、重度耳聋患者使用，采用一节 7 号电池供电，可以使用 6 个月以上。

2.元器件选择

IC：运算放大集成电路 LD505。

RP1、RP2：WH147 型 10kΩ 的可调电位器。

BM：驻极体话筒。

BE：高阻抗耳塞机。

R：33Ω、1/8W 金属膜电阻。

C1：0.33μF/16V；C2：CD11 电解电容，10μF/16V。

E：电池 1.5V。

SB：微型按钮开关。

例042 简易助听器制作

该助听器的电路如图 3-51 所示。驻极体话筒 BM 作传声器用，声音信号由话筒转换成电信号，再经隔直电容 C1 传送给三极管 VT 作前置放大，放大后的音频信号由电容器 C2 耦合加到电位器 RP 上，然后送入功放集成电路 IC 的输入端 7 脚，由 IC 进行功率放大，经功率放大后的音频信号从 1、3 脚输出，使耳机或扬声器发声。

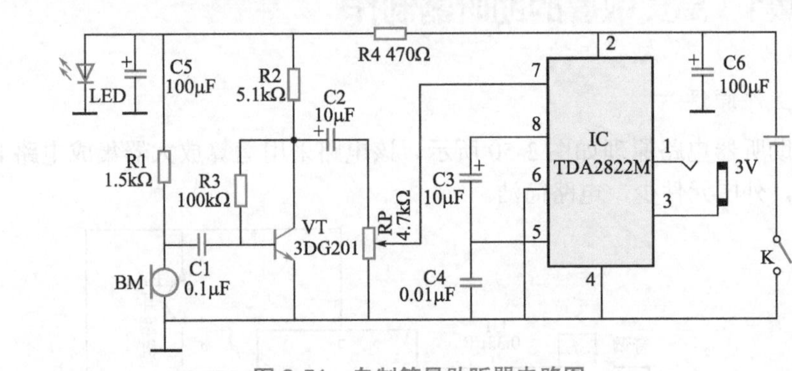

助听器制作学习

功放电路

图 3-51 自制简易助听器电路图

调试时只要调整 R3，使 VT 的 I_c=0.1 ～ 0.2mA 即可。调试完毕，将耳机插好，音量开大，对着话筒讲话，若音质不好，可改变 C3，C3 通常在 0.1 ～ 10μF 之间选取。

例043 母子远离报警器制作

1.电路工作原理

母子远离报警器的电路如图 3-52 所示。无线遥控发射模块 A1 和开关 SA1、电源 G1 组成了发射器（子机），无线遥控接收模块 A2、报警集成电路 A3 和外围电子元件组成了接收报警器（母机）。

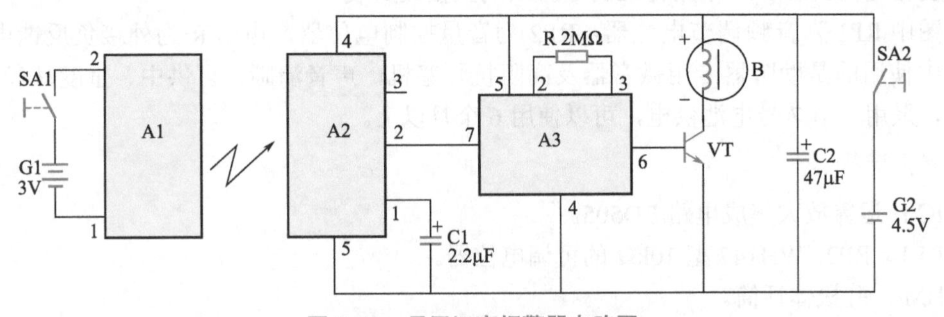

图 3-52 母子远离报警器电路图

平时，A1 模块内藏天线向周围空间发射出频率为 250 ～ 300MHz 的超高频调制电磁波，在有效作用距离范围内，被 A2 模块内的微型接收天线接收，经内电路解调、放大、检波、延时、电平转换后，使A2 2脚输出高电平，A3因7脚处于高电平而不工作，VT截止，B不发声。一旦母子机间距离超过约8m，A2就会接收不到足够强度的发射信号，于是A2的2脚跳变为低电平，从而触发A3内部电路工作，并通过A3的6脚输出三种频率重复变化的脉冲电信号，经VT功率放大后，推动B发出报警声。

电路中，C1为延时电容器，它能使A2状态变得迟钝一些，从而增强模块的抗干扰能力；C2用来减小电源G2的交流内阻，使发声更加清晰响亮，并能相对延长电池使用寿命。R为3外接时钟振荡电阻器，其阻值大小影响警报声的音调。

2.元器件选择

A1、A2选用国产RCM-1型微功耗、超短波无线遥控模块组件，其外形及引脚排列如图3-53所示。发射模块选用功率小的一种（1型），这样可使遥控有效距离超不出8m。A3选用5G06002型报警专用集成电路，它有双列直插塑料硬封装和片状黑膏软封装两种产品。本电路采用硬封装产品。VT选用9014或3DG8型硅NPN三极管，要求$\beta > 100$。

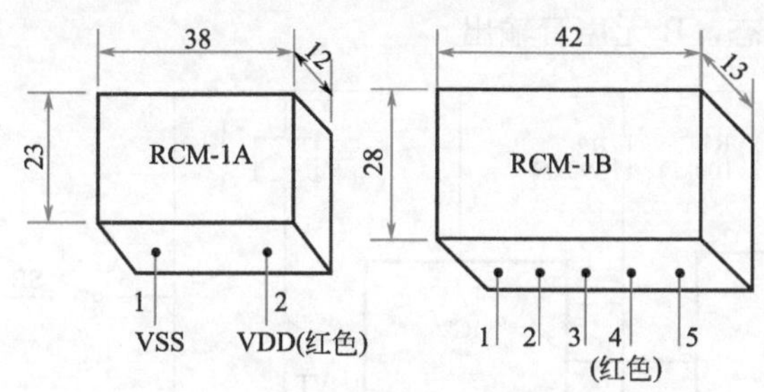

图3-53　RCM-1型无线遥控模块组件外形及引脚排列

1—延时电容端；2—高电平输出；3—低电瓶输出；4—VDD（红线）；5—VSS

R选用RTX-1/8W型碳膜电阻器。C1、C2选用CD11-10V型电解电容器。B选用HC-12型微型电磁音响器，其特点是发声效率高、体积（ϕ12mm×8.5mm）小巧。G1选用两节5号干电池串联而成。G2选用三节5号干电池串联而成。如欲进一步缩小整机体积，可考虑使用7号干电池或SE44（G13-A）型叠层式微型电池。SA1、SA2均选用小型单刀单掷开关。

3.制作与使用

子、母两机分别装在体积合适的绝缘小盒内。子机仅为A1、SA1和G三个元器件，直接焊固在机盒内即可。母机须按图3-54所示制作电路板（尺寸约40mm×25mm）焊固元件，然后再装入机盒内。焊接时注意，电烙铁外壳一定要良好接地，以免交流感应电压击穿A1～A3内部CMOS电路。

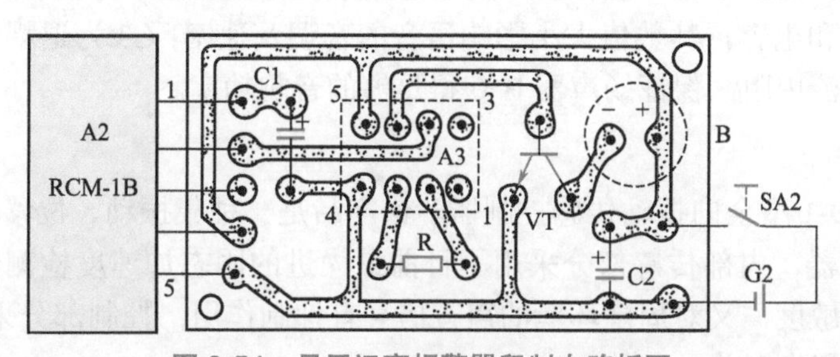

图3-54　母子远离报警器印制电路板图

焊装好的报警器无须任何调试便可投入使用。万一感到报警声音调太高（或太低），可适当增大（或减小）R 阻值加以调整。R 阻值可在 1.5 ～ 2.7MΩ 间选择。

实际使用时，子、母机均应远离大的金属物，也就是不与金属物放在一块，以免影响遥控距离。平时母机静态守候工作电流实测值≤ 0.85mA，子机发射电流实测值≤ 0.6mA，故用电十分节省。当遥控距离明显缩短时，可考虑及时更换新电池。

例044 高灵敏度的振动式防盗报警器制作

1.电路工作原理

该振动式防盗报警器的电路原理如图 3-55 所示。电路中，IC1 是专用的振动传感器，它和电阻 R1、电容 C1 等组成了振动传感及延时触发电路；语音集成电路 IC2 和三极管 VT 及扬声器 B 组成了报警电路。平时，IC1 的 3 脚处于低电平状态，IC2 无触发信号不工作，VT 处于关断状态，B 无声音输出。

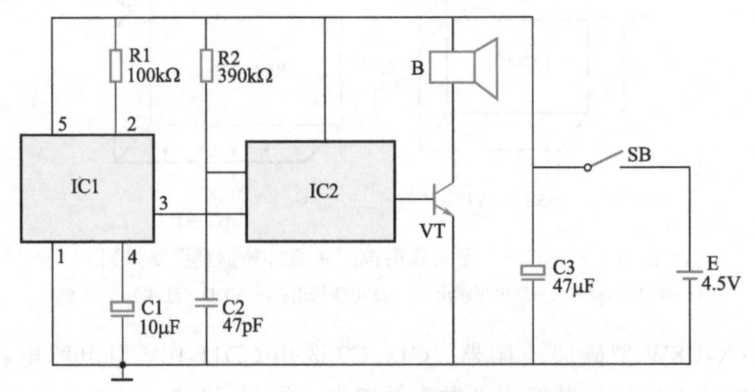

图 3-55 振动式防盗报警器电路原理图

如遇窃贼对房门或保险柜进行碰、砸等动作时，即使是轻微振动也会使 IC1 受到触发，并从其 3 脚输出高电平。于是，IC2 受到触发工作，导致 VT 导通，经 VT 功率放大后，推动 B 发出“抓贼呀——”的报警声。

在触发 IC2 时，其输出端反复输出内储的语音电信号，IC1 每受到一次振动触发，其 3 脚便输出 60s 的高电平信号，B 会连续发声 60s；若 IC1 连续受到触发，则其 3 脚输出的高电平便持续输出，直到停止触发 60s 后为止。

电路中，R1 为 IC1 外接振动灵敏度电阻，用来调整振动报警器灵敏度的高低；C1 为 IC1 延时输出信号设定电容，其容量值可以决定报警发音的时间长短；R2、C2 分别是 IC2 的外接振荡电阻和电容，其数值大小影响语音的音调及速率；C3 为退耦电容，主要用来减小电池 E 的交流内阻，保证扬声器 B 获得足够的音响功率。

2.元器件选择

IC1 选用 ND-1 型全向振动传感控制器。该产品是一种集振动、位移和检测于一身的全方位固态控制器，内部传感部分采用了目前最先进的固态加速度检测器件，既对振动有很高的检测灵敏度，又对周围环境的声音信号有抑制作用；控制部分采用了集成电路，使外围电路变得相当简单。

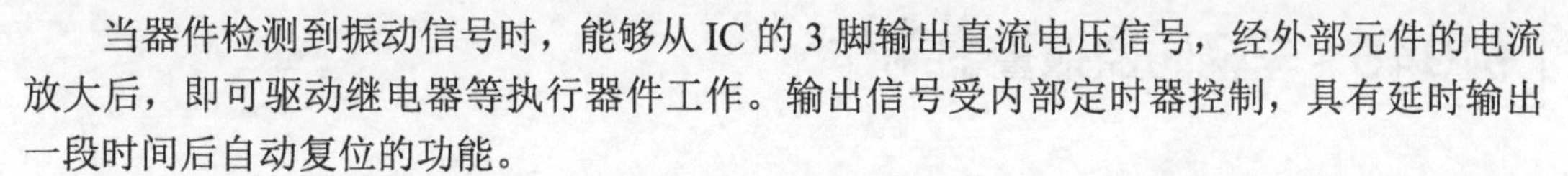

当器件检测到振动信号时，能够从IC的3脚输出直流电压信号，经外部元件的电流放大后，即可驱动继电器等执行器件工作。输出信号受内部定时器控制，具有延时输出一段时间后自动复位的功能。

IC的4脚外接延时控制电容C1，取值为0.1～10μF，C1容量越大，延时就越长；反之延时就越短。2脚外接一个51～100kΩ灵敏度设定电阻，阻值小，灵敏度就低；阻值大，灵敏度就高。ND-1型的主要参数为：工作电压为3～12V，静态电流为500μA(3V电压下测定)，灵敏度大于0.1g，频率范围为0.5～20Hz，工作温度为−30～65℃。

IC2选用HL-169B系列语音集成电路中内储为“抓贼呀——”喊声的芯片。该集成电路用树脂封装在一块尺寸为20mm×14mm的小印制板上，主要参数为：工作电压范围为2.4～5V，输出端驱动电流为3～6MA，静态总电流小于2μA，工作温度范围为−10～60℃。

VT最好选用2SC2500型（PCM=900mW）塑封硅NPN晶体三极管，要求电流放大系数$\beta>100$；也可用普通9013、9014型（I_{CM}=0.5A，P_{CM}=625mW）硅NPN晶体三极管来代替，但效果稍差。

R1、R2均采用金属膜电阻，其中R1为100kΩ，R2为390kΩ。C1、C2均采用CD11-16V型电解电容，C1为10μF，C2为47pF；C3选用高频瓷介电容，耐压大于63V，电容值为47μF。B可采用8Ω、0.5W小口径动圈式扬声器。SB采用1×1小型拨动开关。电源E采用三节5号干电池串联而成，电压为4.5V。

3.制作与使用

图3-56为该防盗报警器的PCB图，IC1直接焊接到电路板上，IC2芯片通过5根软引线焊到电路板上去。焊接IC2时电烙铁外壳一定要良好接地，以免交流感应电压击穿集成电路内部CMOS电路。焊接好的电路板连同电池E一起装入塑料盒内，并在盒外壳适当位置处开孔固定电源开关SB。

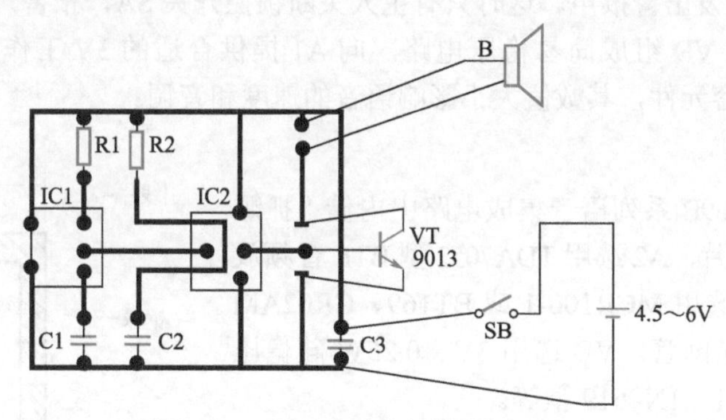

图3-56　振动式防盗报警器PCB图

安装时为了保证机械振动波的良好传递，应将电路板用螺钉紧固在机盒内，而机盒也要紧固在需要防盗报警的房门背面或保险柜内（应靠近门锁位置）。扬声器B应安放到能够让外人听到的地方，这样一旦警报响起，可以让窃贼无法控制扬声器的发音，同时还要有防破坏能力的外壳，还要防水。

安装好的防盗器，一般无须任何调试便可投入使用。通过适当增大C1的容量以调整触发时间。通过适当减小或增大R1的阻值以调整报警器灵敏度。如通过适当改变R2阻值或C2容量调整报警器的音质，直到满意为止。

例045 车辆防盗报警器制作

1.电路工作原理

如图3-57所示为车辆防盗报警器电路接线图。A1和R1、C1构成语音发生器，A2等构成功率放大器，VS和SQ1、SQ2构成触发开关，SA构成锁控电源开关。

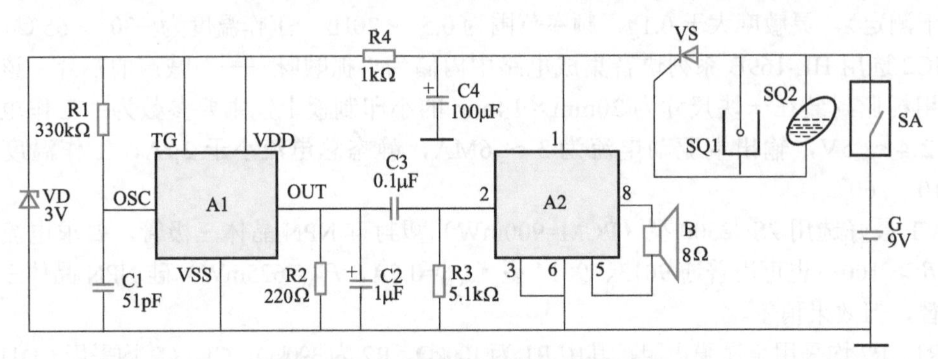

图3-57 车辆防盗报警器电路接线图

当主人离开停稳的车时，在上好车锁的同时，用专门的钥匙闭合报警器锁控电源开关SA，报警器即进入戒备状态。此时，电路实际上并不耗电。当车被盗时，随着撬锁产生的振动，冲击传感器SQ1断续接通，单向晶闸管VS即获触发电压导通并自锁，A1、A2得电工作。A1输出内储模拟语音电信号，经R2、C2低通滤波后，由C3耦合至A2进行音频功率放大，最后发出响亮的“抓贼呀——”喊声。如果窃贼不去撬锁，而是搬动车，则随着车体位置的稍一变化，水银导电开关SQ2自动接通，同样会使VS导通，报警器发声。如果小偷首先发现报警器（小铁盒），试图砸、撬破坏掉，则同样会产生振动或位移触发电路发出警报声。这时只有主人关断锁控开关SA，报警声才会被解除。

电路中，R4、VD组成简易稳压电路，向A1提供合适的3V工作电压。R1、C1是A1的外接振荡阻容元件，其数值大小影响语音的速度和音调。

2.元器件选择

A1选用HL-169B系列语音集成电路中内储“抓贼呀——”喊声的芯片，A2选用TDA7052型BTL音频放大集成电路。VS选用MCR100-1或BT169、CR02AM等小型塑封单向晶闸管。VD选用3V、0.25W硅稳压二极管，如2CW51、1N4619型等。

SQ1选用市售成品冲击传感器，它的内部结构如图3-58所示，暂时购买不到它的读者，可按图示原理仿制。SQ1也可用体积更小（ϕ10mm×10mm）的新型TV-1位移振动传感器来直接代换。SQ2选用KG-205型万向玻璃水银导电开关。SA用电话机小型锁控开关代替。

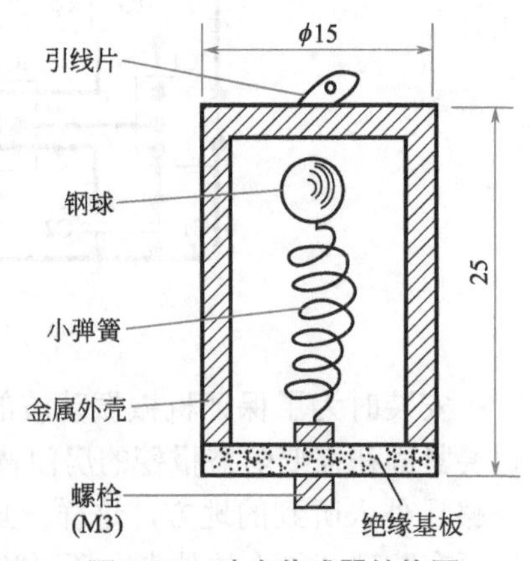

图3-58 冲击传感器结构图

R1～R4均选用RT-1/8W型碳膜电阻器。C1选用CC1型瓷介电容器，C2、C4选用CD11-10V型电解电容器，C3选用CT40型独石电容器。B选用8Ω、0.5W小口径动圈式扬声器。G选用9V型叠层干电池。

3.制作与使用

图3-59为该报警器印制电路板接线图，印制板实际尺寸约为50mm×35mm。焊接时，A1芯片通过5根长约6mm的元件剪脚线插焊在电路板上。SQ1的一极用螺母直接紧固在电路板上，另一极通过导线焊在电路板上。

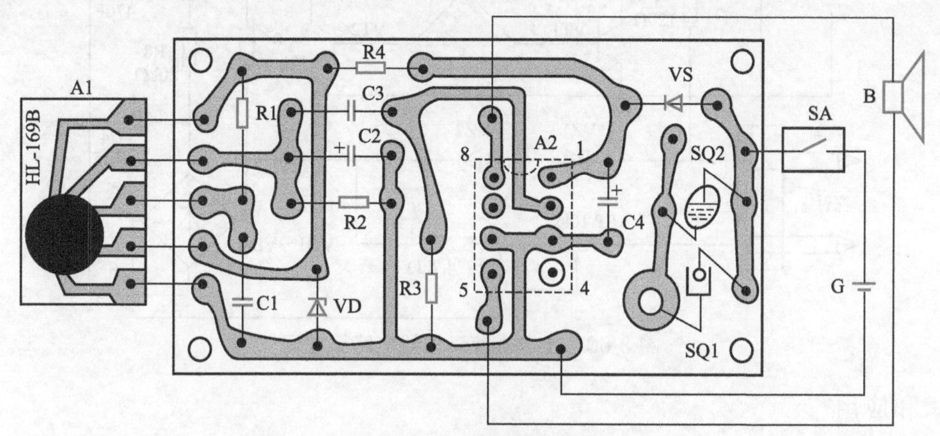

图3-59 车辆防盗报警器印制电路板接线图

该报警器电路全部焊装在强度较高的铁制外壳内。电路板用小螺钉紧固在机盒内，以使车体振动能够通过机壳被电路板上的SQ1良好感知。在机盒面板上开出释音孔，侧面开孔固定锁开关SA。整机体积可以缩小为100mm×55mm×25mm。

例046 简单土壤湿度测量器制作

1.电路工作原理

如图3-60所示，该电路由VT1、VT2，电容C2、C3，电阻R1、R2、R3、R4等共同组成一个振荡电路。振荡频率由R6来进行控制。R6一端接在探针的一根引线上，探针插入土壤里。随着土壤水分的变化，在探针上的电阻值也在发生着显著的变化，这个变化传导给R6时，将使振荡电路的振荡频率发生变化。频率变化可通过连接在VT2集电极的电流表的摆幅显示出来，人们再根据这个表针的摆幅刻度来判断湿度的大小。

2.元器件选择

VT2、VT2：采用C9013型硅NPN小功率三极管，VT1、VT2的β值尽可能一致，最大偏差最好不超过5，这样振荡频率比较一致，测量的准确度也高些。hFE大于150，起振比较容易。

VZ1、VZ2：选用5.5V、0.5W的稳压二极管。

VD1～VD4：选用快恢复二极管，FR107。

RP：选用10kΩ/0.25W的电位器。

R1～R9：采用1/8W电阻，其中R1、R4为510Ω，R2、R3为20kΩ，R5、R6为120Ω，R7为4.7kΩ，R8为20kΩ，R9为4.3kΩ。电流表选择10A的表头，串联的电阻器R9可以调整表头的数值。

C1：220μF。C2、C3：1μF。C4、C5：47μF。C1～C5耐压值均为10V。

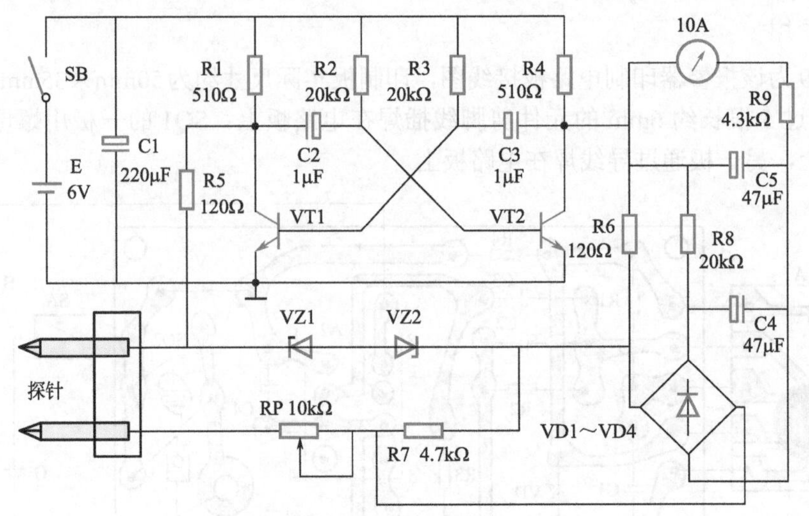

图 3-60　土壤湿度测量器电路原理图

3.调试和应用

电路板尺寸为 80mm×40mm，测试时用两根探针插入湿度比较大的土壤和比较干燥的土壤进行分析，然后调节可变电位器 RP，在二者之间选取一定的数值为中间标准值，以作为准确的数值，并将数据记录，以后测试时，可以根据其值作为参考值。

例 047　土壤湿度控制器制作

1.电路工作原理

通过土壤湿度传感器（叉形电路板）检测土壤湿度，土壤湿度传感器在空气中为不导通状态，插入土壤后，土壤内水分越多，则湿度传感器两个接线端子上的电阻越低，反之则电阻越大。传感器的信号通过 J2 探头接口接入控制电路。电路原理如图 3-61 所示。电阻 R2 串联在湿度探头上，湿度的变化会反映为电压比较器 U1A 的反向输入端电压的变化，如果低于 U1A 的同向输入端电压，则比较器输出高电平，反之输出低电平。电容 C2 用于稳定输出端信号，防止检测到湿度在临界状态时，继电器频率动作。自锁开关 J3 用来控制继电器的动作方式（是在 U1A 的第一脚输出高电平吸合继电器，还是在 U1A 的第一脚输出低电平吸合继电器）。安装自锁开关时注意方向，自锁开关有一个侧面上有一段凸起的短竖线，这个标记要和 PCB 上安装位置的短线一边一致。可调电阻 R3 用来调节湿度控制值。继电器输出端 J4 就可以作为一些大功率电器的电气开关，如水泵、喷

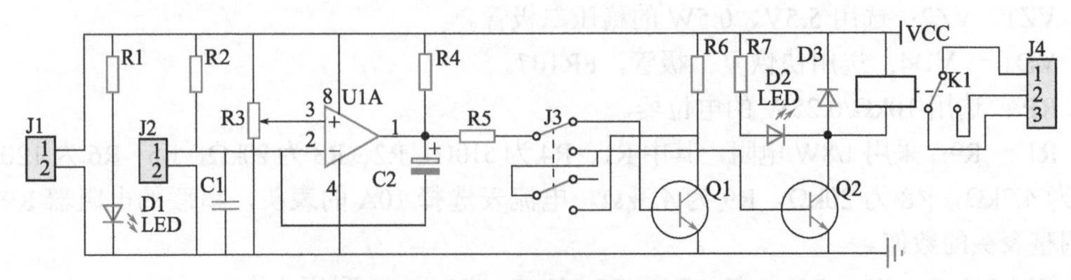

图 3-61　土壤湿度控制器电路原理图

淋等机械。从而实现自动控制。发光二极管 D1 为控制板电源指示，D2 为继电器吸合动作指示。三极管 Q1 可看成一个非门的作用。

2.制作过程

电路制作中，按照原理图与电路板图插好元件焊接即可。焊接好的电路板如图 3-62 所示。实际连接如图 3-63 所示。

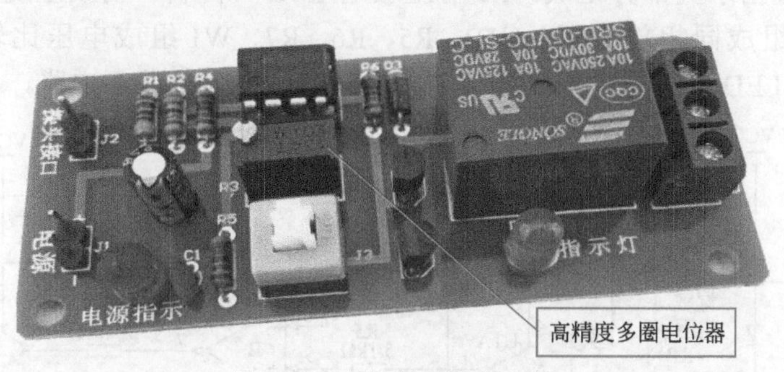

图 3-62　焊好的实际电路板

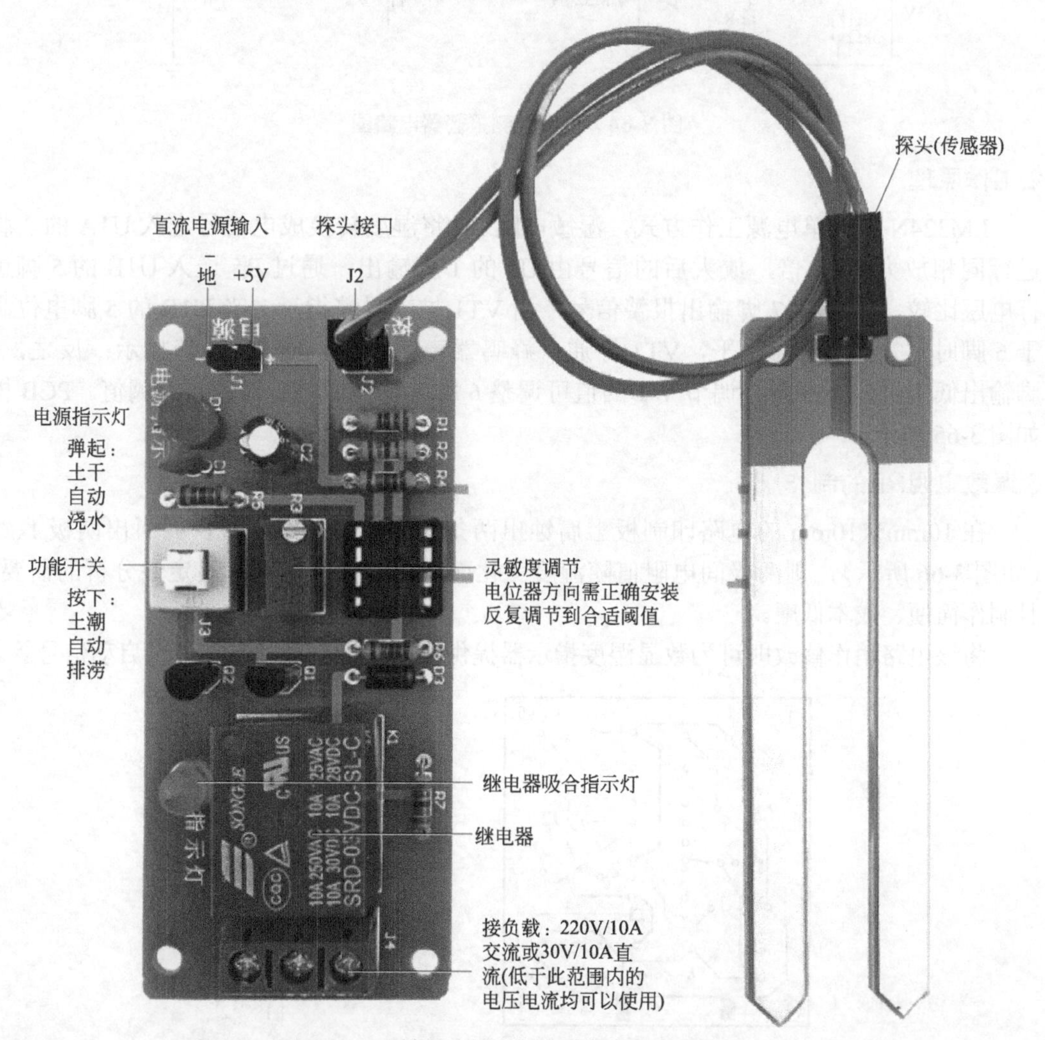

图 3-63　土壤湿度控制器电路板与探头连接图

例048 湿度检测报警器制作

1.电路组成

该电路简单易制，如图3-64所示，由采样电路、同相放大器、电压比较器、报警指示电路、电源指示五部分组成。R2与湿敏电阻RP（自制）构成湿度检测采样电路。U1A、R3、R4组成同相放大器。U1B、R5、R6、R7、W1组成电压比较器。R8、R9、VT1、蜂鸣器、LED组成报警指示电路。LED1、R1组成电源指示电路。

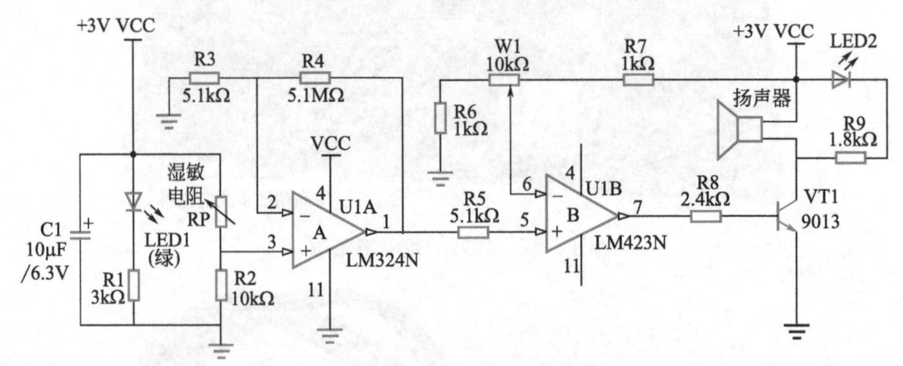

图3-64 湿度检测报警器电路图

2.工作原理

LM324N接成单电源工作方式，湿敏电阻RP将湿度转换成电信号送入U1A的3脚进行同相放大1001倍，放大后的信号由U1的1脚输出，通过R5送入U1B的5脚进行电压比较，U1B的7脚输出报警信号，由VT1推动报警指示。当U1B的5脚电位高于6脚时，7脚输出高电平，VT1导通，蜂鸣器声响报警，LED2报警指示；反之，7脚输出低电平，不报警。调节W1的值可调整6脚电位，即调整湿度报警阈值。PCB板如图3-65所示。

3.湿敏电阻RP的制作

在10mm×10mm的电路印制板上腐蚀出两条紧密交叉型细铜线，并引出两极1、2（如图3-66所示），则两极间电阻值随湿度变化而变化，能很好地满足定性分析的需要，且制作简便、成本低廉。

将该电路稍作修改即可为数显湿度指示器提供输入、为自动除湿机提供启动信号等。

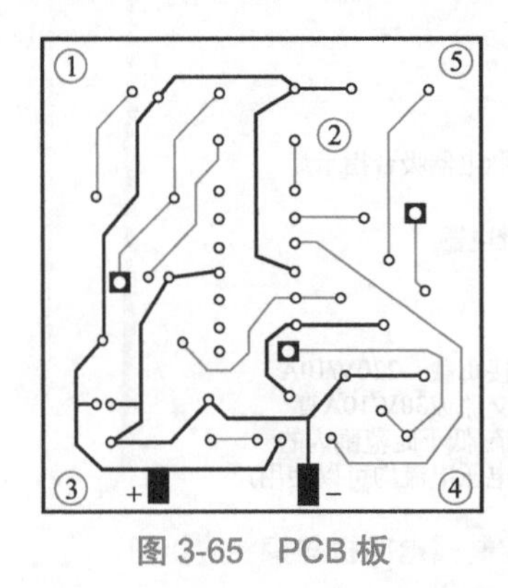

图3-65 PCB板

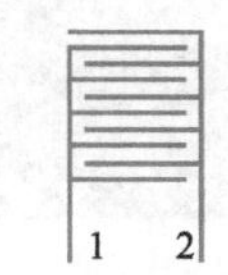

图3-66 湿敏电阻RP制作

例049　电子温度计制作

1.电路工作原理

（1）PN结的温度特性　PN结中的电流是通过载流子的运动形成的，载流子的浓度受温度的影响较大，载流子的浓度发生变化，PN结的电阻就会发生变化，一般正向偏置时，PN结具有负温度系数，即温度放大，可以定量地描述温度的变化。这就是利用PN结温度特性测温的原理。

（2）电桥原理　如图3-67所示，将四个电阻首尾相连，就构成了一个电桥，四个电阻分别称为电桥的四个桥臂，其中桥臂Rx为待测电阻，其余为标准电阻。电桥工作时，在电桥的2、4两点之间接测量电表或测量电路，1、3点之间接电源。调节电桥上的一个或多个电阻，使电桥平衡（2、4点之间电压为0），当被测电阻Rx发生变化时，电桥失衡，2、4两点间就有相应的电势差。由于其他桥臂上的电阻是相对稳定的，所以2、4两点之间的电压变化将反映出待测电阻的变化。

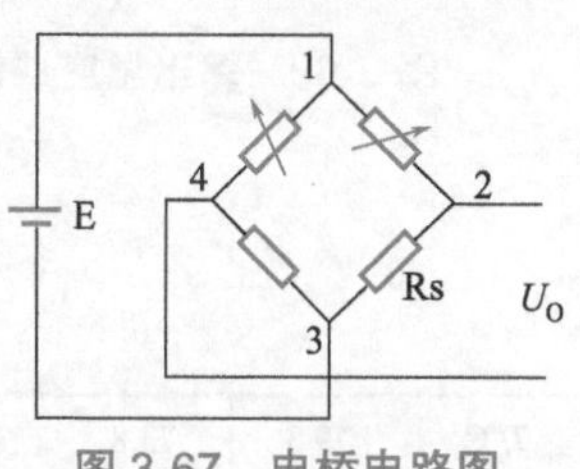

图3-67　电桥电路图

（3）恒流源原理　由于三极管的I_b与I_c具有$I_c=\beta I_b$的关系，故当I_b恒定时，I_c也固定。若三极管基极与发射极电位恒定，即构成一个恒流源。

（4）差动放大原理　电桥输出的是直流电压，要放大直流电压，就需要用直流放大器，为了放大直流电压，直流放大器必须采用直接耦合的方式，因为交流的耦合方式会滤去直流的成分，在这种方式下，电源电压的波动、温度的变化等会造成工作点变化，这将使得在输入为“0”时，输出严重地偏离“0”值，这种现象称为“零点漂移”。由“零点漂移”造成的输出电压的变动与输入信号是无法区分的，漂移甚至有时会淹没输入的微弱信号。差动放大器则可解决这个问题。差动放大器是由两个完全对称的放大器构成的，其特点是利用对称性克服零点漂移，这对于直流放大很有利，因此，利用差动放大器已成为直流放大的主要形式。

（5）电路原理　在图3-68所示电路中，VT1为温度探头；VT2、VT3及其外围电路构成差动放大器；VT4、R7、R8、R9、R10、VZ构成为差动放大器提供偏置的恒流源电路。由分压原理可以分别得到J1与J2两点的电压，当温度发生变化时，由于VT1的PN

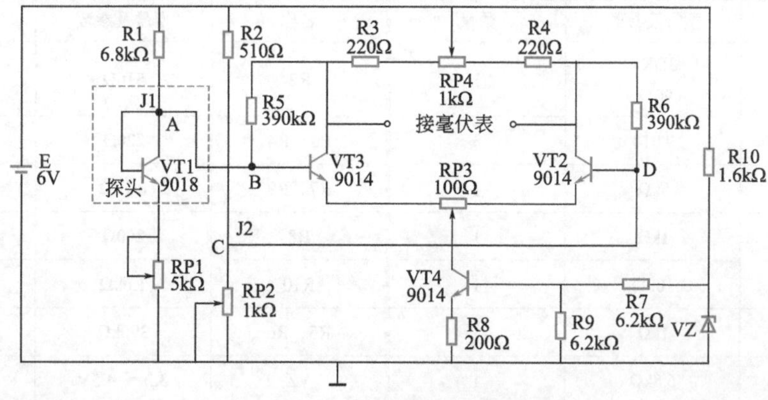

图3-68　温度测量电路图

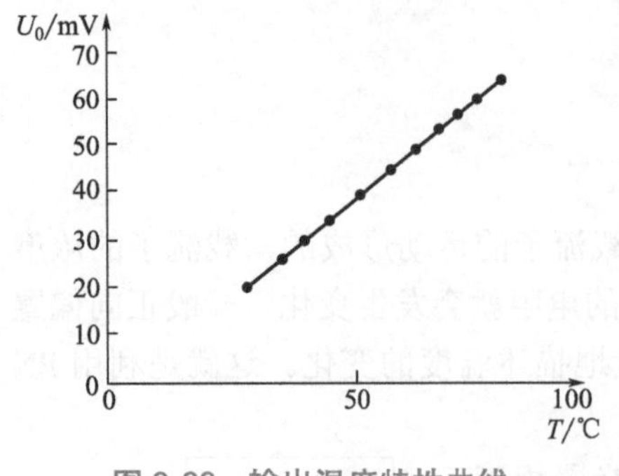

图 3-69　输出温度特性曲线

结具有负温度 - 电阻特性，故 J1 的电压会发生变化。这两点的电压差通过差动放大器得到输出信号（VT2 集电极与 VT3 集电极的电压差），该输出信号将随着温度的变化而变化，在 VT2 集电极与 VT1 集电极之间（输出端）接一个毫伏表，测量电压并用于指示温度的大小（不同的温度对应不同的电压值）。表 3-2 所示的是由该电路所测得的几组温度 - 电压数据，图 3-69 所示是与之对应的温度 - 电压转换曲线，供读者参考，由曲线便可得到温度灵敏度（变化电压与变化温度的比值）：

$$S=\Delta U/\Delta T=0.85\text{（mV/℃）}$$

表 3-2　温度 - 电压数据

T/℃	79.3	73.8	70.2	66.2	61.3	56.9	50.9	44.5	39.6	35.5	29.5
U_0/mV	63.9	59.6	56.5	53.4	48.9	45.3	39.8	34.5	30.2	26.6	21.7

读者可以自己测一下自己所做的电路，结果通常是不一样的，因为不同的三极管有不同的温度特性。但对于同一种材料的三极管来说，斜率应该大致相同。得到的温度电压转换曲线应该接近为一条直线。

2.材料与元器件选择

材料包括：稳压电源、毫伏表、电烙铁、焊锡、松香、电子元件（见表 3-3）、通用板、导线等。

注意

在选择元器件时，电阻均采用 1/4W 金属膜电阻器；RP1、RP2、RP3、RP4 均选用精密可调电位器；VT1 最好选用锗材料三极管，因为锗管对温度更敏感，任意型号，只要是 NPN 型即可；VT2、VT3、VT4 可选用低噪声管 9014，其中 VT2 和 VT3 的参数越接近越好。

该电子温度计所需的元器件清单见表 3-3。

表 3-3　电子温度计元器件清单

名称	型号及参数	数量	名称	型号及参数	数量
VT1	3DK7 （9018）	1	R2	510Ω	1
VT2、VT3、VT4	9 014	3	R3、R4	220Ω	2
RP1	5kΩ	1	R7、R9	6.2kΩ	2
RP2	1kΩ	1	R8	200Ω	1
RP3	100Ω	1	R10	1.6kΩ	1
RP4	1kΩ	1	R5、R6	390kΩ	2
R1	6.8kΩ	1	VZ	3.2 ～ 4.5V	1

例050　高性能温控风扇制作

1.电路工作原理

本电路如图3-70所示，图中IC（双运放LM358N）接成窗口电压检测电路，ICa检测温度的上限，ICb检测温度的下限。感温元件3AX31C与R1组成温度-电压转换电路，当温度升高而使3AX31C的PN结电阻变小时，电路中A点电位上升；反之，当温度降低时，A点电位下降。A点电位高低决定了ICa与ICb输出高电平或低电平，其输出电平的变化被用作推动后级执行电路工作的信号。下面讲述本机的工作过程。

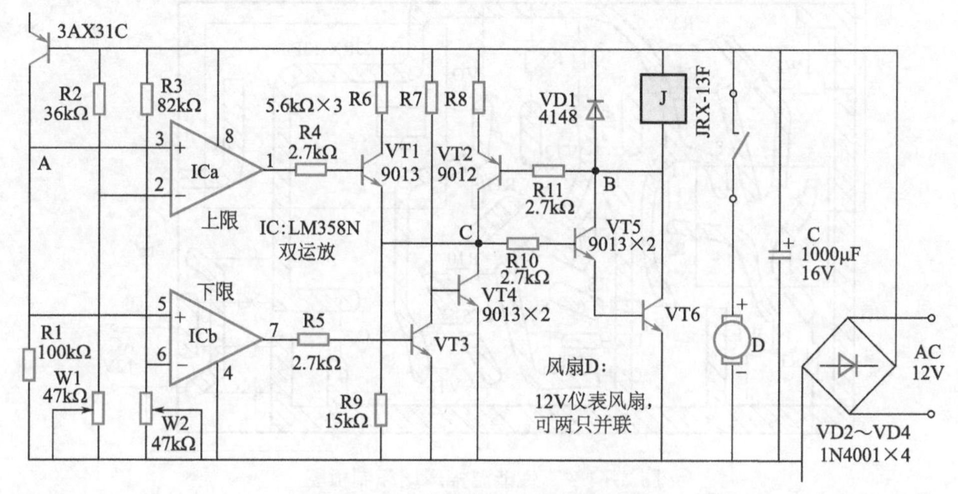

图3-70　高性能温控风扇电路图

接通电源之初，由于散热器尚处在常温下，感温元件又是紧压在散热器上的，故其呈现的电阻较大，A点电位即输入3、5脚的电位均低于2、6脚设定的电位，ICa、ICb均输出低电平，VT1、VT3截止，VT4由R7偏置而导通，C点为低电平，VT5、VT6复合管截止。另外，B点通过继电器线圈获得高电位，令VT2亦截止，电路处于待命状态。当温度升高至设定的下限值时，ICb因5脚电位高于6脚而输出高电平，使VT3导通，VT4截止，但由于R9作用，VT4截止后C点仍为低电位，电路仍处在待命状态。当温度继续上升至设定的上限值时，ICa 3脚电位高于2脚，输出高电平使VT1导通，C点立即跳变为高电位，VT5、VT6导通，J动作，其常开触点闭合，风扇得电转动开始降温，VT5、VT6导通后B点电位下降使VT2导通，将C点电位锁定在高电平上。当温度低于上限值时，ICa输出翻转为低电平使VT1截止，但由于VT2的自锁作用，使C点仍保持高电位，故风扇不会停转。当温度降至下限值时，ICb翻转输出低电平，VT3截止，VT4导通，将C点电位拉低，于是VT5、VT6截止，J释放，风扇停止转动。此后温度升高时，电路又重复上述过程。本电路可使风扇在设定的上、下限温度范围内运转降温，它克服了以往电路温控范围窄、风扇启动频繁的缺点。

2.制作与调试

本电路要求采用正品器件，对IC的要求尤其严格。这里IC作比较器用，要求其输出低电平必须为0V，否则不能使用。笔者在装配过程中曾更换过MC1458、NE5532P、

TL082、LM833 等运放，在低电平输出时均有 1 ～ 2V 的电压，致使电源刚接通时，J 便吸合，所以 IC 要挑选使用。

图 3-71 是印制板图。装机时感温元件应紧贴功放管散热器安装，以尽量减小热阻，如散热器带电则必须注意绝缘。如果感温元件连线太长则应采用双芯线。安装完毕，调试很简单：先将 W1、W2 旋至地端，接通功放机电源使散热器升温。用手摸着散热器，感觉烫手后调 W1，使 J 吸合，风扇自动运转，进行降温。待散热器降温至手感微热时调 W2，使 J 释放。如此反复数次，直到自己满意为止。

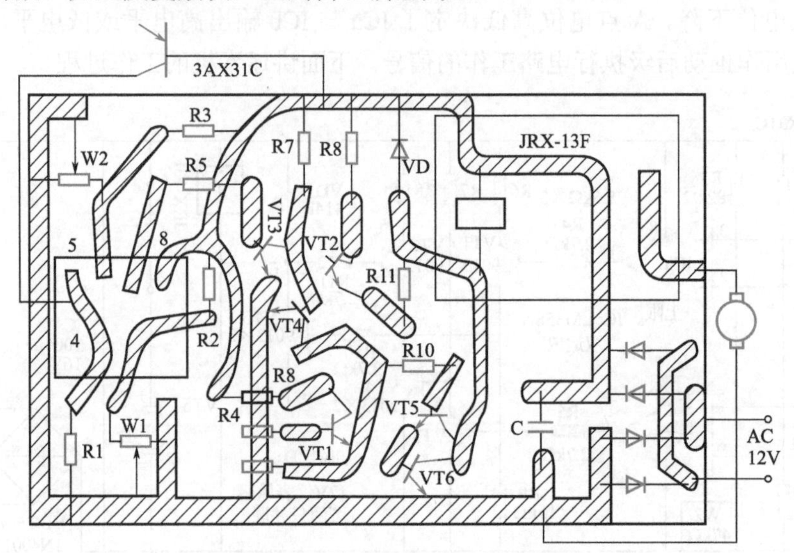

图 3-71　高性能温控风扇印制板图

例 051　红外无线耳机制作

1.电路工作原理

（1）反馈原理　在电路中，反馈指将输出信号以一定的比例又返回给输入端，在负反馈（反馈信号使得输入信号减小）时，如果输出信号由于外界的某种原因而增大，那么反馈的信号也增大，纯输入信号就减小了，使得输出信号减小；相反，当输出信号减小时，反馈的信号也减小，纯输入信号就增大，使得输出信号增大，可想而知，负反馈使得输出信号趋于稳定。其实负反馈还有其他的一些作用，例如，使得频率特性、非线性失真和噪声指标均得到改善。

（2）集成功率放大器　集成功率放大器，顾名思义，就是将一个功率放大电路做在一个集成块中。这大大方便了电路的设计和制作，只要合理地连接一个外围器件，就可组成一个功放电路，而且能得到较好的性能。例如，本实验中所用的集成功率放大器 LM386，在 9V 电压下可输出 600mW 左右的音频功率。

（3）无线传送原理　由图 3-72 可以清楚地知道，音频信号以红外线的形式发射出去，通过一个红外接收电路得到音频信号，再通过放大电路对音频信号进行电压放大，然后通过功率放大电路获得足够的功率。大家要注意区分电压放大和功率放大的本质：电压放大只是电压的增大，电路输出的驱动能力仍然是非常有限的；而功率放大，输出既有较高的电压，也有较大的电流能够驱动负载。

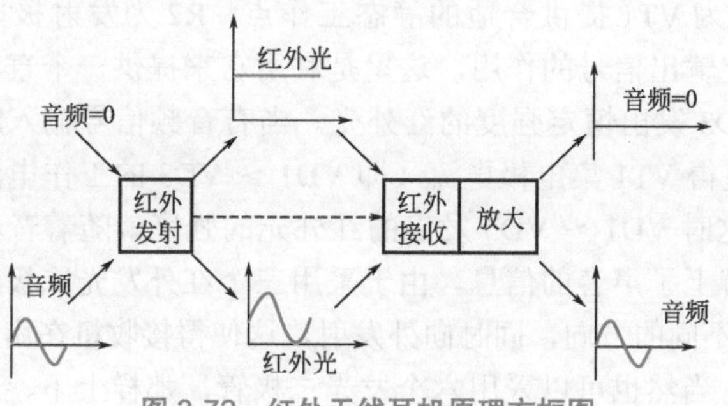

图 3-72　红外无线耳机原理方框图

（4）参考电路　红外无线耳机由发射机和接收机两部分组成。图 3-73 所示为发射机电路，图 3-74 所示为接收机电路。发射机和接收机均采用 9V 层叠电池作为电源，以便减小体积和重量。整机具有电路简洁、工作可靠、体积小、重量轻、使用方便的特点。

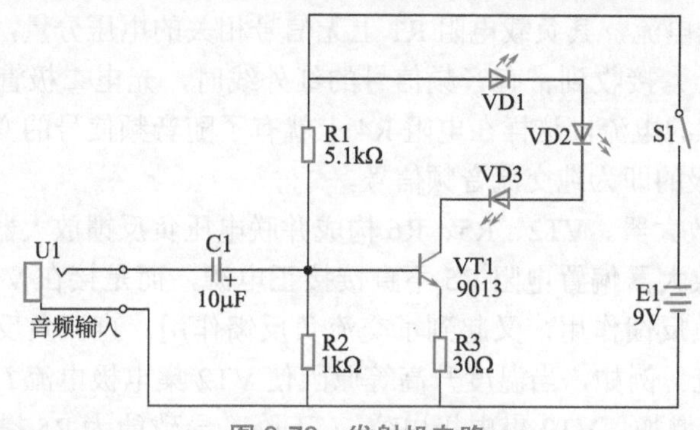

图 3-73　发射机电路

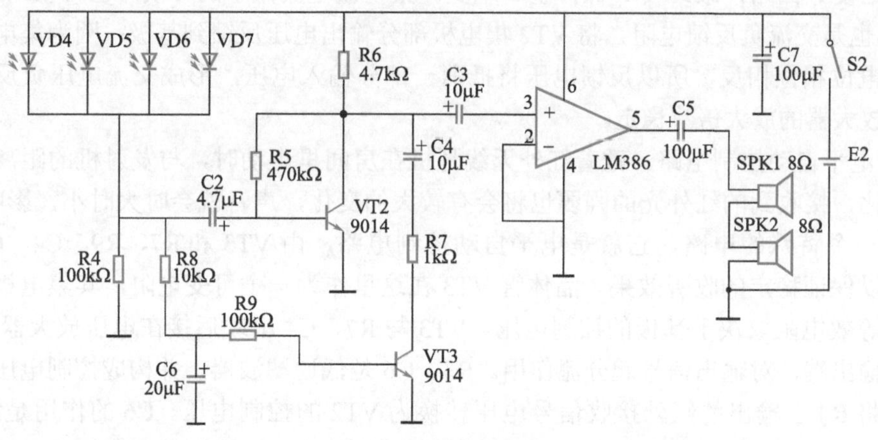

图 3-74　接收机电路

① 音频红外发射电路。图 3-73 所示为最简单的音频红外发射电路。由于音频信号是交流信号，而红外发射管是有极性的，如果用交流信号驱动，交流信号的负半周和正半周电压较低的部分就会丢失，所以应该加上一个直流偏置，使得不管是正半周还是负半周红外发射管都处于导通状态，有光线输出。电路里三极管 VT1 的作用就是为红外发射管提供一定的直流偏置电压，这个直流信号由接收电路来去掉。那三极管是怎样提供一

个恒定的直流信号的呢？原来，三个红外发光二极管串联后接在VT1的集电极回路中，R1、R2为基极偏置电阻，为VT1提供合适的静态工作点，R2为发射极电流负反馈电阻，大家知道负反馈有稳定输出信号的作用，这里是利用它来提供一个直流电压，作为负反馈之用，使VD1～VD3发出恒定强度的红外光。当有音频信号输入时，音频信号经C1耦合至VT1基极，使得VT1集电极电流（即VD1～VD3的工作电流）随音频信号的变化作相应的变化，这时VD1～VD3发出的红外光的强度就随着音频信号的大小而变化，这样红外光上就带上了声音的信息。由于采用三个红外发光二极管串联，并且VD1～VD3分别指向三个不同的方向，同时向外发射，这使得接收机在房间里的任何方位都能够接收到红外信号，当然也可以采用六个发光二极管，那样上下、左右、前后都可以有信号了，不过这样的话，需要提高电源的电压和修改一些元件的参数。

② 音频红外接收电路。这里采用光电二极管VD6、VD7和电阻R4等构成红外接收电路。采用四个红外光电二极管并联，并且VD4～VD7分别朝着不同的方向，这就保证收听者的接收机不论朝向哪个方向都能够可靠接收。无红外光时，四个光电二极管均无携带信号信息的光电流，其负载电阻R1上无信号相关的电压分量，当四个光电二极管中任何一个（或几个）接收到带有音频信号的红外线时，光电二极管就会产生随音频信号的变化而不断变化的电流，这样在电阻R4上就有了随音频信号的变化而不断变化的电压，耦合到VT2基极的即为纯交流音频信号。

③ 电压负反馈放大器。VT2、R5、R6构成并联电压负反馈放大器，与一般电压放大电路不同的是，该放大器偏置电阻R5不直接接正电源，而是接在VT2集电极与基极之间，既起到了直流负反馈作用，又起到了交流负反馈作用。直流负反馈能够使三极管有一个稳定的工作电流。例如，当温度升高等原因使VT2集电极电流I_c增大时，其集电极电阻R6上的压降也增加，VT2集电极电位U_c下降，导致能为R5提供的基极偏置电流减小，迫使I_c回路，最终使I_c保持基本不变。集电极电流减小的时候，也可以如此分析，R5同时也是交流负反馈电阻，将VT2集电极部分输出电压反馈到基极；因为集电极电位与基极电位相位相反，所以反馈电压将抵消一部分输入电压，形成交流电压负反馈；这能够使放大器的放大倍数稳定。

④ 电平自动控制电路。戴着红外无线耳机在房间里走动时，与发射机的距离会随之不断变化，接收到的红外光的强弱也将会有较大的变化，声音就会时大时小，影响收听。这里有一个特殊的电路，它就是电平自动控制电路，由VT3和R7、R9、C4、C5等组成，可以保证稳定的收听效果。晶体管VT3在这里作为一个可变电阻，其集电极-发射极间的等效电阻取决于基极的控制电压。VT3与R7、C4串联后接在电压放大器VT2的集电极输出端，对输出信号起分流作用。R3、C6是低通滤波器，并构成控制电压形成电路，它将R4上输出的红外接收信号电压转换为VT2的控制电压。C6的作用是滤除R4两端电压中的音频成分，使控制电压只与接收到的红外光的平均强度有关，而与红外光中的音频信号无关。距离较近时，接收到的红外光平均强度较强，形成的控制电压较高，VT3导通程度大，等效电阻小，对VT2集电极输出信号旁路衰减就多；距离较远时，控制电压低，VT3导通程度小，等效电阻大，衰减就少，从而可自动调节输出电平。

2.材料与元器件选择

材料包括：随身听等音频装置，万用表，示波器，元器件（表3-4）。

表 3-4 红外无线耳机元器件清单

元件符号或名称	规格	说明
VD1 ～ VD3	SE303 红外发光二极管	红外发射二极管
VT1	9013	NPN
S1、S2	自选	开关
VD4 ～ VD7	PH302	红外光电二极管
VT2、VT3	9014	NPN
IC	LM386	功率放大集成电路
R3	30Ω	金属膜电阻
R2、R7	1kΩ	金属膜电阻
R6	4.7kΩ	金属膜电阻
R1	5.1kΩ	金属膜电阻
R8	10kΩ	金属膜电阻
R4、R9	100kΩ	金属膜电阻
R5	470kΩ	金属膜电阻
C2	4.7μF	电解电容
C1、C3、C4	10μF	电解电容
C6	20μF	电解电容
C5、C7	100μF	电解电容
U1	自选	耳机输入插孔
SPK1、SPK2	8Ω，0.5W	扬声器
E1、E2	9V	层叠电池

3.调试说明

将发射机放置于电视机顶部，三个红外发光二极管应分别指向左、右和前方，发射机输入端通过屏蔽信号线插入电视机耳机插孔。

调试时应注意如下事项。

① 电路中标有接地符号的都应该接在一起，而且接地的面积大一些较好。特别是集成块 LM386 的 4 脚也需要接地，这恐怕是最容易遗漏的。

② LM386 的 6 脚要接电源的正极，没有电压它是不会工作的。

③ 用一个扬声器也可以，只不过效果有限，主要是考虑到阻抗匹配的原因，如果你的耳机效果不好，则要考虑耳机的阻抗是过大了还是过小了。

④ 调试时，发射机和接收机靠得近些，二者正对。

例052 集成电路调频收音机制作

1.电路工作原理

（1）调频收音机的结构和工作原理 调频收音机结构由调频收音天线、输入调谐回路、高频放大电路、混频电路、中频放大电路、鉴频器、音频放大电路组成。图 3-75 所示为收音机原理框图及各点工作波形。各部分的作用及原理如下。

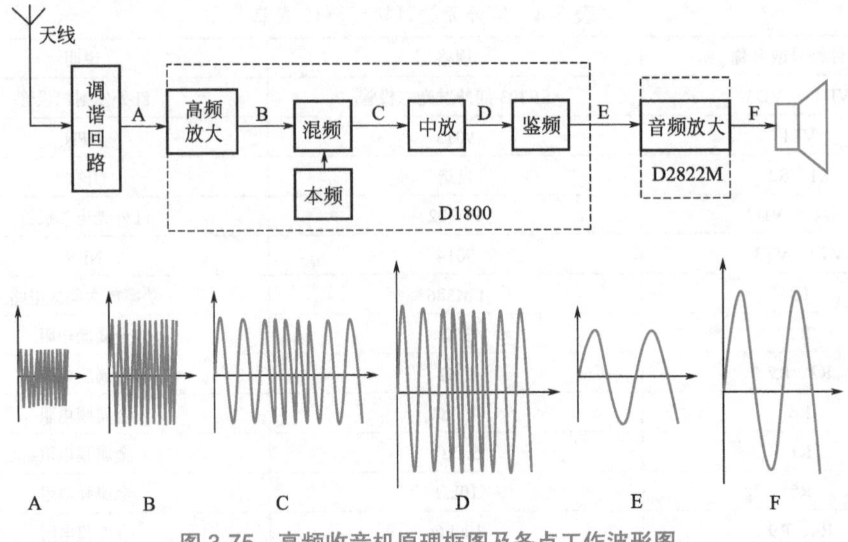

图 3-75　高频收音机原理框图及各点工作波形图

接收天线：收音机用的天线为普通鞭状拉杆天线。它的作用是接收空间中的电磁波（载有节目信号的调频波），以便后续电路进行处理和还原节目信息。

调谐回路：只选择要接收电台的频率信号而抑制其他信号通过。它是通过调节 LC 选频回路的谐振频率来实现的。当接收到的信号频率等于选频回路的谐振频率时（在输出端），该信号的幅值最大，而偏离中心频率的信号被衰减，这样便可以选出所要接收的信号（不同的电台发射的电磁波信号的频率是不一样的）。

高频放大电路：由于天线接收到的高频电信号十分微弱（只有微伏级），无法让后面的电路工作，因此，需要先对信号放大，高频放大电路的作用就是完成信号放大功能。

混频电路：由于放大电路的频带宽度有限，故放大电路对不同频率信号的增益是不同的（例如，低频段增益较大，高频段增益较小），带宽不够的实际表现就是收音机对不同频率区间的信号接收灵敏度不同，有些频率（离中心频率比较近）信号很容易被接收解调，但有些频率（偏离中心频率）信号却难以收到。解决这个问题的办法是：增大放大电路的频带宽度及带内平坦度。但是，我国公共调频广播信号的频率范围是 88 ～ 108MHz，带宽为 20MHz，设计宽频带的高频放大器不仅成本高，而且设计复杂，还有可能因为过宽的频带使得系统的信噪比及选择性降低，甚至引起自励，故不采用这种直接放大的方式。收音机通常采用超外差电路，即将接收到的高频信号先“搬移”到一个固定的中频信号上（在调频收音机中这个信号一般为 10.7MHz），这样，放大器设计就比较简单了，因为被放大信号是一个固定频率信号，增益可以设计得较大，从而增加了系统的灵敏度和选择性。混频器就可完成这个频谱“搬移”：混频器通常用乘法器实现，将接收到的信号“F1”同本机振荡器的信号“F2”相乘，就能得到“F1+F2”和“F1 一 F2”信号，这两个信号保留了接收信号的频率及幅值变化信息，通过中频滤波器选择其中一路信号（一般是差信号）送给后续电路处理。超外差电路最早是由 E.H 阿姆斯特朗于 1918 年提出的，也叫一次变频接收电路。

中频放大电路：对混频器输出的中频信号进行放大处理，以推动鉴频器。由于其工作频带固定，具有较大的放大量和良好的选择性，因此它是提高超外差收音机质量的重要环节。

鉴频电路：因为调频电台发射的是高频调频电磁波，调频信号是频率随输入信号幅度变化而变化的信号，将频率的变化还原成音频信号的电路就称为鉴频电路。

音频放大电路：通过鉴频已经可以得到声音信号，但是信号仍然很微弱，不能直接驱动扬声器，后面的电压放大级与功率放大级用来将音频信号放大增强，最后用来驱动扬声器发声。

扬声器：用于将电信号转换成声音信号。

（2）电路原理 图3-76是用D1800单片集成收音模块制作的一款调频收音机的电路原理图。

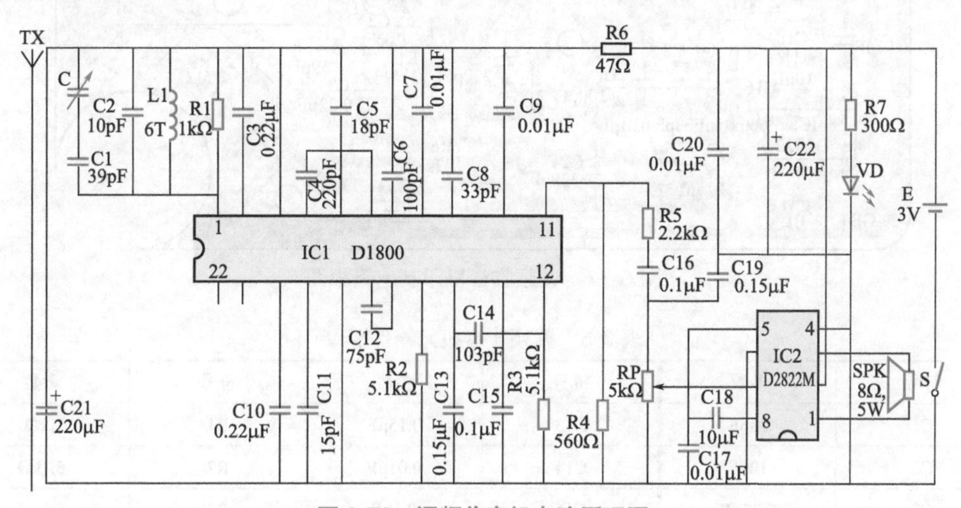

图3-76 调频收音机电路原理图

天线所接收到的信号通过电容C11耦合送到集成块的19脚进行混频，IC1的1脚为本振的输入，外接双联可调电容与电感组成本振调谐回路。混频后的中频信号由IC1进行中频放大，7、8、9脚连接滤波电容，中放后再经内部鉴频。10脚外接电容C9为鉴频电路输出滤波，鉴频后得到音频信号。13脚为静噪控制端，音频信号经IC1内部低通滤波后，经前置输出端14脚，再经C14回到IC1的12脚，由内部的音频前置放大后从11脚输出，再通过R5、C16、RP耦合送到IC2的7脚（功放输入端），经IC2功率放大后由1、3脚输出大功率的音频信号推动扬声器发出声音。调节RP可以控制音量的大小。另外，C19的作用是剔除夹在音频信号中的高频成分；R6的作用是限制供给IC1的电流，以免过流烧坏；C20、C21、C22是电源去耦电容；R7为LED发光管的限流电阻。

印制电路板如图3-77所示。

2.元器件选择与制作

材料包括：稳压电源，万用表，电烙铁，焊锡，松香，电子元器件（表3-5），印制电路板，导线等。

L1：在直径为5mm的柱形骨架上用直径约为0.6mm的漆包线密绕6匝后脱胎而成。

（1）制作要求 将收音机装配成功，在调频广播信号较好的地方能收到三个以上的调频电台。

（2）制作步骤

① 熟悉电路原理和印制电路板所需各元器件的作用及其在印制电路板上的位置。

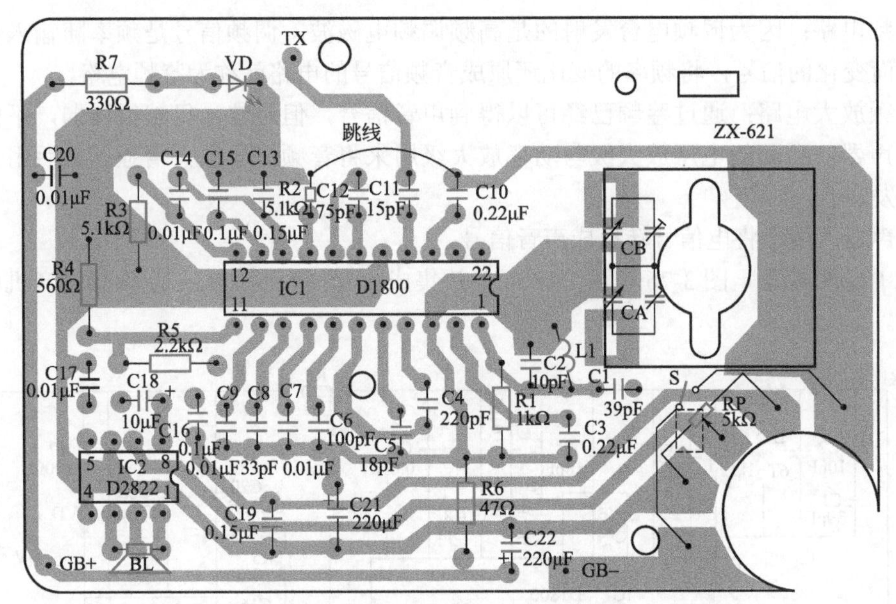

图 3-77 调频收音机印制电路板图

表 3-5 调频收音机元器件清单

符号	参数	符号	参数	符号	参数
C1	39pF	C13	0.15μF	R1	1kΩ
C2	10pF	C14	0.01μF	R2	5.1kΩ
C3	0.22μF	C15	0.1μF	R3	5.1kΩ
C4	220pF	C16	0.1μF	R4	560Ω
C5	18pF	C17	0.01μF	R5	2.2kΩ
C6	100pF	C18	10μF	R6	47Ω
C7	0.01μF	C19	0.15μF	R7	330Ω
C8	33pF	C20	0.01μF	IC1	D1800
C9	0.01μF	C21	220μF	IC2	D2822M
C10	0.22μF	C22	220μF	SPK	8Ω，5W
C11	15pF	C	5 ～ 120pF	L1	ϕ=5mm，6 匝
C12	75pF	RP	5kΩ		

② 安装调试前先检查元器件是否齐全，参数是否符合要求。

③ 在安装前先将元器件引脚进行成形加工。

④ 将经过预处理的元器件按图的要求进行安装，安装时要遵守“先大后小，从左至右”的原则。

⑤ 焊接时不要直接焊接集成电路，应先焊 IC 插座，再插上集成电路。

（3）调试说明 检查元器件安装焊接是否正确（特别是 IC1 和 IC2 的引脚是否接对），调试前一定要确认电位器开关已经断开，并用万用表电阻挡检测电源是否短接，若短接则要检查电路，待故障排除后才能接入直流电源。

本电路调试方法比较简单，因为运用了两块集成电路，无须调节工作点，正确安装

后即可进行试听。在听到“沙沙”的声音的情况下，调节可变电容，看是否能收到电台，如果接收到的电台比较少，则可以通过调节 L1 绕线间距以增加接收电台数，因为它直接影响到接收的频率。如果接收范围仍然达不到要求，则可以增加或者减少 L1 的匝数。

试听满意后可进行封装。

例 053　集成电路调频调幅收音机制作

1.电路工作原理

电路原理图如图 3-78 所示。

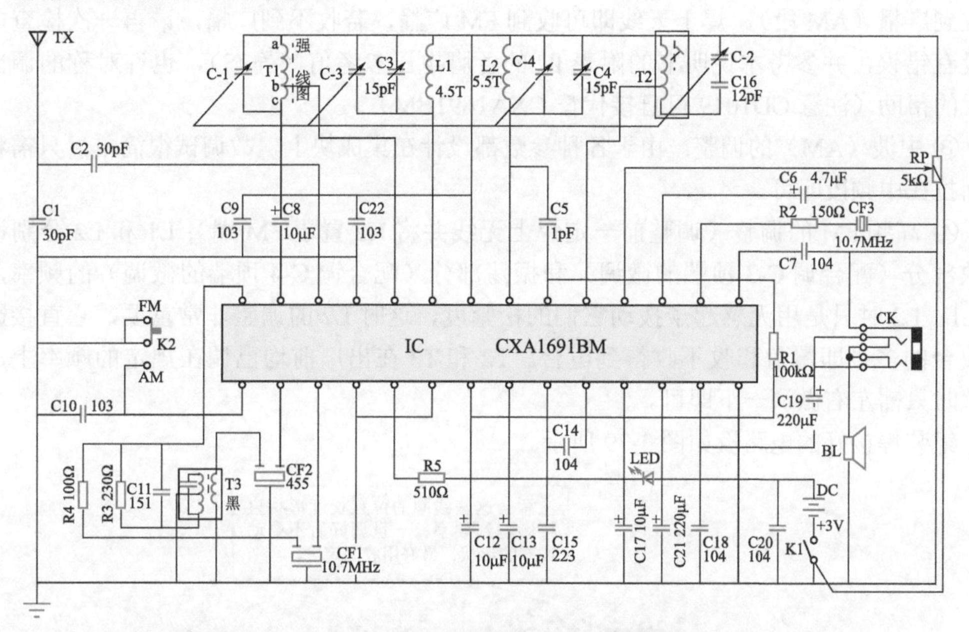

图 3-78　调频调幅收音机电路原理图

① 中波信号由 T1 与 C-1 组成的回路选择后进入 IC 的 10 脚，在 IC 内部与本振信号混频，本振信号由 T2 与 C-2 及 IC 的 5 脚内部振荡电路形成，混频后 465kHz 的差频信号由 IC 的 14 输出，经中周 T3 和陶瓷滤波器 CF2 选频从 16 脚进入 IC 进行中放、检波，然后由 23 脚输出，再经 C14 耦合到 24 脚进行音频放大，最后由 27 脚输出至扬声器。

② 调频信号由 TX 接收，经 C2 送入 IC 的 12 脚进行高放、混频，9 脚外接 C-3、L1 选频回路，7 脚外接 C-4、L2 本振回路，混频后的中频信号也由 14 脚输出经 10.7MHz 陶瓷滤波器 CF1 选频后进入 17 脚进行中放，并经内部鉴频，IC 的 2 脚外接鉴频网络，鉴频后的音频信号也由 23 脚输出，再经 C14 耦合至 24 脚进行音频放大，最后也由 27 脚输出推动扬声器发声。

③ C 为四联可变电容器，它由四个单独的可充数电容组合在同一个轴上旋转，以满足 AM、FM 的调台，安装时请注意将小容量的两联焊在 7 脚和 9 脚（高频用），大容量的两联焊在 5 脚和 10 脚（调幅用）。CF2 是 AM 的中频陶瓷滤波器；CF1 是 FM 的中频陶瓷滤波器；T2 是中波振荡线圈；CF3 是鉴频器。T3 是 AM 的中频变压器；L1 是 FM 的输入回路电感，参数为 4.5 圈；L2 是 FM 的振荡线圈，参数为 5.5 圈。

2.电路组装与调试

① 当拿到套件后，对照“元件清单”逐一将数量清点一遍，并用万用表将各个元件测量一个，特别是瓷片电容，最好用数字万用表的电容挡测量，若没有数字表，也可用万用表粗略估计测量一下，确保容值在误差范围内。

② 在焊接时请按先焊小元件，再焊大元件，最后再焊集成块的原则进行操作，元件尽量贴着底板“对号入座”，不得将元件插错。由于集成块 CD1691 是采用日本索尼公司生产的双排 28 脚贴片式结构，它的脚列比较密集，焊接时请用尖烙铁头进行快速焊接，如果一次焊不成功，应等冷却后再进行一次焊接，以免烫坏集成块。焊完后应反复检查有无虚、假、错焊，有无拖锡短路造成故障。只要按上述要求焊接组装，一装上电池即可收到广播（AM 段），焊上天线即可收到 FM 广播，若收不到广播，请再一次检查电路有没有错误，并参考本说明书的附表 IC 的各脚电压参考值（静态），也许对称的调试有很大的帮助（注意 CD1019 可直接代替 CXA1691BM）。

③ 中波（AM）的调整：由于各种参数都设计在集成块上，故调试很简单，只需将电台都拉在中频段即可。

④ 高频 FM 的调整（调整前一定焊上无线并将 K2 置于 FM 端）；L1 和 L2 分别调整高放部分（配合调 C-3 顶端的微调）和振荡部分（配合调 C-4 顶端的微调）的频率，调整 L1、L2 时只是用无感起子拨动它们的松紧度，这时 L2 的调整非常重要，它直接影响到收台的多少即覆盖和收不收得到电台。T2 和 T3 在出厂前均已调在规定的频率上，在调整时只需左右微调一下即可。

组装焊接好的电路板如图 3-79 所示。

注意：这些线圈的位置长度形状直接影响到频率，一旦调好后不要动线圈的形状，最好用胶固定

图 3-79 调频调幅收音机电路板

例054 无线电调频发射机制作

1.电路性能

输出功率不超过 5 ～ 8mW，发射范围在房屋区可达 300m 左右，用一部普通 FM 收音机接收，经测试其灵敏度和清晰度俱佳，电路设计中最富挑战性的部分是只需用 3V 电

源和半波天线便有如此强大的发射能力。电路耗电小于 5mA，用两枚干电池可连续工作 80 ～ 100h。

电路在正常工作下非常稳定，频率漂移很小，经测试工作 8h 后，仍不需调校接收机。唯一影响输出频率的是电池的状况，当电池老化时，频率有轻微改变。发射机的频率在 82.8MHz 附近，本频段电台干扰较少。

2.电路工作原理

电路如图 3-80 所示，由一级音频放大和一级 RF 振荡器组成。驻极体话筒内实际藏有一个场效应管，场效应管将话筒前振膜的电容变化放大，这就是驻极体话筒很灵敏的原因。

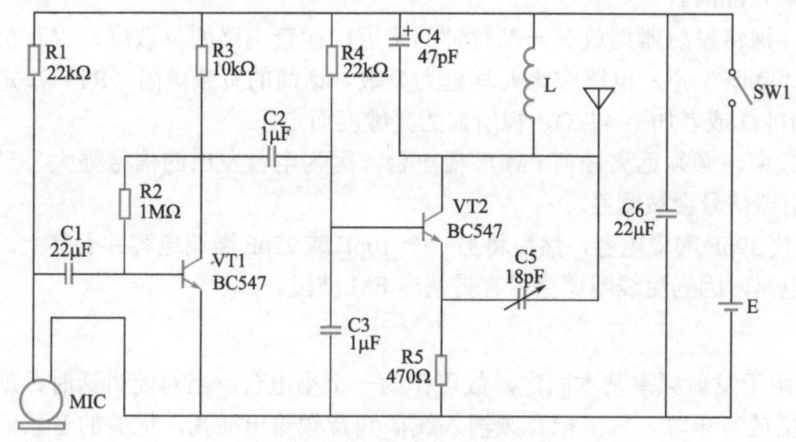

图 3-80　无线电调频发射机电路图

学调频发射电路原理

音频放大由晶体管 VT1 担任，增益为 20 ～ 50，将放大的信号送往振荡级 VT2 的基极。VT2 工作频率为 88MHz，此频率由振荡线圈（共 5 圈）和电容 C4 调整，该频率也取决于 VT2、18pF 可调电容 C5 及偏压元件（如 R5 和 R4）。

电源接通后，电容 C3 通过 R4 逐渐充电，而电容 C5 则经振荡线圈和 R5 充电，但更快；47pF 电容 C4 也充电（其两端虽仅得很小的电压），同时线圈产生磁场。

基极电压渐渐上升时，晶体管 VT2 导通，并有效地将内阻并接在 18pF 电容器 C5 两侧。基极电压继续上升，电容 C5 试图阻止射极电位的移动，当电容内的能量耗尽不再阻止射极电位的移动时，基极与射极之间电压降低，晶体管截止，流入线圈的电流也停止，磁场衰溃，并产生一个反向电压，集电极电位从原本的 2.9V 上升超过 3V，并以相反方向向 C4 充电，这电压也同时对 C5 充电，并增大了 R5 上的电压降，使晶体管进入更深的截止状态。

随着 L 上反电势能量的消耗，VT2 的射极电位下降，并降到晶体管开始导通，电流流入线圈使线圈上的电压再次反转，形成集电极电位下降，并通过 C5 传送到射极，使 VT2 饱和导通，下一个周期再开始重复，使 VT2 形成振荡，产生 88MHz 的交流信号。来自前级放大后的音频信号经 1μF 电容流入 VT2 的基极，改变振荡频率，产生所需的 FM 信号。

3.制作与调校

印制板如图 3-81 所示。本制作中 L 须自己绕制。用一段 ϕ0.5mm 或 ϕ0.71mm 的漆包线或包锡铜线，在 3mm 直径的线圈架上绕 5 圈，在中型螺钉起子上绕亦可，然后将圈与

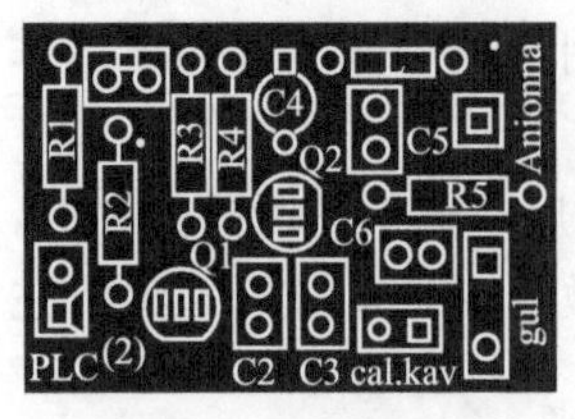

图 3-81　无线电调频发射机印制板图

圈之间分隔开约 5.5mm。

调整频率时，要将线圈前后压缩或拉长以改变输出频率。测试步骤是加一条 20cm 长的天线于底板的天线位置上，调谐一部 FM 收音机于整个波段上，寻找该信号。最好将发射机与收音机保持一定距离，以防止检到任何谐波或者侧波。如收音机未能检到载波，表示频率可能太低，将振荡线圈稍微拉长，然后再次尝试。如果采用包锡铜线绕制线圈，注意匝间不应相碰，如采用漆包线，则需要知道线圈的连通性，可用万用表的低阻挡去测量它，或者测量电路电流，应为 4 ～ 6mA。

一旦检到载波，则将发射器摆放在一部时钟的附近，检查电路的灵敏度，收音机应发出清楚而强大的“嘀嗒”声，电路应比人耳更为灵敏。话筒的负载电阻（R1）决定灵敏度，可将之减至 10kΩ 或者加至 47kΩ，视所需的灵敏度而定。

要确定发射的频率，必须远离任何 FM 广播电台，因为电台发出的信号强大，当测试距离变大时，发射器信号会被遮盖。

C4 最好选用一枚 39pF 陶瓷电容，然后将另一个 10pF 或 22pF 微调电容并于其上，这样可更仔细地调整电路，因为用线圈调整很容易偏离 FM 波段。

4.简单应用

① 微型电台：由于发射频率基本固定，故可作为一个小电台；当对筒讲话时，就会输出语音；当需要播放音乐时，只需把音频输入线插到音频输出插孔，优美的音乐即可以电波的形式传出。

② 远程听课或报告：只要将此微型发射机放在讲台上，不能进入报告厅的同学都可以听讲。

③ 婴儿、老人监护机：可将之安置在婴孩房、老人的卧室，起到监护婴儿、老人的作用。

④ 简易对讲机：制作两个发射机，使其处于不同的发射频段，各自再外配一台收音机，即可组成两台对讲机。

例 055　实用的调频发射电路制作

1.电路工作原理

电路原理图如图 3-82 所示。TFM009 发射板作为无线话筒、小功率调频广播电台、电视音频无线转发及高敏无线器使用。工作电压范围：1.5 ～ 9V，应用方便，工作电压非常宽。输出功率越大，发射距离也就越远。实际测试在 12V 工作依然稳定，但大于 9V 电压以后，经频谱分析仪测试，输出功率增加不大，所以建议工作在 9V 以内为最佳。

TFM009 由 3 大部分组成：M1C 音频放大级、本振、高频放大级。和其他调频实验板最大的不同是本振电路采用最稳定的 LC 振荡电路设计（本振级用老式黑白电视机高频头里的本振电路形式），频率漂移非常小。高频放大也和普通的实验板不同，采用了 LC 谐振放大器，输出部分使用 LC 阻抗匹配及高频滤波对二次谐波抑制电路。经过频谱分析仪专业的检测设备检测，发射的无线信号几乎达到了专业广播电台的水平。

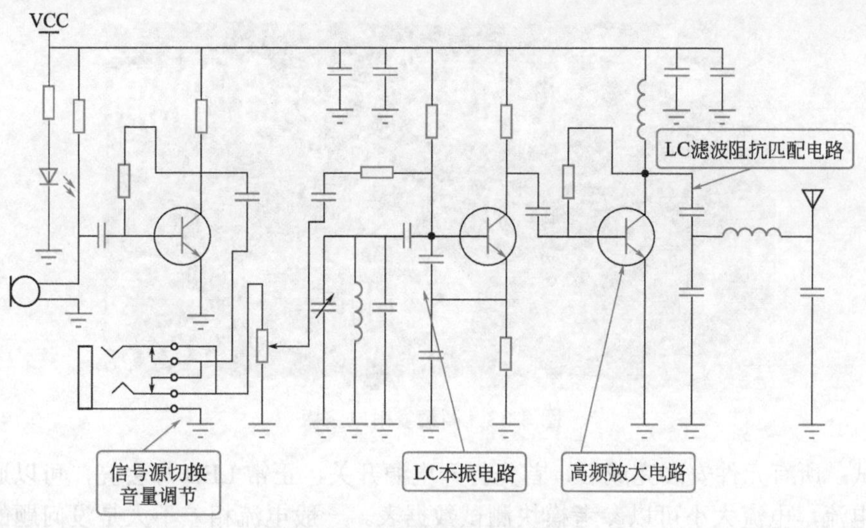

图 3-82　调频发射电路原理图

不同电压发射功率值如表 3-6 所示。

表 3-6　不同电压值的发射功率值

电压	电路	射频输出功率	电压	电路	射频输出功率
1.5V	3.3MA	−2dbm	5V	16MA	12dbm
3V	9MA	7.5dbm	9V	28MA	17dbm

2.组装与调试

按照元器件清单及电路原理图焊接元器件，元器件清单如表 3-7 所示，焊接好的电路如图 3-83 所示。

表 3-7　调频发射电路元器件清单

元器件名称	元器件位号	数量	元器件名称	元器件位号	数量
色环电阻 330Ω	R7	1	瓷片电容 24R	C9	1
色环电阻 1MΩ	R3	1	话筒	MIC	1
色环电阻 100Ω	R8	2	发光二极管	LED	1
色环电阻 10kΩ	R4、R5	2	4T 空心线圈	L1	1
色环电阻 4.7kΩ	R1、R2	2	9T 空心线圈	L2	1
色环电阻 47kΩ	R6、R9	2	8T 空心线圈	L3	1
瓷片电容 102	C3、C4	2	5 脚音频座	J1	1
瓷片电容 15R	C10、C14	2	陶瓷可调电容	C8	1
瓷片电容 47R	C15、C16	2	可调电阻	E10	1
瓷片电容 30R	C11、C12	2	电源座	J2	1
瓷片电容 104	C1、C2、C5、C6、C7	5	三极管 9014	Q1	1
瓷片电容 201R	C13	1	三极管 9018	Q2、Q3	2

图 3-83　调频发射电路板

调试：所有元件安装完成后，首先打开电源开关，正常 LED 灯会亮，可以通过万用表测量电流，电流大小可以参考模块测试数据表。一般电流相差不大是没问题的。通过调节可调电容，可以改变发射频率，频率范围为 85 ～ 115MHz。如果有动手能力也可以自己修改频率范围，改变 L1、C8、C9 可以修改频率范围。此电路非常稳定，可最高支持到 200MHz 左右。

音频座在插入音频线的情况下，工作在无线拾音状态，当音频座插入 3.5mm 音频线时，自动切换到音频转发状态，通过音频线和手机、MP3、电视机连接，从而达到无线音频转发的功能。

例 056　对讲收音两用机制作

1.电路工作原理

本对讲收音两用机电路原理如图 3-84 所示，核心芯片为 D1800（内部框图如图 3-85 所示），它作为收音接收专用集成电路，功放部分选用 D2822。对讲的发射部分采用两级放大电路。第一级为振荡兼放大电路；第二级为发射部分，采用专用的发射管使发射效率得到提高。它具有造型美观、体积小、外围元件少、灵敏度极高、性能稳定、耗电省、输出功率大等优点。它既能收听电台广播，又能实现相互对讲，实现对讲功能需装配 2 只（1 对）本机。对讲距离为 50 ～ 100m，由于电路的简化，从而使制作更加容易。

（1）接收机部分原理　调频信号由 TX 接收，经 C9 耦合到 IC1 的 19 脚内的混频电路。IC1 的 1 脚为本振信号输入端，内部为本机振荡电路，L4、C10、C11 等元件构成本振的调谐回路。在 IC1 内部混频后的信号经低通滤波器后得到 10.7MHz 的中频信号，中频信号由 IC1 的 7、8、9 脚内电路进行中频放大、检波。7、8、9 脚外接的电容为高频滤波电容。10 脚外接电容为鉴频电路的滤波电容。此时，中频信号频率仍然是变化的，经过鉴频后变成变化的电压，这个变化的电压就是音频信号，经过静噪的音频信号从 14 脚输出耦合至 12 脚内的功放电路，第一次功率放大后的音频信号从 11 脚输出，经过 R10、C25、RP 耦合至 IC2 进行第二次功率放大，推动扬声器发出声音。

（2）发射机原理　驻极话筒将声音信号转换为变化着的电信号，经过 R1、R2、C1 阻抗均衡后，由 VT1 进行调制放大。C2、C3、C4、C5、L1 以及 VT1 集电极与发射极间的结

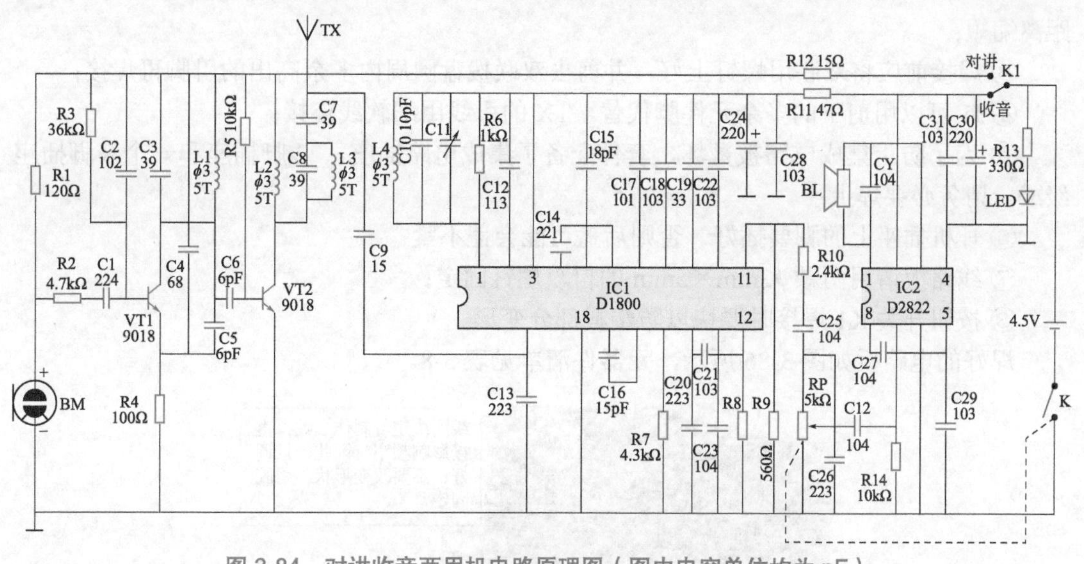

图 3-84　对讲收音两用机电路原理图（图中电容单位均为 pF）

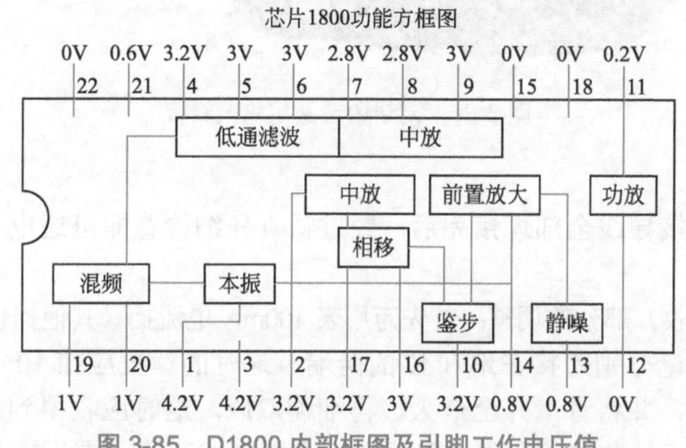

图 3-85　D1800 内部框图及引脚工作电压值

电容 Cce 构成一个 LC 振荡电路，在调频电路中，很小的电容变化也会引起很大的频率变化。当电信号变化时，相应的 Cce 也会有变化，这样频率就会有变化，就达到了调频的目的。经过 VT1 调制放大的信号经 C6 耦合至发射管 VT2，通过 TX、C7 向外发射调频信号。

一般先装低矮、耐热的元件，最后装集成电路，应按如下步骤进行焊接：

①清查元器件的质量，并及时更换不合格的元件。②确定元件的安装方式，由孔距决定，并对照电路图核对电路板。③将元器件弯曲成形，本电路所有电阻（除 R12 外均采用立式插装），尽量将字符置于易观察的位置，字符从左到右，从上到下，便于以后检查，也方便焊接。④插装。应对照电路图对号插装，有极性的元件要注意极性，如集成电路的脚位等。⑤焊接。各焊点加热时间及用锡量要适当，防止爆焊、错焊、短路。其中耳机插座、三极管等焊接时要快，以免烫坏。⑥焊后剪去多余引脚，检查所有焊点，并对照电路图仔细检查，并确认无误后方可通电。

2.安装提示

① 发光二极管应焊在印制板反面，对比好高度和孔位再焊接；

② 由于本电路工作频率较高，安装时请尽量紧贴线路板，以免高频衰减而造成对讲

距离缩短；

③ 焊接前应将双联用螺钉上好，并剪去双联拨盘圆周内多余高出的引脚再焊接；

④ J1 可以用剪下的多余元件脚代替，TX 的引线用细软线连接；

⑤ 为了防止集成电路被烫坏，套件配备了集成电路插座，22 脚插座和一个 8 脚插座级成，请务必要焊上；

⑥ 耳机插座上的脚要插好，否则后盖可能会盖不紧；

⑦ 线路板请用两颗 ϕ2mm×5mm 的自攻螺钉固定；

⑧ 按钮开关 K1 焊接时要快以防塑料部分变形。

焊好的电路板如图 3-86 所示，元器件清单见表 3-8。

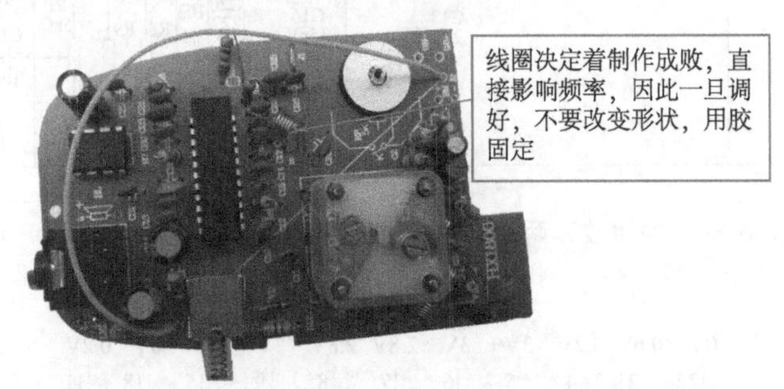

图 3-86　对讲收音两用机电路板

3.调度与调整

元器件以及连接导线全部焊接完后，经过认真仔细检查即可通电调试（注意最好不要用充电电池）：

① 收音（或接收）部分的调整：首先万用表 100mA 电流挡（其他挡也行，只要≤ 50mA 即可）的正负极表笔分别跨接在地和 K 的两端，这时的读数应在 10 ～ 15mA 之间。这时打开电源开关 K，并将音量开至最大，再细调双联，这时应收得到广播电台，若还收不到应检查有没有元件装错，印制电路板有没有短路或开路，有没有焊接质量不好，而导致短路或开路等，还可以试换一下 IC1，本机只要装配无误即可装响。排除故障后找一台标准的调频收音机，分别在低端和高端收一个电台，并调整被调收音机 L4 的松紧度，使被调收音机也能收到这两个电台，那么这台被调收音机的频率覆盖就调好了。如果在低端收不到这个电台，说明应减少 L4 的匝数，在高端收不到这个电台，说明应拨开 L4 的匝数，直至这两个电台都能收到为止，调整时注意请用无感起子或牙签、牙刷柄（处理后）拨动 L4 的松紧度。当 L4 拨松时，这时的频率就增高，反之则降低，注意调整前请将频率指示标牌贴好，使整个圆弧数值都能在前盖的小孔内看得见（旋转调台拨盘）。

② 发射（或对讲）部分的调整：首先将一台标准的调频收音机的频率指示调在 100MHz 左右，然后将被调的发射部分的开关 K1 按下，并调节 L1 的松紧度，使标准收音机有啸叫，若没有啸叫则可将距离拉开 0.2 ～ 0.5m，直到有啸叫声为止。然后再拉开距离对着驻极讲话，若有失真，则可调整标准收音机的调台旋钮，直到消除失真，还可以调整 L2 和 L3 的松紧度，使距离拉得更开，信号更稳定。若要实现对讲，应再装一台本机并按同样的方法进行调整，对讲频率可以自已定，如 88MHz、98MHz、108MHz……这样可以实现互相保密也不致相互干扰，这样一台自己亲自动手制作的对讲机就实现了。

表 3-8　对讲收音两用机元器件清单

序号	名称	型号与规格	位号	数量	序号	名称	型号与规格	位号	数量
1	集成块	D1800	IC1	1块	25	瓷片电容	103	C29、C31	3个
2	贴片集成块	D2822	IC2	1块	26	电解电容	104 0.47μF/10μF	C28、C1、C27	各1个
3	高频三极管	9018	VT1	1个	27	电解电容	220	C24、C30	2个
4	发射器	D40 或 9018	VT2	1个	28	双联电容	CBM-223P	C	1个
5	开关二极管	1N4148	VD	1个	29	按钮开关		K1	1个
6	发光二极管	ϕ3mm 红	LED	1个	30	耳机插座	ϕ3.5mm	J	1个
7	驻极体	50dB	BM	1个	31	导线	50mm	BL	2根
8	扬声器	ϕ36mm	BL	1个	32	导线	100mm	GB、BM、J2	5根
9	电感线圈	ϕ3mm 5T	L1、L3、L4	3个	33	细导线	100mm	TX	1根
10	电感线圈	ϕ3mm 6T	L2	1个	34	印制电路板			1块
11	电阻	15Ω、47Ω、100Ω	R12、R11、R4	各1个	35	频率指示标牌			1块
12	电阻	120Ω、330Ω、560Ω	R1、R13、R9	各1个	36	装配说明			1份
13	电阻	1kΩ、2.4kΩ、4.7kΩ	R6、R10、R2	各1个	37	前、后、电池盖			各1个
14	电阻	10kΩ、36kΩ	R5、R14、R3	各1个	38	塑料按钮			1个
15	电阻	4.3kΩ	R7、R8	2个	39	不干胶标牌			1块
16	电位器	5kΩ	RP	1个	40	大、小拨盘			各1个
17	瓷片电容	10pF、15pF	C10、C9	各1个	41	正、负极、连体片			各1片
18	瓷片电容	18pF、33pF	C15、C19	各1个	42	拉杆天线		TX	1根
19	瓷片电容	36pF、113	C3、C7、C8、C12		43	小焊片	ϕ3.2mm		1片
20	瓷片电容	39pF、68pF、75pF	C11、C4、C16		44	自攻螺钉	ϕ2mm×5mm	电路板、天线、电池盖	4颗
21	瓷片电容	101、221、102	C17、C14、C2		45	自攻螺钉	ϕ2mm×8mm	后盖上端	1颗
22	瓷片电容	6pF、153	C5、C6、C20、C26		46	平机螺钉	ϕ2.5mm×4mm	双联	2颗
23	瓷片电容	223、104	C1、C13、C23、C25		47	平机螺钉	ϕ2.5mm×5mm	双联拨盘	1颗
24	瓷片电容	103	C18、C21、C22		48	元机螺钉	ϕ1.6mm×5mm	电位器拨盘	1颗

例057 声控开关的组装制作

1.电路结构与工作原理

声控开关的整机电路如图3-87所示。变压器T和VD4、C5等构成电源供电电路，由驻极体传声器B作声波传感器，当它接收到声音后，能转换并产生几毫伏的微弱电信号。此信号经C1加到VT1的基极和发射极之间，R1是电源向传声器供电的限流电阻，R2是VT1的偏流电阻，调节R2可控制电路的灵敏度。VT1将电信号放大后，由集电极输出。该信号经过C3、R9、C4、R10转换成一个尖脉冲信号，通过隔离二极管VD1、VD2触发由VT2、VT3组成的双稳态电路，使它翻转（假设VT3原状态为饱和），VT3截止输出高电平，使驱动晶体三极管VT4导通，继电器K吸合，接点K1-1闭合，被控的电器接通电源而开始工作。直至传声器B第二次收到外来声音信号，VT3重新变为饱和，VT4截止，继电器K1释放，接点K1-1断开，被控的电器停止工作。以后每当传声器B收到一次信号，双稳态电路便翻转一次，继电器也就动作一次。

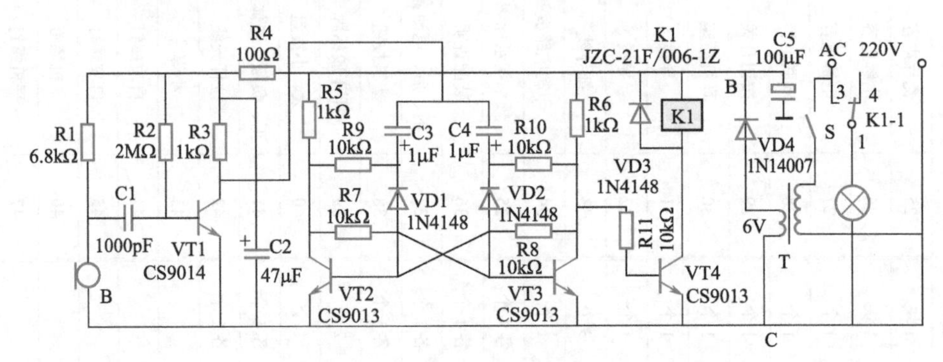

图3-87 声控开关的整机电路

双稳压电路有两个输入触发端（两个晶体三极管的基极）和两个输出端（两个晶体三极管的集电极）。这两个输出端的极性始终是相反的，即一个为高电平，另一个必定为低电平。其工作原理如下：VT2、VT3为作开关用的晶体三极管；R5、R6为各自的负载电阻；R7、R8是两个晶体三极管极间的耦合电阻；其电路都是对称的。当电源接通后，两管子的集电极电流I_c的增加程度不可能一样。假设I_{c2}较I_c容易增加，则电路会发生如下的正反馈过程：$I_{c2}\uparrow \rightarrow U_{c2}\downarrow \rightarrow U_{b3}\uparrow \rightarrow I_{b3}\downarrow \rightarrow I_{c3}\downarrow \rightarrow U_{c3}\uparrow \rightarrow U_{b2}\uparrow \rightarrow I_{b2}\uparrow \rightarrow I_{c2}\uparrow$。结果使VT2迅速进入饱和状态，VT3处于截止状态；反之，则VT2截止、VT3饱和。如果以VT3的集电极作为双稳态电路的输出端，它只能输出两个状态，即：高电平（“1”）和低电平（“0”）。实际上，当电源接通时，哪个管子截止，哪个管子饱和，完全出于偶然，但总是一个管子饱和以及另一个管子截止。电路稳定后状态不会改变，要改变状态，必须外加触发信号。双稳态电路具有双稳和触发翻转两个特性。由C3、C4、VD1、VD2、R9、R10组成了自控门触发电路。如果负脉冲触发信号输入前VT2饱和，VT3截止，则此时VD1为正。

2.制作与调试

图3-88为本制作的印制板图，所有器件按图3-87所示参数选择。在安装前先用万用

表对所有的元器件检测一遍，如果无损坏元件，则可以进行安装。根据图 3-88 所示的元件代号，将相同规格的元件插入焊接孔中，焊接后剪去多余的引线。此电路元件只要安装无误，焊接良好，一般不需要调试即可以正常工作。如需要改变工作时间，则只需调整 C3、C4 的容量即可。

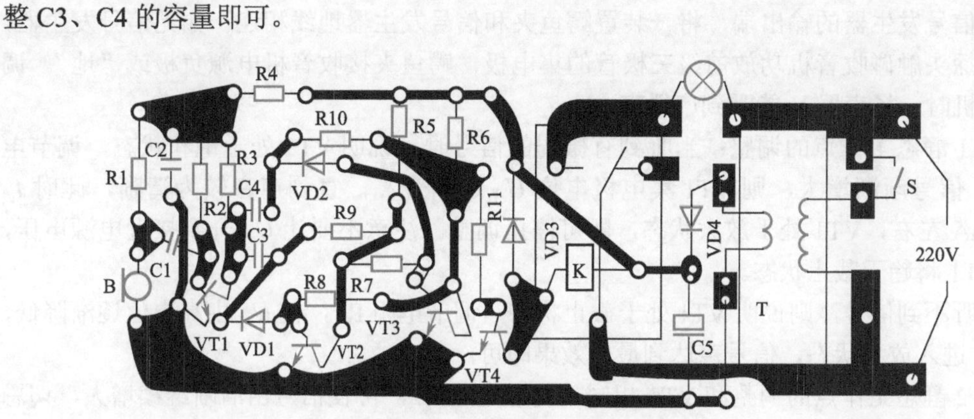

图 3-88　声控开关的印制板图

例 058　电路故障寻迹器制作

1.电路工作原理

电路如图 3-89 所示。用探头接触被测点，收到的电信号经电容 C1 耦合到三极管 VT1 的基极，由 VT1 进行前置放大。放大后的信号经高频扼流圈 L 传给三极管 VT2、复合管 VT3 和 VT4 组成的直耦式两级放大电路，由复合管的射极输出，推动扬声器 Y 发出声响。当探头接触被测点而 Y 无声或声音失真时，说明该处电路有故障。

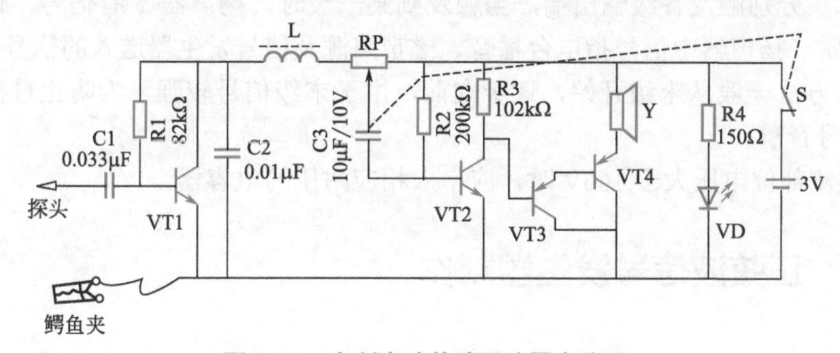

图 3-89　自制电路故障寻迹器电路图

2.元器件选择

VT1、VT2 为高增益三极管 9014，穿透电流要小，$\beta > 80$；VT3、VT4 为 9012，β 值可在 50～100 间选用。电感 L、电容 C2 构成高频滤波电路，L 选用 10mH 的色码电感，型号为 LH2A，其他型号色码电感也可以，发光二极管 VD 可任意选择。扬声器起监听作用，RP 是用来调节信号大小的，阻值选用 5.1kΩ，要求和开关 S 联动。探头可用大号兽用注射器，或用小型万用表表笔。

其他元器件的参数如图 3-89 中标注所示，无特殊要求。

3. VT1和VT2工作点调节

本电路中需要调整的部分是VT1和VT2的静态工作点。调整前首先将电位器RP旋在适中的位置，选用一台信号发生器，频率为800～1000Hz，电平为-14～0dB，探头接触到信号发生器的输出端，将一装置鳄鱼夹和信号发生器地线相连。如无信号发生器，则可将探头触碰收音机功放前级三极管的集电极，鳄鱼夹接收音机电源负极或“地”。调谐收音机时，扬声器Y能听到广播声。

VT1静态工作点的调整：当听到有微弱的信号时，说明VT1处于饱和状态，调节电阻R1，信号渐渐增大，则VT1集电极电位U_{c1}逐渐升高，直到声音较为清晰，此时I_{c1}为0.6mA左右，VT1处于放大状态，即可停止调整。注意不要让U_{c1}升到接近电源电压，否则VT1将趋于截止状态。

如听不到信号，则说明VT1处于截止状态，调节电阻R1，使U_{c1}由高电位逐渐降低，使VT1进入放大状态，信号声达到最佳效果即可。

VT2静态工作点的调整和VT1相同。调节电阻R2，可使信号由清晰继续增大，切忌不可将信号调至刺耳。调整完成后，调节电位器RP，则明显会感觉到信号可大可小。此时测得VT2集电极电流I_{c2}为5～10mA即可。

需要说明的是，调整电阻R1、R2时，最好先分别串入1kΩ、10kΩ的电阻，以免不慎将电阻调至0Ω时，电源电压将会加到VT1和VT2的基极与发射极之间，从而使三极管烧坏。调完后，用万用表测出实际阻值，再将R1、R2电阻固定下来。

4.使用中的注意事项

① 开启电源（该开关带音量控制调节），指示灯VD发光，即可使用。

② 将该装置鳄鱼夹和待查机器地线相连，并开启待查机电源，将两者音量开关开至最大位置。

③ 将探头分别触及各级输出端，当触及到某一级时，扬声器Y有信号，说明该级及该级以上正常（扬声器中信号指电台播音、磁带声源及信号发生器送入的信号等）。

④ 检查方法一般从末级开始，逐级向前，由于末级信号较强，为防止过荷失真，可适当减小信号音量。

⑤ 当被测部位电压大于160V时，应串入相应耐压的电容器。

例059 正弦波信号发生器制作

1.电路工作原理

电路原理图如图3-90所示，C1、C3、R1、R2用于选频，振荡频率可用f=1/（2×3.14RC）来计算，实测本电路的频率在1kHz左右。C2为耦合电容，R3、R4、R5、R6、RP1、Q1、Q2构成二级放大电路，调节RP1改变电路的工作点。

2.电路组装

按照元器件清单（如表3-9所示）及电路原理图插件焊接，焊好的电路板如图3-91所示。只有在适当的位置电路输出的是正弦波。C4为输出耦合电容，RP2用于调节信号输出幅度，用示波器实测本电路输出幅度为0～2Vpp，如图3-92所示。

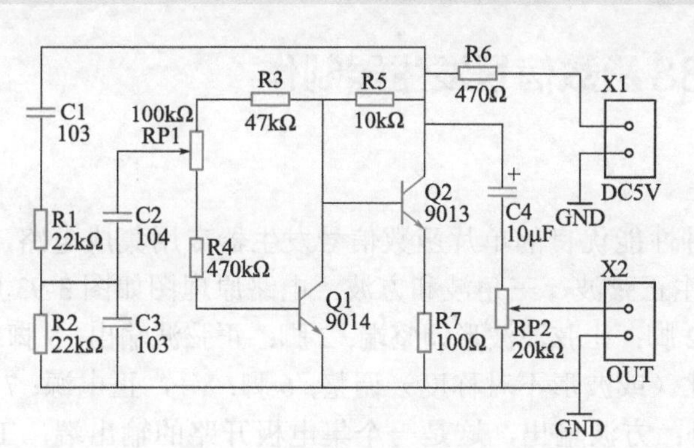

图 3-90　正弦波信号发生器电路原理图

表 3-9　元器件清单

安装顺序	位号	名称	规格	数量
1	R1、R2	电阻	22kΩ	2
	R3	电阻	47kΩ	1
	R4	电阻	470kΩ	1
	R5	电阻	10kΩ	1
	R6	电阻	470	1
	R7	电阻	100	1
	C1、C3	独石电容	103	2
	C2	独石电容	104	1
2	RP1	可调电阻	100kΩ	1
3	RP2	可调电阻	20kΩ	1
4	C4	电解电容	10μF/25V	1
5	Q1	三极管	9014	1
	Q2	三极管	9013	1
6	X1、X2	接线座	2P	2
		PCB 板	30mm×55mm	1

图 3-91　正弦波信号发生器电路板

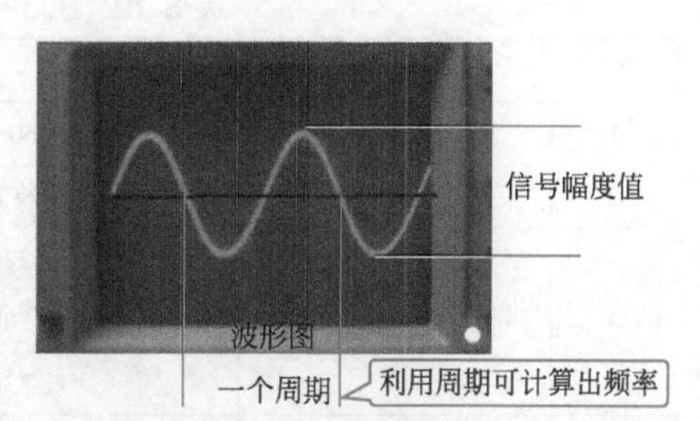

图 3-92　用示波器测试波形图

例060　8038函数信号发生器制作

1.电路工作原理

ICL8038是一种性能优良的单片函数信号发生器专用集成电路，它只需外接少量的阻容元件就可以产生正弦波、三角波和方波。电路原理图如图3-93所示。ICL8038引脚功能如下。1脚、12脚：正弦波波形调整端；2脚：正弦波输出；3脚：三角波输出；4脚、5脚：频率和占空比（或波形不对称度）调整；6脚：V+，正电源；7脚：频偏；8脚：频率调整输入端；9脚：方波输出，这是一个集电极开路的输出端，工作时应从该引脚接一个负载电阻到相应的正电源端，要得到与TTL兼容的方波输出，必须把负载电阻接到+5V电源；10脚：定时电容端；11脚：V−，负电源端或接地，使用正、负电源时，11脚接负电源，输出波形都相对于0V对称；使用单一正电源时，11脚接地，输出波形是单极性，均匀电压是+VCC/2；13脚、14脚：空脚。

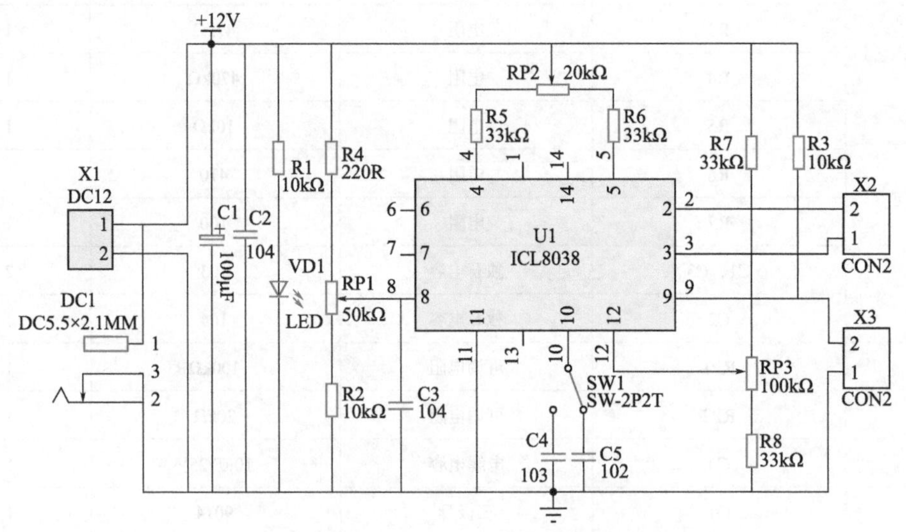

图3-93　8038函数信号发生器电路原理图

2.电路组装

按照元器件清单（如表3-10所示）及电路原理图插件焊接，焊好的电路板如图3-94所示。

表3-10　8038函数信号发生器元器件清单

序号	名称	规格	数量	位号
1	PCB板	PCB：43mm×60mm×1.6mm（FR-4单面板）	1	PCB
2	主控芯片	原装ICL8038 DIP-14	1	U1
3	插件电阻	220Ω±5% DIP	2	R4
		10kΩ±5% DIP	3	R1、R2、R3
		33kΩ±5% DIP	4	R5、R6、R7、R8
4	电源母座	DC3脚直插	1	DC1
5	接线柱	间距5mm 2P纯铜	3	X1、X2、X3

续表

序号	名称	规格	数量	位号
6	瓷片电容	104pF/25V	2	C2、C3
		103pF/26V	1	C4
		102pF/27V	1	C5
7	电解电容	100μF/25V，5mm×11mm	1	C1
8	电位器	蓝白可调电位器 100kΩ 直插	1	RP2
		蓝白可调电位器 100kΩ 直插	1	RP3
9	单联电位器	90°		RP1
10	灯	5mm 红发红直插高亮	1	LED
11	拨动开关	SW 直插 3 脚 SS12D00	1	SW1

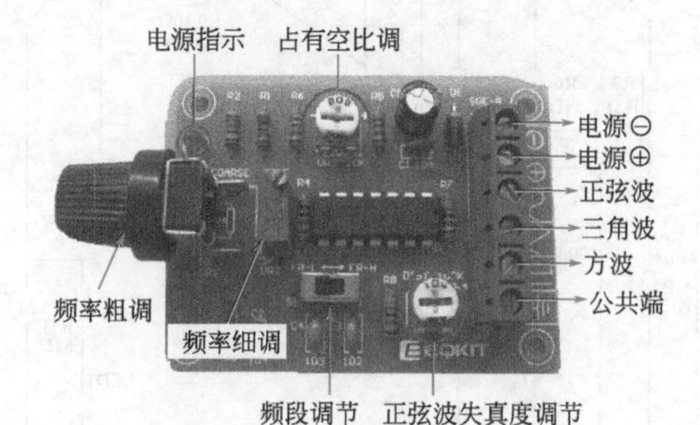

图 3-94　8083 函数信号发生器电路板

本套信号发生器设计的频率范围是 50 ～ 5kHz，分两个频段，用开关 S 来切换，RP1 是频率调节，RP2 是占空比调节，RP3 是正弦波失真度调节。电路采用 12V 单电源供电，由 X1 输入；X2、X3 是波形输出端，可以用示波器观测三种输出波形，如图 3-95 所示。

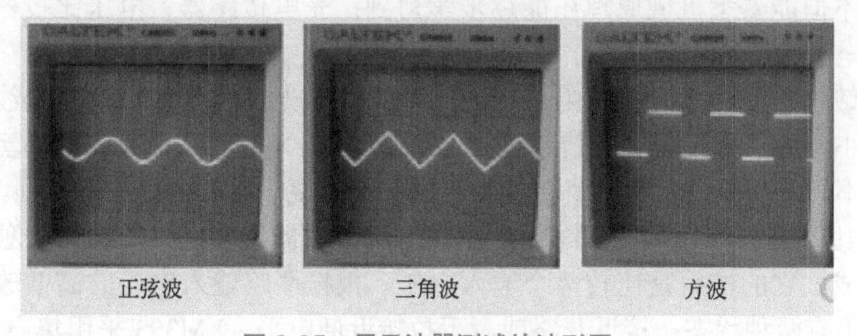

图 3-95　用示波器测试的波形图

例 061　运放电路构成的自动寻找轨道车制作

关于自动循迹小车为机电一体化设备，详细原理与制作过程参见视频讲解，除此款循迹车外，网上还有一种自动循迹避障车，是由单片机控制的，商家配备编程程序，在后面章节中讲解。读者可购买后练习编程用。

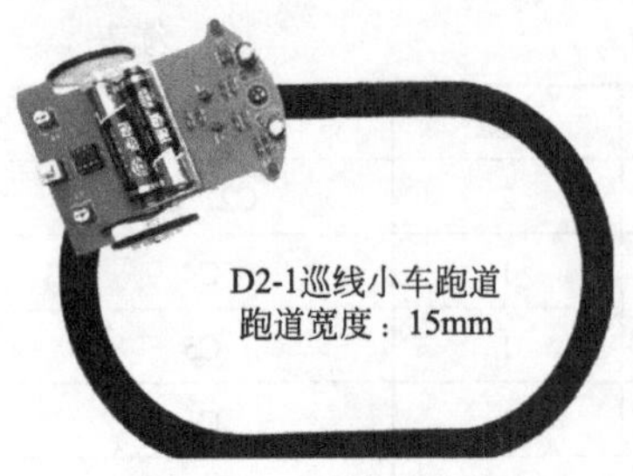

图 3-96　循迹轨道图

1.电路工作原理

如图 3-96 和图 3-97 所示。图 3-96 所示为循迹车及运动轨道。LM393 随时比较着两路光敏电阻的大小，当出现不平衡时（例如一侧压黑色跑道）立即控制一侧电机停转，另一侧电机加速旋转，从而使小车修正方向，恢复到正确的方向上，整个过程是一个闭环控制，因此能快速灵敏地控制。表 3-11 为电路元器件清单。

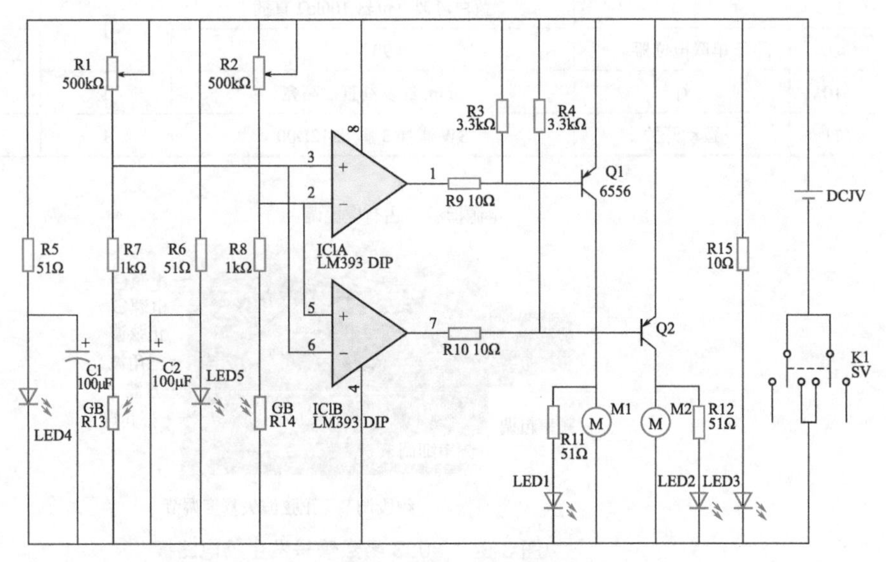

自动巡道车组装、调试与维修

图 3-97　自动寻找轨道车电路原理图

2.制作过程

本着从简到繁的原则，首先来制作一款由数字电路来控制的智能循迹小车。在组装过程中我们不但能熟悉机械原理还能逐步学习到：光电传感器、电压比较器、电机驱动电路等相关电子知识。

（1）光敏电阻器件　光敏电阻，它能够检测外界光线的强弱，外界光线越强光敏电阻的阻值越小，外界光线越弱阻值越大，当红色 LED 光投射到白色区域和黑色跑道时因为反光率的不同，光敏电阻的阻值会发生明显区别，便于后续电路进行控制。

LM393 比较器集成电路：LM393 是双路电压比较器集成电路，由两个独立的精密电压比较器构成。它的作用是比较两个输入电压，根据两路输入电压的高低改变输出电压的高低。输出有两种状态：接近开路或者下拉接近低电平。LM393 采用集电极开路输出，所以必须加上拉电阻才能输出高电平。

（2）带减速齿轮的直流电机　直流电机驱动小车的话必须要减速，否则转速过高的话小车跑得太快根本也来不及控制，而且未经减速的话转矩太小甚至跑不起来。采用已经集成了减速齿轮的直流电机，可大大降低制作难度，非常适合我们使用。

LM393 随时比较着两路光敏电阻的大小，当出现不平衡时（例如一侧压黑色跑道）立即控制一侧电机停转，另一侧电机加速旋转，从而使小车修正方向，恢复到正确的方向上，整个过程是一个闭环控制，因此能快速灵敏地控制。

表 3-11 自动寻找轨道车元器件清单

电子元器件清单				标号	名称	规格	数量
标号	名称	规格	数量	Q1	三极管	6556	1
IC1	电压比较器	LM393	1	Q2		8550	1
	集成电座	8 脚	1	K1	开关	SEITCH	1
C1	可调电容	100μF	1	机械零部件清单			
C2		100μF	1	序号	名称	规格	数量
R1	可调电阻	500kΩ	1	1	减速电机	JD3-100	2
R2		500kΩ	1	2	车轮轮片 1		2
R3	色环电阻	3.3kΩ	1	3	车轮轮片 2	—	2
R4		3.3kΩ	1	4	车轮轮片 3		2
R5		51Ω	1	5	硅胶轮胎	25mm×25mm	2
R6		51Ω	1	6	车轮螺钉	M3mm×10mm	4
R7		1kΩ	1	7	车轮螺母	M3mm	4
R8		1kΩ	1	8	轮毂螺钉	M2mm×7mm	2
R9		10Ω	1	9	万向轮螺钉	M5mm×30mm	1
R10		10Ω	1	10	万向轮螺母	M5mm	1
R11		51Ω	1	11	万向轮	M5mm	1
R12		51Ω	1	其他配件清单			
R13	光敏电阻	CDSS	1	序号	名称	规格	数量
R14		CDSS	1	1	电路板	D2-1	1
D1	发光二极管	ϕ3.0mm	1	2	连接导线	红色	1
D2		ϕ3.0mm	1	3		黑色	1
D4	发光二极管	ϕ5.0mm	1	4	胶底电池盒	AA×2	1
D5		ϕ5.0mm	1	5	说明书	A4	1

3.组装步骤

① 电路部分基本焊接。电路焊接部分比较简单，焊接顺序按照元件高度从低到高的原则，首先焊接 8 个电阻，焊接时务必用万用表确认阻值是否正确。焊接有极性的元件如三极管、绿色指示灯、电解电容务必分清楚极性。焊接电容时引脚短的是负极插入 PCB 丝印上阴影的一侧。焊接绿色 LED 时注意引脚长的是正极，并且焊接时间不能太长否则容易焊坏。LED4、LED5、R13、R14 可以暂时不焊，集成电路芯片可以不插。初步焊接完成后请务必细心核对，防止粗心大意。

② 机械组装。将万向轮螺钉穿入 PCB 孔中，并旋入万向轮螺母和万向轮。电池盒通过双面胶贴在 PCB 上，引出线穿过 PCB 预留孔焊接到 PCB 上，红线接 3V 正电源，黄线接地，多余的引线可以用于电机连线。

机械部分组装可以先组装轮子，轮子由三片黑色亚克力轮片组成，装配前请将保护膜揭去，最内侧的轮片中心孔是长圆孔，中间的轮片直径比较小，外侧的轮片中心孔是圆的，用两个螺钉螺母固定好三片轮片，并用黑色的自攻螺钉固定在电机的转轴上，最后将硅胶轮胎套在车轮上。用引线连接好电机引线，最后将车轮组件用不干胶粘贴在PCB指定位置，注意车轮和PCB边缘保持足够的间隙，将电机引线焊接到PCB上，注意引线适当留长一些，防止电机旋转方向错误后便于调换引线的顺序。

③ 安装光电回路。光敏电阻和发光二极管（注意极性）是反向安装在PCB上的，和地面间距约5mm，光敏电阻和发光二极管之间距离也在5mm左右。最后可以通电测试。

④ 整车调试。在电池盒内装入2节AA电池，开关拨在“ON”位置上，小车正确的行驶方向是沿万向轮方向行驶，如果按住左边的光敏电阻，小车右侧的车轮应该转动，按住右边的光敏电阻，小车左侧的车轮应该转动，如果小车后退行驶可以同时交换两个电机的接线，如果一侧正常另一侧后退，只要交换后退一侧电机接线即可。

注意事项：循迹小车的简易跑道可以直接用1.5～2.0cm黑色的电工胶带直接粘贴在地面上。

例062 金属探测器制作

1.电路工作原理

电路原理图如图3-98所示。Q1、L1、L2、C2、C3、R1、W组成高频振荡电路，调节电位器W，可以改变振荡级增益，使振荡器处于临界振荡状态，也就是说刚好使振荡器起振。Q2、Q3组成检测电路，电路正常振荡时，振荡电压交流电压超过0.6V时，Q2就会在负半周导通将C4放电短路，结果导致Q3截止；当探测线圈L1靠近金属物体时，会在金属导体中产生涡电流，使振荡回路中的能量损耗增大，正反馈减弱，处于临界态的振荡器振荡减弱，甚至无法维持振荡所需的最低能量而停振，使Q2截止，R2给C4充电，Q3导通，推动蜂鸣器发声。根据声音有无，就可以判定探测线圈下有无金属物品。

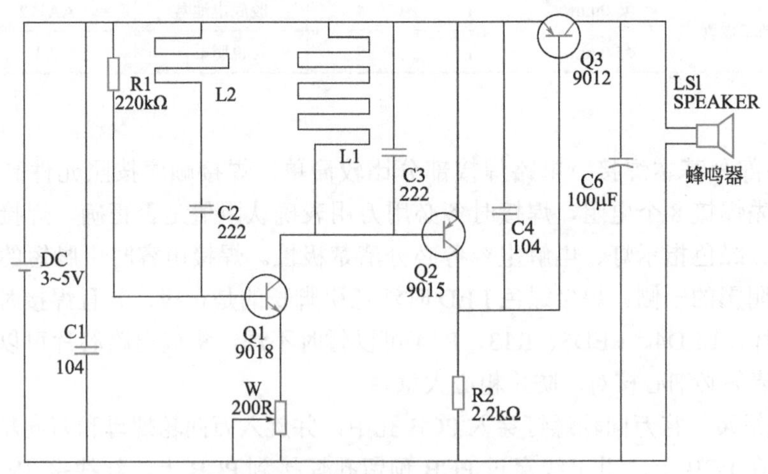

图3-98 金属探测器电路原理图

2.组装与调试

按照电路原理图与印制板图插件焊接，只要焊接无误，经过简单的调整即可正常工作。焊接好的电路如图3-99所示。元件清单见表3-12。

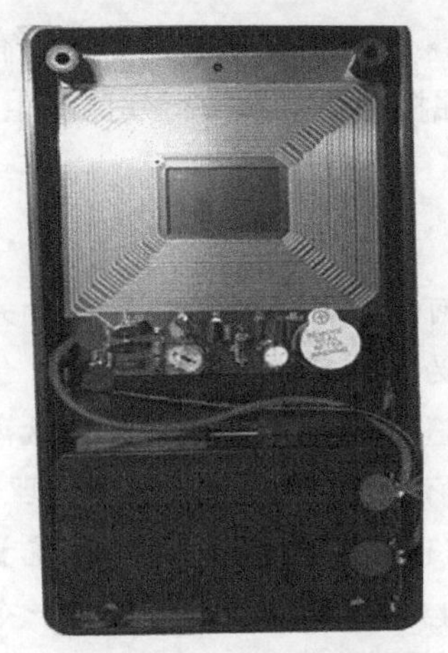

图 3-99 组装好的金属探测器实物图

表 3-12 金属探测器元件清单

品名	规格	封装	位置	数量	备注
PCB	板材 FR4、双面板、板厚 1.6mm 喷锡 51.2mm×65.8mm×1.mm			1	
插件电阻	1/4W±5% 220kΩ DTP	AXIAL-0.4	R1	1	红，红，橙
	1/4W±5% 2.2kΩ DTP		R2	1	红，红，红
三极管	S9015 1.5A/25V PNP	TO-92	Q2	1	
	S9012 1.5A/25V PNP		Q3	1	
	S8050 1.5A/25V NPN		Q1	1	
涤纶电容	无极性 222/100V±20%	7D	C2，C3	2	
瓷片电容	无极性 104/50V±20%	7D	C1，C4	2	
电解电容	E.cap 25V 100μF±20% 7mm×11mm	RB7/11	C6	1	
可调电位器	RM065 ϕ6mm 蓝白卧式，200R	500K	W	1	
有源蜂鸣器	9mm×11mm 带引脚长＋短－	9mm×11mm	LS1	1	
电源线	红黑 10cm 两边去皮上锡	J2	WCC.GND	2	

本机 L1、L2 采用印制板上的铜皮导线形成电感，不需要大家自己制作电感，简单，成功率极高。安装好后接上电源，调节电位器到刚好不发声（不靠近金属的情况下），用印制板天线靠近金属，此时应该发声，远离金属后应该停止发声，若远离不能停止发声，应该把电位器逆时针方向调一点点再试，直到符合要求为止。

制作中的问题：通电后长响，这是因为前面振荡级没有起振，有可能电阻、三极管等元件放错，或者线路板线圈中有匝间短路或者开路，请用放大镜仔细检查。另外，Q2 放大倍数太低不足以让 Q3 关断也会长响。

最终效果：本简易探测器能轻轻松松地、稳定可靠地探测距离线圈平面（线路板）2.5cm 左右的金属硬币、钢板、铁板、铝板、电脑光碟等，这中间可能阻隔木板、书本、报纸、玻璃、地面砖、泥土、砂子、自来水、燃油、皮肤（手掌）、衣服、空气、灰尘等金属以外的物体。实际试验最大探测距离和更高的灵敏度，请大家自行制作探测器线圈，探测器线圈的直径越大，探测距离就会越远；Q 值越高，对小金属分就越强。本探测器的线圈有效直径大约是 5cm，线圈 Q 值和直径跟探测距离有关系可通过实验探索，一般来说，采用本探测原理制作的金属探测器，最大有效探测距离约等于探测圈的直径。

知识拓展

根据这一原理，本电路可以有效地改装成接近开关，用于电梯楼层控制（很多场合不适合用光电开关，因为受到环境灰尘的影响，会挡住发光器件和受光器件）。如果要在某路面探测是否有汽车经过，由于汽车底盘离路面有 0.5m 或以上的高度，加上水泥会掩埋 5 ~ 10cm 的深度，因此，在地面掩埋直径 1m 的线圈就可以稳定准确可靠地检测出上面是否有汽车存在，这对于公路流量统计、停车场禁停区域统计是很有实用价值的。在电梯控制器的每楼层都必需一个传感器，检测电梯是否到达了停止位置，如果采用机械行程开关的话，会存在寿命和可靠性因素；如果采用光电耦合器的话，就会存在长时间灰尘沉积故障；因此，最好的方法就是安装一个金属探测器，根据金属的有无来确定电路的通断。这在很多设备、机器中都会有很高的实用价值。

例063　电子管功率输出电路制作

1.电路工作原理

随着广播设备的数字化，许多库存的电子管大都失去了用武之地，尤其是中小功率电子管，其数量还很多。这些电子管，弃之可惜，不妨将其用起来自制成小功率电子管监听功放。下面介绍的电子管功放就是用最常见的电子管制作的，其电路如图 3-100 所示。前级用 6N2 接成 SRPP 电路，即“电流调整式推挽电路”，又称“单端并联式推挽电路”。该电路输入阻抗高，输出阻抗低，频带宽，失真小，整体性能非常优越。后级 6P14 接成标准五极管甲类管输出，稳定性和效率都很高，而又是甲类单管输出，音质完美。

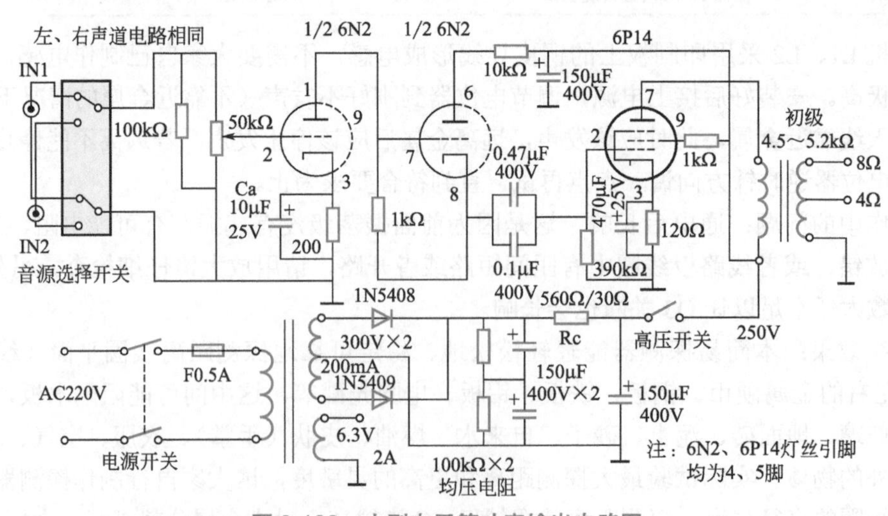

图 3-100　小型电子管功率输出电路图

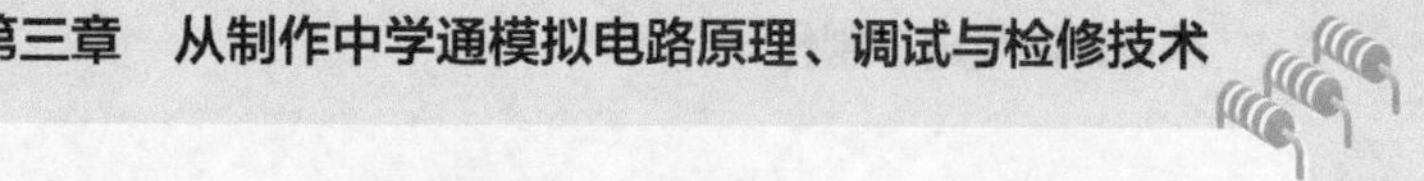

该电子管功放电路简单，不需印制电路板，采用“搭棚”式焊接。

2.制作

机壳用横截面为10cm×4.5cm的铝合金方管材来做整机的底座，并在上面钻孔、开槽、喷漆后装上管座和电源变压器。输出变压器装入底座内部。机壳的面板和背板是用地板块制成的。具体的制作过程中一定要注意：

① 元件的布局要走线最短，干扰小，两声道的分布严格对称。

② 电源变压器尽量远离前级放大部分，而且要和输出变压器的安装角度相互垂直，以减少电磁感应，以进一步减少噪声。

③ 地线要严格接地，最好是将各级地线接在电源滤波电容的负端然后接机壳。

另外，如果输出变压器只有4Ω输出端子，则为了适应8Ω扬声器，我们可以用以下方法改制：拆开EI铁芯，记下E和I之间的间隙而且不要破坏绝缘纸，小心拆下次级，记下匝数，用相同线径漆包线$\sqrt{2}$倍乘以原次级线圈的匝数即为8Ω输出。绕线方向一定要一致。重新装好变压器，浸漆风干即可。

图3-100中所示电容Ca为钽电容，Rc可用电烙铁芯改制。电阻器除Rc外，均为1W金属膜电阻。

本电路采用交流供电，而未采用直流稳压电。尽管采用直流稳压供电方式噪声会低些，但管子的灯丝很快就会发白、损蚀，有损管子寿命。而交流供电则无此问题。把每个管子的灯丝两端分别试着接地，选出一个噪声低的一端接牢，是完全可以接受的一种方法。

例064　集成功率放大器制作

1.集成功率放大器

功率放大电路实质上都是能量转换电路，普通的功率放大电路对电压放大较多，对电流放大却很少。功率放大器要求获得足够大的输出功率，即电压和电流的乘积最大，功率放大电路通常在大信号状态下工作，因此功率放大电路还要解决一些特殊的问题，如功率放大电路要求输出功率大、非线性失真小、功放机的散热好等。

TDA2822M采用八脚双列直插式塑料封装结构，外形及引脚排列如图3-101所示，其技术参数如表3-13所示。该集成电路广泛应用于各种小型收录机、小功率音响设备等，具有体积小、输出功率大、失真小、不需要加散热器等优点。可以直接代换的型号有CD2822、D2822、APA2822等，其引出脚排列及功能均相同。

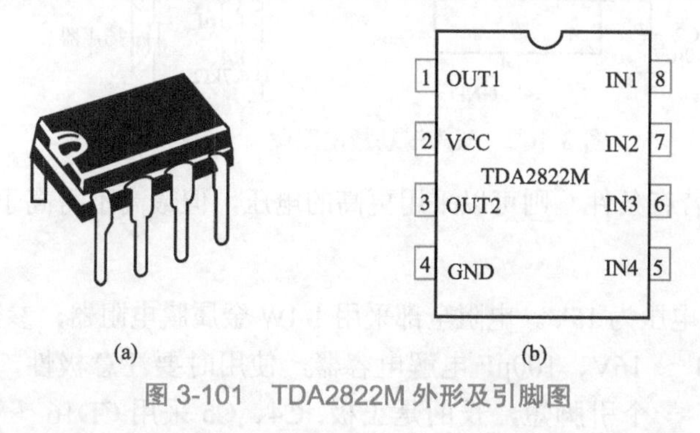

图3-101　TDA2822M外形及引脚图

助听器制作学习
功放电路

表 3-13 集成功率放大器元器件清单

符号或名称	型号参数	数量 / 个	代换型号
IC	TDA2822M	1	D2822，CD2822
C1、C2、C3	CD11 ～ 16V、100μF	3	
C4、C5	CD16 ～ 50V、470μF	2	
C6、C7	0.1μF 云母电容或瓷片电容	2	
R1、R2	10kΩ，1/4W	2	
R3、R4	4.7Ω，1/4W	2	
扬声器	4Ω，2W	2	

2. TDA2822M的特点

① 外接元器件少。

② 电源电压范围宽，下限可低至 1.8V，极限工作电压为 15V。

③ 静态电流和失真都很小。

④ 输出功率大，最大输出电流为 1A，允许最大功耗为 1W。

⑤ 可以工作在立体声状态，也可以工作在 BTL 状态。

3.参考电路

图 3-102 所示的是一个接成立体声双声道的电路。集成电路内部有两个放大器，分别担任放大每一声道的任务。C1 和 C2 是输入耦合电容，它们的作用可以简单地理解为防止直流电窜入，起隔直作用。C3 是电源滤波电容，若不加这个滤波电容，电路容易产生自励，破坏声道。C4 和 C5 是输出耦合电容。R1 和 R2 是偏置电阻。C6、R3 和 C7、R4 的作用是防止产生自励。

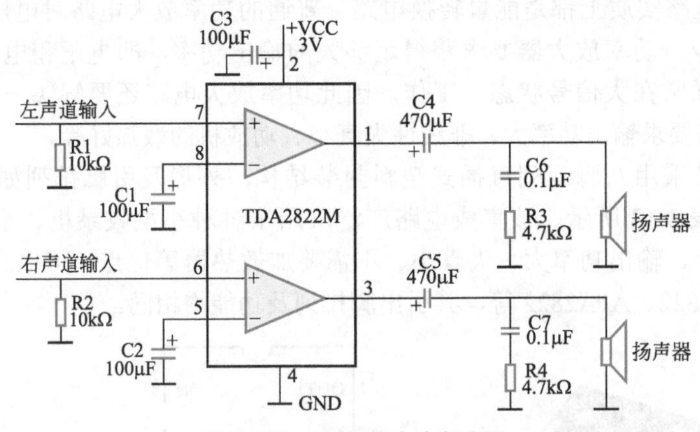

图 3-102 双声道功放电路图

采用 3V 直流供电，若有条件，则可以采用更高的电压，但最高不得高于 15V。

4.元器件选择

TDA2822M 极限工作电压为 15V。电阻全部采用 1/4W 金属膜电阻器，参数如图 3-102 所示。C1、C2 采用 CD11 ～ 16V、100μF 电解电容器，使用时要注意极性，一般新的铝电解电容器一个引脚长、一个引脚短，长的是正极；C4、C5 采用 CD16 ～ 50V、470μF

的电解电容器，使用时同样要注意极性。扬声器可采用 4Ω、2W 或 8Ω、1W 扬声器 2 个，口径越大效果越好。

例065　扩音机电路制作

1.电路工作原理

由前置放大级和功率放大级两部分组成，前置放大级主要采用四运放电路对信号进行高增益放大，后级由 OCL 电路进行功率放大，整机采用双电源供电。扩音机电路总体原理如图 3-103 所示。

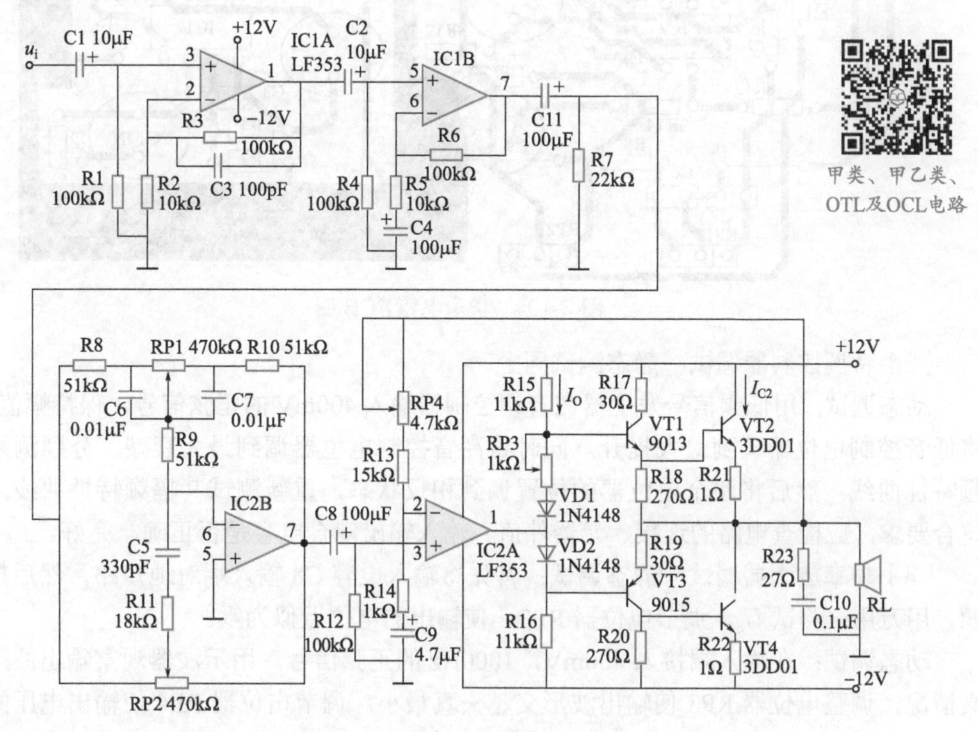

图 3-103　扩音机电路总体原理图

2.调试要点

图 3-104 所示为扩声电路 PCB 图。在调试安装前，首先将所选用的电子元器件测试一遍，以确保元器件完好。在进行元器件安装时，布局要合理，连线应尽可能短而直，所用的测量仪器也要准备好。

（1）前置级调试　当无输入交流信号时，用万用表分别测量 LF353 的输出电位，正常时应在 0V 附近。若输出端直流电位为电源电压值时，则可能运算放大器已坏或工作在开环状态。

输入端加入 u_i=5mV，f=1000Hz 的交流信号，用示波器观察有无输出波形。如有自激振荡，应首先消除（例如通过在电源对地端并接滤波电容等措施）。当工作正常后，用交流毫伏表测量放大器的输出，并求其电压放大倍数。

输入信号幅值保持不变，改变其频率，测量幅频特性，并画出幅频特性曲线。

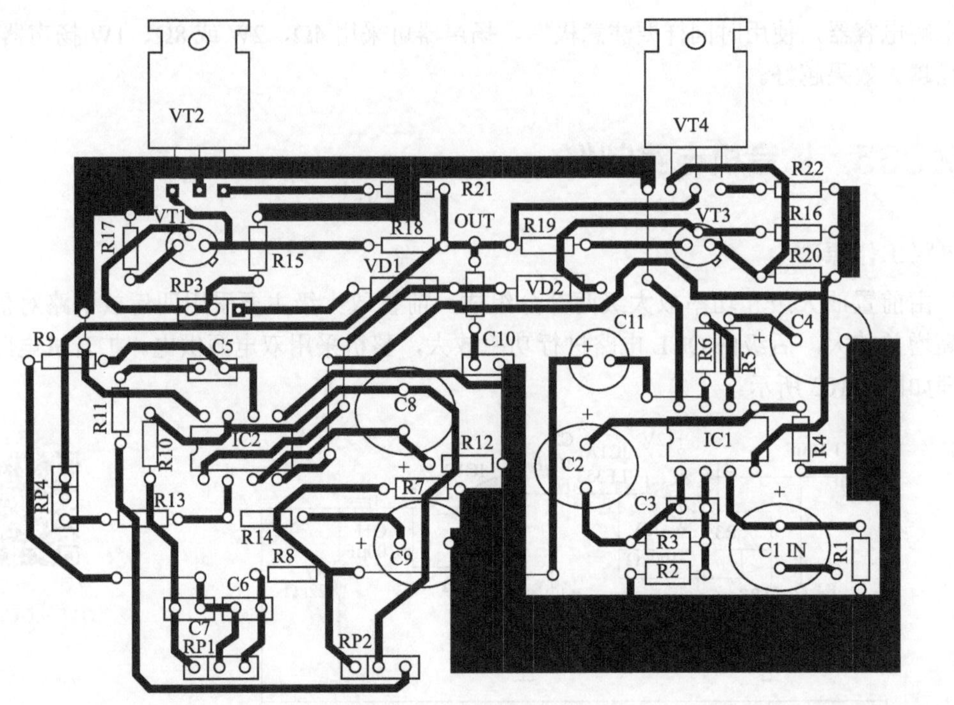

图 3-104　扩声电路 PCB 图

（2）**音调控制器调试**　静态测试同上。

动态调试：用低频信号发生器在音调控制器输入 400mV 的正弦信号，保持幅值不变。将低音控制电位器调到最大提升，同时将高音控制电位器调到最大衰减，分别测量其幅频特性曲线：然后将两个电位器的位置调到相反状态，重新测试其幅频特性曲线。若不符合要求，应检查电路的连接、元器件值、输入输出耦合电容是否正确、完好。

（3）**功率放大器调试**　静态调试：首先将输入电容 C8 输入端对地短路，然后接通电源，用万用表测试 U_o，调节电位器 RP3，使输出的电位近似为零。

动态调试：在输入端接入 400mV，1000Hz 的正弦信号，用示波器观察输出波形的失真情况，调整电位器 RP3 使输出波形交越失真最小。调节电位器 RP4 使输出电压的峰值不小于 11V，以满足输出功率的要求。

（4）**整机调试**　将三级电路连接起来，在输入端连接一个话筒，此时，调节音量控制电位器 RP4，应能改变音量的大小。调节高、低音控制电位器，应能明显听出高、低音调的变化。敲击电路板应无声音间断和自激现象。

例066　OCL大功率功放电子电路制作

1.电路工作原理

电路如图 3-105 所示。OCL 大功率功放套件为典型的 OCL 电路，电路采用直接耦合方式，低频响应好；输入级采用差分放大，噪声很小；输出级采用了达林顿复合管，增益高、功率大、失真小。本电路特别适用于制作家用功放及有源音箱的功放电路，效果很好。

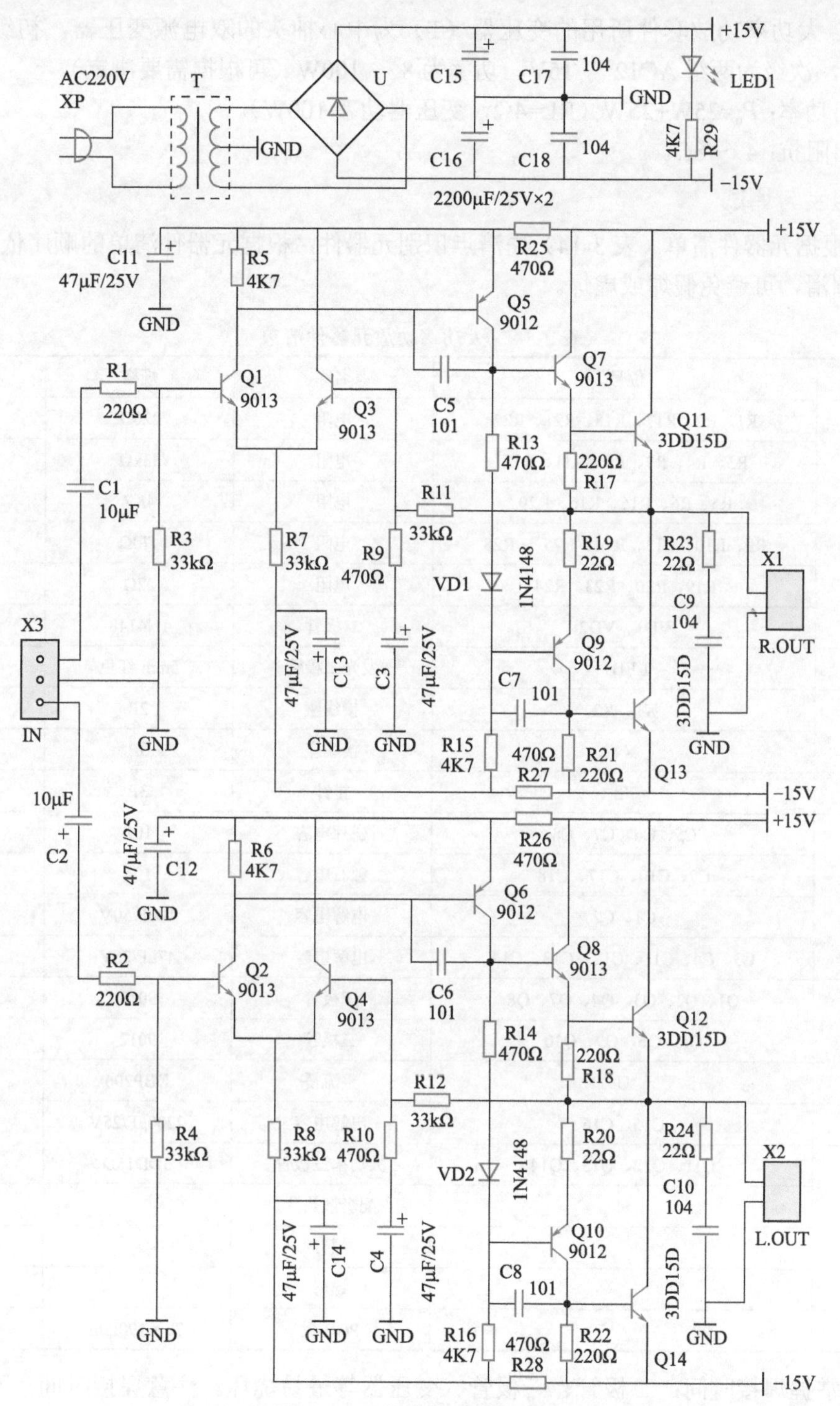

图 3-105　大功率功放电路图

OCL 大功率功放套件为双声道，两声道电路原理完全一样，以右（R）声道为例，电路中 Q1、Q3 为差分放大输入级，Q5 是激励级，Q7 和 Q11 组成复合互补输出级，输出信号从 Q11 发射极和 Q13 集电极取出，输出的音频信号可以直接推动扬声器发出洪亮的声音。本电路还增加了 R25、R27、C11、C13，用于降低静态噪声。

OCL 大功率功放套件所用的变压器（T）为中心抽头的双电源变压器，初级电压为 AC220V，次级为两组 AC12 ～ 15V，功率为 8 ～ 100W（可根据需要决定）。

输出功率：P_o=25W+25W（RL=4Ω，变压器功率 100W）。

输出阻抗：4 ～ 8Ω。

2.电路组装与调试

① 根据元器件清单（表 3-14）先清点识别元器件，根据元器件清单的顺序依次焊接。使焊点圆滑，可避免假焊或虚焊。

表 3-14　大功率功放元器件清单

安装顺序	位号	名称	规格	数量
1	R1、R2、R17、R18、R21、R22	电阻	220Ω	6
	R3、R4、R7、R8、R11、R12	电阻	33kΩ	6
	R5、R6、R15、R16、R29	电阻	4K7	5
	R9、R10、R13、R14、R25 ～ R28	电阻	470Ω	8
	R19、R20、R23、R24	电阻	22Ω	4
	VD1、VD2	二极管	1N4148	2
2	LED1	发光二极管	5mm 红色	1
3	X1、X2	接线座	2P	2
	X4	接线座	3P	1
4	X3	排针	3P	1
5	C5、C6、C7、C8	瓷片电容	101	4
	C9、C10、C17、C18	独石电容	104	4
	C1、C2	电解电容	10μF/50V	2
	C3、C4、C11、C12、C13、C14	电解电容	47μF/25V	6
6	Q1、Q2、Q3、Q4、Q7、Q8	三极管	9013	6
	Q5、Q6、Q9、Q10	三极管	9012	4
7	U	整流桥	KBP206	1
8	C15、C16	电解电容	2200μF/25V	2
9	Q11、Q12、Q13、Q14	大功率三极管	3DD15D	4
		配套散热片		4
		螺钉		8
		螺母		8
		PCB 板	70×190mm	1

② 掌握焊接时间：二极管、三极管、变压器等最易烧坏。注意焊接时间，不要长时间将烙铁放置在焊点上，避免烫坏元件及电路板。焊接时间一般应控制在 2s 左右。

③ 熟悉元件性能，防止焊错元件。电阻的阻值，三极管的三个极，二极管，发光二极管，电解电容的极性要特别注意。

④ 弄懂电路图，掌握信号传输路径。如信号的输入、输出端接错，甚至电源的正、负极接错。在装配图上，将容易出错的地方画上标记。焊接好的电路板如图 3-106 所示。

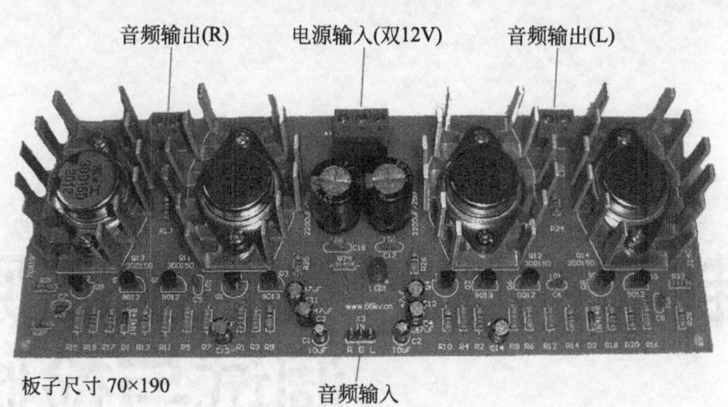

图 3-106　OCL 大功率功放电路板

⑤ 调试：参见例 065 的调试方法进行静态、动态调试。

第四章

从制作中学通数字电路原理、调试与检修技术

例067 数字门电路实验制作学习多种门电路

1.正负逻辑的概念

在数字电路中，逻辑“1”与逻辑“0”可表示两种不同电平的取值，根据实际取值的不同，有正、负逻辑之分。正逻辑中，高电平用逻辑“1”表示，低电平用逻辑“0”表示；负逻辑中，高电平用逻辑“0”表示，低电平用逻辑“1”表示。

2.门电路的基本功能

数字电路中的四种基本操作是与、或、非及触发器操作，前三种为组合电路，后一种为时序电路。与非、或非和异或的操作仍然是与、或、非的基本操作。与、或、非、与非、或非和异或等基本逻辑门电路为常用的门电路，它们的逻辑符号、逻辑功能和真值表均列于表4-1中，应熟练掌握。

表 4-1 常用门电路逻辑符号及逻辑功能

逻辑符号	逻辑功能	真值表	逻辑符号	逻辑功能	真值表
A B & Y	$Y=AB$ 与	A B | Y 0 0 | 0 0 1 | 0 1 0 | 0 1 1 | 1	A B ≥1 Y	$Y=\overline{A+B}$ 或非	A B | Y 0 0 | 1 0 1 | 0 1 0 | 0 1 1 | 0
A B & Y	$Y=\overline{AB}$ 与非	A B | Y 0 0 | 1 0 1 | 1 1 0 | 1 1 1 | 0	A 1 Y	$Y=\overline{A}$ 非	A | Y 0 | 1 1 | 0
A B ≥1 Y	$Y=A+B$ 或	A B | Y 0 0 | 0 0 1 | 1 1 0 | 1 1 1 | 1	A B =1 Y	$Y=A \oplus B$ 异或	A B | Y 0 0 | 0 0 1 | 1 1 0 | 1 1 1 | 0

3.门电路组装

按照电路原理图（如图 4-1 所示）及印制板图插接元器件并焊接良好。

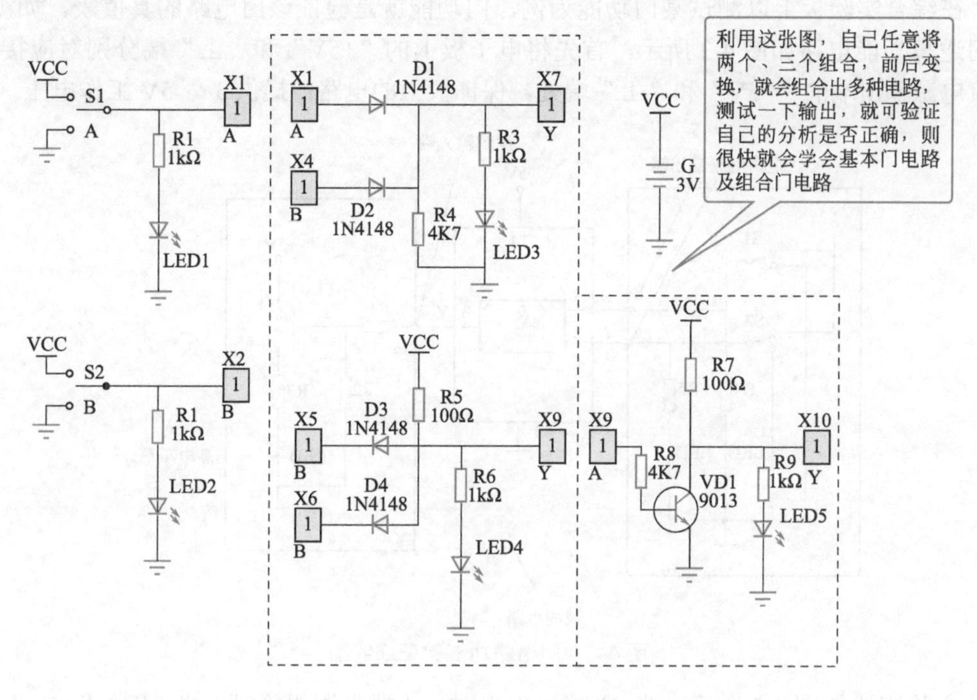

图 4-1　组装门电路原理图

4.门电路功能验证方法

为了验证某一种门电路功能，首先选定元件型号，并正确连接好元件的工作电压端。实际焊接电路板如图 4-2 所示。

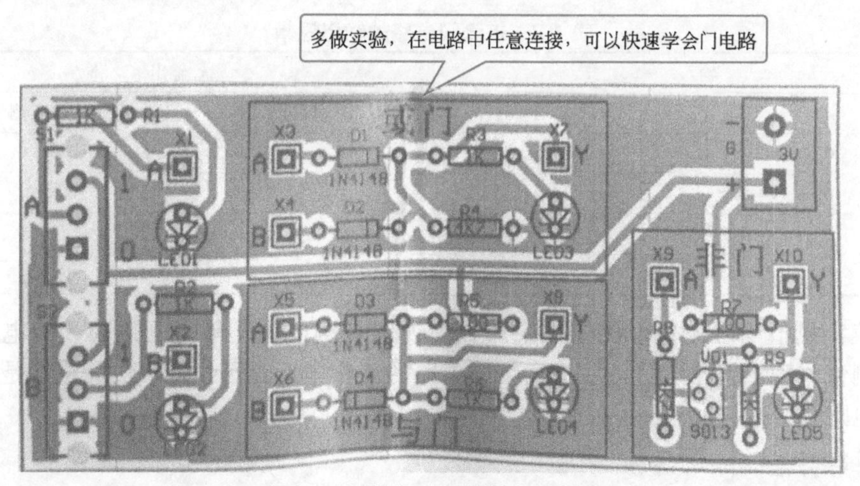

图 4-2　组装门实际焊接电路板图

选定某种“逻辑电平输出”电路，该电路应具有多个输出端，每个端都可以独立提供逻辑“0”和“1”两种状态，将被测门电路的每个输入端分别连接到“逻辑电平输出”电路的每个输出端。选定某种具有可以显示逻辑状态“0”或“1”的电路，将被测门电路的输出端连接到这种电路的输入端上。确定连线无误后，可以上电实验，并记录实验数据，分析结果。

在综合实验板上以测试某门功能为例，门功能就是验证该门电路的真值表。如测试与门逻辑功能电路如图 4-3 所示。首先将电子板上的“+5V”和“⊥”端分别对应接 5V 直流电源输出端的“+5V”和“⊥”端处，保证板上的电路被提供 3 ～ 5V 工作电压。

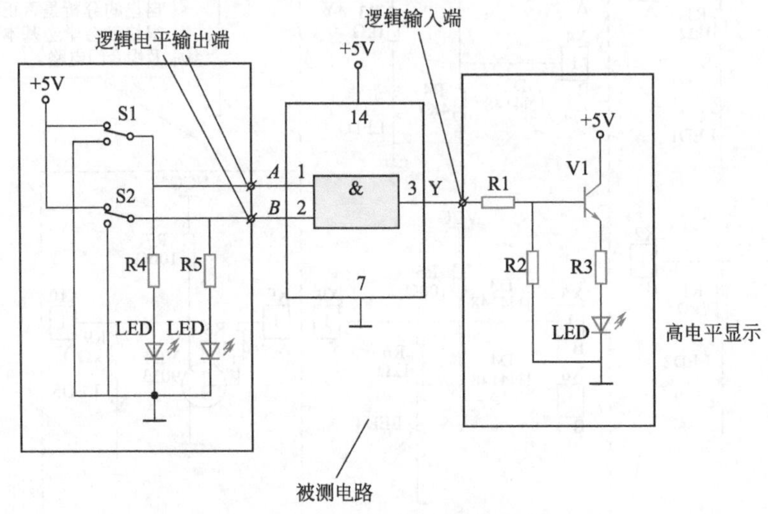

图 4-3 门电路功能验证连线图

实验连线如图 4-3 所示，当 S1 接“⊥”时，*A* 端为逻辑“0”；当 S1 接“+5V”时，*A* 端为逻辑“1”。由于 S1、S2 共有四种开关位置的组合，对应了被测电路的四种输入逻辑状态，即 00，01，10，11，因而可以改变 S1、S2 开关的位置，观察“逻辑电平输入及高电平显示”电路中的 LED 的亮（表示“1”）和灭（表示“0”），以真值表的形式记录被测门电路的输出逻辑状态。表格形式如表 4-2 所示。

表 4-2 被测门电路的输出逻辑

输入		输出	
A	*B*	理论	*Y* 实测
0	0		
0	1		
1	0		
1	1		

比较实测值与理论值，比较结果一致，说明被测门的功能是正确的，门电路完好。如果实测值与理论值不一致，应检查集成电路的工作电压是否正常，实验连线是否正确，判断门电路是否损坏。

5.故障排除方法

在门电路组成的组合电路中，若输入一组固定不变的逻辑状态，则电路的输出端应按照电路的逻辑关系输出一组正确结果。若存在输出状态与理论值不符的情况，则必须进行查找和排除故障的工作，方法如下。

首先用万用表（直流电压挡）测所使用的集成电路的工作电压，确定工作电压是否

为正常的电源电压（数字电路实际应用中多为集成电路，TTL 集成电路的工作电压为 5V，实验中 4.15 ～ 5.25V 也算正常），工作电压正常后再进行下一步工作。

根据电路输入变量的个数，给定一组固定不变的输入状态，用所学的知识正确判断此时该电路的输出状态，并用万用表逐一测量输入、输出各点的电压。逻辑“1”或逻辑“0”的电平必须在规定的逻辑电平范围内才算正确，如果不符，则可判断故障所在。通常出现的故障有集成电路无工作电压，连线接错位置，连接短路、断路。

注意：本电路门电路可以自己组合，组合后同时还可以学会组合逻辑门电路，因此在组装完成后可以做大量的组合实验，从而尽快学会数字门电路的应用，同时在学习后面内容的集成电路门电路时，要多搜集各种集成电路芯片的真值表和电路应用参数。

例068 简易语言门铃制作

1.电路工作原理

门铃基本电路如图 4-4 所示，它的核心元件是一片有 ROM 记忆功能的语音集成电路 A。ROM 是英文缩写词，中文意思是“只读存储器”，也就是说存储器内容已经固定，只能把内容“读”出来，语音集成电路 A 内存什么语句，完全由 ROM 的内容决定。

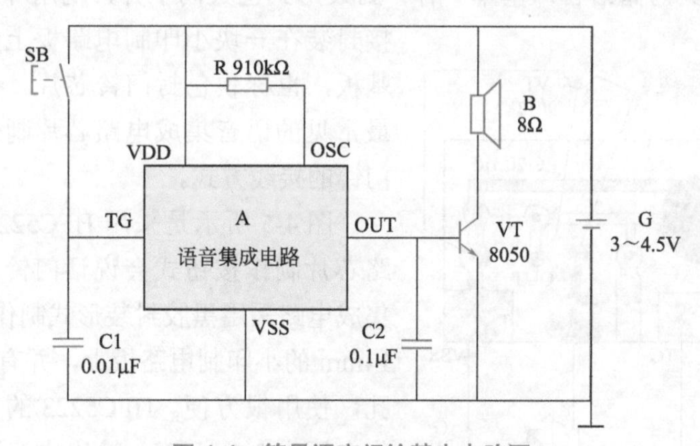

图 4-4 简易语言门铃基本电路图

语音集成电路 A 实际上是一种大规模 CMOS（互补对称金属氧化物半导体集成电路的英文缩写）电路，它内部线路很复杂，这里不作专门介绍，读者只要弄清楚它的引脚功能及用法就可以了。在图 4-4 中，VDD 和 VSS 分别是语音集成电路的外接电源正、负极引脚。OSC 是语音集成电路的内部振荡器外接振荡电阻器引脚，个别需外接 RC 振荡元件，此时外接的电阻器或电容器便可作为语音播放速度及音调调整元件。也有的语音集成电路将振荡元件全部集成在芯片内部，不需外接元器件，这时振荡频率就无法外调节。TG 是语音集成电路的触发端，一般采用高电平（直接与 VDD 相连）或正脉冲（通过 SB 接 VDD）触发均可。OUT 是语音集成电路的语音电信号输出端。一般的语音集成电路需外接一个晶体三极管 VT 作为功率放大后推动扬声器 B 放音，但也有一些语音集成电路输出信号较小，需要两个晶体三极管组合后进行功率放大，以便更好地推动扬声器 B 放音。

简易语言门铃电路工作过程如下：每按动一下按钮开关 SB，语音集成电路 A 的触发端 TG 便获得正脉冲触发信号，语音集成电路 A 内部电路工作，其输出端 OUT 输出一遍（约 5s）内储的“叮咚，您好！请开门！”语音电信号，经晶体三极管 VT 功率放大后，驱动扬声器发出响亮的声音。

电路中，C1 是交流旁路电容器，它的作用是防止语音集成电路 A 受杂波感应误触发。因为语音集成电路的 TG 引脚输入阻抗很高，当按钮开关 SB 的引线较长时，特别是引线与室内 220V 交流电源线靠得较近时，开关一次电灯或有用电器就会造成集成电路误触发，使门铃自响一次。有了电容器 C1 就可以有效消除这种外干扰，使门铃稳定、可靠地工作。实际中，C1 也可用一个 300 ～ 510Ω 的 1/8W 碳膜电阻器来代替，也可将 C1 直接跨接在语音集成电路 A 的 VDD 与 TG 引脚（接 SB 的位置）之间。C2 主要用于滤去语音集成电路输出信号中一些不悦耳的谐波成分，使语音的音质得到很大改善，并且声音更加响亮。有时在 C2 的两端还并联有一个 220 ～ 1000Ω 的小电阻器，其主要作用是降低门铃动态发声时的耗电量。

2.元器件选择

制作简易语言门铃的关键元件是语音集成电路 A。目前，语音门铃专用的集成电路型号比较多，但其内储语音却基本一样；封装形式也大同小异，均用环氧树脂将芯片直接封装在一块小印制电路板上，俗称黑胶封装基板，也称软包封门铃芯片。下面介绍几种用最常见的语音集成电路芯片制作按钮式会说话门铃的接线方式。

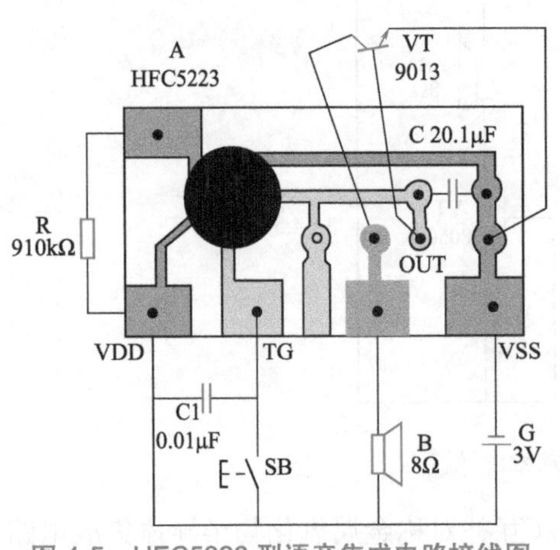

图 4-5　HFC5223 型语音集成电路接线图

图 4-5 所示是采用 HFC5223 型语音集成电路芯片制作按钮式会说话门铃的接线方式。该集成电路采用黑胶封装形式制作在一块 20mm×14mm 的小印制电路板上，并有外围元件焊接脚孔，使用很方便。HFC5223 的主要参数为：工作电压为 2.4 ～ 5V，输出电流≥ 1mA，静态总电流＜ 1μA，工作温度为 −10 ～ 60℃。

以上电路中，晶体管 VT 最好采用集成极耗散功率 P_{CM} ≥ 300mW 的硅 NPN 型三极管，8050、9013、3DG12、3DK4 和 3DK201 等，要求电流放大系数＞ 100。R 采用 RTX-1/8W 型小型碳膜电阻器。C1、C2 均采用 CT1 瓷介电容器。B 采用 8Ω、0.25W 小口径动圈扬声器。SB 采用市售门铃按钮开关。G 采用两节（3V）或 3 节（4.5V）5 号干电池串联而成；电池电压较高时，门铃发声相对要响亮一些。

此简易语言门铃的一大优点是不用任意调试就能正常工作，万一语音不够理想，可通过改变 A 的外接振荡电阻器 R 的阻值来加以调整。一般该电阻器阻值大，语音速度慢，发声低沉；反之，则速度快，发声高尖。R 阻值可在 620kΩ ～ 1.2MΩ 范围内选择。由于静态时电路耗电仅为 0.1 ～ 1μA，工作时一般＜ 200mA，故用电很节省。

知识拓展

语言集成电路很多，在实际制作中可以使用其他电路也可以自己制作，达到练习制作的目的，如应用图4-6～图4-8所示电路练习制作。

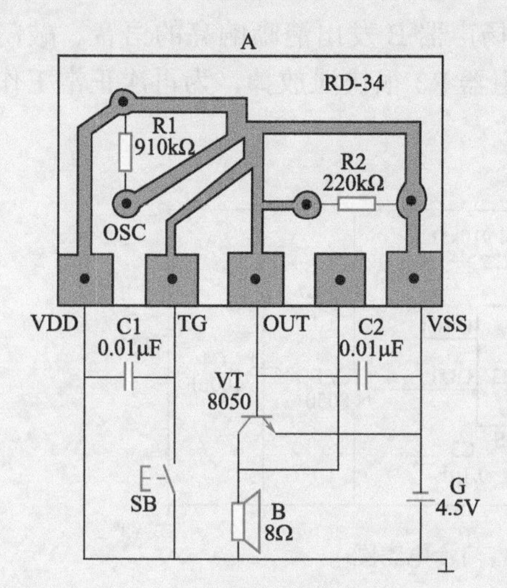

图4-6 RD-34型语音集成电路接线图

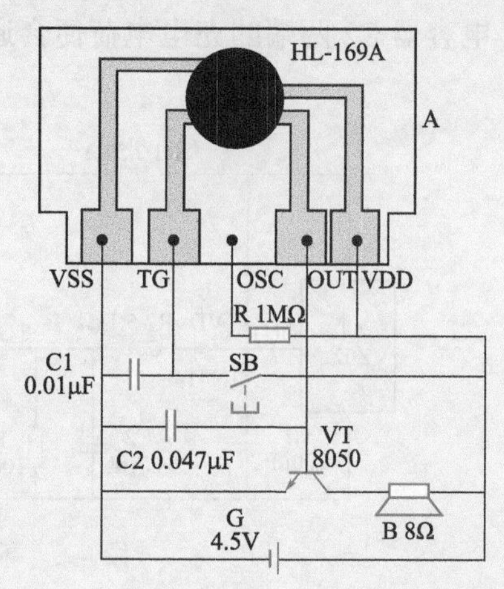

图4-7 HL-169A型语音集成电路接线图

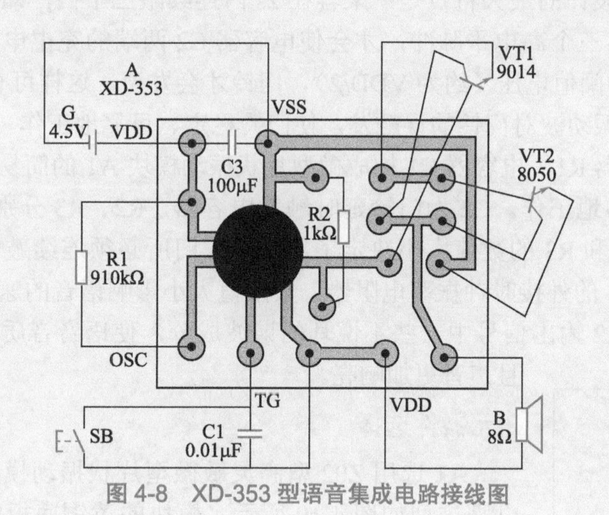

图4-8 XD-353型语音集成电路接线图

例069 敲击式语音门铃制作

1.电路工作原理

敲击式语音门铃的电路如图4-9所示，它由振动传感、延时触发、语音发生、音频功率放大和电源等五部分电路组成。

平时，微型片状振动模块A1检拾不到门板振动波，故其OUT端输出低电平，语音集成电路A2因触发端TG处于低电平而不工作，功率放大三极管VT截止，扬声器B不发声。当有人敲门时，门板产生的振动波被A1拾取，经A1内部电路一系列放大、滤波、整形的处理，从其OUT端输出相应高电平脉冲。此高电平脉冲通过晶体二极管VD隔离和电阻器R2限流后，对电容器C2进行充电。在不到2s的时间内，如果A1连续拾取三次敲门振动波，则C2两端的充电电压就会积累达到VDD/2以上，于是A2的TG端获得高电平触发信号，A2内部电路受触发工作，其OUT端输出内储的“叮咚，您好！请开门！”语音电信号，经VT功率放大后，推动扬声器B发出清晰响亮的语音。敲门一旦停止，电容器C2两端的充电电荷便会通过电阻器R3很快泄放掉，为再次正常工作做好准备。

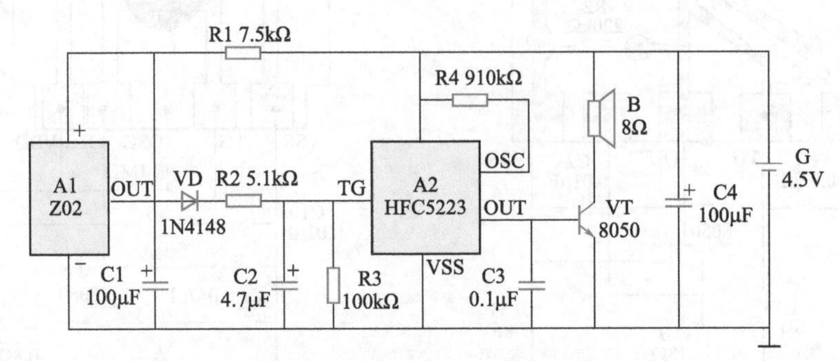

图4-9 敲击式语音门铃电路图

这一门铃电路设计的最大特点是：来客在2s内连续敲三下门，即微型片状振动模块A1连续受触发输出三个高电平脉冲，才会使电容器C2两端的充电电压高出语音集成电路A2触发端TG的阈值电压（约为VDD/2），门铃才会发声，这样可有效避免因开房门、物体落地等造成的振动波对门铃的误触发，使门铃稳定、可靠地工作。

电路中，电阻器R1、电容器C1构成微型片状振动模块A1的简易降压滤波电路，使A1能够稳定、可靠地工作。C2为门铃延时触发电容器，R2、R3分别为C2的充电和放电电阻器；C2、R2和R3的数值大小决定了每次触发门所必须连续敲击门板的次数。R4为语音集成电路A2的外接时钟振荡电阻器，其阻值大小影响语音的速度和音调。电容器C3主要用于滤去A2输出信号中一些不悦耳的谐波成分，使语音音质得到显著改善，并且声音更加响亮。

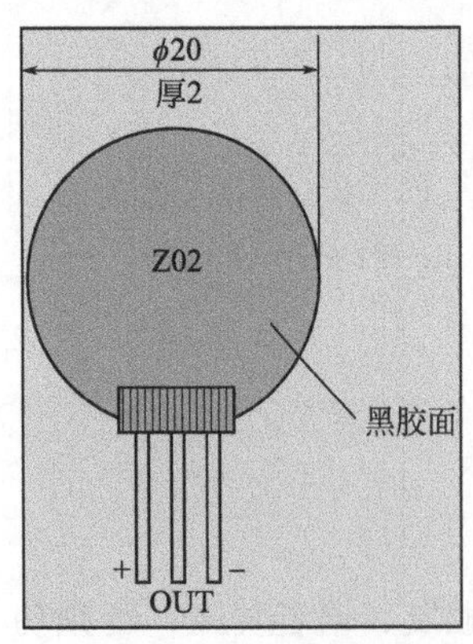

图4-10 Z02型高灵敏微型片状振动模块外形尺寸及引脚排列

2.元器件选择

A1选用Z02型高灵敏微型片状振动模块，其外形尺寸及引脚排列如图4-10所示。模块的黄铜底板能直接检测极其微弱的振动信号，并经内部芯片电路转换成高电平脉冲从OUT端输出。模块输出的高电平脉冲可作为其他器件的控制信号，也可直接驱动小功率三极管或晶闸管。Z02模块的突出特点为：具有很高的灵敏度，能够检测出极其微弱的振动波；具有较好的抗干扰特性，对外界声响无反应，而对同一物体上的振动却极敏感；具有极强的抗冲击强度，能承受同类传感器所不能承受的剧烈振动工作条件；具有极好的防水性能，能适应湿度较大的工作环境；安装简便，不受任何角度限制；体积小（形状如同一枚纽扣），重量轻（约1g）；采用树脂将专用芯片封装在黄铜基板上，性能稳定；低功耗、低电压，适合长期处于工作状态，可广泛应用于各

种振动报警器和自动控制器电路中。

Z02模块的主要电参数为：工作电压为2.6～6V，典型工作电压为3V，极限电压值为12V；3V工作电压下，静态工作电流≤0.5mA，输出方式为瞬态高电平，输出幅度接近模块正极端电压。

A2选用HFC5223型语音门铃专用集成电路，它采用黑胶封装形式制作在一块20mm×14mm的小印制板上，使用很方便。

HFC5223的主要参数为：工作电压为2.4～5V，输出电流≥1mA，静态总电流＜1μA，工作温度为−10～60℃。

晶体管VT采用8050型（集电极最大允许电流I_{CM}=1.5A，集电极最大允许功耗P_{CM}=1W）硅NPN中功率三极管，要求电流放大系数β＞100。VD采用1N4148型硅开关二极管。

R1～R4均采用RTX-1/8W型碳膜电阻器。C1、C2、C4均采用CD11-16V型电解电容器，C3用CT1型瓷介电容器。B用ϕ57mm、8Ω、0.5W小口径动圈式扬声器。G用三节5号干电池串联而成，电压为4.5V。

3.制作与使用

图4-11所示为该敲击式语音门铃的印制电路板接线方式，印制板实际尺寸约为40mm×30mm。焊接时注意：A2芯片通过4根7mm长的元器件剪脚线插焊在电路板上；电烙铁外壳一定要良好接大地，以免交流感应电压击穿A2内部CMOS电路。

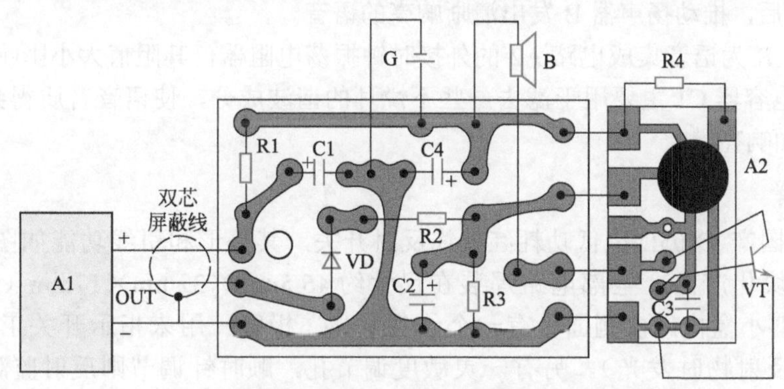

图4-11　敲击式语音门铃印制电路板接线图

该门铃只要元器件质量有保证，焊接无误，一般不用调试就能正常工作。如果连续敲两下门扬声器就发声，则可适当增大电阻器R2的阻值；反之，如果敲四下门扬声器才发声，则可适当减小R2的阻值。如嫌语音不够逼真，则可通过适当改变电阻器R4的阻值（620kΩ～1MΩ之间）加以调整。该门铃平时消耗电能极小，实测静态总电流≤0.15mA。

例070　感应式语音门铃制作

1.电路工作原理

感应式语音门铃的电路如图4-12所示，它由红外线反射式探测电路、语音发生电路、音频功率放大电路和电源变换电路四部分组成。电路核心元件A1为新型红外线反射

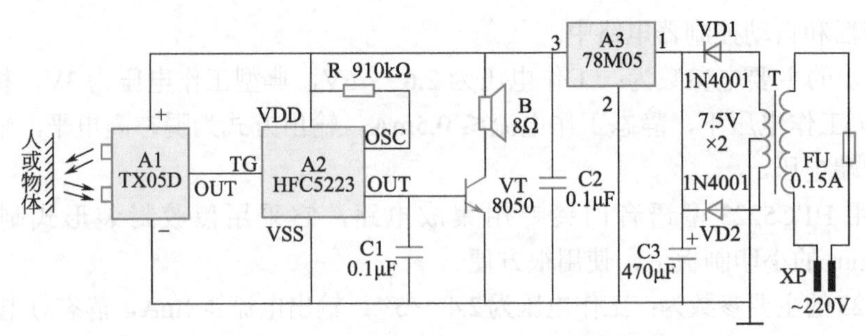

图 4-12 感应式语音门铃电路图

开关，它实质上是一种“一体化”红外线发射、接收模块，其内部已包含了红外线发射、接收及信号放大与处理电路，能够以非接触形式检测出前方一定范围内的人体或物体，并转换成高电平信号从 OUT 端输出。

接通电源，220V 交流市电经电源变压器 T 降压、晶体二极管 VD1 和 VD2 整流、电容器 C3 滤波和固定式三端集成稳压器 A3 稳压后，输出稳定的 5V 直流电压，使红外线反射开关 A1 通电向外发射出频率约为 40kHz 的调制红外线。当有人进入其有效检测区域内时，红外线被反射回来一部分，经与红外线发光二极管同向并排安装的光敏三极管接收并转换成同频率的电信号后，由 A1 内部电路进行一系列放大、解调、整形、比较处理，最后由 OUT 端输出高电平信号。该信号直接触发语音集成电路 A2 工作，使其 OUT 端输出内储的“叮咚，您好！请开门！”语音电信号，经电容器 C1 滤波、晶体三极管 VT 功率放大后，推动扬声器 B 发出清晰响亮的语音。

电路中，R 为语音集成电路 A2 的外接时钟振荡电阻器，其阻值大小影响语音声的速度和音调。电容器 C1 主要用于滤去一些不悦耳的谐波成分，使语音音质得到很大改善，并且声音更加响亮。

2.元器件选择

A1 选用国产 TX05D 型低功耗红外线反射开关，其外形和引线功能如图 4-13 所示。该器件系模块化产品，全部电路焊装在尺寸约 46.5mm×32mm×17mm（不包括安装支架）的塑料小盒内。盒侧面设有一个红色发光二极管，用来指示开关工作状态（平时熄灭，有反射物时发光）。另有一灵敏度调节孔，顺时针调节则反射监测距离增大，逆时针调节则反射监测距离缩小。TX05D 的主要参数为：工作电压为 5 ～ 12V，对应工作电流为 5 ～ 15mA，对应最大监测距离为 30 ～ 120mm。

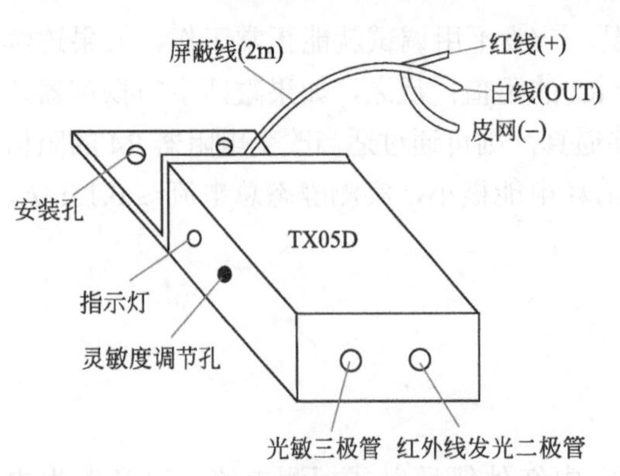

图 4-13 TX05D 型低功耗红外线反射开关外形和引线功能

A2 选用 HFC5223 型语音门铃专用集成电路，它采用黑胶封装形式制作在一块 20mm×14mm 的小印制板上，使用很方便。HFC5223 的主要参数为：工作电压为 2.4 ～ 5V，输出电流≥ 1mA，静态总电流＜ 1μA，工作温度为 −10 ～ 60℃。

A3 选用 78M05 型固定式三端集成稳压器，其标准输出电压为 5V，最大输出电流为 0.5A，集电极最大允许功耗 P_{CM}=1W。

VT 采用硅 NPN 中功率三极管，要求电流放大系数 $\beta > 100$。VD1、VD2 采用 1N4001 型硅整流二极管。R 采用 RTX-1/8W 型碳膜电阻器。C1、C2 均采用 CT1 型瓷介电容器，C3 采用 VD11-16V 型电解电容器。B 采用 8Ω、0.5W 小口径动圈式扬声器。T 采用 220V/7.5V×2 优质电源变压器，要求长时间运行不过热。FU 采用 BGXP-0.15A 型普通玻璃管熔断器，并配套机状管座。XP 采用交流电二极插头。

3.制作与使用

图 4-14 所示为该感应式语音门铃的印制电路板接线方式，印制板实际尺寸约为 30mm×25mm。焊接时注意：A2 芯片通过 4 根长约 7mm 的元器件剪脚线插焊在电路板上；电烙铁外壳一定要良好接大地，以免交流感应电压击穿 A2 内部 CMOS 电路。

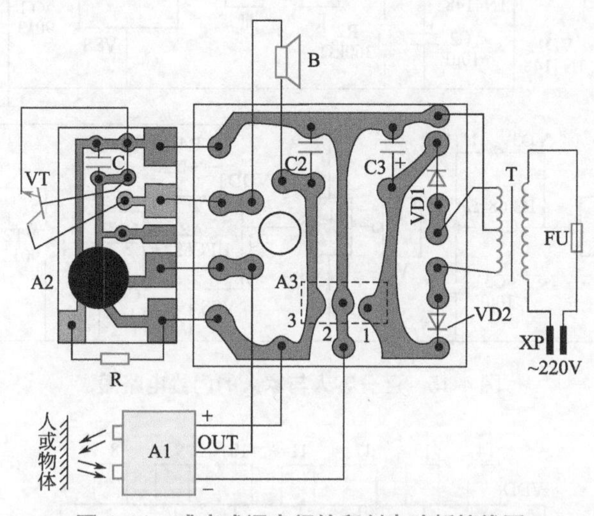

图 4-14　感应式语音门铃印制电路板接线图

除红外线反射开关 A1、电源插头 XP 外，焊接好的电路板可装入一个体积合适的绝缘材料小盒内。盒面板为扬声器 B 开出释音孔。盒侧面开孔固定熔断器 FU 的管座，并通过适当长度的双股电线引出电源插头 XP，通过 A1 自带的 2m（不够可加长）屏蔽线连接反射开关。

实际应用时，在门上距离地面 1.2m 处打一小孔，将红外线反射开关的探测面由里向外对准小孔，并固定好红外线反射开关，以便通过其引线引至门外合适位置处隐蔽安装。将 A1 上的灵敏度调节旋钮顺时针方向调至最大位置，即获大于等于 0.3m 的理想探测距离。如嫌语音声不够逼真，则可通过适当改变电阻器 R 的阻值（620kΩ ～ 1.2MΩ）加以调整，直到满意为止。

例 071　区分客人与家人的门铃制作

这台门铃对来访客人与家人有初级的识别判定功能：当客人来访习惯性地按一次门口的按钮开关时，门铃会发出“叮咚，您好！请开门！”语音声，当自家人归来按事先约定连续快速地按下按钮开关 3 ～ 4 次时，门铃即发出三遍“叮咚”声，您可放心去开门，不必再窥门镜或询问来者何人。

1.电路工作原理

区分客人与家人的门铃电路如图4-15所示。非门（反相器CD4069）引脚排列如图4-16所示，Ⅰ～Ⅲ与晶体二极管VD1和VD2、电容器C1和C2、电阻器R2等组成了一个短脉冲信号鉴别电路，其输出高电平用于触发模拟声集成电路A1。非门Ⅳ～Ⅵ与晶体二极管VD3、电容器C3、电阻器R3等组成了一个长脉冲信号鉴别电路，其输出高电平用于触发语音集成电路A2。

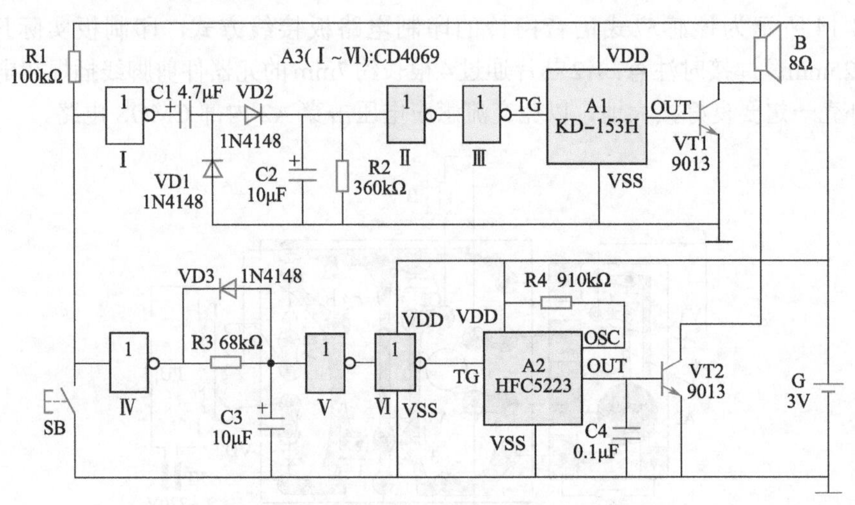

图4-15 区分客人与家人的门铃电路图

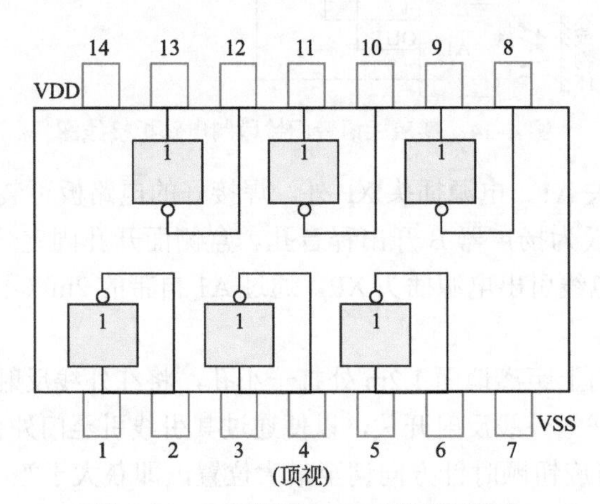

图4-16 反相器CD4069的引脚排列

当客人来访按下门铃按钮开关SB时，门Ⅰ、门Ⅳ均输出高电平（长正脉冲信号），并分别通过电容器C1、晶体二极管VD2和电阻器R3对电容器C2、C3充电，约经1s时间，电容器C3两端充电电压大于VDD/2，门Ⅴ和门Ⅵ先后翻转，门Ⅵ输出高电平，语音集成电路A2受触发工作，其OUT端输出内储的“叮咚，您好！请开门！”语音电信号，经晶体三极管VT2功率放大后，推动扬声器B发声。这一过程中，由于电容器C1的隔直流电作用，电容器C2两端不会获得大于VDD/2的充电电压，门Ⅱ输入端和门Ⅲ输出端仍保持原来低电平，故模拟声集成电路A1不会受触发工作。

当家人以每秒钟至少1次的速度连续按动SB按钮3～4次时，在门Ⅰ输出端就会连续输出短促的正脉冲信号，经电容器 C2 耦合（晶体二极管 VD1 为其提供放电回路）、晶体二极管 VD2 隔离，使电容器 C2 两端充电电压积累到大于 VDD/2，于是门Ⅱ、门Ⅲ先后翻转，门Ⅲ输出高电平，触发模拟声集成电路 A1 工作，A1 的 OUT 端输出内储的“叮咚”声电信号，经晶体三极管 VT1 功率放大后，推动扬声器 B 发声。此时，门Ⅳ虽然也输出高电平脉冲，但每次高电平保持时间小于 1s，电容器 C3 充电电压达到 VDD/2，而在下一个正脉冲到来之前，C3 又通过晶体二极管 VD3、门Ⅳ输出端快速地泄放掉了充电电荷，故 C3 两端电压一直达不到门Ⅴ的翻转阈值电压，语音集成电路 A2 不会受触发工作。

由上可知，只要叫开门者用不同方式按动 SB，这种门铃就会发出截然不同的音响来，从而达到区别客人和家人的目的。

2.元器件选择

A1 选用 KD-153H 型“叮咚”门铃专用集成电路。该集成电路用黑胶封装在一块尺寸为 24mm×12mm 的小印制板上，外形如图 4-17 所示，并有插焊外围元器件（主要是音响功率放大三极管）的孔眼，安装使用很方便。KD-153H 的主要参数为：工作电压为 1.3 ～ 5V，触发电流≤ 40μA；当工作电压为 1.5V 时，实测输出电流≥ 2mA、静态总电流＜ 0.5μA；也可用外观和引脚功能完全相同的 KD-9300 系列或 HFC1500 系列音乐集成电路芯片来代替。

A2 选用 HFC5223 型语音门铃专用集成电路。该集成电路用黑胶封装在一块尺寸为 20mm×14mm 的小印投影板上，外形如图 4-17 右下角所示，并给出外围元件焊接脚孔，使用很方便。HFC5223 的主要参数为：工作电压为 2.4 ～ 5V，输出电流≤ 1mA，静态总电流＜ 1μA，工作温度为 −10 ～ 60℃。

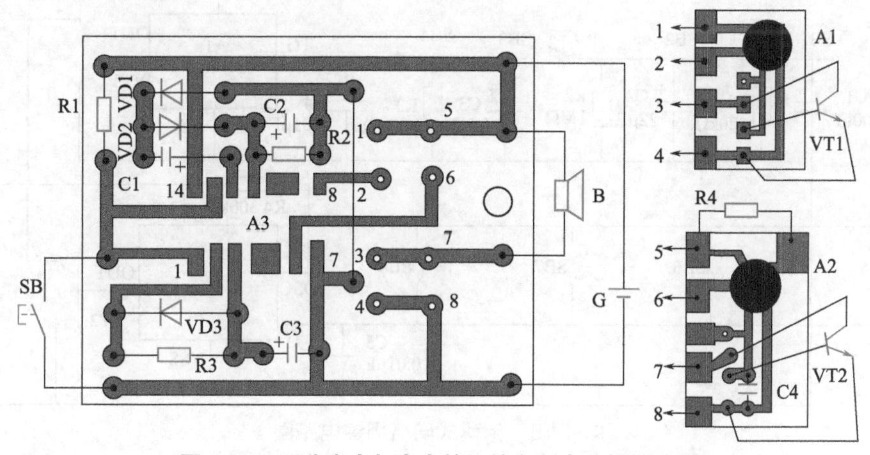

图 4-17　区分客人与家人的门铃印制电路板接线图

非门（Ⅰ - Ⅵ）选用一块 CD4069 型 CMOS 六反相器数字集成电路，采用塑料双列直插形式封装，共有 14 个引脚，其引脚排列如图 4-16 所示。CD4069 也可用 CC4069、TC4069 型或 MC14069 型同类数字集成电路块来直接进行代换。

晶体管 VT1、VT2 均采用 9013（集电极最大允许电流 I_{CM}=0.5A，集电极最大允许功耗 P_{CM}=625mW）或 3DG12 型硅 NPN 中功率三极管，要求电流放大系数 β ＞ 150。VD1 ～ VD3 均采用 1N4148 硅开关二极管，也可用 1N4148 型硅整流二极管来代替。

R1 ～ R4 均采用 RTX-1/8W 型碳膜电阻器。C1 ～ C3 均采用 CD11-10V 型电解电容器，

要求选用漏电小的正品；C4 采用 CT1 型瓷介电容器。

B 采用 ϕ57mm、8Ω 动圈式扬声器。SB 采用普通门铃按钮开关。G 采用两节 5 号干电池串联（配专用电池架）而成，电压为 3V。

该门铃只要元器件质量有保证，焊接无误，一般无须调试即可正常工作。如果发现电路容易产生自激振荡，可通过在集成电路 A1 及 A2 的电源端跨接一个 47 ～ 100μF 的电解电容器（正极接 VDD、负极接 VSS）来加以排除。如嫌语音声节奏过快（或过慢），可通过适当增大（或减小）电阻器 R4 的阻值来加以调整，直到满意为止。R4 阻值选择范围一般为 620kΩ ～ 1MΩ。

例 072　密码式防盗门铃制作

1.电路工作原理

密码式防盗门铃的电路如图 4-18 所示。SB1 ～ SB8 为密码盘上的编码按钮开关，其中 SB1 ～ SB4 为门铃密码按钮，SB5 ～ SB8 为警犬声触发按钮。由于门铃的 4 个按钮在密码盘上的排列有 A_8^4=8×7×6×5=1680 种，故如果不知道编码而要按响门铃，几乎是不可能的事情。相反，如果试按密码盘按钮，恰好碰上 SB5 ～ SB8 中的任意一个，出现这种情况的概率（或频率）为 0.5，门铃便会发出逼真响亮的狗吠声来。只有知道了编码号，并熟练地在 5s 内按次序按动密码盘上的 4 个门铃按钮，门铃才会发出正常响声。

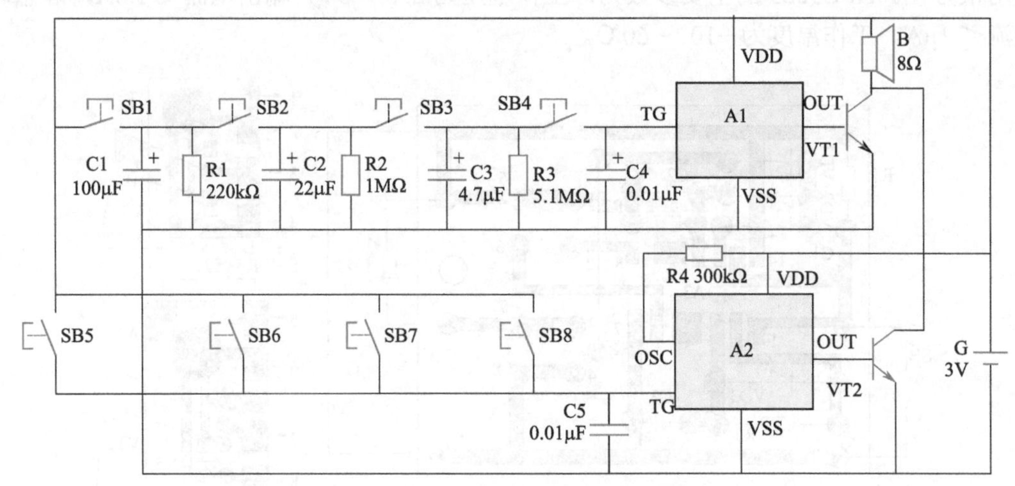

图 4-18　密码式防盗门铃电路图

门铃正常工作的过程是这样的：当按下 SB1 时，C1 便会充上 3V 电压；再按一下 SB2，C1 对 C2 充电，充电电压＜ 2.4V ；再按一下 SB3，C2 对 C3 充电，充电电压＜ 2V ；最后按下 SB4，C3 便会向 A1 的触发端 TG 提供正脉冲触发电压。由于 A1 的最低触发电压阈值约为 12VDD=1.5V，故 C3 两端的输出电压完全可以保证 A1 受触发工作。A1 一旦工作，其输出端 OUT 便会输出三遍（约 5s）内储的“叮咚”声电信号，经 VT1 功率放大后，推动扬声器 B 发出清脆悦耳的开门声。由于 C1 ～ C3 两端均并有放电电阻，如果按动密码钮 SB1 ～ SB4 的总时间超过 5s，则 C3 两端 A1 提供的触发电压就会低于 1.5V，门铃便不能工作。

A2 为模拟狗叫声集成电路。当按下互相并联的 SB5 ～ SB8 中任意一个按钮时，A2 的触发端 TG 均会从电源正极获得正脉冲触发信号，使 A2 输出端连续输出 3 遍“汪——汪汪”狗叫声电信号，经 VT2 功率放大后，推动扬声器发声。

电路中，C4、C5 的作用是过滤掉由较长的密码按钮引线引入电路的周围杂波感应干扰信号，避免 A1、A2 受触发而使门铃误发声。R4 为 A2 外接振荡电阻器，适当改变其阻值，可改变狗叫声的速度和音调。

2.元器件选择

A1 采用 KD-153H 型“叮咚”门铃专用集成电路芯片，也可采用外包封和功能完全一致的 HFC1500 系列中内储“叮咚”声的集成电路芯片直接代替。A2 采用 KD-5608 型模拟狗叫声集成电路芯片。VT1、VT2 均可采用 9013 或 DX201、3DG12、3DK4 型硅 NPN 中功率三极管，要求 $\beta > 100$。

R1 ～ R4 全部采用普通 RTX-1/8W 型碳膜电阻器。C1 ～ C3 选用 CD11-16V 型电解电容器，要求一定选用漏电小的正品。一般耐压高的电容器，漏电相对要小些。C4、C5 采用 CT1 型瓷介电容器。B 选用 YD57-2 型 0.25W 普通动圈式扬声器。G 采用两节 5 号干电池串联（3V）而成。

3.制作与使用

图 4-19 为该装置印制电路板接线图，印制板实际尺寸约为 40mm×30mm。焊接时，A1、A2 芯片通过元件剪脚直接插焊在电路板对应数标孔内，VT1、VT2 和 R4 则直接插焊在对应集成电路芯片上所给定的焊孔内。

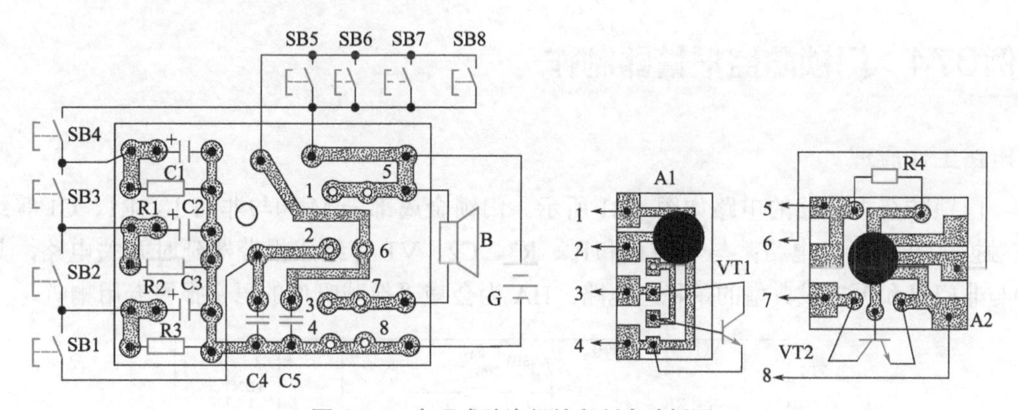

图 4-19　密码式防盗门铃印制电路板图

例073　“叮咚”门铃制作

电路如图 4-20 所示，220V 交流电经变压器降压、VD1 ～ VD4 整流、C1 滤波处理后，获得 +9V 直流电源电压供电路工作。本电路使用一片四二输入与非门电路 CD4011，其中门 A、门 B 和 R3、C3 组成一个音频振荡器。两个振荡器各有一个控制端，平时分别经 R1 和 R2 接地置低电平，此时两个音频振荡器受控不工作，扬声器不发声。K 为门铃按钮。当有客人按下 K，则 C2 经 K 和 VD5 迅速放电，此时门 A 和门 C 的控制端都为高电平，两个音频振荡器同时工作，音频信号经 VD6、VD7 汇合后由三极管 VT 放大，推动扬声器发出“叮”音。当客人放开K后，门A控制端经R1接地置低电平，故门A和门B组成的振荡器停振。同时，电源经R2对C2充电，门C控制端继续维持高电平，故门C和门D组成的振荡器继续工作，扬声器发出“咚”音。当电容C2充满电后，R2端电压为零，门C和门D组成的音频振荡器停振，扬声器停止发声。

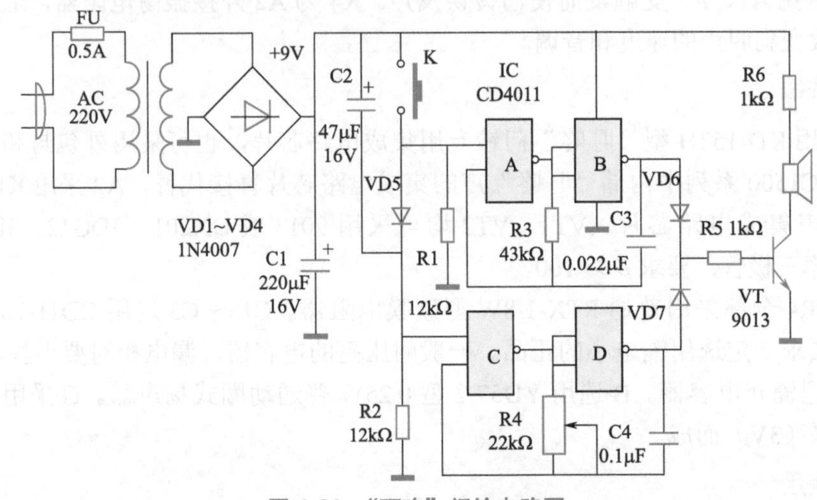

图4-20 “叮咚”门铃电路图

本电路需仔细调节R3和R4的值，以使门铃发出的“叮”音和“咚”音更动听。另外，C2的容量决定了“咚”音的发音长短，VD5用于隔离两个振荡器的控制端。

例074 门锁防盗报警器制作

1.电路工作原理

门锁防盗报警器的电路如图4-21所示。门锁金属部分M和与非门Ⅰ、R1、C1等组成触摸式开门延时电路；与非门Ⅲ和Ⅳ、R3、C2、VT等组成报警器延时开关电路，其中与非门Ⅲ和Ⅳ接成典型的单稳态电路。HA为会喊“抓贼呀”的语音报警专用喇叭。

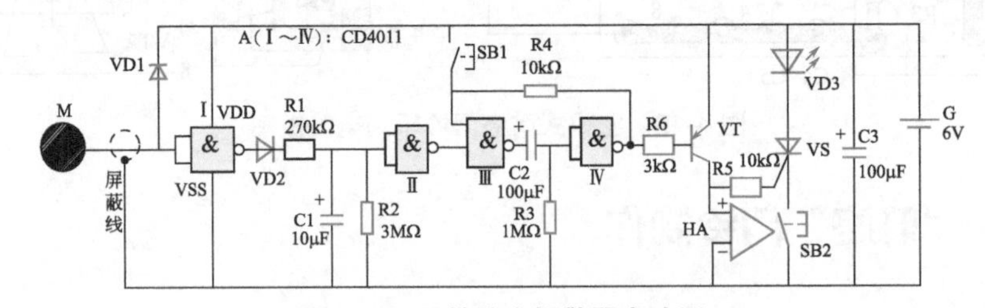

图4-21 门锁防盗报警器电路图

当有人开门锁时，人体从周围空间感应到的杂波信号（主要为50Hz交流电信号）经门锁钥匙和锁体M传递给二极管VD1整流，使与非门Ⅰ接成的反相器输入端获得负脉冲信号，其输出端输出一串正脉冲信号。该脉冲信号经VD2隔离、R1限流后，缓慢地向C1充电。如果开锁时间不到8s，则报警电路无反应。如果开锁时间超过8s，则C1充电电压＞1/2电源电压，由于与非门Ⅱ接成的反相器翻转，其输出端由原来的高电平变为低电平，等于给单稳态电路输入一个负脉冲。于是，由与非门Ⅲ和Ⅳ构成的单稳态进入暂态，与非门Ⅳ输出负脉冲，晶体三极管VT通过限流电阻R5获得合适偏流而饱和导通（实测管压降≤0.3电源电压），语音报警喇叭HA通电工作，反复发出洪亮的“抓贼呀”喊声来。约经70s，单稳态电路由暂态返回，VT截止，HA继电器启动停止发声。

闪烁发光二极管VD3、单向晶闸管VS、限流电阻R6和常闭型按钮开关SB2组成了报警记忆电路。在报警喇叭尚未工作时，VS无触发电压截止，VD3无电不工作。一旦HA通电工作，VS就会经R6从HA两端获得触发电压而导通，使VD3通电闪闪发光。报警结束后，由于VS的自保特性，VD3将一直闪光，直到主人按动一下SB2复位按钮，才能解除VD3的闪光状态。这样，主人回家后根据VD3闪光与否，就可判断出小偷是否来撬过门锁，并采取相应防范措施。

电路中，VD1除用于对人体感应杂波信号整流外，平时还利用其高反向电阻将门Ⅰ的输入端置于高电平。单稳态电路的暂态时间（即延时报警时间）由C2和R3数值大小确定，约为0.7倍的它们的乘积。因此，当C2的电容值为100μF、R3的阻值为1MΩ时，暂态时间约为70s。SB1是报警后的复位按钮，主要用于检验报警后马上中止警报声。R2是C1的放电电阻。

2.元器件选择

A选用CD4011或TC4011、CC4011、MC14011型四二输入与非门数字集成电路。VT选用9012或3CG23型硅PNP中功率三极管，β值最好在150以上。VS采用普通小型塑封单向晶闸管，如CR100-1、BT169型等。VD1、VD2均采用1N4148型硅开关二极管，也可用普通1N4001型硅整流二极管来代替；VD3采用BTS11405型红色闪烁发光二极管。

HA用LQ46-88D型语音报警器来代替。R1～R6全部用RTX-1/8W型碳膜电阻器。C1～C3均采用漏电小的正品CD11-16V型电解电容器。SB1采用6mm×6mm小型轻触开关；SB2采用小型自复位常闭按钮开关，亦可用磷铜片弯制代替。G采用4节5号干电池串联（6V）而成。

3.制作与使用

图4-22是本报警器的印制电路板接线图，电路中，适当调整R1阻值或C1容量，可改变触摸门锁延时报警的时间；适当调整R3阻值或C2容量，可改变报警器每次工作的

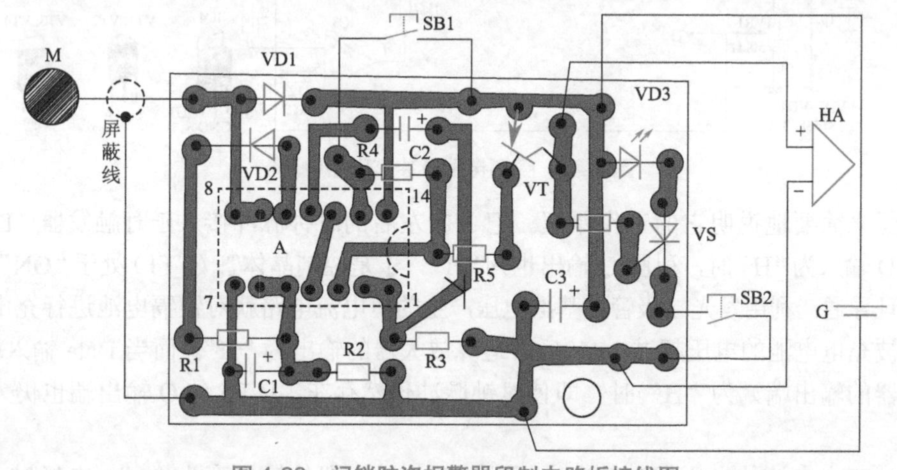

图4-22　门锁防盗报警器印制电路板接线图

时间。一般按图选择好元件，只要质量有保证，无须调试，报警器就可正常工作。

制作成的门锁报警器，应达到以下指标：当电源电压为6V时，整机静态耗电电流应不足0.2μA，报警时平均电流约为80mA，报警后记忆电路工作时电流约为4mA。报警电路应具有较高灵敏度，一般人手戴着薄纱手套去触碰门锁，电路应照常反应。如果使用中感到灵敏度不够，则可在电路盒内电源负极上接一根软塑导线，将它的另一端就近引至220V交流电网处，在火线外面缠绕（不是接通）4～5匝，则一定会显著提高灵敏度。

例075　镍镉电池脉冲充电器制作

1.电路工作原理

本例制作的充电器的电路如图4-23所示，被充电电池的型号有单3、单2两种，并可同时对两节电池充电。如果要同时对两节以上的电池充电，则根据电路图再制作一套即可。该充电器的结构如图4-24所示，由基准电压模块、时钟发生模块、充电控制模块和恒电流模块组成。

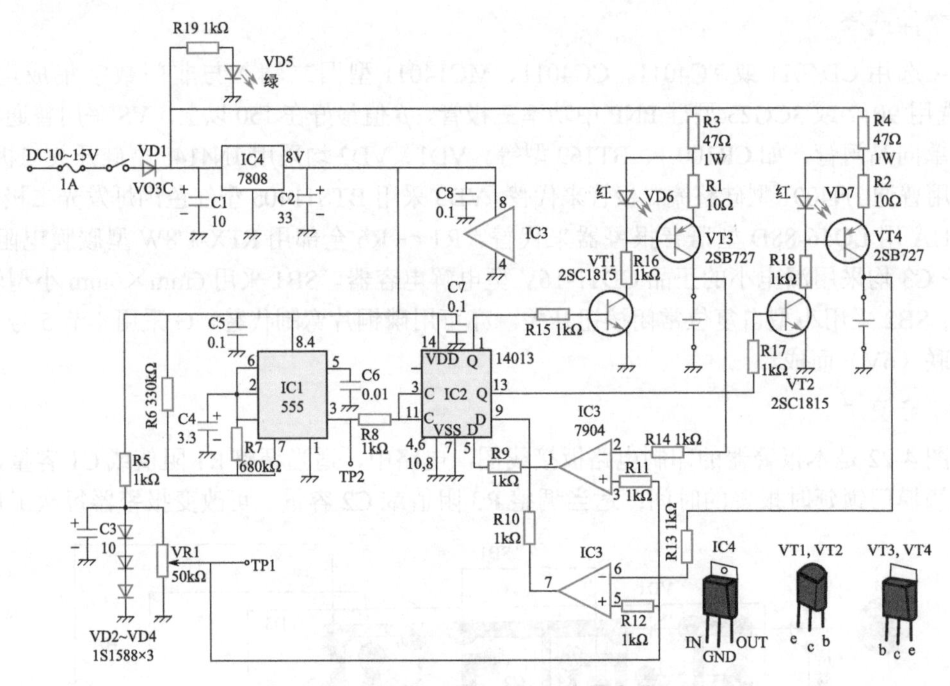

图4-23　镍镉电池脉冲充电器电路

下面来简要地说明它的工作原理。把3Hz左右的时钟脉冲接入延时触发器（D-FF），当引脚D输入为“H”时，引脚Q输出也为“H”，于是控制晶体管（VT1）处于“ON”状态。VT1一旦导通，利用发光二极管的基准电压产生的恒电流电路就对镍镉电池进行充电。

当被充电电池的电压超过1.4V后，运算放大器的输出为“H”。而当Data输入端（运算放大器的输出端）为“H”时，即使时钟脉冲仍然存在，D-FF的Q输出端也仍为“H”不变。

当被充电电池的电压超过基准电压后，运算放大器的输出变为“1”。在经过一定时间后，一旦脉冲到来，引脚 Q 的输出即变为“1”。

当引脚 Q 的输出变为“1”后，VT1 转换成“OFF”状态，于是充电停止，电池电压下降，直至电池电压下降到运算放大器变为“H”后，等到时钟脉冲再次到来，引脚 Q 的输出转换为“H”，才导致充电过程重新开始。

如果镍镉电池全部放完电，那么电池电压会比基准电压低，所以充电将连续进行。如果电池仅仅少量放电，或充电处于尾声，由于电池电压较高，充电停止的时间也会比较长，充电过程变得比较平缓。充电状态可用表 4-3 所示的发光二极管亮灭时间表示。

一般说来，按照上述电流值充电对电池是比较有利的。不过对于脉冲充电方式来说，由于充电中有停止，充电的时间较长，所以充电电流可增加到 80mA。一般单 2 电池的充电时间较单 3 大致增加 50%。

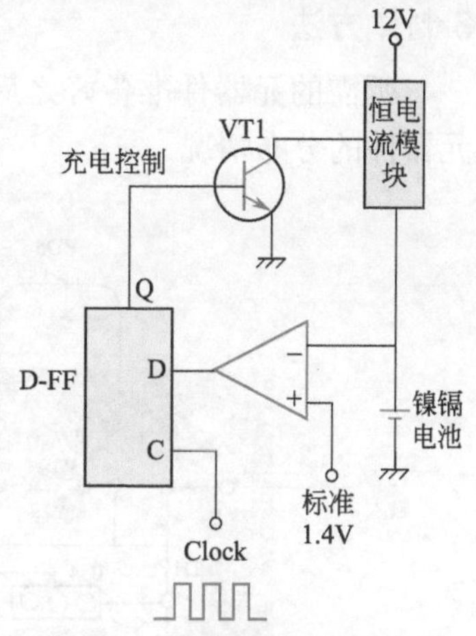

图 4-24 镍镉电池脉冲充电器结构框图

表 4-3 LED 亮灭占空比和充电完成判断

占空比		镍镉电池状态
LED 点亮	LED 熄灭	
连续		完全放电
1	1～2	半充电
1	3 以上	充电完成

至于充电器的电源电压，一般定为 12V，这样在汽车内使用就很方便。另外有 IC4 这个 3 端稳压器向各个 IC 提供 8V 电压。12V 的电源电压中除了向镍镉电池充电提供必需的电压（1～2V）之外，其他都被 VT3 消耗掉。为减轻 VT3 的负担，在电池中连接了 R3，它也消耗掉一部分电压。

2.元器件选择

IC1：IC555、HAI7555、NE555 等。

IC2：D 触发器 14013（C-MOS IC）。

IC3：可用运算放大器 HA7904、LM2904（NS）等。

IC4：输出为 8V 的 3 端稳压器，7808。

晶体管：VT1、VT2 采用 2S1815；VT3、VT4 采用 2SB727，也可用 1A 以上的 PNP 晶体管替代。

二极管：VD1 采用 VO3C；VD2～VD4 采用 1S1588。

发光二极管：VD5，ϕ3mm；绿色：VD6、VD7，ϕ3mm，红色。

电容器：电路中有正负极的为电解电容，其他为陶瓷电容。

可变电阻器：VR1 采用板式 10 圈旋转型。

IC 座：8 引脚 2 个，14 引脚 1 个。

电池夹：单 3 或单 2 型单电池采用电池夹 2 个。

塑料盒：SS-125A，TAKACHI 电机公司生产；同时购买电路板固定用自攻螺钉（EM-3）。

其他：拨动开关、熔断器座。

3.制作方法

所需的元器件准备好之后就可以开始制作，图4-25所示为印制电路板的样品以及各元器件的分布情况。

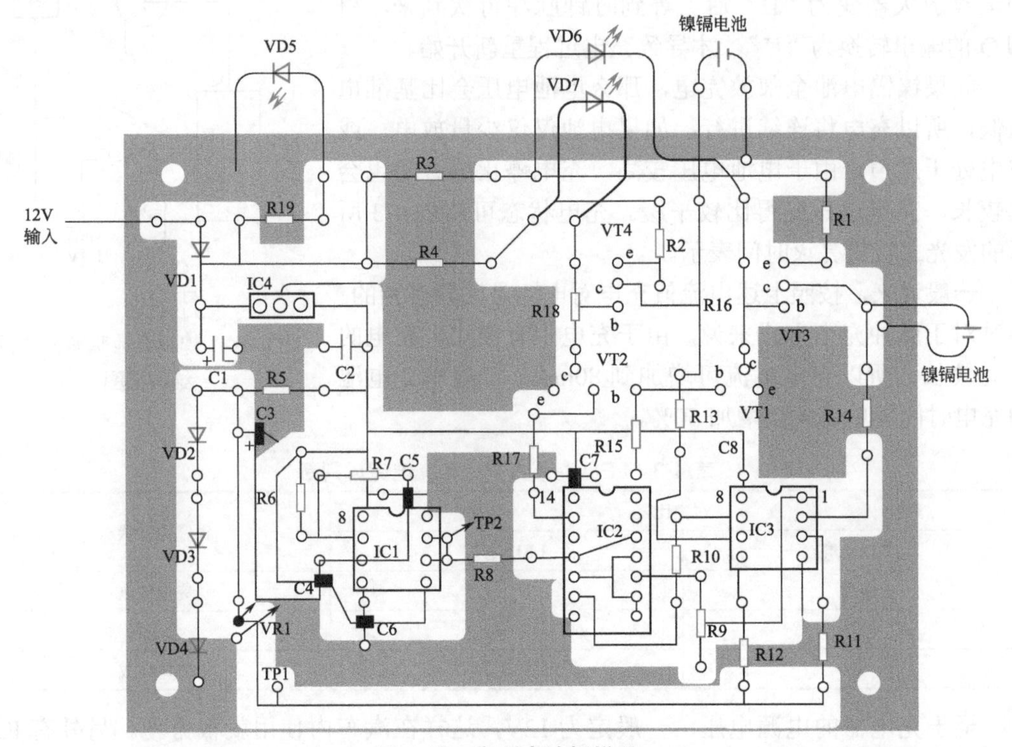

图4-25 印制电路板样品

在电路板上安装元器件，然后按照电阻、电容、二极管、晶体管的顺序依次焊接，根据作业流程确保不要出现遗漏。焊接时应特别留心电解电容、二极管、晶体管的引脚，不要搞错正负极和方向。电解电容、发光二极管较长的引脚为正极。安装恒电池调整电阻（R1、R2）时，要将其引脚插入电路板焊牢，以便在调整的过程能顺利地改变阻值。

电路板完成后，就可以给盒子开孔，并安装电源开关、发光二极管、电池盒等。安装发光二极管时，先在盒子上开一个直径为3mm的小孔，并从盒子的内侧将二极管插入，如果比较松动可用胶粘接牢固，最后将各个元器件连线接好即大功告成。

接下来是确认电路的动作情况。首先合上电源开关，此时绿色发光二极管应该被点亮。接着用万用表来确认电流的范围，用万用表接触电池的正负极，测量电流的大小，此时红色的发光二极管应该被点亮，电流的大小约为80mA。调节VR1使比较电压TP1的值为1.4V，然后将放完电的电池放入电池夹，此时红色发光二极管应连续被点亮，表示开始给电池充电。随着充电过程的进行，红色发光二极管将变为闪烁，直到完全熄灭。

4.查错

如发现绿色发光二极管无法点亮或熄灭，则应该检查VD1、电源开关、保险及周边线路，检查各个IC的电源引脚是否确实加上了8V电压，如果测出尚未加上8V电压，则应检查IC4周围的电路。若TP1的值未能达到1.4V，则请确认R5两端的电压是否为8V，并检查VD2～VD4的电压。

为了检查IC，应该让它在振荡状态下检测TP2点。若频率过高则调高C4的值。如果IC2的引脚Q无输出，则应检查输入条件端（D，R，S）。如果IC3的运算放大器的输出电压也为0V，则应确认输入电压。

如果恒电流电路不动作，则应检查VT1是否处于“ON”（红色发光二极管点亮）状态，然后测出R1、VT2的值。R3越小则充电电流越大。

例076　太阳能电池充电器制作

1.电路工作原理

电路如图4-26所示，单晶硅太阳能电池板在有阳光的时候，对电容C1进行充电，直至C1上的电压升高到足以使三极管VT2导通。这时，IC1a输出高电平，并通过IC1b保持。IC1a输出的高电平使VT4导通，并将C1的电能通过VT4输送给电感线圈L1。定时电路R4、C4决定IC1a输出高电平的持续时间，从而决定了VT4对L1充电的时间。这个时间应小于L1和C2谐振周期的1/4，这样，VT4就能在电压、电流达到峰值之前关断。VT4关断，电流通过VD3进入电容C3。C3的容量一般为100～200μF，以减小纹波系数。电阻器R4和电容器C3、C4组成一个π形滤波器，对充电电流进行滤波。

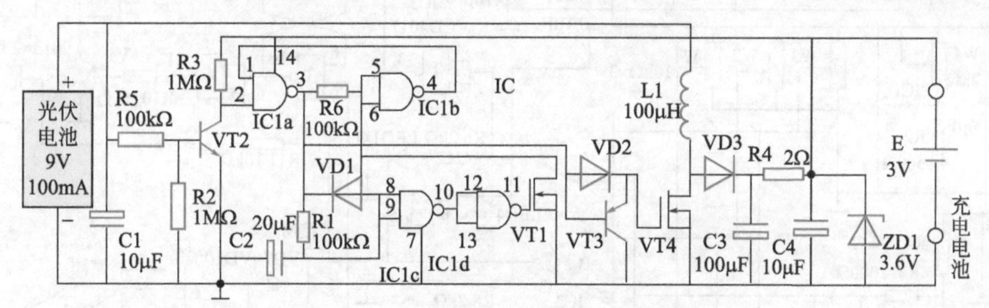

图4-26　太阳能电池充电器电路原理图

2.元器件选择

E：太阳能电池板，选择为9V、100mA。

IC1a、IC1b、IC1c、IC1d：与非门施密特触发器CD4093。

VT2：9014、8050。VT1：IRF530。VT3：2N7000、IRF530、9012。VT4：BS107、IRF720、IRF530。

VD1、VD2：1N4148。VD3：1N5408。

R1、R5、R6：100kΩ。R2、R3：1MΩ。R4：2Ω。R1～R6均为金属膜电阻，其中R4为1W，其他为1/4W。

C1、C4：10μF。C2：20μF。C3：100μF。C1～C3耐压值均为16V。

L1：100μH。

例077　智能充电器制作

该智能充电器在电池电压低于设定最低电压时报警并自动充电，快充满时（具体值可设定）转为慢充，充满后自停，直到电池电压再次低于最低设定值时充电电路才重新启动，避免了过于频繁的充电，有利于延长电池寿命。整个过程中有指示灯指示，电路特别适合改制手调大功率充电器，稍加改进就可适用于不同类型电池的充电。

1.电路工作原理

图 4-27 所示为 12V 大容量铅酸蓄电池充电电路。IC1 与 R1、R2、W4 组成 8V 稳压电路，电位器 W1、W2、W3 输出电压分别设定为 7.2V（电池最高电压的一半）、6.9V、6V（电池最低电压的一半）。R4、R5 将电源电压平分，使 IC2-A、IC2-B、IC2-C 的反向输入端电压为电池电压的一半。当电池电压低于 12V 时，IC2-A、IC2-B、IC2-C 均输出高电平，IC3 的一个与非门 IC3-2、IC3-3 组成的触发器输出低电平，再经反向器 IC3-4 反相使 V1 导通，J1 吸合，充电变压器初级接通，开始给电池充电（只要 IC3-3 的 9 脚还是高电平，10 脚就会翻转使 V1 截止）。IC2-B 输出的高电平使 V2 导通，J2 的常开触点闭合，使充电变压器的次级输出较高电压，实现快速充电。此时 LED3 发红光，表示正在充电；指示灯 LED1 发红光，表示电池电压低于设定最低值：LED2 发黄光，显示快速充电。图 4-28 所示为继电器触点部分。

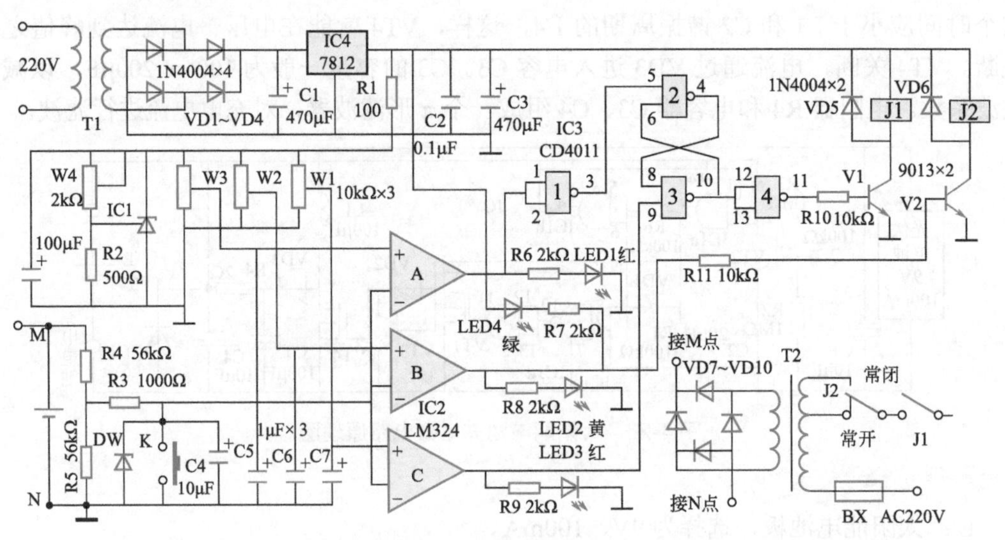

图 4-27 大容量铅酸蓄电池充电电路

当电池电压超过 12.8V 时，IC2-B、IC2-C 输出低电平，LED2 灭，LED4 发绿光，表示电池快充满，V2 截止，J2 常闭触点闭合，快充转慢充，此时触发器不翻转。当电池电压超过设定最高值 14.4V 时，IC2-A 也输出低电平，经反相器 IC3-1 反相后使触发电路翻转，V1 截止，充电变压器断开，LED3 熄灭，显示充电结束。LED4 仍然发光显示电量充足。当电池电压低于 13.8V 时，LED4 灭，LED3 亮，表示电量不足。一般情况下，使触发器再次翻转，需要 IC2-C 再次输出高电平，即电池电压低于 12V 后 V1 才会再次导通开始充电。任何情况下，只要按一下轻触开关 K，即可模拟电池电量不足，也可启动充电。

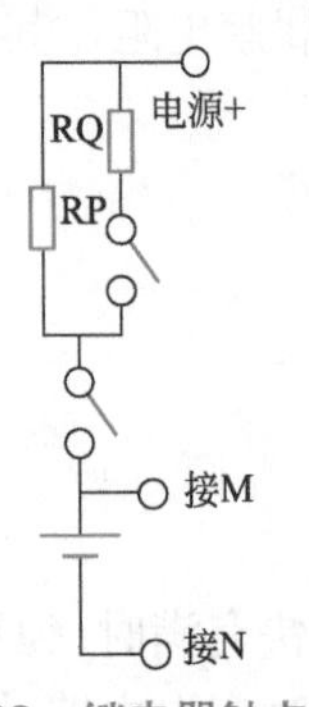

图 4-28 继电器触点部分

2.制作与扩展

IC1 可选 TL431，IC2 可选 LM324、TL084 等四与非门，IC3 可选国产 CD4011 等四与非门，IC4 选 7812，DW 选 8 ～ 9V 的

稳压管。各 IC 内部结构如图 4-29 所示。T1 选 12V 小功率变压器。J1、J2 选 12V 继电器，触点电流最好大于 10A。T2 为大功率可调变压器，将可调部分断开，根据实际充电电流选合适的探头，再连接 J1、J2 的触点。电池电压检测线最好单独直接接在电池两极上。若接在充电电极上，因电极与电池间存在一定的接触电阻，通过较大电流会产生压降，使检测的电压不准。调试时，先调 W4 使 IC1 输出为 8V，再调 W1、W2、W3。调试时最好用数字表监测输出电压。

另外，电路中如将 R4 短接，即可作为 6V 铅酸蓄电池。另外设置 W1、W2、W3 不同输出值，可适合不同类型的充电电池。若将继电器触点部分、充电电源与控制电路共用，则根据需要的充电电流，选取适当功率的电阻，可用于小容量电池充电。限制的负荷电流在 10A 左右。

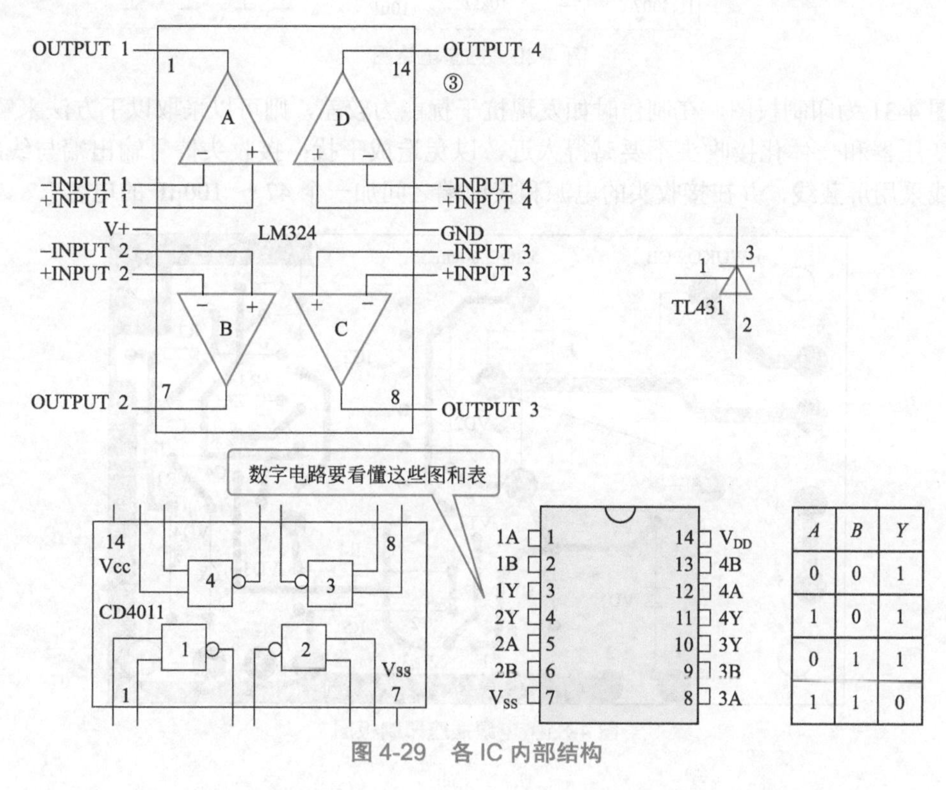

A	B	Y
0	0	1
1	0	1
0	1	1
1	1	0

图 4-29　各 IC 内部结构

例 078　红外线遥控电源插座制作

插座电路如图 4-30 所示。电路中采用了一个接收、放大、解调一体化的红外线接收头，继电器触发驱动电路使用了一片双 D 触发器 MC14013，本电路只使用其中一路并接成双稳态形式，D 与 Q 相连，R、S 端接地。接地 R 端的 R3、C2 阻容网络起通电复位作用，保证停电再来电时，插座处于“关”的状态。

在平时，接收头输出端为 4.2V 左右高电平，VT2 处于导通状态，双稳态电路的触发输入端（CLK）为低电平，Q 端输出低电平，VT1 截止，继电器 J 不工作，插座无 220V 输出。按一下遥控器的任意键，接收头收到来自遥控器的信号，从输出端输出解调后的脉冲信号。此时输出端的电压降低，VT1 截止，相当于给 CLK 端一个瞬时高电平，Q 端

输出高电平，VT1 导通，继电器 J 工作，其常开触点吸合，插座输出 220V 电压。再按一下遥控器，插座又失电。

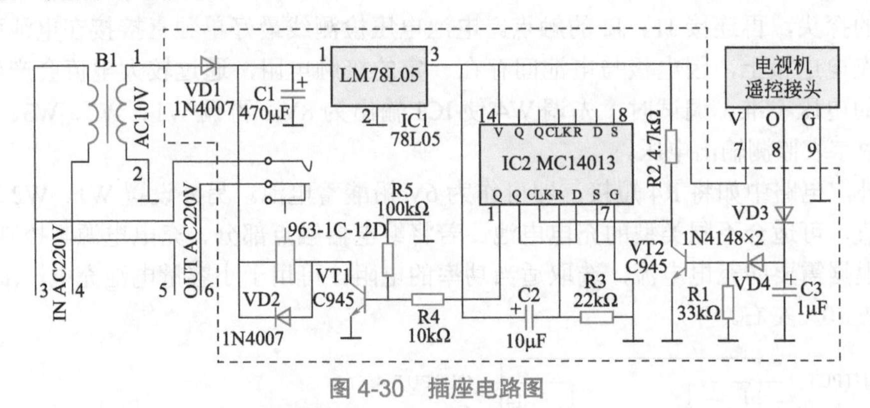

图 4-30　插座电路图

图 4-31 为印制板图，在制作时如发现抗干扰能力较差，则可以采取以下方法来解决：电源变压器和一体化接收头不要离得太近，以免造成干扰；接收头信号输出端与线路板的连线采用屏蔽线，并在接收头的电源和接地端之间加一个 47 ～ 100μF 的电容。

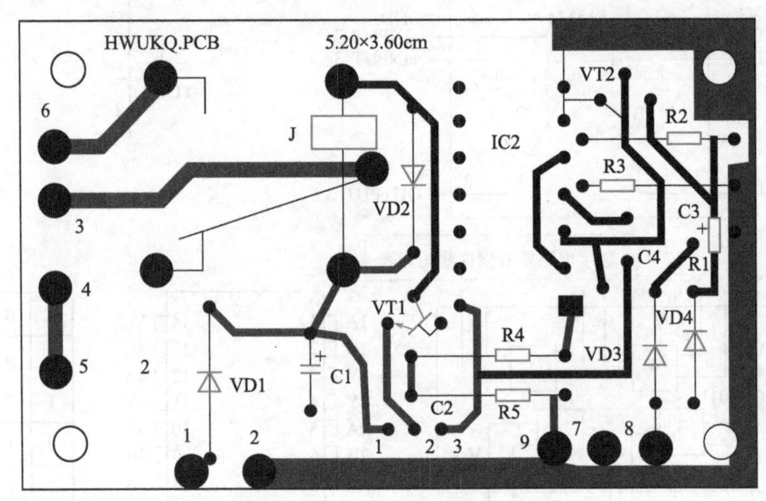

图 4-31　电源插座印制板图

例 079　触摸式台灯制作

1. 电路工作原理

（1）集成电路 CD4013 的工作原理　CD4013 又叫双 D 触发器。图 4-32 是 CD4013 的引脚图，其中 14 脚为电源，7 脚为电源地，电源电压为 3 ～ 15V，可以看到：1 ～ 6 脚和 8 ～ 13 脚构成两个功能结构完全一样的电路。表 4-4 所示的是 CD4013 的引脚真值表，拿第一组为例：1 脚（Q）的输出电压要跟 5 脚（DATA）电平保持一致，但平常不能实现，只有向 3 脚（CL）输入一列脉冲信号时，1 脚才能与 5 脚保持一致；4 脚掌握着比 3 脚更大的权力，若给 4 脚（R）输入一高电平，则不管 3 脚有没有脉冲，1 脚都会被置为低电平；2 脚电平总与 1 脚相反。

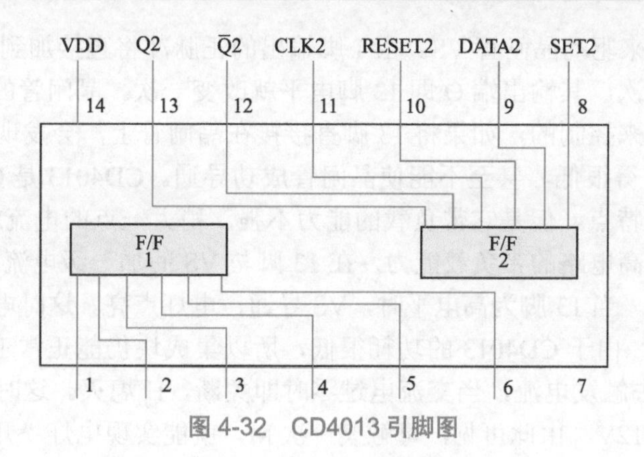

图 4-32　CD4013 引脚图

表 4-4　CD4013 的引脚真值表

CL	D	R	S	Q	$\overline{Q}$
↑	0	0	0	0	1
↑	1	0	0	1	0
↓	×	0	0	Q	$\overline{Q}$
×	×	1	0	0	1
×	×	0	1	1	0
×	×	1	1	1	1

（2）触摸开关的工作原理　由于空间充满着电磁波，人体都会感应出一定的交流信号，触摸开关就是利用这个信号来控制开关的开通与关断的。用双 D 触发器设计的触摸开关的原理如图 4-33 所示。

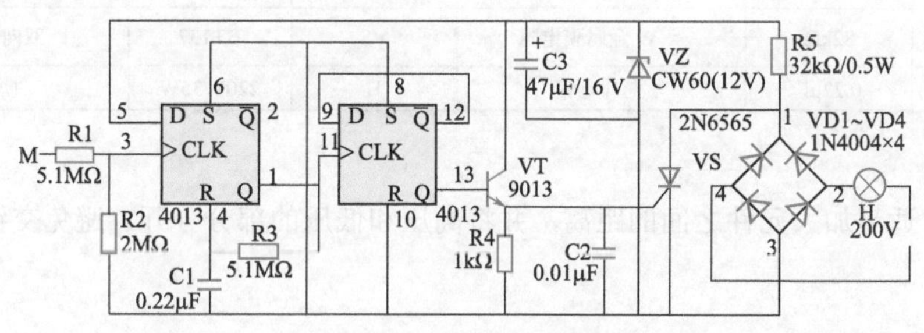

图 4-33　触摸开关原理图

将第一个触发器的 1 ～ 6 脚接成一个单稳态电路，单稳态电路的作用是对触摸信号进行脉冲展宽整形，整形输出可以保证每次触摸动作都可靠，当人手摸图 4-33 中的金属片的 M 端时，人体感应的交流电在电阻 R2 上产生压降，其正半周信号进入 3 脚 CLK 端，使稳态电路翻转进入暂稳态。其输出端 Q 即 1 脚跳变为高电平，此高电平经 R3 向 C1 充电，使 4 脚电压上升，当上升到复位电平时，单稳态电路复位，1 脚恢复低电平。所以每触摸一次 M，1 脚就输出一个固定宽度的正脉冲，如图 4-34 所示。

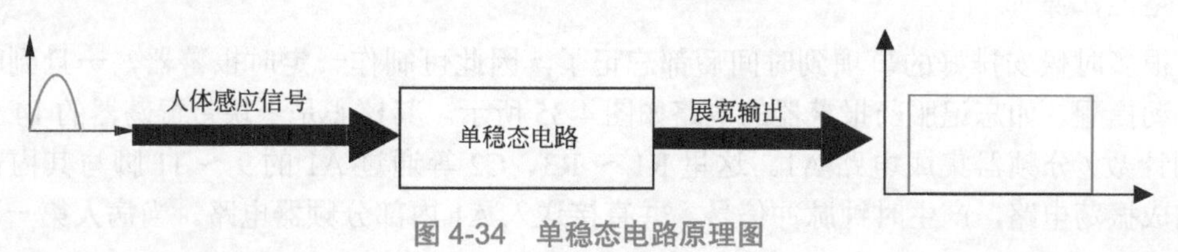

图 4-34　单稳态电路原理图

双稳态电路用来驱动晶闸管 VS。由 1 脚输出的正脉冲将直接加到 11 脚 CLK 端，使双稳态电路翻转一次，其输出端 Q 即 13 脚电平就改变一次。晶闸管的开关就是靠 13 脚输出的高、低电平来控制的，如果将 13 脚直接接在晶闸管上，会发现 13 脚原本 12V 的高电平一下子会变得很低，甚至不能使晶闸管成功导通。CD4013 是 CMOS 器件，这种器件具有微功耗的特点，但是它带负载的能力不强，稍大一点的电流就会造成输出电压的急剧下降，为提高电路的带负载能力，在 13 脚与 VS 间加一级电流放大器，这样就可以稳定控制电压了。当 13 脚为高电平时，VS 导通，电灯点亮。这时电容 C3 两端的电压会跌落到 3V 左右，由于 CD4013 的功耗很低，所以集成块仍能正常工作，当 13 脚输出低电平时，VS 失去触发电流，当交流电过零时即关断，H 熄灭。这时 C5 两端电压又恢复到 VZ 的稳压值 12V。由此可见，每触摸一次 M，就能实现电灯“开”或“灭”，这对外也仅用两根引出线，故安装与使用都十分方便。

2.元器件选择

万用表一块，白炽灯一盏，元器件若干（见表 4-5），导线若干，松香，焊锡，电烙铁一个，通用板一块等。

表 4-5 元器件清单

符号	参数	说明	符号	参数	说明
IC1	CD4013	双 D 触发器	C2	0.01μF	瓷片电容
R1、R3	5.1MΩ	$\frac{1}{4}$W 金属膜电阻	C3	47μF/16V	电解电容
R2	2MΩ	$\frac{1}{4}$W 金属膜电阻	VD1 ～ VD4	1N4004	整流二极管
R4	1kΩ	$\frac{1}{4}$W 金属膜电阻	VT	9013	NPN 型三极管
R5	82kΩ	$\frac{1}{2}$W 金属膜电阻	VS	BT137	双向晶闸管
C1	0.22μF	瓷片电容	H	220V/35W	白炽灯泡

3.安装

制作时适当加大元件之间的距离，并将高压和低压的部分分开，避免交错安装，以确保安全。

电路中交流高电压部分应使用粗导线焊接，电路板应该支起来。

例080 忘记服药报警器制作

1.电路工作原理

很多时候安排好的事项到时间后都忘记了，因此可制作一定时报警器，一旦到时间后自动提醒。如忘记服药报警器的电路如图 4-35 所示。其核心是一块带振荡器的 14 位二进制计数 / 分频器集成电路 A1。这里 R1 ～ R3、C2 等通过 A1 的 9 ～ 11 脚与其内部电路构成振荡电路，产生时钟脉冲信号，并直接送入 A1 内部分频器电路。当病人第一次服药后，闭合电源开关SA1，C1、R4在A1的12脚（复位信号输入端）产生一正尖脉冲，使A1自动清零，计数开始，此时，音乐集成电路A2的高电平触发端TG经A1输出端3脚接地（VSS），A2不工作，电磁音响器B无声。这一状态下整机耗电甚微，实测静态总电流小于15μA。经过一段时间（定时时间），A1计数至2^{13}=8192个脉冲后，A1的3脚（Q14端）跳变为高电平。该高电平一方面经隔离二极管VD加至A1的11脚，使该端恒为高电平，振荡停止，电路状态保持不变；另一方面触发A2工作，使其OUT端反复输出内储音乐电信号，经三极管VT功率放大后，驱动发出清脆悦耳的乐曲声，催促病人及时服药。待病人服药后，按动一下复位按钮SB，A1自动清零，并重复上述计数、报警过程，提醒病人再次服药。

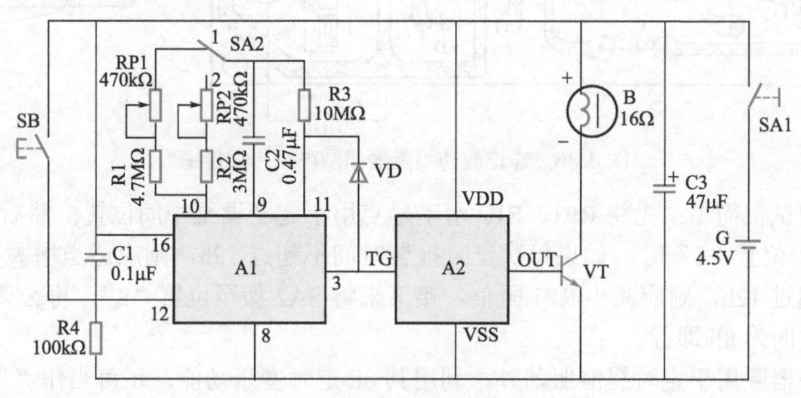

图4-35 忘记服药报警器电路图

电路中，延时奏乐的时间长短由公式$t_1=2.3N(R_1+R_{P1})C_2$或$t_2=2.3N(R_2+R_{P2})C_2$进行计算。N为定时系数（计数脉冲个数），本电路A1输出端选3脚（Q14端）为最大数8192。SA2为定时时间选择开关，当SA2拨于位置“1”时，每次延时约12h奏乐，适合于每日服药三次者使用。RP1、RP2分别为12h和8h定时时间微调校准电位器，其调节变化量可达70min。

2.元器件选择

A1选用CD4060或CC4060、MC14060型带振荡器的14位二进制串行计数/分频器数字集成电路；A2选用KD-9300系列或HFC1500音乐集成电路芯片，乐曲内容按各人喜好自选。VT选用9013型硅NPN三极管，要求$\beta>100$。VD选用1N4148型硅开关二极管。RP1、RP2均选用WH7-A型立式微调电位器。R1～R4选用RTX-1/8W型碳膜电阻器。C1选用VT1型瓷介电容器；C2选用CT40型独石电容器；C3选用CD11-10V型电解电容器。B采用X型16Ω微型直流电磁音响器，以缩小整机体积。SA1、SA2均选用CKB-1型（1X2）微型拨动开关。SB选用6mm×6mm微型轻触开关。G选用SR44或G13-A型扣式微型电池三粒串联而成。

3.制作与使用

图4-36为该报警器印制电路板焊接图，印制板实际尺寸约为50mm×35mm。焊接时，VT插焊在A2芯片上专用焊孔内，然后通过4根长约7mm的元件剪脚线将A2焊接在电路板对应的数标孔内。焊接时事先一定要将电烙铁外壳接地，以免感应电压击穿A1、A2内部CMOS集成电路。焊接好的电路板连同电池（带夹）一齐装入尺寸约

70mm×54mm×18mm 的塑料小盒内。盒内剩余空间用塑料片隔开后用于存放药品。

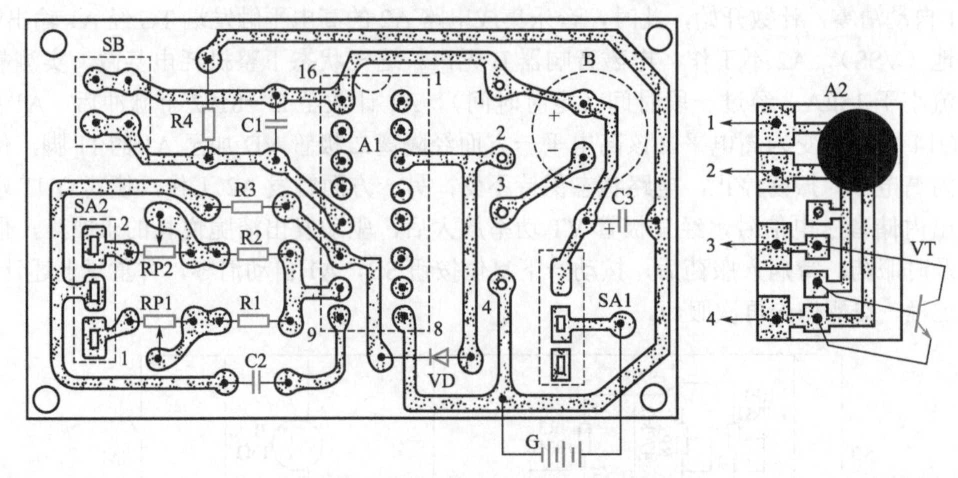

图 4-36 忘记服药报警器印制电路板焊接图

电路调试很简单：先将 RP1、RP2 滑动触点用小起子调至中间位置；然后闭合 SA1，在 SA2 处于位置“1”时，如果每次延时报警时间不超过 12h，则应适当增大 RP1 阻值；反之，如超过 12h，则应减小 RP1 阻值。接下来将 SA2 拨至位置“2”，再去调节 RP2 使每次报警时间为 8h 即行。

该报警器除用于定时提醒服药外，利用其 8h 定时奏乐功能，还可当作“早晨起床呼叫器”。因为青少年科学睡眠的最佳时间为 8h，每晚睡觉前合上开关 SA1，睡眠时间足够后即马上奏乐唤主人起床。

例 081 催眠器制作

1.电路工作原理

该催眠器电路由单稳态电路、自激多谐振荡器和蜂鸣器 HA 等组成，如图 4-37 所示。电路中，单稳态电路由双 D 触发器集成电路 IC（A1、A2）内部的 D 触发器 A1 和电阻

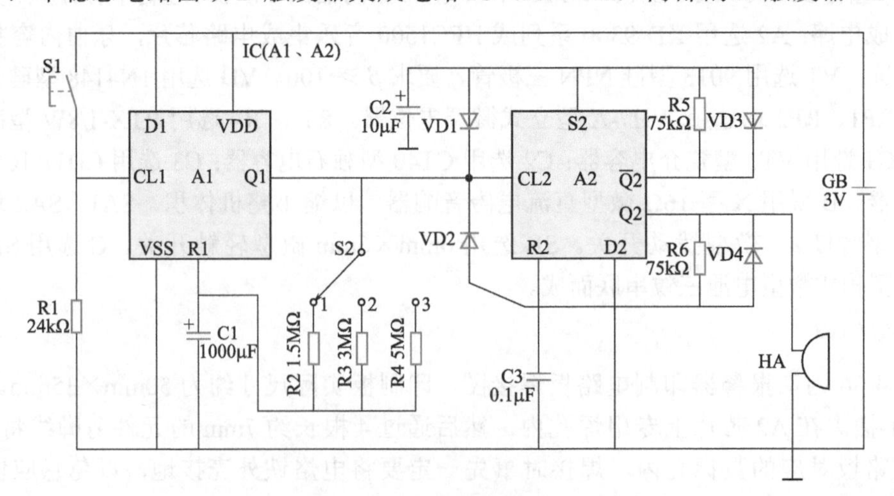

图 4-37 催眠器电路原理图

器 R1 ～ R4、电容器 C1、控制按钮 S1 和延时时间选择开关 S2 组成；自激多谐振荡器电路由 IC 内部的另一个 D 触发器 A2 和二极管 VD1 ～ VD4，电阻器 R5、R6，电容器 C2、C3 组成。

按动一下按钮 S1 时，单稳态电路受触发翻转，IC 的 Q1 端输出高电平，使多谐振荡器振荡工作，从 IC 的 Q2 端输出频率为 2Hz 的振荡信号，驱动 HA 发出类似雨滴的声响，催人入眠。当 C1 充电结束后，单稳态电路由暂态恢复为稳态，IC 的 Q1 端又输出低电平，多谐振荡器停振，HA 停止发声。

将 S2 置于“1”位置，单稳态电路的延迟时间为 15min；将 S2 置于“2”位置，单稳态电路的延迟时间为 30min；将 S2 置于“3”位置，单稳态电路的延迟时间为 40min。

2.元器件选择

R1 ～ R6 均选用 1/4W 金属膜电阻器。

C1 和 C2 均选用耐压值为 6.3V 的铝电解电容器；C3 选用独石电容器。

VD1 ～ VD4 均选用 1N4148 型硅开关二极管。

IC 选用 CD4013 型双 D 触发器集成电路。

HA 选用压电式蜂鸣器。

S1 选用小型动合按钮；S2 选用单极三位开关。

GB 使用 2 节 5 号电池。

只要元件焊接无误，接通电源即可工作。

例082　保险柜专用报警器制作

1.电路工作原理

该报警器的电路如图 4-38 所示。电路的光控部分是用光敏电阻作为光传感器来进行光照度控制的。当保险柜的门打开，光照度高于设定值时，光敏电阻 RG 的阻值急剧下降，从而使三极管 VT 关断，VT 集电极输出高电平。因 VT 输出端与反相器 IC1a 的输入端（1 脚）直接相连，这样导致 IC1a 的输出端（2 脚）为高电平，反相器 IC1b 的输出端（4 脚）则为低电平，反相器 IC1c 的输出端（6 脚）为高电平，于是红色发光二极管 HR 点亮；同时警笛集成电路 IC2（KD150）受高电平触发工作，输出警笛信号以驱动压电陶瓷蜂鸣片 B 发出警笛声音。

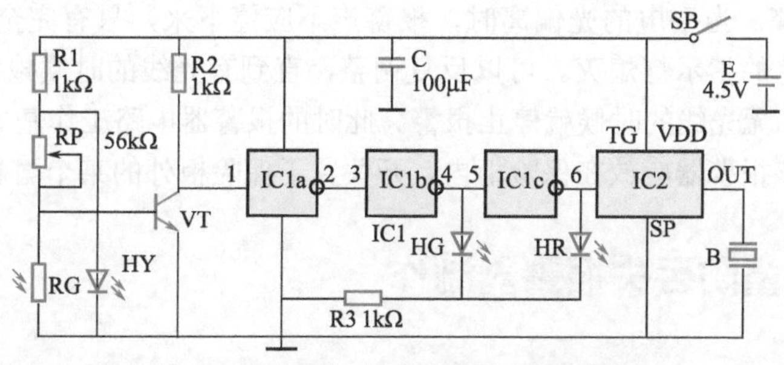

图 4-38　保险柜专用报警器电路原理图

当光照度很低的时候，光敏电阻 RG 阻值很大，三极管 VT 关断，VT 集电极为高电平，从而IC1a输出（2脚）为低电平，IC1b输出（4脚）为高电平，绿色发光二极管HG点亮。而IC1c输出（6脚）为低电平，HR熄灭，IC2（KD150）不触发，压电陶瓷蜂鸣片B不发声音。

电阻R1和黄色发光二极管HY组成简单的稳压电路，利用二极管的正向电压降保持基本不变的特性，为RP、RG串联分压电路提供稳定电压，可以避免电源电压在一定范围内发生变化而引起误报警或报警失效。同时，发光二极管HY还可作为电源指示灯使用。

2.元器件选择

光敏电阻RG：暗电阻大于5MΩ、亮电阻小于3kΩ，如MC45-14型等。

IC1：采用CD4069型六反相器集成电路，也可用CC4069、MC4069等代替。

IC2：采用具有触发输入端的警笛集成电路，如KD150、HFC1500、CW9300等。

VT：采用9014型硅小功率三极管，要求$\beta \geqslant 100$。

HY：采用黄色发光二极管。HG：采用绿色发光二极管。HR：采用红色发光二极管。这些二极管均采用直径为3mm的塑封型。

B：采用HTD27A-1型压电陶瓷片，其他直径在20mm以上的压电陶瓷片也可用。

R1、R3：采用1/8W碳膜电阻，如RTX-1/8W。

RP：采用合成膜微调电位器，如WH7；也可用小型合成碳膜电位器，如WHX-1等。

C：采用普通电解电容，如CD11-10V。

SB：用1×1小型开关。

E：电源用3节1.5V的5号干电池串联而成。

3.制作、调试和应用

（1）制作　本装置中发声器件B采用压电陶瓷蜂鸣片，其发声功率小，阻抗高。它的一端接电源负极，另一端接KD150警笛集成片的信号输出端，直接由KD150驱动发声。如果想使发声功率大一些，可采用0.25W、8Ω的小口径电动扬声器，它的一端接电源正极（VDD），另一端接SP端。同时在KD150的c、b、e焊盘上插焊NPN型小功率或中功率三极管，如3DG6、9014、9013等均可用。

焊接前要用万用表对全部元器件做一次测量，以保证元器件正常工作。安装时可以将RG、RP、HY、HG、HR、SB固定在机壳正面板上。其余元器件可安装在电路板上。整机安装调试好后就可以放在保险柜内，一旦打开保险柜，报警器就会立即发出警报。

（2）调试　打开开关SB后，黄色发光二极管HY应点亮。此时用手电照射RG，报警器就会立即报警，当手电的光偏离时，报警声不应停下来，只有完全黑暗时报警器才不发声，红、绿色的指示灯熄灭。可以反复调整，直到有光线的时候报警器就开始报警，红、绿指示灯亮，无光线的时候就停止报警。此时的报警器电路工作基本正常。

（3）应用　该报警器应放在保险柜内，开关置于保险柜外的某个隐蔽处即可。

例083　儿童防丢失报警器制作

1.电路工作原理

整个装置由发射机和接收机两部分组成，工作在调频（FM）波段。发射机的电路工作原理如图 4-39 所示。它是由三极管 VT1、VT2 及其外围元件构成的一个多谐振荡器，工作频率约为 8kHz，振荡后的频率信号由 C3 通过 VT3 及其他元件组成的调频振荡器调制，调频信号从 C10 输出，通过机内微型天线向空间发射。其中 C5、C6 的作用是加宽频带，并有效消除人体感应信号对频率的影响。

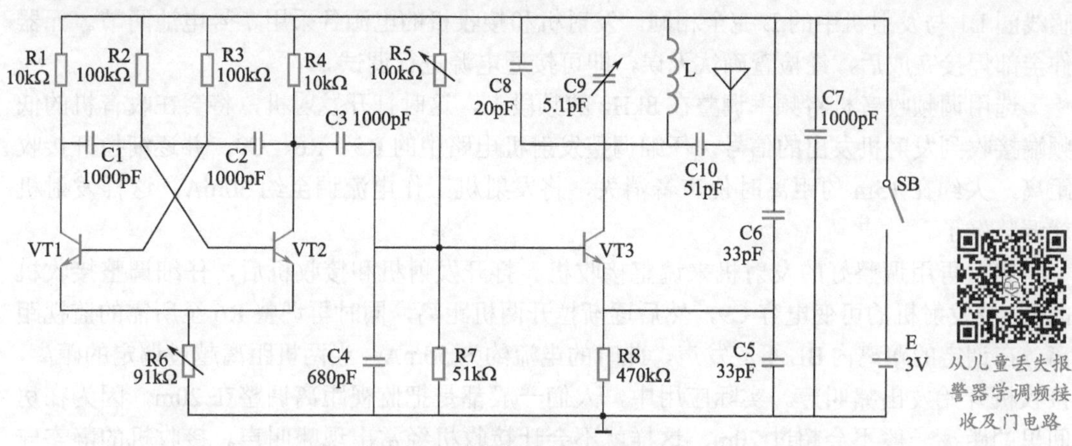

从儿童丢失报警器学调频接收及门电路

图 4-39　儿童防丢失报警器发射机原理图

接收机的电路工作原理如图 4-40 所示。它是由三极管 VT1 及其 LC 元件等构成的超再生接收电路，用来接收发射机发出的调频信号。门电路 A、B、C 构成信号放大电路，将接收到的信号比较、放大后送去控制门电路 D、E 组成的 8kHz 振荡电路，再由门电路 F 倒相输出去控制由三极管 VT2、VT3 组成的互补音频振荡器。

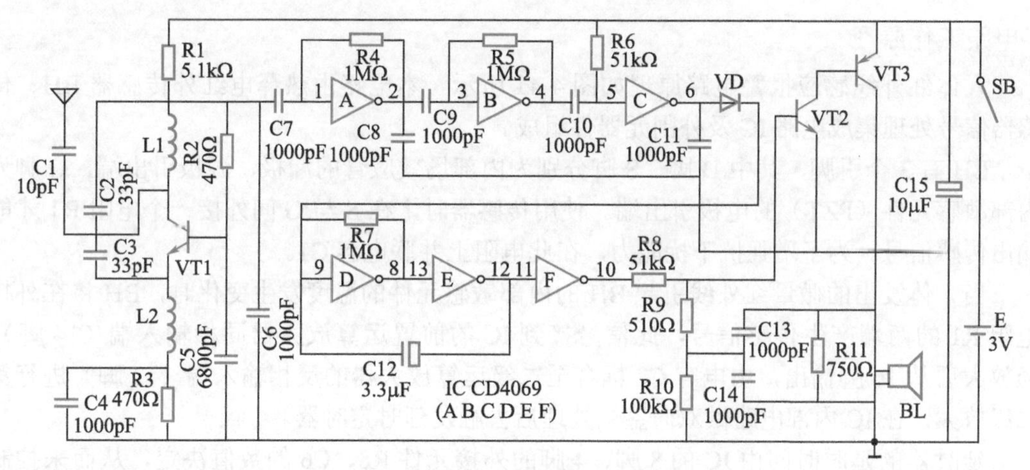

图 4-40　儿童防丢失报警器接收机原理图

当接收机接收到发射机发射来的信号时，门电路 C 输出为正，二极管 VD 导通，门电路D、E组成的低频振荡器停振，门电路F输出为低电平，VT2、VT3 互补振荡器停振，接收机的扬声器 BL 不发声。

当小孩离开监护人的距离超过 15m 时，接收机接收不到发射机输出的 8kHz 的信号，门电路 C 输出低电平，VD 关断，门电路 D、E 构成的低频振荡器工作，门电路 F 输出频率为 4.65kHz 的正脉冲控制互补振荡器电路发出急促的啸叫声，提醒监护人小孩已经离开了监视距离。当接近小孩的时候，距离减小，其啸叫声会自动停止。

2.元器件选择与制作

为缩小报警器体积，电阻、瓷片电容、电解电容全部采用贴片元件。BL采用直径为10mm的微型电磁讯响器。发射机中的电感线圈L用直径为1.2mm的漆包线在直径为5mm的圆棒上绕3匝脱胎而成。调试好后用胶水固定，防止电感量变化，接收机中的电感线圈L1与发射机中的L完全相同。发射机和接收机的电源各采用7号电池两节。元器件全部焊接完成后，经检查确认无误，即可接通电源进行调试。

选用调频收音机将频率调整在8kHz的频段上，这时打开发射机，将会在收音机的低频端接收到发射机发出的信号，仔细调整发射机电路中的R5、R6、C9，并逐渐拉开接收距离，大约在15m的距离时使声音消失，将发射机工作电流调至约30mA，这样发射机就调整好了。

然后再用调整好的发射机来调整接收机。打开发射机和接收机后，仔细调整接收机的R2及发射机的可变电容C9，然后逐渐拉开两机距离，同时再调整R6至所需的监视距离。在调定的距离内BL不应发声，此时的电流约为50mA。当两机距离越过调定的距离，接收机开始发出啸叫声。实际应用中，人们一般都是把监视距离调整在20m，因为在房间里的距离一般不会超过20m，这样就不会让接收机经常出现啸叫声。接收机的静态守候工作电流在50mA左右为佳。

各元器件的参数值可参考图4-40选用。

例084 人体红外线感应报警器制作

1.电路工作原理

人体红外线感应报警电路原理如图4-41所示。本电路由热释电红外传感器BH、传感器信号处理集成电路IC及外围元器件组成。

BH有3个引脚，其中D脚、S脚分别为内部场效应管的漏极、源极引出端，G脚为内部敏感元件（PZT）的电极引出端。使用传感器时，在S与G间外接一个电阻R1才能输出传感信号。为了增强抗干扰能力，在此电阻上并联电容C1。

当人体发出的微量红外线引起BH的内部敏感元件的温度发生变化时，BH将在外接电阻R1的两端产生传感信号，此信号接到IC的前置运算放大器同相输入端（14脚），经放大后从16脚输出，由电容C2耦合至二级运算放大器的反相输入端（13脚）进行第二级放大，在IC内部电路做双向鉴幅处理后去触发延时定时器。

延时器的延时时间由IC的8脚、4脚的外接元件R8、C6的数值决定，从而来控制输入端（2脚）高电平脉冲信号的宽度及延时时间。2脚的输出信号再经过晶体管VT放大后驱动继电器K工作，使其常开触点K1-1接通负载工作，延时时间到了之后随即断开。

触发封锁时间由IC的5脚、6脚的外接元件R9、C7的数值决定。

光敏电阻RG与电阻R2组成光控分压器，其输出与IC的触发禁止端（9脚）相接。如果采用照明灯控制时，白天的光线较明亮，RG阻值会降低，使触发禁止端（9脚）输入为低电平而封锁触发信号，灯不工作。

IC的触发工作方式选择端（1端）外接转换开关K1-1，设定触发工作方式时，即当K1-1设置为高电平时，红外感应开关电路处于可重触发工作方式；当K1-1接地时，红外感应开关电路处于不可重触发工作的状态。

传感信号处理集成电路 IC 的引脚排列如图 4-41 所示。

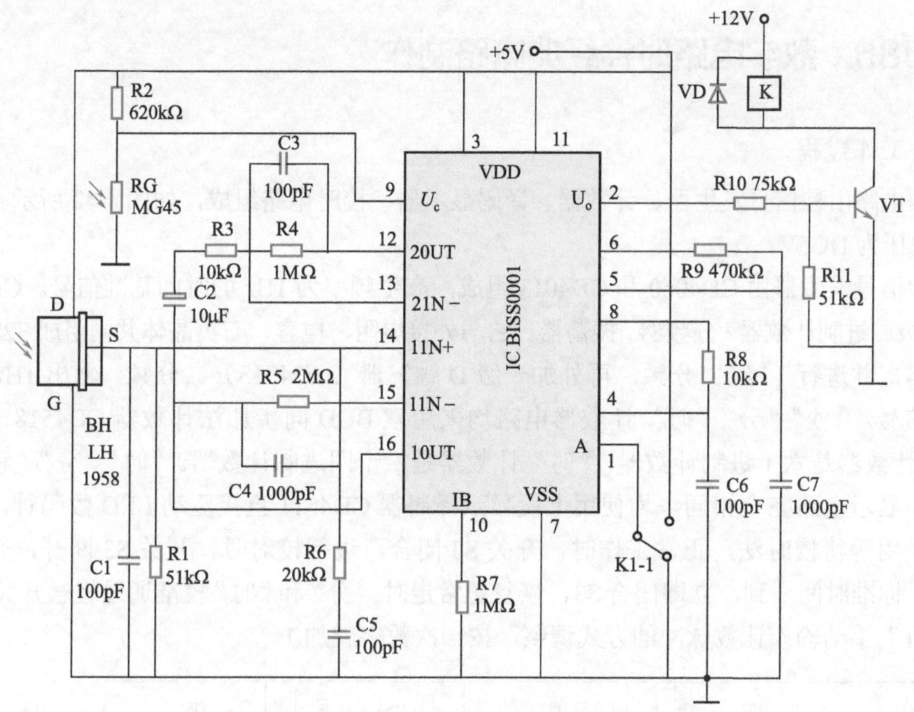

图 4-41 人体红外线感应报警电路原理图

2.元器件选择

BH：采用 LH1958 型热释电红外传感器。

IC：采用 BISS0001 型传感信号处理集成块。

RG：采用 MC45 型光敏电阻，暗电阻大于 20MΩ，亮电阻小于 10kΩ。

VT：采用 9013 型小功率 NPN 硅三极管。

VD：采用 1N4148 型硅开关二极管。

R1 ～ R11：采用 1/8W 金属膜或碳膜电阻，其中 R1、R11 为 51kΩ，R2 为 620kΩ，R3、R8 为 10kΩ，R4、R7 为 1MΩ，R5 为 2MΩ，R6 为 20kΩ，R9 为 470kΩ、R10 为 75kΩ。

C1 ～ C7：其中 C2、C5 采用耐压值大于 16V 的普通铝电解电容，其余电容均可用瓷片、涤纶或玻璃釉电容；C1、C3、C5、C6 为 100pF，C2 为 10μF，C4、C7 为 1000pF。

K：采用 JZC-23F/DC9V 型封闭继电器，外形尺寸为 22mm×17mm×16mm，触点容量为 AC220V/5A，DC28V/10A。

3.加装菲涅尔透镜

为了提高人体红外线开关的灵敏度，在热释电红外传感器前面加装菲涅尔透镜。菲涅尔透镜是为了配合热释电红外传感器而设计的一种由塑料制成的光学透镜列阵，在它上面有很多个单元透镜，相邻却不连续，更不交叠，并都相隔一个盲区。其作用原理是：当移动的个体进入菲涅尔透镜视场中交替的盲区和灵敏区时，人体发射的红外线通过透镜后，在透镜的焦距处产生一个红外线脉冲，从而不断改变传感器热释电元件的温度，使它输出一个又一个相应的电信号。

例085　数字电路时钟经典电路制作

1.电路工作过程

本电路由秒信号发生器、计数器、译码显示器、校时电路组成，如图4-42所示。电路工作电压为DC5V。

秒信号发生器由CD4060和CD4013组成，产生频率为1Hz的时间基准信号。CD4060是14级二进制计数器/分频器/振荡器。它与外接电阻、电容、石英晶体共同组成32768Hz振荡器，并进行14级二分频，再外加一级D触发器（CD4013）二分频，输出1Hz的时基秒信号。“秒”“分”“时”计数器电路均采用双BCD同步加法计数器CD4518，“秒”“分”计数器是六十进制计数器，“时”计数器是二十四进制计数器。“时”“分”“秒”的译码和显示电路完全相同，均使用七段显示译码器CD4511直接驱动LED数码管。“秒”校时采用等待校时法，正常工作时，开关S3闭合，进行校对时，开关S3断开，暂停秒计时。标准时间一到，立即闭合S3，恢复正常走时。“分”和“时”校准通过轻触开关“S2”和“S1”手动输入计数脉冲的方式调整，按一次数字就加1。

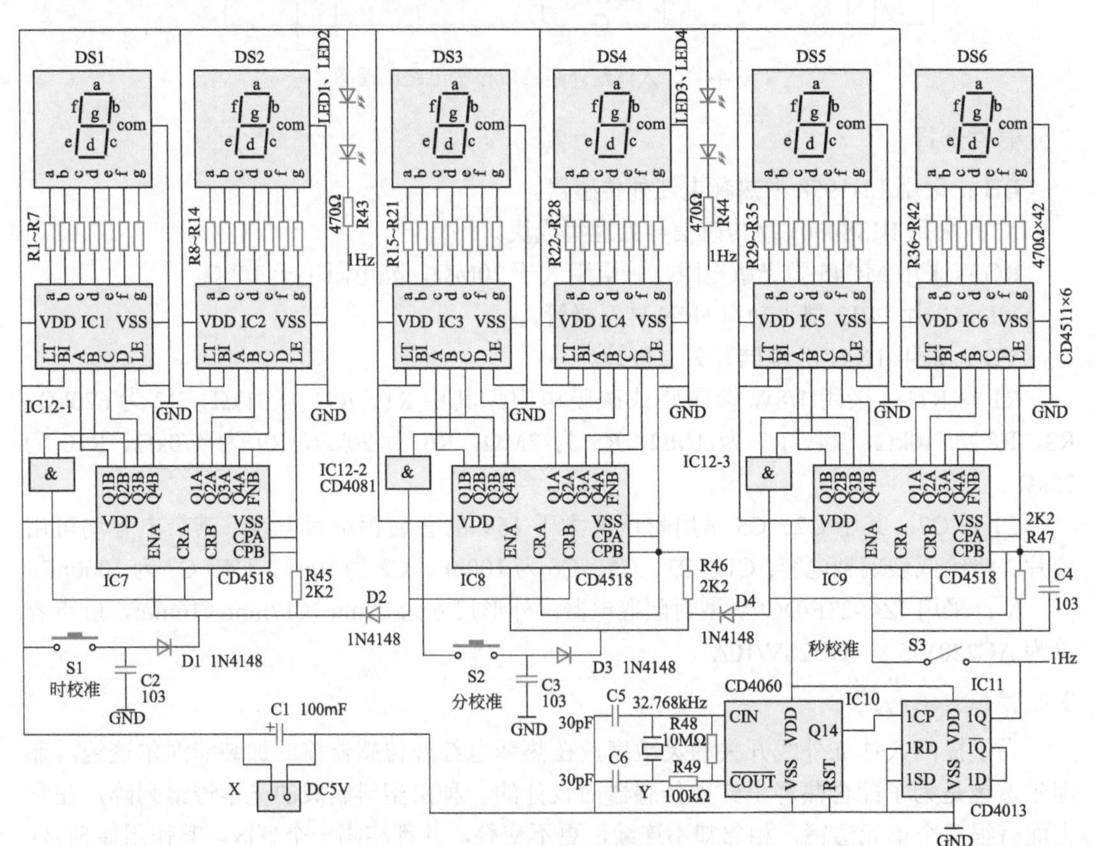

图4-42　数字电路时钟经典电路原理图

2.电路组装

电路所需元器件清单如表 4-6 所示。电路板如图 4-43 所示。

表 4-6 数字电路时钟经典电路元器件清单

安装顺序	位号	名称	规格	数量
1	R1～R44	电阻	470Ω	45
2	R45、R46、R47	电阻	2K2	3
	R48	电阻	10MΩ	1
	R49	电阻	100kΩ	1
	D1、D2、D3、D4	二极管	1N4148	4
3	J1、J2	跨线，用剪下的 1N4148 引脚代替		
4	S1、S2	轻触开关	6mm×6mm×5mm	2
5	IC1～IC6 集成电路	IC 座	16P	6
			CD4511	6
	IC7、IC8、IC9 集成电路	IC 座	16P	3
			CD4518	3
	IC10 集成电路	IC 座	16P	1
			CD4060	1
	IC11 集成电路	IC 座	14P	1
			CD4013	1
	IC12 集成电路	IC 座	14P	1
			CD4081	1
6	C5、C6		30pF	2
7	Y		32.768kHz	1
8	C2、C3、C4		103	3
9	S3		SS12D00	1
10	DS1～DS6		一位，红色	6
11	LED1～LED4		5mm 红发红	4
12	C1		100μF/16V	1
13	X		2P	1
		PCB	110mm×160mm	1

图 4-43 数字电路时钟电路板

3.调试

安装无误后，接通电源逐级调试，用通用计数器测出振荡器的输出频率，调节微调电容 C，使振荡器频率为 3276Hz，分别测出 CD4060 Q1 ～ Q14 各分频频率，秒脉冲正常之后，将开关拨至校对位置，对分小时计数器进行检查，个位应是 0 ～ 9 变化，十位上数字应是 0 ～ 5 变化或 0 ～ 2 变化（小时计数器），然后将开关拨至计时（正常）位置。数字钟应走时正常，在校时过程中也应该有整点的报时音乐，如果没有检查报时音乐控制电路输出电路。

数字钟的设计涉及模拟电子与数字电子技术，其中绝大部分是数字部分，逻辑门电路，数字逻辑表达式、真值表与逻辑函数间的关系，编码器、译码器显示等基本原理。数字钟是典型的时序逻辑电路，包含了计数器，二进制数、六进制数、六十进制数、二十四制、十进制数的概念。数字钟的设计与制作可以加深对数字电路的了解，通过这次设计与制作，为数字电路的制作提供思路和方法。

第五章

学会555万能电路应用与扩展

例086　简易光控开关制作

1.电路工作原理

本装置通过光路的通断来控制灯的开关，并加入延时电路，提高了光控开关的稳定性和实用性。

电路原理如图5-1所示，本电路由发射装置（VD1高亮度发光二极管LED）、接收装置（光敏电阻LR）、延时电路（NE555）和开关控制部分（继电器K1）组成。当人靠近桌子时，遮挡了LED发出的光，光敏电阻的内阻变为高阻，使VT1基极电位下降，集电极电位升高，电容C1发射极输出高电平信号（此电平信号必须大于等于4V，即2VCC/3），则NE555的7脚放电管导通，从而继电器K1吸合，台灯点亮。当人离开时，发光二极管与光敏电阻之间的光路通畅，VT1基极电位升高，集电极电位下降，电容C1放电，使VT2发射极电位缓慢下降。当下降到2V时，NE555的7脚放电管截止，继电器释放，台灯熄灭。电路设定延时1min，这样可以避免因为人的短暂离开或偶尔的身体移动使光路通畅，导致继电器释放，台灯熄火，从而带来不便。

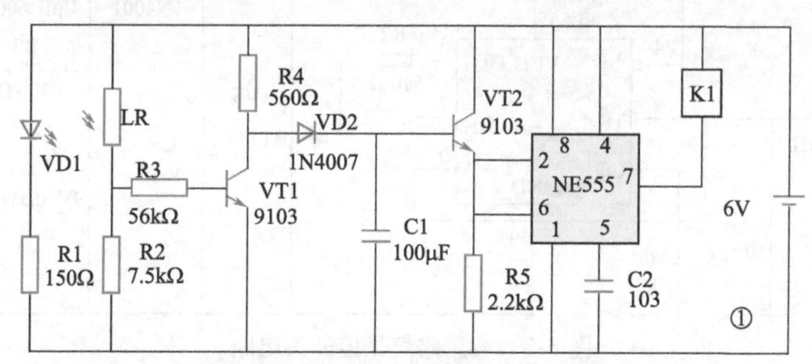

图5-1　简易光控开关电路原理图

2.元器件的选用

NE555为常用元件，很容易买到，也可用LM555代替。继电器采用SRD-06VDC-SL-C或其他6V控制继电器。发光二极管VD1最好选用发光亮度高一点的LED。VD2采用整流管1N4007或其他任何整流二极管。光敏电阻LR只要光阻小于2kΩ即可。三极管 VT1、VT2 采用普通小功率硅管 9013 或 9014。可用 4 节电池作电源或 6V 变压器供电。

3.安装调试

自制过程中可采用普通面包板来做。面包板连接如图 5-2 所示。焊接时要特别注意，防止虚焊、假焊、导线间短路。还必须在发光二极管和光敏电阻外套一根不透光的小管，防止自然光或灯光干扰。管子的长度不要太短，以免影响效果，建议长度为 5cm。最后在安装的时候，注意调整发光二极管和光敏电阻，使其对准。

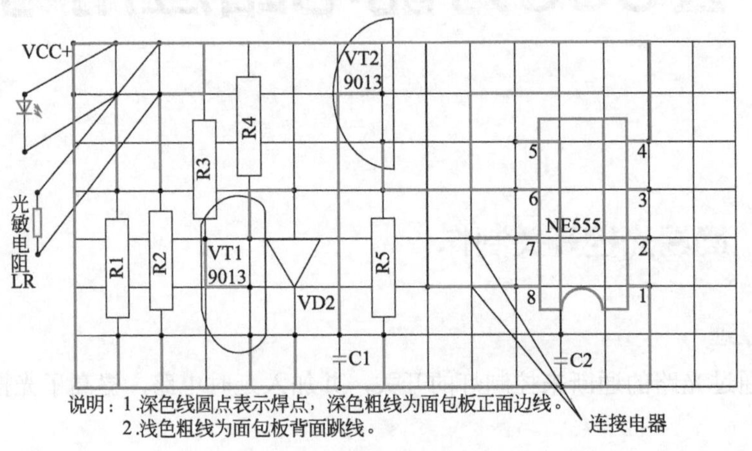

图 5-2 面包板连接图

例087 实用光控开关电路制作

在电路的基础上进行应用扩展就可以得到一种实用的路灯光控开关，如图 5-3 所示。

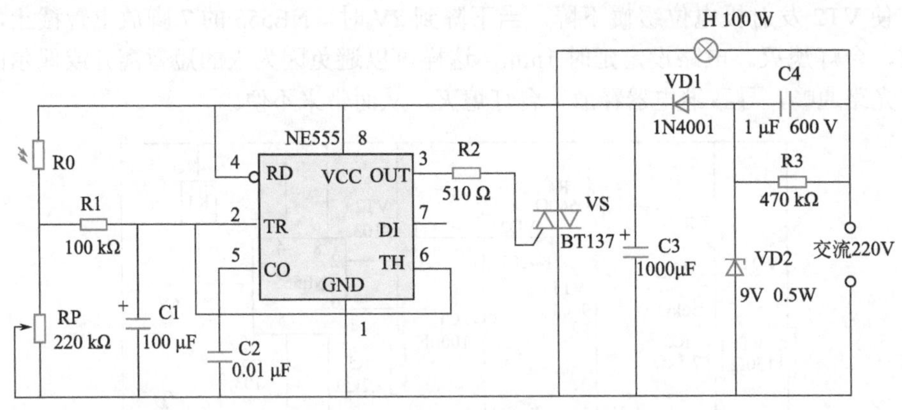

图 5-3 实用路灯光控开关电路

电路的前级采用 NE555，开关元件是双向晶闸管 VS，电源采用 220V 的交流电，其中，C3（电解电容）、C4（高耐压的电容）、VD2（9V 的稳压管）、VD1、R2 构成一个直流电源，为前级电路供电。上述电路中的晶闸管还可以改用继电器，这时电路要作相应的改变。

图 5-3 所示的电路，由于电压较高，应该注意安全，调试时应注意以下几点：电路中

与220V电压构成电流通路的导线要用粗导线，在元器件的排列上，高电压大电流的要和低电压小电流的分开，并保持一定的安全距离，这样对于电路的安全和调试者的安全都有好处。另外，接灯泡要用插座。负载较大时，双向晶闸管BT137要散热，可安装散热片。安装散热片时要注意散热片是和BT137的一个电极相通的，所以，应注意散热片不要与电路的其他部分相接触。安装时散热片的沟槽的方向应该便于空气的流动。

例088 声光控开关电路制作

如图5-3所示电路，在环境光线较暗时，灯泡就会自动接通，因而用于马路边的路灯控制比较适合。而楼道的路灯，只有晚上天黑以后，并且有人来的时候才需要开灯，所以光控只是楼道路灯控制的一个条件，要想实现更优的控制，就要把声控和光控结合起来。如图5-4所示是声光控开关电路。

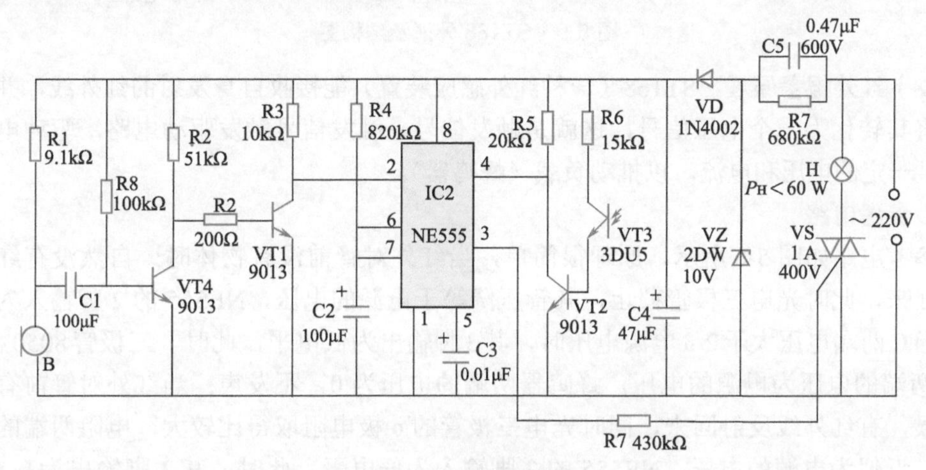

图5-4 声光控开关电路

IC2采用时基电路NE555，它与R1、C2等组成一个单稳态触发电路，该触发器在有触发脉冲情况下能否被触发取决于NE555的4脚的电位高低。白天光照较强，VT2饱和导通，4脚（清零端）为低电平（小于0.7V），不管声音有多大，电灯都不会点亮；夜晚天暗，4脚变为高电平（大于2.4V），NE555才能工作。这时只要有一个比较大的声音，NE555就会被触发，电灯便会自动点亮（调节R1可以调节拾音灵敏度）。灯点亮后，延时一段时间后自动熄灭。具体过程为：当2脚处有负跳变脉冲到来时，NE555触发翻转置位，3脚输出的高电平经限流后触发双向晶闸管VS，VS导通，电灯被点亮，灯亮的时间 t_d 在数值上等于1.1倍的R1阻值与C1电容值的乘积。拾音器宜选用灵敏度较高的微型驻极体话筒。

例089 红外报警电路制作

1.电路工作原理

（1）红外对管ST168的原理　红外对管ST168由一个高发射功率红外光电二极管和

高灵敏度光电三极管组成。ST168 的外形及结构如图 5-5 所示。它通过发射管发出红外线，红外线遇到物体，会被反射回来，由光电三极管接收。反射回来的红外线越强，通过光电三极管的电流就越大，如果在它的一个极上接一个电阻，就可将这种电流信号转化成电压信号，再用于控制开关器件。

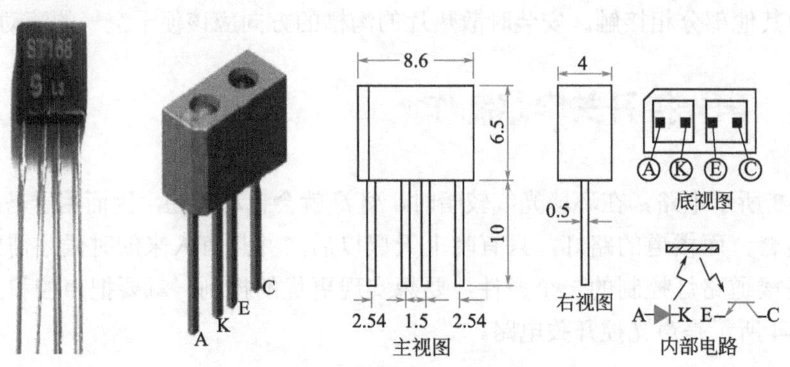

图 5-5　ST168 外形及结构图

（2）红外报警原理　ST168（一种红外感应装置）能接收自身发射的红外线，并通过电路将其转化为一个电压信号，这就是触发信号，触发信号触发驱动电路，驱动电路就会提供一定的电压和电流，以推动负载（蜂鸣器）。

2. 参考电路

参考电路如图 5-6 所示，原理很简单，当红外对管前没有物体时，自然没有红外线反射回来，此时光电三极管截止，其管压降等于电源的电压，NE555 的 2 脚输入为高电平，当C两端电压大于2/3电源电压时，其3脚输出为低电平，此时，三极管8050截止，c、e 两端的电压为电源的电压，蜂鸣器两端的电压为 0，不发声；当红外对管前有物体的时候，有红外线反射回来，同时光电三极管的 c 极电阻取得比较大，电阻两端的压降很大，近似为电源的电压，NE555 的 2 脚输入为低电平，此时，其 3 脚输出为高电平，三极管 8050 进入饱和状态，c、e 两端的压降约为 0.5V，此时蜂鸣器的端电压约为电源的电压，就要发声。由于电容 C 的充电作用，蜂鸣器发声将维持一段时间，此时间段可以用公式 t=1.1R_1C_1 近似计算得到，此后，NE555 的 3 脚输出低电平，8050 截止，c、e 两端的压降为电源的电压，此时蜂鸣器的端电压约为 0，停止发声。

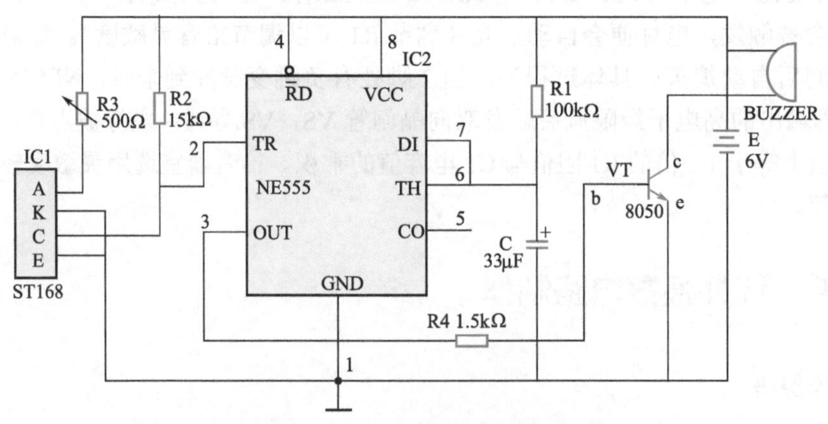

图 5-6　红外报警电路参考电路图

如果买不到ST168，也可以用单个的发射管和接收管代替。

例090　红外线反射式防盗报警器制作

1.电路工作原理

红外线反射式防盗报警器的电路如图5-7所示，它由红外线发射电路、红外线接收电路、放大及频率译码电路、单稳态延时电路、警报发生电路及转换电路六部分组成。

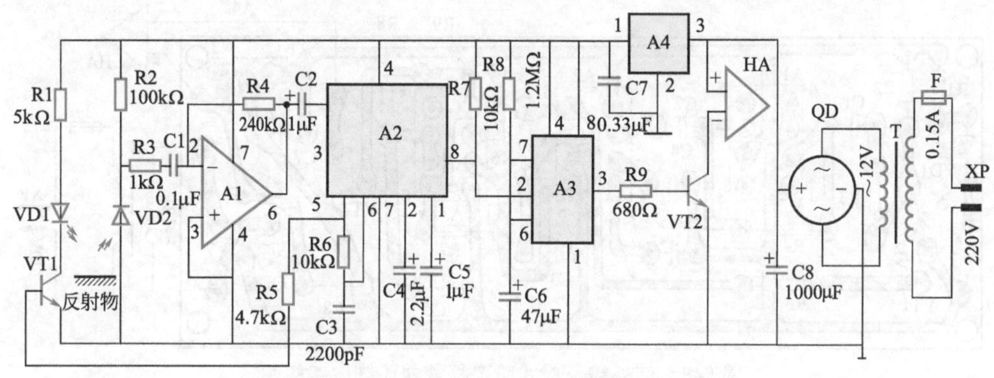

图5-7　红外线反射式防盗报警器电路图

接通电源，由音频译码集成电路A2及外接电阻R6、电容C3产生40kHz左右振荡信号，一方面作为本身谐振需要；另一方面通过A2的5脚（幅值约6V）、R5加至三极管VT1基极，经VT1电流放大后驱动红外发光二极管VD1向周围空间发射红外光脉冲。平时，红外光敏二极管VD2接收不到VD1发出的红外光脉冲，A2输出端8脚处于高电平，由A3及外围阻容元件构成的典型单稳态电路处于复位状态，VT2无偏流截止，报警电喇叭HA断电不发声。当人或物接近VD1时，由VD1发出的红外线被人体或物体反射回来一部分，被VD2接收并发出相同频率的电信号，经运放A2放大后，输入到A2的3脚，通过A2内部进行识别译码后，使其8脚输出低电平。该低电平信号直接触发A3构成的单稳态电路置位，使A3的3脚输出高电平，VT2获偏流饱和导通，HA通电发出响亮的报警声。人或物离开VD1监视区域后，虽然VD2失去红外光信号使A2的8脚恢复高电平，但由于存在单稳态电路的延迟复位作用，HA将持续发声一段时间（≤60s），然后自动恢复到待报警状态。

电路的最大特点是实现了红外线与接收工作频率的同步自动跟踪，即红外线发射部分不设专门的脉冲发生电路，而直接从接收部分的检测电路引入脉冲（实为A2的锁相中心频率信号），既简化了线路和调试工作，又防止了周围环境变化和元件参数改变造成的收、发频率不一致，使电路稳定性和抗干扰能力大大增强。

2.元器件选择

A1选用uA741或LM741、MC1741型通用Ⅲ型运算放大器，A2选用LM567或NE567、

NJM567 型锁相环音频译码器，A3 选用 NE555 或 5G1555、LM555 型时基集成电路，A4 选用 78L09 型小型塑封固定三端稳压集成电路。VD1、VD2 要选用 PH03 型红外线发射管和 PH302 型红外线接收管。VT1 选用 9014 或 9013 型硅 NPN 三极管，要求 $\beta > 150$；VT2 选用 8050 型硅 NPN 中功率三极管，要求 $\beta > 100$。QD 选用 QL-1A/50V 型硅全桥。

R1 ～ R9 一律选用 RTX-1/4W 型碳膜电阻。C1、C3 选用 CT1 型瓷介电容器，C7 用 CTD 型独石电容器，C2、C4、C8 均用 CD11-16V 型电解电容器。C5、C6 为 50V 电解电容。HA 选用蜂鸣器为 12 ～ 20mm。T 选用 220V/12V、10W 优质成品电源变压器。F 选用带支座的 250V、0.15A 熔断器。XP 为家用电器常用交流电二极插头。

3.制作与使用

图 5-8 为该防盗报警器印制电路板图，印制板实际尺寸约为 95mm×40mm。

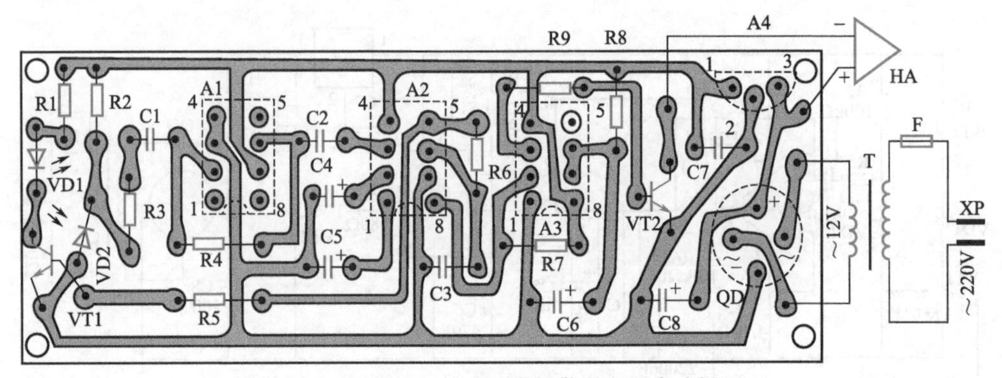

图 5-8　红外线反射式防盗报警器印制电路板图

例 091　红外洗手、烘干器（感应开关）制作

1.电路工作原理

电路原理图如图 5-9 所示。D1 是红外发射二极管，D2 是红外接收二极管，当有物体反射时，D1 发出的红外线被 D2 接收，经过 LM393 的放大，从 1 脚输出低电平，触发由 NE555 组成的单稳态触发器，在 NE555 的 2 脚输出高电平驱动三极管 8050 饱和导通，继电器 J 得电吸合，其常开触点闭合，用来控制用电器（如水龙头的电磁阀）动作。

2.电路组装调试

电路组装按照元器件清单（如表 5-1 所示）及电路板标号进行插件焊接（焊接好的电路板如图 5-10 所示），调试时，通过 W1 调节红外接收的灵敏度，顺时针调节灵敏度降低，逆时针调节灵敏度升高；W2 可以调节继电器的吸合时间，此电路延时时间为 0 ～ 30s，时间的长短与 W2 和 C1 有关。反射距离与物体表面反光程度和红外接收灵敏度有关，灵敏度调得太高容易受到光线和电磁波干扰，一般反射距离为 20cm 左右。

注意

此电路不能在太阳光下使用，由于太阳光中也有红外光，对红外接收管的干扰很严重。试验时在房间内，光线越暗越好。

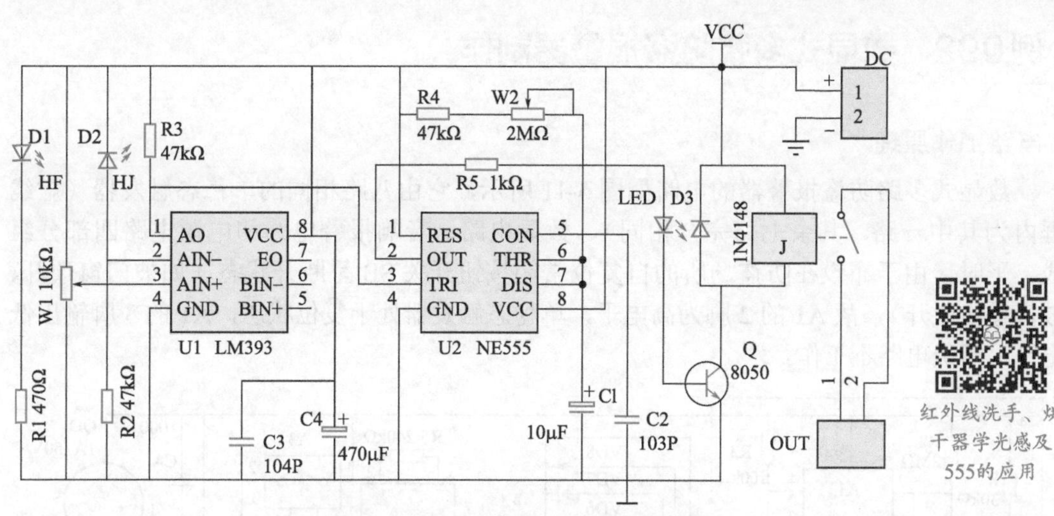

红外线洗手、烘干器学光感及555的应用

图 5-9　红外洗手烘干器电路原理图

表 5-1　红外洗手烘干器元器件清单

名称	规格	位号	名称	规格	位号
电阻	1kΩ	R5	电解电容	470μF	C4
开关二极管	1N4148	D3	三极管	8050	Q
可调电阻	2MΩ	W2	红外发射管	HF	D1
电源接线座	5V	DC	红外接收管	HJ	D2
电解电容	10μF	C1	指示灯	LED	LED
精密可调电阻	10kΩ	W1	集成电路	LM393	U1
电阻	47kΩ	R4	集成电路	NE555	U2
电阻	47kΩ	R3	继电器	5V	J
电阻	47kΩ	R2	继电器输出端		OUT
瓷片电容	103P	C2	IC 插座	DIP8	U1U2
瓷片电容	104P	C3	电路板	75mm×32mm	
电阻	470Ω	R1			

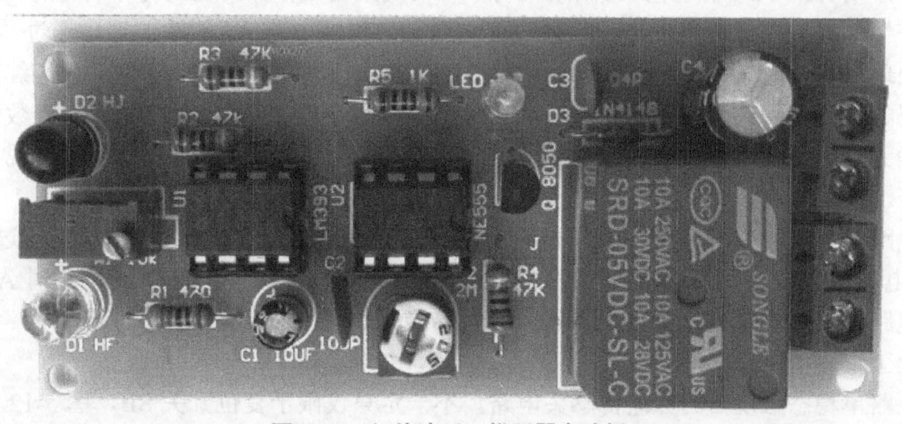

图 5-10　红外洗手、烘干器电路板

例092 数显式多路防盗报警器制作

1.电路工作原理

数显式多路防盗报警器的电路如图5-11所示，它由八路相同的单稳态触发器（虚线框内为其中一路，其余七路完全相同）、数显电路、音响报警电路和电源电路四部分组成。平时，由于布设在防盗场所的自复位常闭按钮开关SB呈断开状态（如被门窗顶开、被贵重物压开），故A1的2脚为高电平，单稳态触发器处于复位状态，A1的3脚输出低电平，后级电路不工作。

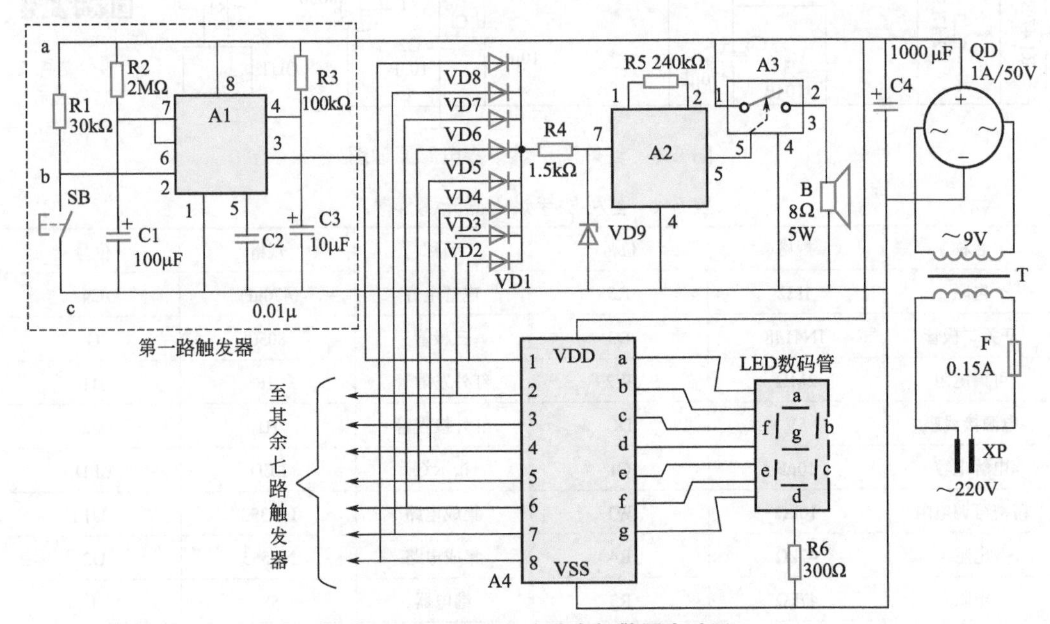

图5-11 数显式多路防盗报警器电路图

一旦监视地点发生盗情（如门窗被撬开、贵重物被移动），SB就会自动闭合，此时A1的2脚通过SB直接接地，导致A1内部触发器工作，A1处于置位状态，其3脚输出高电平。它分两路工作：一路经VD1隔离、R4限流、VD9稳压后，向A2提供约4V工作电压，使A2、A3构成开关式高效大功率音响发生器工作，B发出刺耳响亮的“呜喔—呜喔—”模拟警车电笛声；另一路则直接送至译码集成电路A4的输入端，通过A4内部电路处理后，使LED数码管显示出“|”，说明1号地点发生盗情，A4的输入端编号与显示数码、八路单稳态触发器电路均一一对应，所以不同地点发生盗情时，LED数码管都可准确无误地报告其地点编号。而音响电路则是八路共用，即任何一处地点出现盗情都会报警。

电路数显及报警时间受到稳态电路的控制。当SB被重新断开时，电源将通过R2对C1充电，约经过$t=1.1R_2C_1$时间后，C1两端电压升至A1工作电压的2/3，此时A1内部比较电路发出触发脉冲，导致内部触发器翻转复位，A1的3脚又恢复为低电平，后级电路停止工作。

八路单稳态触发器的探盗传感头电路，不一定只仅限于复位开关SB，图5-12所示给出几例常用探盗传感头电路，用于直接取代图5-11中所示R1和SB构成的压控式传感头，读者可根据需要选用。还可以发挥自己的才智，参阅本书后面有关制作实例，引入微波探测、热释电红外探测等高级别的探盗传感电路。

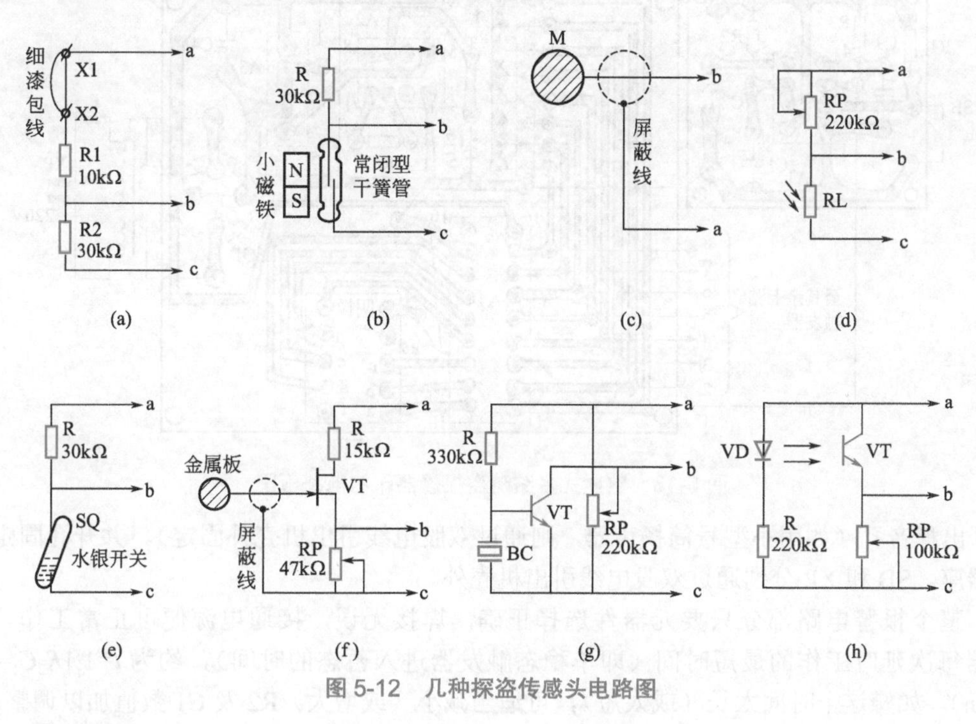

图 5-12 几种探盗传感头电路图

2.元器件选择

A1 选用 NE555 或 uA555、5G1555 型常用时基集成电路；A2 选用 LC246 型四模拟声报警专用集成电路，本制作中将两个选声端 SEL1、SEL2（8、3 脚）悬空，因而能产生最能引起人们注意的模拟警车电笛声信号；A3 选用 TWH8778 或 QT3353 型大功率开关集成电路；A4 选用电视机频道显示译码集成电路 CH233，它采用双列直插式 18 脚塑封，输出高电平电流为 9.5mA，直接驱动发光管。显示器采用常见的一种 0.5in（1in=0.0254m）、共阴极式 LED 数码管。

QD 选用 QL-1A/50V 硅全桥。VD1 ～ VD8 选用 1N4007 或 1N4148 型硅二极管，VD9 选用 2CW52 或 1N4623 稳压二极管。R1 ～ R5 选用 RTX-1/8W 型碳膜电阻器，R6 选用 RJ1/4W 型金属膜电阻器。C2 选用 CT1 型瓷介电容器，其他电容器一律选用 CD11-16V 型电解电容器。

B 选用 8Ω、5W 普通电动式扬声器，如用小型号筒扬声器，则效果更佳。T 选用 220V/9V、5W 优质成品电流变压器。SB 可选用 KWX-2 型微动开关，仅用常闭触点即可。F 选用 250V、0.15A 普通熔断器，并配装管座。XP 为家电常用交流二脚电源插头。

3.制作与使用

图 5-13 为该报警器印制电路板图。左边的小印制板为单稳态触发器电路板，实际尺寸为 40mm×30mm，一共需要制作 8 块这样的电路板，右边的大印制板为音响发生、数字显示电路板，实际尺寸为 75mm×60mm。

焊接时注意，LED 数码管应直接焊在电路板有铜箔的一面，不能将引脚焊反或焊错。焊好的电路板装入体积合适的绝缘机壳内，机壳面板为 LED 数码管开出窗口、为扬声器

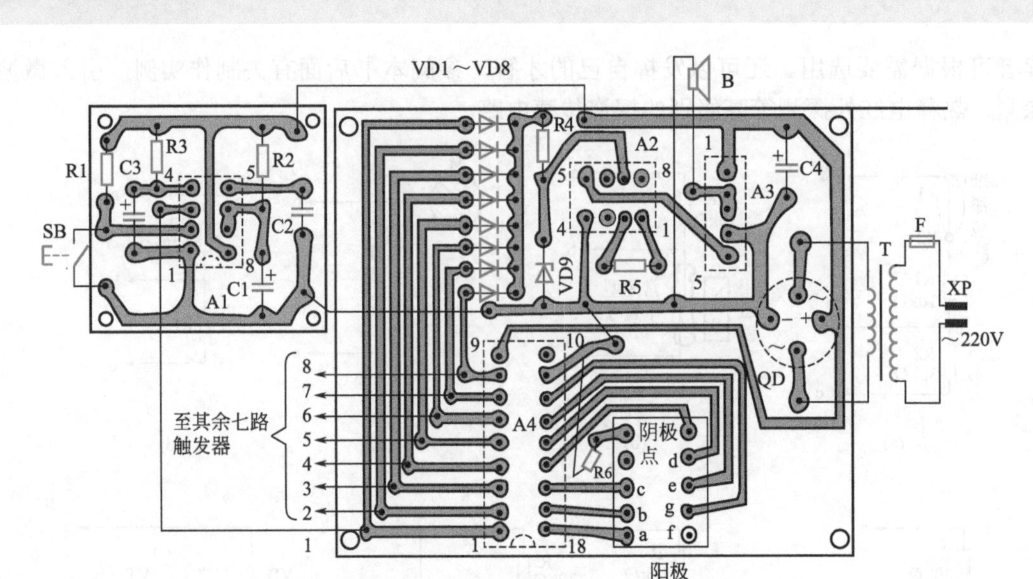

图 5-13 数显式多路防盗报警器印制电路板图

B 开出释音孔（如用小型号筒扬声器，则通过双股电线引出机壳外固定），并开孔固定熔断器座。SB 和 XP 分别通过双股电线引出机壳外。

整个报警电路部分只要元器件选择正确，焊接无误，接通电源便可正常工作。报警器每次延时工作的最短时间（即单稳态触发器进入暂态的时间），约为 $t=1.1R_2C_1=3.6$ (min)。如嫌这个时间太长（或太短），可适当减小（或增大）R2 及 C1 数值加以调整。

例093 汽车防盗报警器制作

1.电路工作原理

该防盗报警器的电路如图 5-14 所示，它由振动传感电路、单稳态延时开关电路、语音发生电路三部分组成。

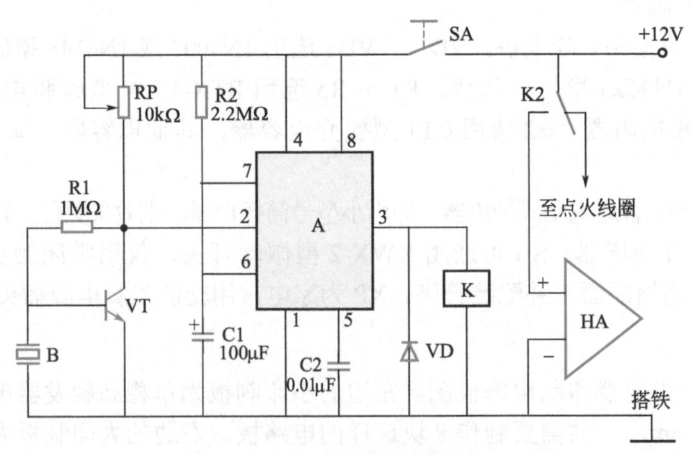

图 5-14 汽车防盗报警器电路图

正常行车时，将隐蔽开关 SA 断开，使报警电路无电不工作。停车后，闭合 SA，报警电路即进入警戒状态。当盗车者发动汽车时，压电陶瓷片 B 受发动机振动而输出相应电信号，经三极管VT放大后，利用其负脉冲沿触发A和R2、C1等构成的单稳态触发器，单稳态电路受触发进入暂态，继电器K得电吸动，其转换触点K2一方面切断汽车点火线圈电源，使车辆无法行驶；另一方面接通语音电喇叭HA的电源，使其反复发出“抓贼呀——”的声音。约经4min时间，单稳态电路复位，K释放，HA断电停止发声，电路又恢复原来监视状态。再次启动汽车，又重复上述报警过程。只有当主人切断隐蔽开关SA时，方可解除待报警或报警状态。

电路中，单稳态触发器进入暂态的时间，即为报警器每次延时发声的时间，可由公式 $t=1.1R_2C_1$ 来估算，按图5-14所示选用元件，时间为4min。RP阻值影响报警灵敏度，一般在静态时调节RP使VT集电极电位略大于VCC/3（即4V），可获得较高灵敏度。

2.元器件选择

A选用NE555、LM555、5G1555等型时基集成电路块。VT选用9014或DG8型硅NPN三极管，要求 $\beta>150$。VD选用1N4001型硅二极管。

HA选用“抓贼呀——”语音报警电喇叭。B选用FT-27或HTD27A-1型压电陶瓷片。K选用JZC-22FA-DC12V-1Z超小型中功率电磁继电器，其外形尺寸仅为22.5mm×16.5mm×16.5mm，它可以直接焊在电路板上。

RP选用WS-2型自锁式有机芯微调电位器。R1、R2均选用RTX-1/8W型碳膜电阻器。C1选用CD11-16V型电解电容器，C2选用CT1型瓷介电容器。SA选用小型船形开关或摇头开关。

3.制作与使用

图5-15为该报警器印制电路板接线图，印制板实际尺寸约为60mm×40mm。

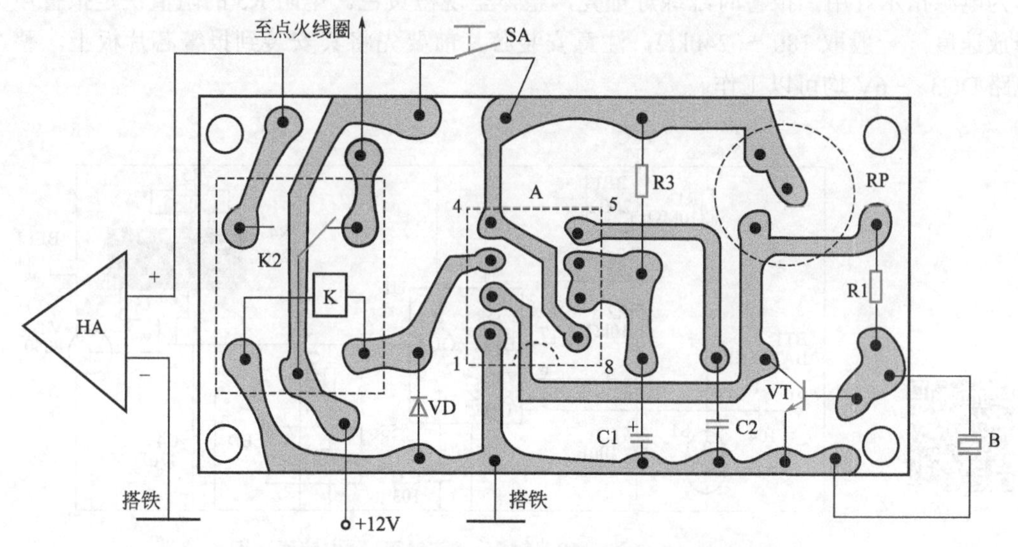

图5-15　汽车防盗报警器印制电路板接线图

焊接好的电路板装入尺寸约为63mm×43mm×23mm的铁质机壳内，要求防水、防振性能良好。B不必引出机壳，将它用环氧树脂粘贴在机壳内壁上即可。铁质机壳固定在发动机附近隐蔽处，其壳体“搭铁”接通车用蓄电池负极，另引出一根电源线接车用蓄电池正极。SA通过双股导线引出机壳，隐蔽固定在便于司机操作的暗处（如驾驶室坐垫下面等）。HA 通过单根导线（正极性引线）引至汽车大梁上固定，其负极性引线就近“搭铁”，注意传声要良好。整个报警器在安装时要求做到各单元间尽量就近且隐蔽布线连接，以免轻易被懂电气的小偷发现并破坏掉。

报警器安装好后，接通 SA 电源开关，在发动机不启动的条件下，由小往大缓慢调节 RP 阻值，待 HA 刚好发声后，再稍微减小一些阻值，即获最佳报警灵敏度。调试完毕，拧紧 RP 上的紧固螺母，防止阻值发生变动。如嫌 4min 的延时报警时间太长（太短），则可适当减小（增大）R2 或 C1 数值加以调整，直到满意为止。

实际使用时，司机停车后，应闭合隐蔽开关 SA；重新开车时，应首先断开 SA，然后再发动车辆。报警声响起后，只要断开 SA，便能立即中止报警。该报警器对电瓶电压为 12V，负极搭铁的各种大、中、小型机动车辆均适用。

例 094　触摸、振动报警器制作

1.电路工作原理

如图 5-16 所示，该触摸、振动报警器由触摸触发电路、振动触发电路和报警电路两部分组成，555 时基电路 U1 组成典型的单稳态工作模式，其暂态时间由 RP1、R2、C2 的数值决定。平时电路处于稳态时，555 时基电路 3 脚输出低电平，报警芯片因无供电而不报警。当人手触碰电极片 P1 时，人体感应的杂波信号经 C1 注入 555 的触发端 2 脚，或振动传感器 S1 受振动而瞬间接通，都会使 U1 的 2 脚出现瞬间的低电平，从而使 555 时基电路翻转进入暂态，3 脚突变为高电平，报警芯片得电发出报警声，通电后绿灯亮，作为电源指示灯用，报警时红绿灯都亮，整体呈现橙黄色。电阻 R5 的阻值决定报警声的释放速度，一般取 180 ～ 240kΩ，注意安装芯片前要先将其安装到报警芯片板上，整个电路 DC3 ～ 6V 均可以工作。

多功能报警器的制作

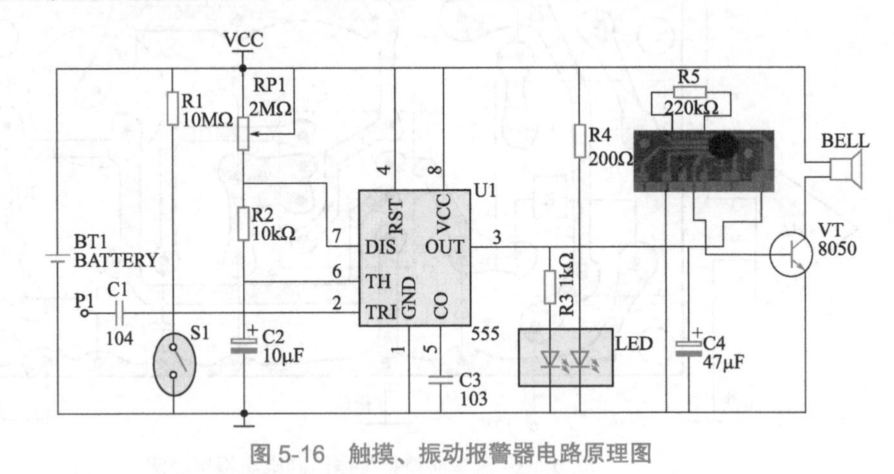

图 5-16　触摸、振动报警器电路原理图

2.电路组装

根据电路原理图中的参数及电路标号插接元器件，电路组装无误通电即可工作，调试时可以倾斜电路板，观察水银传感器接触后，扬声器应能发出声音。然后用手触摸 P1 端子，扬声器应有声音。元器件及组装好的电路板如图 5-17 所示。

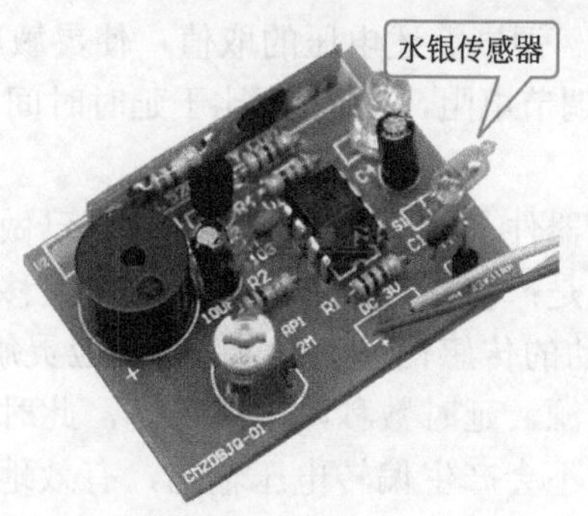

图 5-17　触摸、振动报警器电路板

例095　物移防盗报警器制作

报警器中用到的传感器，选用航模导航器中的角速度传感器。该器件为三端器件，如图 5-18 所示，正电源 VCC、负电源 GND、输出 OUT。

按图接上 DC6 ～ 9V 电源，传感器静止时，OUT 端即有中值电压 U_o 输出，当传感器的轴线 ZZ' 稍有微量顺、逆时针偏转时，U_o 即有正、负偏差电压输出。

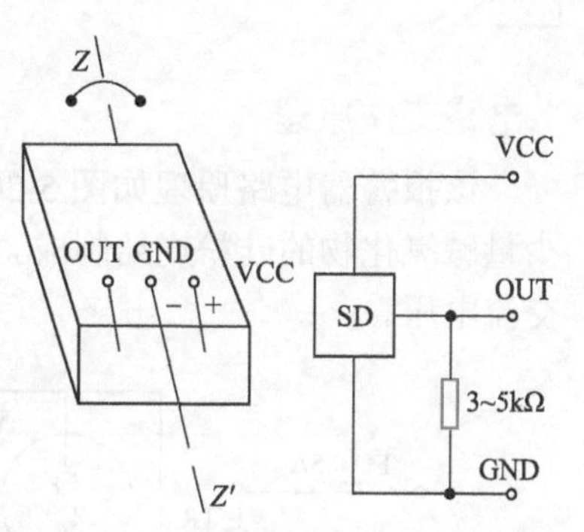

图 5-18　报警器中用到的传感器

如图 5-19 所示，由传感器 SD 检测出的正、负偏差电压，经 IC1 358 双运放组成的双门限电压比较器，检出偏差脉冲（发光管 VD1、VD2 指示正负偏差讯号）。由光电耦合器 PC817 耦合的输出信号，触发 IC2 555 组成的延时报警电路，只要传感器每输出一个角度偏差电压，即可得到一个延时数秒至数分的报警电压，以推动讯响器发声。

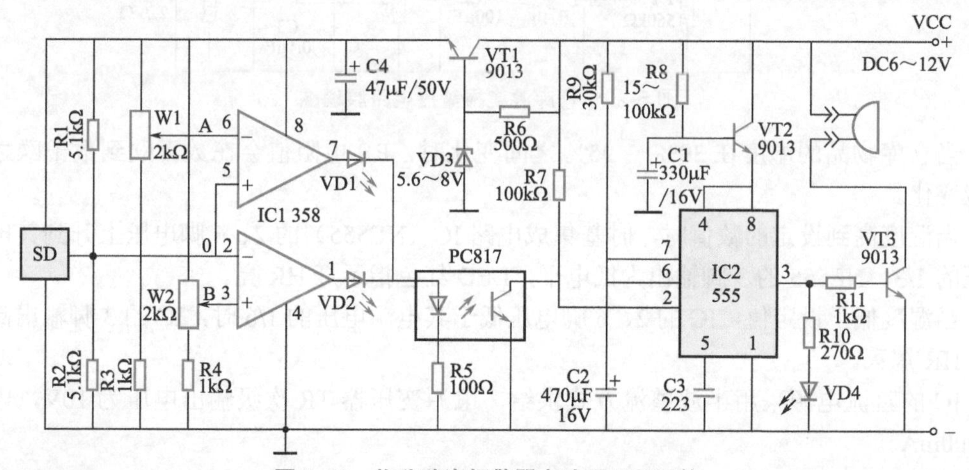

图 5-19　物移防盗报警器电路原理及调整

图中 W1、W2 是比较器上、下电压偏差的灵敏度调节器。传感器静止时，先测得 0 点中值电压 U_o 值，然后调节 W1，使测试点 A 的电压值比 U_o 高 0.05 ～ 0.1V；调节 W2，使调试点 B 的电压值比 U_o 低 0.05 ～ 0.1V。A、B 点与 0 点电压的偏差值，反比于报警器的灵敏度，正比于稳定性。调试上述电压的取值，使灵敏度和稳定性互相兼顾。R9 是 IC2 555 单稳态输出延时的调节电阻，R9 值正比于延时时间。R8、C1、VT2 组成报警器初始启动延时电路。

角速度传感器作为制导器件，结构精密，器件内部已做了整体密封、防振处理，同其他位移传感器相比其特点是：初始设置方位任意（在搬移起步过程中必然分解出沿传感器轴线 *ZZ′* 左右微量偏动的传感信号），角速度反应灵敏，性能稳定可靠。使用时，报警器定位妥当后，开启电源，延时数秒，电路工作，此时传感器仅测取偏转角速度信号。在无角速度的情况下，不会产生偏转电压输出，有效地防止了因振动、声响、气候等原因可能产生的误报警。把报警器整体或仅把传感器安装在要防止搬移的物体中，物体稍有移动，其讯响器就会立刻发出响亮的报警声。

例096 仓库湿度报警器制作

1.电路工作原理

该报警器电路原理如图 5-20 所示。RS 是湿度感应器，型号为 MS01-A，它是用掺入少量碱氧化物的硅粉烧结制成。为了避免发生极化，在 RS 上不能加直流电压，只可以加交流电压。

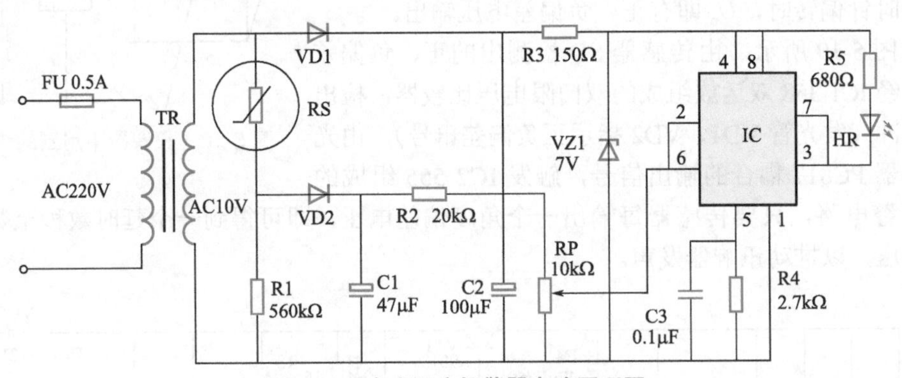

图 5-20 仓库湿度报警器电路原理图

当仓库物品的湿度在 30% ～ 95% 之间变化时，RS 电阻值会在数百欧到数千欧之间相应变化。

当湿度高到设定的数值时，时基集成电路 IC（NE555）的 2、6 脚电压上升到其电源电压的 1/3，NE555 的 3 脚输出为低电平，LED 红色指示灯 HR 亮。

当湿度低于设定值，IC 的 2、6 脚电压低于其电源电压的 1/6 时，IC 的 3 脚输出高电平，HR 熄灭。

IC 的直流电源采用半波整流方式供给，电源变压器 TR 次级输出电压为 10V，电流为 300mA。

2.元器件选择

TR：市售成品电源变压器，220V/10V。

VD1、VD2：1N4007。VZ1：选用 7V、0.5W 的稳压二极管，如 2CW56 等。

RP：用线绕电位器，10kΩ。

HR：用直径为5mm的圆形高亮度红色发光二极管。

RS：湿度传感器，MS01-A。

R1：560kΩ。R2：20kΩ。R3：150Ω。R4：2.7kΩ。R5：680Ω。R1 ～ R5均为1/4W金属膜电阻。

C1：47μF/16V。C2：100μF/16V。C3：0.1μF/63V。

IC：NE555、LM555、CA555。

3.调试方法

电位器RP应根据规定允许湿度来调整，开启电源15min后，把电位器RP中心调制到最高上限，这时，HR应发光指示。然后，把RP中心慢慢往下端调，直到刚好使HR熄灭。这时，对应的电阻值正是规定湿度的下限值。

如果需要超过湿度上限值的报警信号，则需要再把RP中心上移使HR刚好点亮。

如果用户需要设置所需的湿度上限报警值，则可以根据仓库储存物的种类来自行设定。

例097 自动恒温孵化箱制作

1.电路工作原理

该控制器电路如图5-21所示。市电经二极管VD1、VD2全波整流和电容C滤波后，提供约9V的直流电压。线路中IC1为放大比较器，IC2为滞后比较器，双向晶闸管VS是加热器的电子控制开关，RT为热度传感器，用RP调整控温恒温点，HR1为指示灯兼作稳压管，提供约1.8V基准电压，HR2为加热升温指示灯。

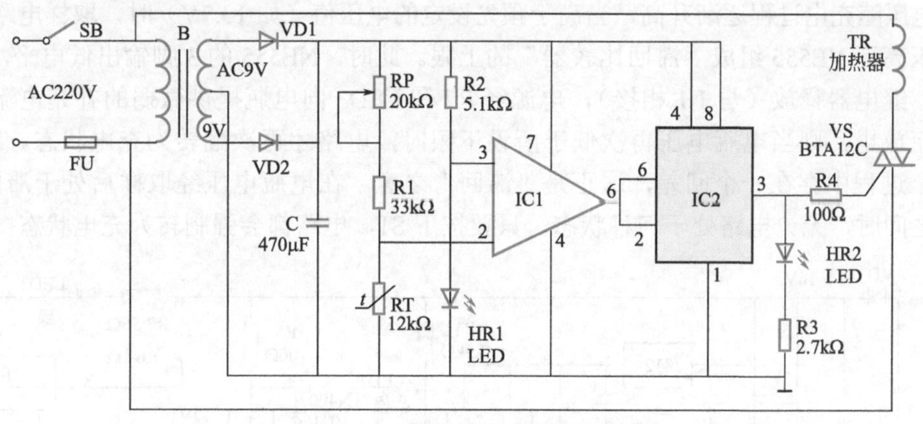

图5-21 自动恒温孵化箱电路原理图

RT在低温下阻值很大，在高温下阻值很小。当环境温度低于设定温度时，IC1的2脚的电压高于3脚的电压，6脚输出低电平。于是，IC2的3脚输出高电平，使HR2发光指示，同时触发VS导通，加热器TR通电升温。当RT的温度环境高于设定温度值时，IC1的2脚电压低于3脚电压。于是IC1的6脚输出高电平，IC2输出为低电平，HR2熄灭，VS关断，加热器断电，停止了加热，温度控制在预定的温度内。

箱体里要对保温材料进行填充，加热器要安装在孵化箱的下半部，这样箱子里的温度比较均衡，RT要放在孵化箱的中部，便于真实地反映孵化箱的温度。

2.元器件选择

IC1：CF41。IC2：NE555。

B：变压器选择为220V输入，双9V输出，功率为20W。

RT：用软塑料套住放在恒温箱中部，制作时找一支温度计进行温度测定。

TR：加热器可以选择100W白炽灯或石英管。

VS：双向晶闸管可选用12A、耐压600V的双向晶闸管，如BTA12C、BTA16C等。

RP：20kΩ。

R1：33kΩ。R2：5.1kΩ。R3：2.7kΩ。R4：100Ω。R1～R4均为1/4W的金属膜电阻。

C：470μF/16V。

例098 电源自动充电器制作

电路的核心部分是由NE555组成的“滞回比较器”，R8、R9、RP1和RP2构成取样电路，LED1～LED3为充电状态指示灯。电瓶的充电用继电器连接，使用更为可靠。S1、S2为轻触开关，可以用来手动控制充电进程，使电路变得更加灵活方便。

下面重点介绍电路的工作原理、调试方法和安装工艺。

1.电路工作原理

如图5-22所示，本电路核心是NE555时基电路，当电瓶为欠压状态（如10V）时，取样电路输出的电压低于NE555组成“滞回比较器”的下限。此时，NE555的3脚输出高电平，VT1导通，继电器吸合（与J-2相接），电源经R6向电瓶充电，经过一定时间，电瓶电压随充电过程逐渐升高，当高于预先设定的电压值（如13.7V）时，取样电路输出的电压高于NE555组成“滞回比较器”的上限。此时，NE555的3脚输出低电平，VT1截止，继电器释放（与J-1相接），电源经R7和LED3向电瓶提供微弱的补充电流。若将电瓶放电，则当电瓶电压再次低于所设下限时，电路才再次翻转为充电状态。因此，在这个过程中存在一个回差，这正是“滞回”之意。在电瓶电压经取样后处于滞回上、下限之间时，无论电路处于何种状态，只要按下S1，电路都会强制转为充电状态；按下

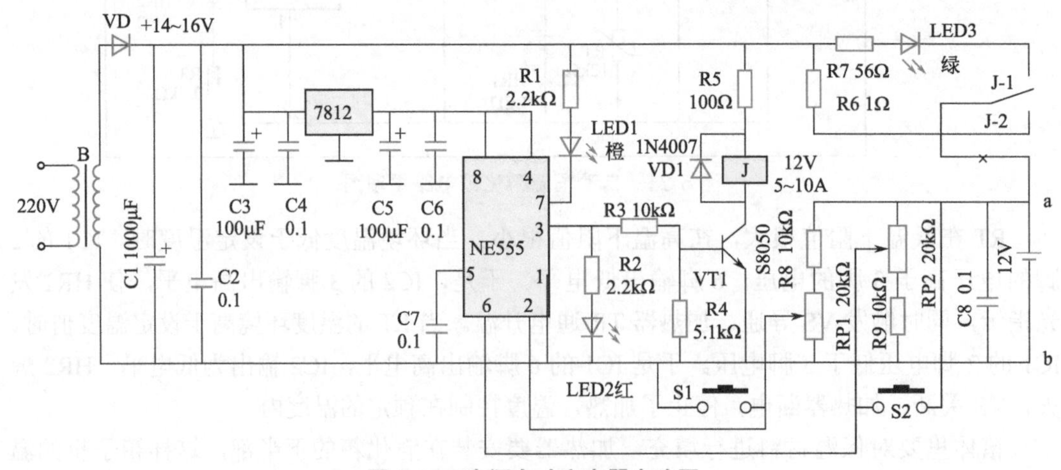

图5-22 电源自动充电器电路图

S2，则强制退出充电。这一功能对应急补充电和闲时节能都很有意义。根据工作原理可知：当LED2点亮时，表示正在充电；当LED2熄灭而LED1和LED3点亮时，则表示电瓶为正常荷电状态。根据LED3的亮度还可以判断电瓶荷电的多少。

2.调试方法

首先，将电路电源与继电器中点处（画“×”处）断开，接上电源，用数字表测得NE555的5脚电压应恒为8V左右。此时，用一个标准的稳压电源替换电瓶接在a、b端。注意电压极性为a正b负。把标准稳压电源电压调至相应电瓶电压预定的最大值（如13.7V）；其次调节RP2，使RP2滑动端电压输出与测得5脚的电压值（如8V）相等。然后将标准稳压电源电压降低至相应电瓶电压预定的最小值（如10.5V），调节RP1，使RP1滑动端输出为5脚电压值的一半（如4V）。电压基本调准以后，将标准稳压电源的电压从8V左右缓慢调至15V，然后再缓慢降至8V，同时用数字表跟踪a、b两端的电压，你会发现首先是LED2亮；在电压升至13.7V左右时，LED2熄灭而LED1点亮；再降至10.5V左右时，电路又为最初的状态。在电压为10.5～13.7V时，可以尝试按一下S1或S2，便自然了解其功能了。最后将断开处接通即可。

3.安装工艺

为使电路运行准确安全，应注意充电回路和控制回路的分开走线问题。充电回路电流大，应选用短而粗的导线连接；控制回路应尽量不与充电回路“重合”。在制作印制板时，应尽量使NE555的5脚、1脚与取样电路的“地”靠近，地线应宽而粗，一般只要正确搭接，就可以正常工作。电路中，R6为限流电阻，它决定充电电流的大小。对于12A·h的电池，调节充电电流在0.7A为宜。RP1、RP2尽量采用精密多圈电位器。

例099　电子琴制作

电子琴的制作

1.电路工作原理

如图5-23所示，电阻R2～R9用于振荡频率的选择，它们与电阻R1、电容C2和

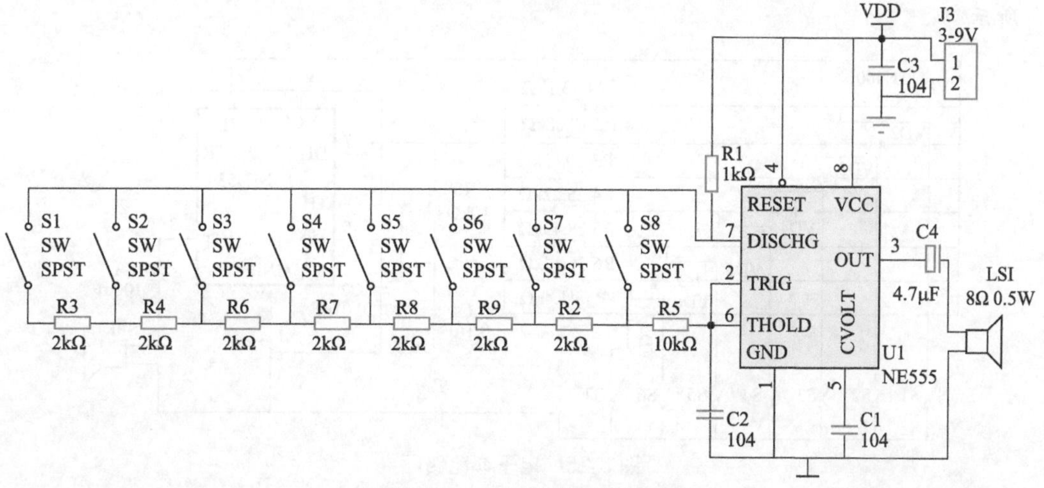

图5-23　电子琴电路原理图

U1NE555 组成 9 种不同的振荡频率。选频信号由 S1 ～ S8 琴键开关来控制，而 NE555 音频的输出会在扬声器 SP 发出响亮的声音。操作时，按下琴键，电子琴会发出连续响亮的声音，如依次按下不同的开关，便可以奏出美妙的声乐。

2.组装制作

根据元器件清单（表 5-2）、电路原理图及印制板元器件编号插件焊接，焊接好的电路板图如图 5-24 所示。焊接好后，通电按压相应的按键，扬声器中应有不同的声音输出。

表 5-2 电子琴元器件清单

元器件名称	数量	元器件名称	数量
PCB 板	1	2kΩ 电阻	7
8P IC 座	1	10kΩ 电阻	1
NE555	1	长 5cm 塑铜线	2
KF301-2 接线座	1	8Ω0.25W 喇叭	1
4.7μF 电解电容	1	12mm×12mm×7.3mm 按键	8
104 独石电容或瓷片电容	3	按键帽	8
1kΩ 电阻	1		

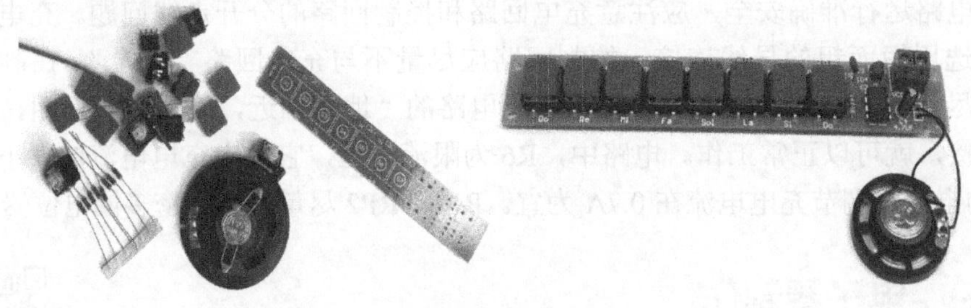

图 5-24 电子琴电路元件及电路板图

知识拓展

根据上述电路，可以对电路进行改装，从而形成另一种电子琴电路，如图 5-25 所示。

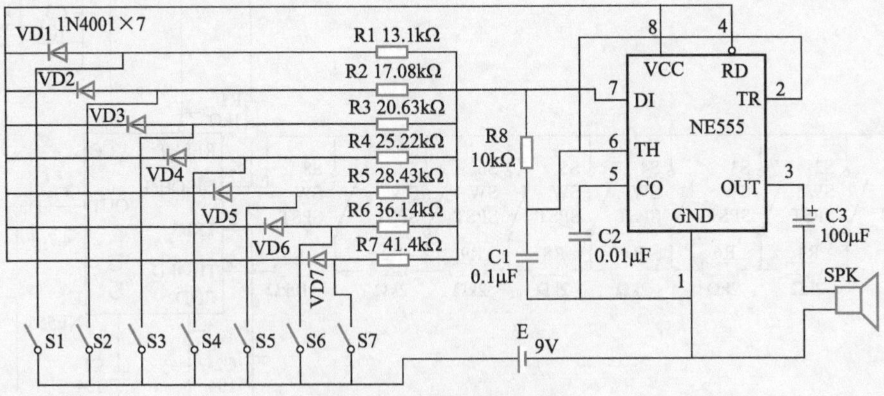

图 5-25 电子琴电路图

图 5-25 中，R1 ~ R7 是振荡电路的频率选择电阻，它们与 R8、C1 及 NE555 组成多谐振荡器，分别产生七种不同频率的信号，模拟七个音调；NE555 的 3 脚输出振荡信号，振动扬声器发声；VD1 ~ VD7 对 R1 ~ R7 选频电阻起着电平的相互隔离作用，避免电源对电路的工作造成不良影响。当按键都不按下时，电源与 NE555 断开，电路不耗电；按下某一键时，扬声器发出与音调相对应的音频，而一旦松开按键，电路就立即停止工作。

例100　电子幸运转盘制作

1.电路工作原理

电路原理图如图 5-26 所示。幸运转盘就是先预测旋转中的圆盘停止时，到底会停到哪个位置的工具。也可用作估号码游戏、电子骰子、抽奖机等。电子幸运转盘就是以电子的方式达成相同的功能。本套件把 10 个 LED 灯配置成一个圆圈，当按下一个按键后，每个 LED 灯顺序轮流发光，流动速度越来越慢，最后停在某一个 LED 上不再移动。若最后发亮的 LED 与玩家预测的相同，则表示“中奖”了。

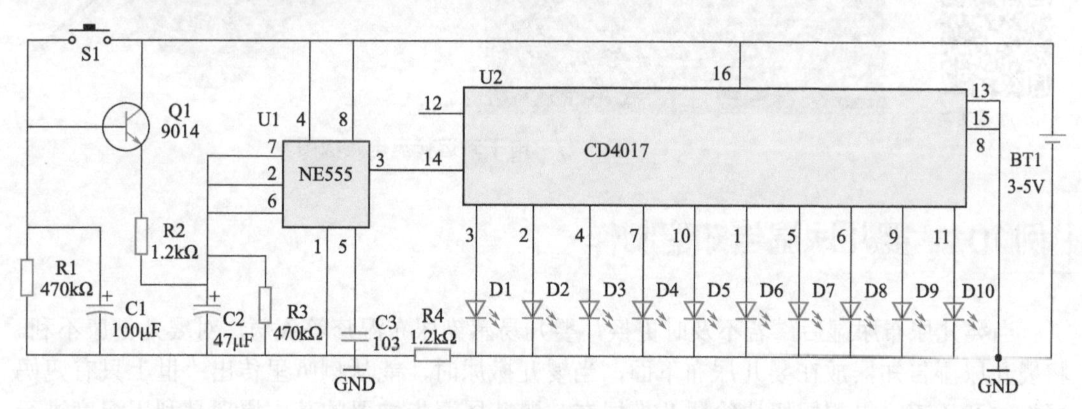

图 5-26　电子幸运转盘电路原理图

电路主要由 NE555 及外围元件构成多谐振荡器，当按下按键 S1 时 Q1 导通，NE555 的 3 脚输出脉冲，CD4017 的输出端轮流输出高电平驱动 10 个 LED 发光，松开按键后，由于电容 C1 的存在，Q1 不会立即截止，随后 C1 放电，Q1 的导通程序逐渐减慢，3 脚的输出脉冲频率逐渐变慢，LED 的移动频率也随之变慢。最后 C1 放电完成后，Q1 截止，NE555 的 3 脚脉冲停止输出，LED 不再移动。一次“开奖”就这样完成了，R2 决定 LED 的移动速度，C1 决定等待“开奖”的时间。

2.组装

根据元器件清单（表 5-3）、电路原理图及印制板元器件编号插件焊接，焊接好的电路板图如图 5-27 所示。焊接好后，通电按压按键，彩灯即可循环转动，然后停在某位置上。

表 5-3 电子幸运转盘元器件清单

序号	名称	型号 / 规格	编号	序号	名称	型号 / 规格	编号
01	色环电阻	1.2kΩ	R2、R4	08	轻触开关	6mm×6mm×13mm	S1
02	色环电阻	470kΩ	R1、R3	09	IC 座	8PIN	U1
03	瓷片电容	103	C3	10	IC 座	16PIN	U2
04	电解电容	47μF	C2	11	集成电路	NE555	U1
05	电解电容	100μF	C1	12	集成电路	CD4017	U2
06	LED	F5 发红光	D1 ～ D10	13	PCB 板	FR-4 58mm×58mm	1
07	三极管	9014	Q1	14	说明书	A4	1

流水灯原理与制作

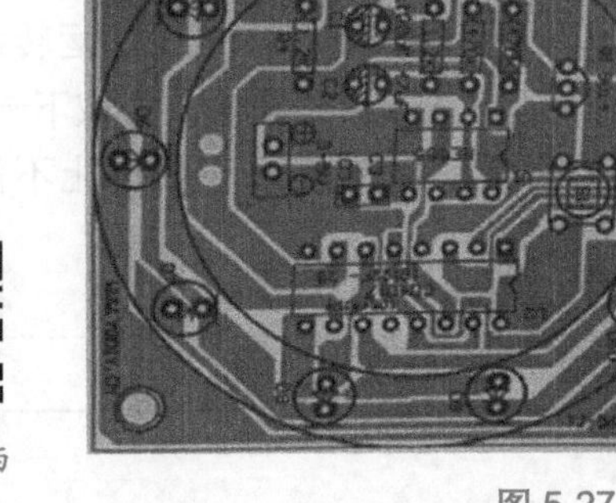

图 5-27 电子幸运转盘电路板图

例101 婴儿尿湿告知器制作

当婴儿尿布尿湿后，若不及时更换，婴儿易感染尿布湿疹等疾病，对婴儿健康不利。将婴儿尿湿告知器放在婴儿尿布下面，当婴儿撒尿时，能从喇叭里传出“世上只有妈妈好”的音乐声，提醒妈妈快给婴儿换尿布。婴儿尿湿告知器的基本原理是利用湿度进行控制，其电路原理图如图 5-28 所示。

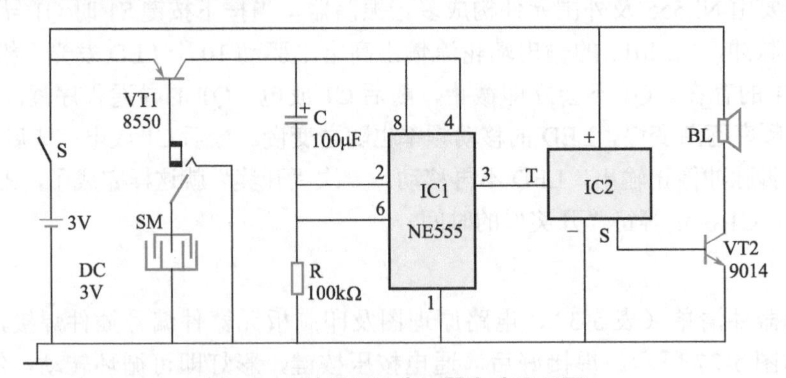

图 5-28 简易尿湿告知器电路原理图

1.电路工作原理

整个电路由三个单元电路所组成：

① 由湿敏传感器 SM 与 VT1 组成电子开关电路；

② 由 NE555 时基集成电路和阻容元件组成延时电路；

③ IC2 为软封装音乐集成电路。

婴儿尿湿告知器的工作原理是：平时湿敏传感器处于开路状态，而 VT1 属于 PNP 型三极管，因此集电极无电压输出，这里 VT1 相当于一个受湿度控制的电子开关。当婴儿尿布尿湿后，湿敏传感器被尿液短路，VT1 导通，延时电路便开始工作计时，约 10s 后，NE555 的 3 脚输出高电平，触发 IC2 发出音乐声音，提示监护人及时给婴儿换尿布。

本电路设计了一个延时接通的功能，由 C 及 R 参数决定延时时间，当婴儿撒尿时，大约 10s 后才开始报警，其目的是让婴儿把尿撒完。如果没有延时电路，婴儿一撒尿，报警器立即报警，这样会惊吓婴儿，造成闭尿现象，会危害婴儿健康。

2.制作过程

婴儿尿湿告知器所用元件比较少，制作简单，性能可靠，可用通用印制板进行焊接。外壳可选用成品音乐门铃进行改制，湿敏传感器则需自制，至少制作两个以上，交替使用。元件的排列及湿敏传感器的制作如图 5-29 所示。三极管 VT1 的基极与电源负极用导线与直径为 3.5cm 的插头插入孔内即可。

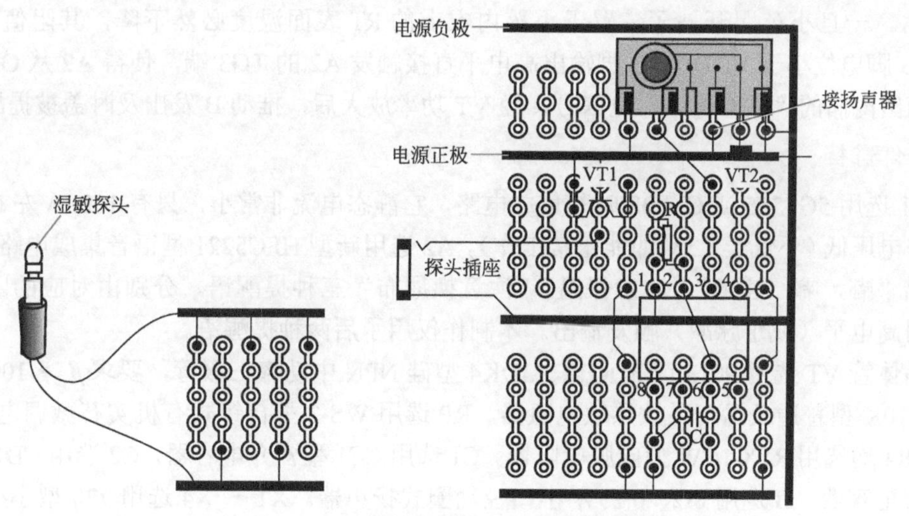

图 5-29　元件的排列及湿敏传感器的制作

例102　尿床、踢被报警器制作

1.电路工作原理

宝宝尿床、踢被报警器的电路如图 5-30 所示。该电路主要采用了一块新型语音告警集成电路芯片 A2，其中 R4、C1 分别为 A2 的外接振荡电阻和电容器，它们的阻值或容量大小影响语音声的速度和音调。在婴儿未排尿时，尿探头两电极间开路，A2 内部电路因 TG4 触发端通过 R3 接地（VSS 端）而不工作，扬声器 B 无声。此时电路耗电甚微，实测静态总电流小于0.5μA。一旦婴儿排尿，夹放在尿布中间的探头便会检拾到尿液。因尿液含电解质能导电，故就相当于在尿探头间接入了一个几千欧姆的电阻。于是A2的TG4端获得大于VDD/2的高电平，A2内部电路受触发工作，其OUT端反复输出内储“注意换尿布”语音电信号，经三极管VT功率放大后，推动B发出语音报警声。

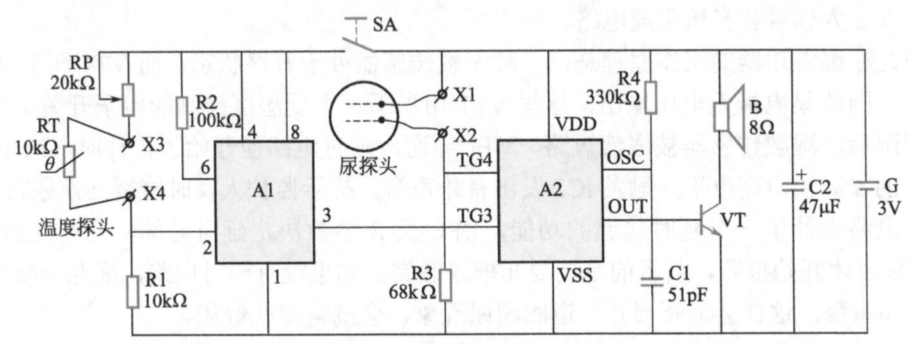

图5-30　宝宝尿床、踢被报警器电路图

负温度系数热敏电阻器RT和“555”时基集成电路A1等构成温度传感电路，用于小孩踢被受凉信号检测。这里A1接成电压比较器，其6脚通过R2接电源正端，故正端3脚电平高低就完全取决于2脚电位。闭合开关SA，温度探测电路通电工作。在小孩未踢开被子时，RT感受到较高温度，其阻值较小，A1的2脚获得的电位大于VDD/3、小于0.22mA。一旦小孩踢开被子，置于小孩内衣上的RT表面温度必然下降，其阻值大增，A1的3脚电位小于VDD/3，3脚输出高电平直接触发A2的TG3端，使得A2从OUT端反复输出内储的“注意保温”电信号，经VT功率放大后，推动B发出及时盖被提醒语。

2.元器件选择

A1选用5G7555或CMOS时基集成电路，它静态电流非常小，只有100μA左右，而且工作电压低（不低于1.5V即能正常工作）。A2选用新型HFC5221型语音集成电路芯片，它内储“嘟，嘟，注意”“注意保温”“注意换尿布”三种提醒语，分别由对应的四个触发端用高电平（或正脉冲）触发输出。本制作仅用了后两种提醒语。

晶体管VT选用9013或3DG12、3DK4型硅NPN中功率三极管，要求$\beta>100$。RT MF11-10K型普通负温度系数热敏电阻器。RP选用WS-2型自锁式有机实芯微调电位器。R1～R4均选用RTX-1/8W型碳膜电阻器。C1选用CC1型瓷介电容器，C2选用CD11-10V型电解电容器。B选用8Ω、0.25W小口径动圈式扬声器。X1～X4选用720型小型彩色接线柱。SA选用KN3-A型钮子开关。G用两节5号干电池串联而成。

3.制作与使用

图5-31所示为该报警器印制电路板图，印制板实际尺寸约40mm×30mm。焊接时，A1芯片的1、4～8脚通过六根长约7mm的元件多余剪脚线直接插焊到电路板对应数标孔内。除两个探头外，焊好的电路板连同扬声器、电池等一起装入大小合适的绝缘小盒内。盒面板上开出释音孔，并在适当位置开孔固定RP及SA、X1～X4。

尿探头须自制：取一ϕ35mm左右的稍厚塑料圆片，另取长度≥0.8m的多股铜芯塑皮细导线两根，绞合成引线，将一端剥去30mm长的塑皮后，平行（间距≤15mm）穿入塑料圆片固定牢，另一端接报警盒上的X1、X2接线柱即可。

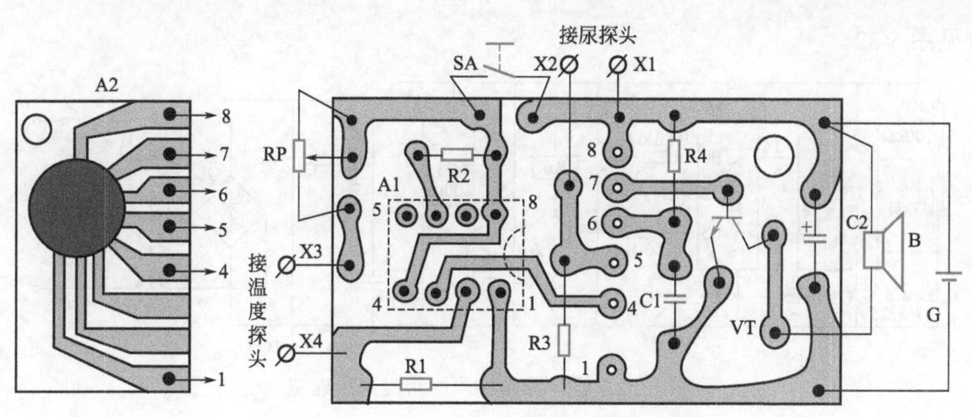

图 5-31　宝宝尿床、踢被报警器印制电路板图

温度探头实质上是热敏电阻器 RT。为了使用方便，应焊上长度≥ 1m 的双股软塑料导线，焊头处用塑料套管和环氧树脂套封住，以加强绝缘和提高力学性能，套管外面包裹医用白胶带，并从中间穿上一个中号别针作固定用。双股软导线的另一头接报警盒上的 X3、X4 即可。

制成的报警器电路一般无须任何调试便可正常工作。可适当改变 R1 阻值（240 ～ 430kΩ）或 C1 容量（30 ～ 68pF）加以调节语音声；探尿灵敏度太高（或太低），可适当减小（或增大）R3 阻值加以调节。

该报警器在实际应用时，“报尿”和“踢被”两种报警功能既可单一使用，也可同时使用。用于报尿时，应将尿探头夹入双层干燥尿布中最易感受到尿液的地方；报尿后，用布吸去探头上的尿液，则报警声自动停止。

用于踢被受凉报警时，将温度探头用别针固定在小孩的胸前内衣上或被盖里侧，并盖好被子。几分钟后，被内温度上升并趋于稳定时，合上开关 SA，调节 RP，使 B 处于临界不发声状态，大人即可安心睡觉。一旦小孩踢被，不到 10s，报警器便发出提醒语。大人闻讯后，应一边为孩子盖被，一边断开 SA 使 B 停止发声。待被内温度回升后，方可合上 SA 安心入睡。

例103　循环振动按摩腰带制作

1.电路工作原理

电路原理如图 5-32 所示。由时基电路 NE555 组成多谐振荡器，其 3 脚输出方波脉冲，加到由 CD4017 组成的计数器 14 脚，计数器被触发。计数器在方波脉冲的作用下开始循环计数，其输出端依次输出高电平，驱动三极管 V1 ～ V6 导通，相应的继电器 K1 ～ K6 依次动作，常开接点闭合，接通相应的直流电机旋转，电机按圆周振动，从而达到循环振动按摩之目的。调整电位器 RP，可使循环频率变快或变慢。

电源部分采用变压器 T 降压、桥堆 QL 整流，电容 C1 滤波，由 A、B 端引出供给振动电机电源。此整流电源再经稳压集成块 LM7812 稳压后，供给驱动电路使用。这样做主要是为了保证时基电路和计数器工作稳定，同时又不增加 LM7812 的负荷。变压器 T 选 5W、220V/12V；三极管 V 选 8050；继电器 K 选 4098；桥堆 QL 选 RS307L；其余元件参数见图 5-32。

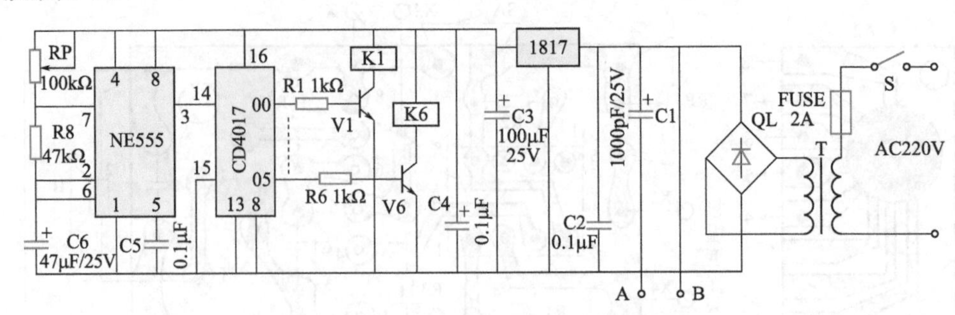

图 5-32　循环振动按摩腰带电路原理图

2.制作步骤

选用微型 12V 电机 6 ～ 12 个（长带时选用 12 个 /2 个并联使用）；帆布及尼龙布（宽 140mm、长 1000mm）两段；带倒钩的自粘尼龙布（宽 140mm、长 140mm）两段。

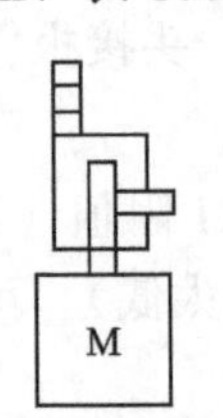

图 5-33　制作偏心轮

首先把每个电机轴套上一个自制偏心轮，此轮可用旧闸刀开关上的接线座代替，此接线座侧面恰好有紧固螺钉，可以拧紧，如图 5-33 所示。然后把电机放入一个大小合适的塑料药瓶中，当然也可以放入其他容器中，但容器要有一定的机械强度。最后用泡沫把电机按圆周塞紧。这样一个单元的振动按摩器就完成了，其余 5 个如法炮制。6 个全部完成后，可按图 5-34（a）把电机单元均匀布置，盖上尼龙布，如图 5-34（b）所示，用线纵向缝紧，使每个单元振动器固定，把每个单元的电机引出线（共计 12 根）事先焊好引到布外，沿按摩带边缘横向用线缝紧，按摩腰带就算完成了。最后用与腰带大些的帆布在外包一层，并缝紧，用以增强腰带的强度。

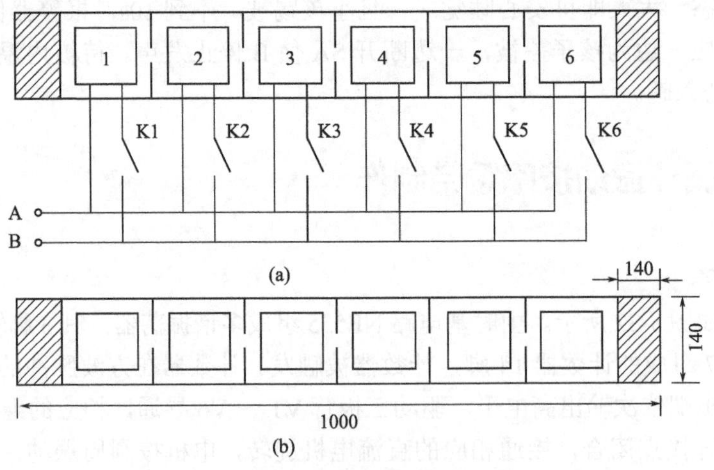

图 5-34 按摩腰带的制作

因电路元件参数都有较大的富余量，所以只要元件良好，安装焊接无误，不用调试加电即可安全正常工作。电路部分全部装在控制盒内，把电源线及至腰带的直流 A、B 端出线用接插件引到盒外，可调电位器 RP、开关 S、保险管 FUSE 安装在盒子正面，使用时，把腰带扎在腰上，闭合开关 S，调 RP 使其适合自己的循环频率即可。

例104 电疗仪电路图制作

1.电路工作原理

电磁脉冲治疗仪据称能疏通经络，改善血液循环，消除微循环障碍，具有活血化瘀、调节神经、消肿、镇静、降压、止痛等治疗作用。

电路原理如图5-35所示。电路由一块时基集成块NE555和电阻、电容、变压器、三极管等元件组成。时基NE555（IC1）的2、6、7脚所接元件R1、R2、C2组成无稳态多谐振荡器电路。合上开关K，当电压低于电源电压的1/3时，IC1内部比较器翻转，使触发器翻转，放电三极管关断，外接电容C2通过R1、R2开始充电。当电容C2两端的电压达到电源电压的2/3时，内部比较器再次翻转，IC1的3脚输出一个高电平脉冲，同时储存在C2的电压开始放电，电路中的三极管VT1、VT2相继导通。发光二极管亮，变压器T1的初级绕组有电流通过。在变压器次级就相应感应出交变脉冲电压，在电路中的A、B两点输出。脉冲信号的强度由RW电位器决定，脉冲频率由RC决定，当IC1的3脚输出低电平时，三极管VT1、VT2截止，VZ发光二极管不亮，变压器也没有输出了。这样反复运作，就达到了电磁脉冲治疗仪的治病作用，再加上A极头上有四块强磁片叠加，磁场更强大，治病效果就更大了。

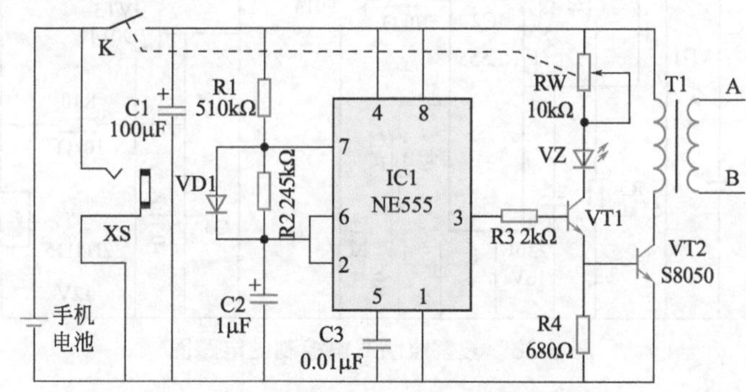

图5-35 电疗仪电路原理图

2.制作和安装

选用合适尺寸的塑料盒，首先把插孔处用簿绝缘板封粘好，在上面钻孔，安装上A极、B极、充电插座、电位器、信号灯。在壳外粘上一块手机电池，把电路上的零件安装焊好在一块30mm×20mm万能接线板上。按电路图把所有零件焊接好，变压器反接在电路上，变压器的参数为220V/12V、1.5W正好适用。在A极处放上四块ϕ10mm×2mm高强度磁片，这样脉冲加强增加了治疗效果。

3.使用方法

把电磁脉冲治疗仪放在手上，右手的无名指或小指自然接触B极，用右手的大拇指把电位器的开关打开。看到信号灯亮，并有节奏的闪动，这时把治疗仪的A极放到左手合谷穴上，可能有轻微的针刺感。调整电位器使信号灯亮度增加，等合谷穴有较强的针刺感，相应的手指有节奏性的跳动感觉即可。每次三到五分钟，其他各个穴位都可以用。信号灯有三种用途：一是电源指示；二是脉冲频率显示；三是脉冲强度显示。如电位器升到最大，信号灯亮度还是较低，说明手机电池电量不足，应该充电了。

例105 照明节电控制器制作

1.电路工作原理

电路如图5-36所示，市电经T降压、IC1整流、C1滤波后，输出12V直流电压，VD1为电源指示发光管。电源经VD2、R2、R3分压后给时基IC2的2、6脚。当环境光线由强变弱时，VD2的内阻由小变大。当IC1的2、6脚电压下降到VCC/3时，IC2输出状态反转，3脚输出高电平，VT1、VT2饱和导通，后级电路得电，VD4发光，指示允许开灯照明；当按下N1的瞬间，电源经R8、N1加给VT3基极，VT3、VT4饱和导通，J得电吸合，其触点接通照明灯电源回路，同时，VT4集电极的电压经R10反馈给VT3的基极，使VT3、VT4维持导通，J得以自保；需要关灯时，按下N2、N3基极对地短路的瞬间，VT3、VT4截止，J释放，切断照明灯电源。

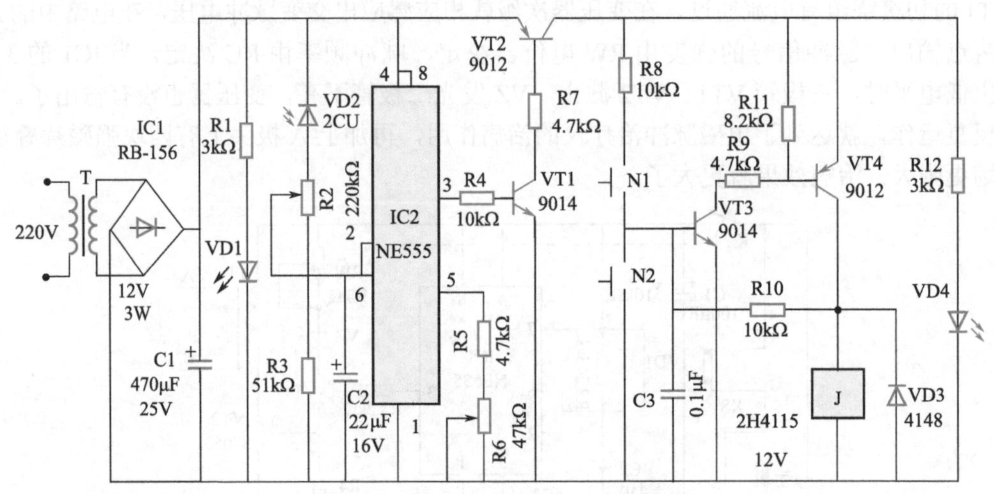

图5-36 教室照明节电控制器电路图

当环境光线由弱变强时，VD2的内阻由大变小，当IC1的2、6脚电压上升到2VCC/3时，3脚输出低电平，VT1、VT2截止，后级电路失电，J释放，自动关闭教室内的照明灯。C2的容量较大，可防止夜间的瞬时强光照射VD2时使教室内电灯熄灭；C3可防止外界干扰，提高电路的可靠性。R5、R6的加入可改变照明灯由亮到熄、由熄到亮过程中的滞后程度，该阻值越小，滞后程度也就越小。

2.制作与调试

将图5-36中元件焊接在一块6mm×9cm的电路板上，固定在相应的塑料盒内，VD1、VD4应安装在机壳比较醒目的位置。当教室内光照度不需要开灯照明（光照度200lx左右）时，自下而上调整R2，使J刚好释放，VD4熄灭；当教室内光照度下降到需要开灯照明（150lx左右时）时，自下而上调整R6，使VD4发光。调整R6后会影响R2的设定值，需要再次调整，利用照度计调整比较方便。

3.安装与使用

将控制器固定在教室内适当位置，VD2应处在教室内灯光照不到的窗口朝外方向，以采集自然环境光照度，N1、N2可利用原有的墙壁开关改制，方法是：在墙壁开关的面板上钻孔，装上两个自复位按钮N1、N2。在教室内光线较弱VD4发光的前提下，按一下N1，照明灯开启，按一下N2照明灯应熄灭，图中元器件参数下可控制功率≤5kV·A。

例106 漏电自动断电报警器制作

1.电路工作原理

电器漏电自动断电报警器的电路如图5-37所示，整个电路由漏电信号检出、语音报警和用电器自动断电开关三部分电路构成。

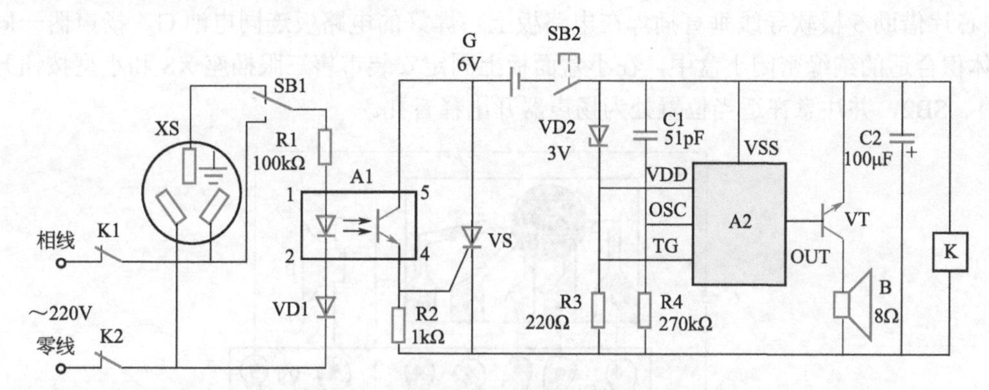

图5-37 电器漏电自动断电报警器电路图

平时，自动断电报警电路不工作，其静态直流电流实测为零。当外壳漏电的用电器接入三眼插座XS时，泄漏电流便会通过XS的中孔并经自复位按钮开关SB1，限流电阻R1，光电耦合器A1的1、2脚及整流二极管VD1与电网零线构成回路，使A1的内藏发光管点亮，对应内藏光敏管由原来的截止状态转为导通状态，单向晶闸管VS获得触发电流而导通。于是，继电器通电动作，其常闭触点K1、K2跳开，插座XS自动停止对用电器供电；与此同时，A2反复输出内储语音电信号，经三极管VT功率放大后，推动扬声器B反复发出“有电危险，请勿靠近”的警告声。主人闻讯后，只有拔掉漏电用电器的电源插头，并按动一下常闭型按钮开关SB2，方可解除报警声，XS才会恢复供电。

电路中，光电耦合器A1将交流电与低压报警及自动开关控制电路隔离开来，以防止用户更换电源G时发生触电事故。SB1为检验按钮，按下它时能产生模拟漏电电流，主要方便用户随时考核电路性能。R3、VD2组成稳压电路，向A2提供合适的3V工作电压；C1、R4分别为A2外接振荡电容器和电阻器，适当改变其数值，可获得速度、音调最为满意的报警声。

经实测，当用电器外壳有150kΩ的漏电阻时，该自动断电报警器就能可靠工作。其工作电流最小为220/（150+R_1）=0.88（mA），远小于国际上对漏电保护器规定的额定动作电流（≤10mA）。

2.元器件选择

A1采用6脚双列直插塑封光电耦合器，型号为4N25。A2选用HFC5219型语音集成电路芯片。VS采用MCR100-1或BT169、2N6565型等小型塑封单向晶闸管。VT选用

9013 或 3DG12 型硅 NPN 中功率三极管，要求 $\beta > 100$。VD1 选用 1N4004 型硅整流二极管；VD2 选用 3V、0.25W 硅稳压二极管，如 2CW51、1N4619 型等。R1 ～ R4 一律选用 RTX-1/8W 型碳膜电阻。C1 选用 CC1 型瓷介电容器，C2 选用 CD11-10V 型电解电容器。SB1 选用小型复位按钮开关，SB2 选用小型自复位常闭按钮开关。B 宜选用 ϕ21 ～ 27mm 的微型动圈式扬声器；它体积小（仅为 22.5mm×16.5mm×16.5mm），有两组转换触点，接点容量为 2A×220V。G 用 4 节 5 号干电池串联而成。

3.制作与使用

图 5-38 为该漏电自动断电报警器印制电路板图，印制板实际尺寸约为 45mm×45mm。A2 芯片借助 5 根软导线垂直插焊在电路板上。焊好的电路板连同电池 G、扬声器一同装入体积合适的绝缘密闭小盒中，在小盒面板上固定安装市售三眼插座 XS 和小型按钮开关 SB1、SB2，并注意在适当位置处为扬声器开出释音孔。

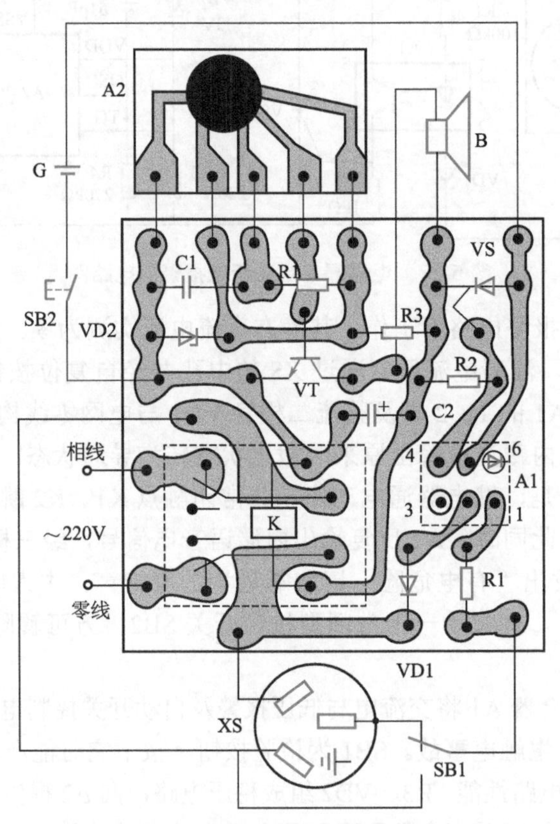

图 5-38　电器漏电自动断电报警器印制电路板图

本装置只要所用元器件良好，焊接无误，不需要任何调试就能正常工作。安装时应注意电源线的相线、零线位置不可搞错，否则电路起不到漏电自动断电报警作用。另外，使用普通插头的用电器，在接入该装置时，应改换三脚插头，用电器的金属外壳应接插头内的地线（非零线）端。

装置在投入使用之前或使用一段时间后，应检验报警性能是否良好，电池是否失效。正常情况下，只要按动一下检验按钮 SB1，报警器应立即发出声音，并且自动切断插座 XS 的供电；再按动一下复位按钮 SB2，报警声停止，插座 XS 又恢复到正常供电状态。

例107　窗帘打开关闭控制器制作

该电路使用晶体管、集成电路和一个继电器的混合电路，并且用于自动地打开和关闭窗帘。使用开关S3还允许手动控制，使窗帘只留部分打开或关闭。该电路控制一个连接到一个简单的滑轮机构的马达，以移动窗帘。

电路原理图如图5-39所示。自动操作该电路可分为三个主要部分，一个双稳锁存器，一个定时器和一个换向电路。拨动开关S3确定手动或自动模式。图5-39所示的电路设置在自动位置，并操作如下。双稳态内置Q1和Q2以及相关电路和控制继电器A/2左右。S1用于打开窗帘，S2用于关闭窗帘。上电正脉冲通过C2加到Q2的基极。第2季将在，并激活继电器A/2。C3和R4的网络形成用于中继－低电流保持电路。继电器A/2是一个12V继电器与500Ω的线圈。它需要微电流操作，保持通用。一旦继电器已动作，通过线圈的电流减少，节省电力消耗。当Q2关断，C3将被解除，但在Q2被激活（无论是在开关电源或按S1）后，电容C3将通过继电器线圈快速充电。初始充电电流足以激发继电器，足以使其保持通电。

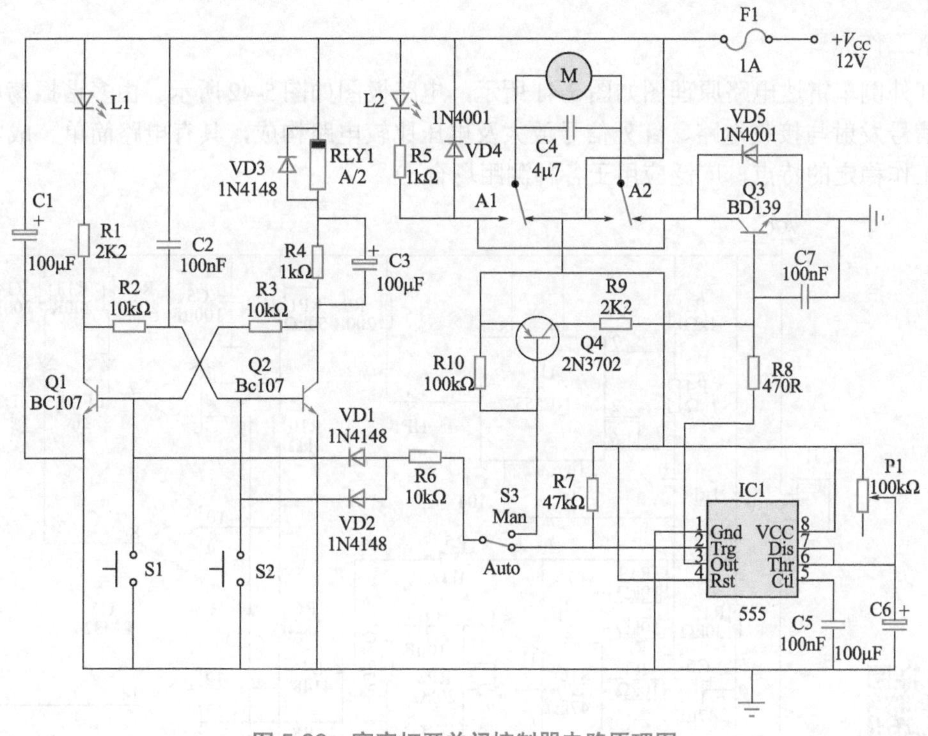

图5-39　窗帘打开关闭控制器电路原理图

例108　水开报警器电路制作

水开报警器由温度控制电路、低频振荡电路和高频振荡电路等三部分组成，如图5-40所示。RP、RT和VT组成温度控制电路。由IC1、R2、R3、C1组成的低频振荡电路，其强制复位端4脚受VT控制。IC2、R4、R5、C2等组成的高频振荡器，其强制复位端4

脚受 IC1 控制。当水温达到一定温度时，RT 阻值变小，VT 截止，IC1 的 4 脚为高电平，IC1 开始振荡，输出低频脉冲，调制 IC2 组成的高频振荡器工作，发出“滴滴”声。

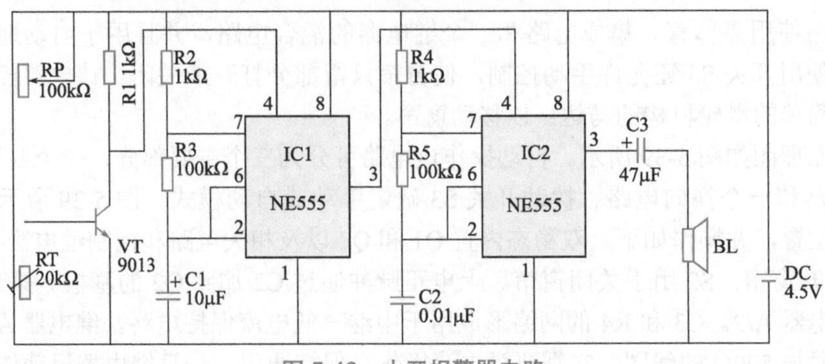

图 5-40　水开报警器电路

例109　倒车雷达制作

1.电路工作原理

红外倒车雷达电路原理图如图 5-41 所示，电路板图如图 5-42 所示。由多谐振荡电路、红外信号发射与接收电路、红外信号放大及电压比较电路构成，具有电路简单、成本低、电路工作稳定的特点，广泛应用于各种测距场合。

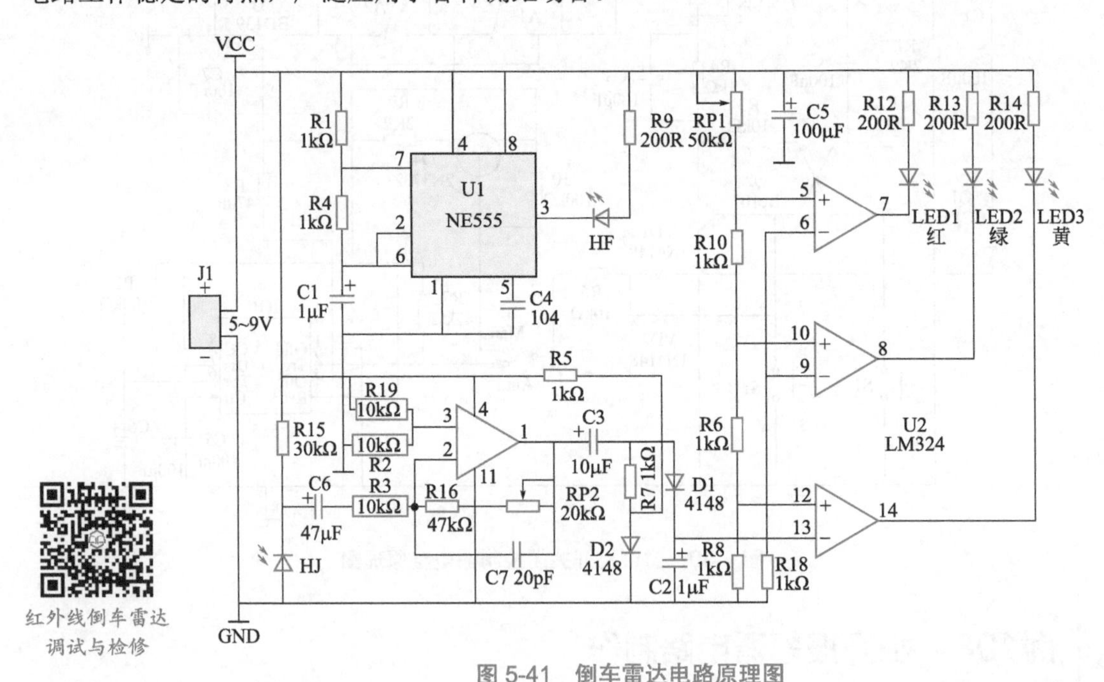

图 5-41　倒车雷达电路原理图

2.组装调试

红外发射管 HF 和红外接收管 HJ 有极性（长脚为正极），不能装错，安装方向可以朝上，也可以朝侧面。RP1 调节反射距离，RP2 调节灵敏度，可以尝试距离 30cm 时

LED3 亮，距离 20cm 时 LED2 和 LED3 亮，距离 10cm 时全亮。红外传感器上方用白纸遮挡反射效果好。时基电路 NE555 及周围元件组成多谐振荡器，产生红外波信号，经 3 脚输出并驱动红外发射管 HF 发射红外信号。

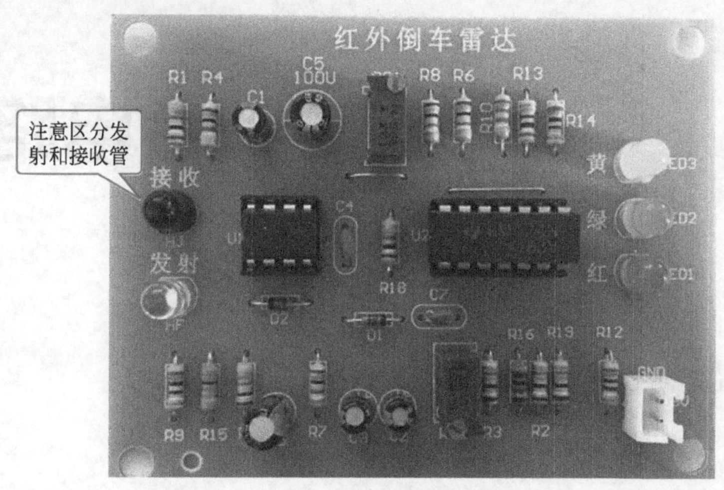

图 5-42　倒车雷达电路板

第六章

综合电路制作

例110　温度控制器制作

1.电路工作原理

该控制电路如图6-1所示。图中所示T是温度控制传感器开关。工作时，首先将传感器T顺时针调到设定的温度值，闭合开关S，电源供电，交流220V经变压器B降压为6V，供给控温电路工作。开始工作时，因恒温箱内介质（空气）的温度低于T的设定值，所以开关T是闭合的，接触器J的线圈通电闭合，触点J-1～J-3闭合，负载电阻丝RF通电发热，绿色指示灯H1点亮，表示恒温箱处于升温加热状态。当温度上升到T的设定值时，传感器开关T断开，其接触器J常开触点J-1～J-3复位，RF断电停止加热，同时H1灭，红色指示灯H2点亮，表示温箱处于恒温状态。当温度下降时，J又通电吸合……如此周而复始，使温箱处于恒温状态。

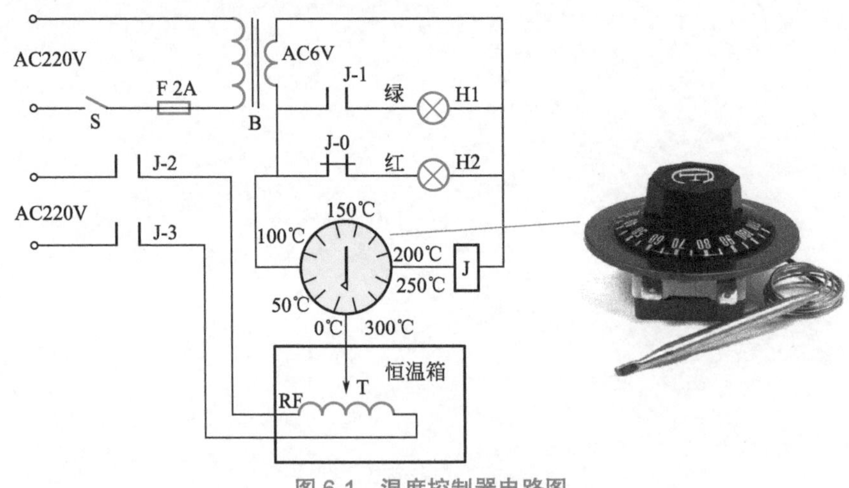

图6-1　温度控制器电路图

2.元器件选择

传感器T采用ECO型0～300℃传感器。交流接触器J（继电器）采用JTX-3C型继电器。交流电压为6V，变压器B采用容量为15V·A、220V/6V干式变压器。

只要元件选择无误，照图安装后不需调试，即可正常工作。

例111 多功能电机保护器制作

1.电路工作原理

该装置的电路原理如图6-2所示。正常工作时检流电阻R1两端的电压经R2、RP1分压，作为IC4的输入信号。IC4、R3～R9、C7～C11、VD5～VD7等构成一个平均值响应的半波整流线性AC/DC转换旋大器。正半周时，信号流程为IC4→C8→VD7→R6→R7→RP2→GND；负半周时，电流的泄放回路为GND→RP2→R7→VD6→C8→IC4。输出经R8、C11、R9得到与输入有效值成线性比例的平均直流电压，该电压通过S1（正常工作时S1置于测量端）进入A/D转换器IC3，正确地调节RP1和RP2，可使LED精确地显示电流互感器BT的初级电流。用于保护三相交流电动机时，可用该装置检测电机三相任意一相的电流。当发生过载或堵转时，该相电流增大，当电流大于由RP3设定的上限电流时，IC5-2的5脚的电位高于6脚电位，7脚输出高电平，VT1由导通变为截止，电容C14开始充电。当IC5-3的10脚电位大于9脚电位时，8脚由低电平变为高电平，VT2导通，继电器J吸合，J0断开，KM释放，电机失电得到保护。同时继电器J1得电自保，电铃DL开始工作，提示检修人员及时排除故障（电路中继电器J的两触发开关为J0、JH；继电器J1两触发开关为J1和K1）。SB3是报警时的复位按钮，调节RP6可改变延时时间。当电机缺相运行时，其中一相电流为零，另外两相电流增大，若该装置检测的电流是增大的某一相，其动作原理与过程堵转时相同。若检测的电流是断相的，则由于这时电流小于由RP4设定的下限电流，IC5-1的2脚电位低于3脚电位，1脚由低电平变为高电平，VT2导通，J动作，KM释放，电机失电，DL电路开始工作。图6-2所示VD8在该装置动作之后，为C14提供放电回路。C18用来提高抗干扰能力。高亮度LED在运行时，能清晰地显示电机的电流，起到数字电流表的作用。

2.元器件选择、安装和调试

BT是次级电流为5A的普通电流互感器，其初级电流可选择为被保护电机额定电流的150%左右。电阻R1可选择RX20-30，0.2Ω，安装时要靠近互感器，R1与该保护器的连线采用屏蔽线。IC4线性运放TL062。RP3、RP4、RP5采用多圈绕线电位器。电路装好之后直接接通电源，仔细调节RP5，使IC3的36脚的基准电压为100mV。将S1置于“上限”端，调节RP3，设定电机电流上限值；将S1置于“下限”端，调节RP4，设定电流下限值。然后把该装置与电机控制电路相连接，将S1置于“测量”端，按下SB2，电路进入工作状态，调节RP2，使RP1滑动端的交流电压（有效值）与IC5-1的2脚的直流电压在数值上近似相等。用数字钳形表监视被测相的电流，调节RP1，使LED显示的数值与钳形表所显示的数值相等。最后确定延时动作时间：调节RP3，减小上限设定值，当上限值小于测量值时，LED亮，从LED亮到该电路动作的间隔时间即为延时动作时间，调节RP6可改变该时间，一般设定为数秒，但必须大于电机的启动时间。

3.上、下限电流的设定

上、下限电流可以在工作中随时设定。一般来说，电流上限设定为电机额定电流的120%～150%，下限设定为电机空载电流的80%，就可保障电机的安全运行。在实际应用中，由于很多企业存在“大马拉小车”的情况，所以电流上限，也可根据实际情况设

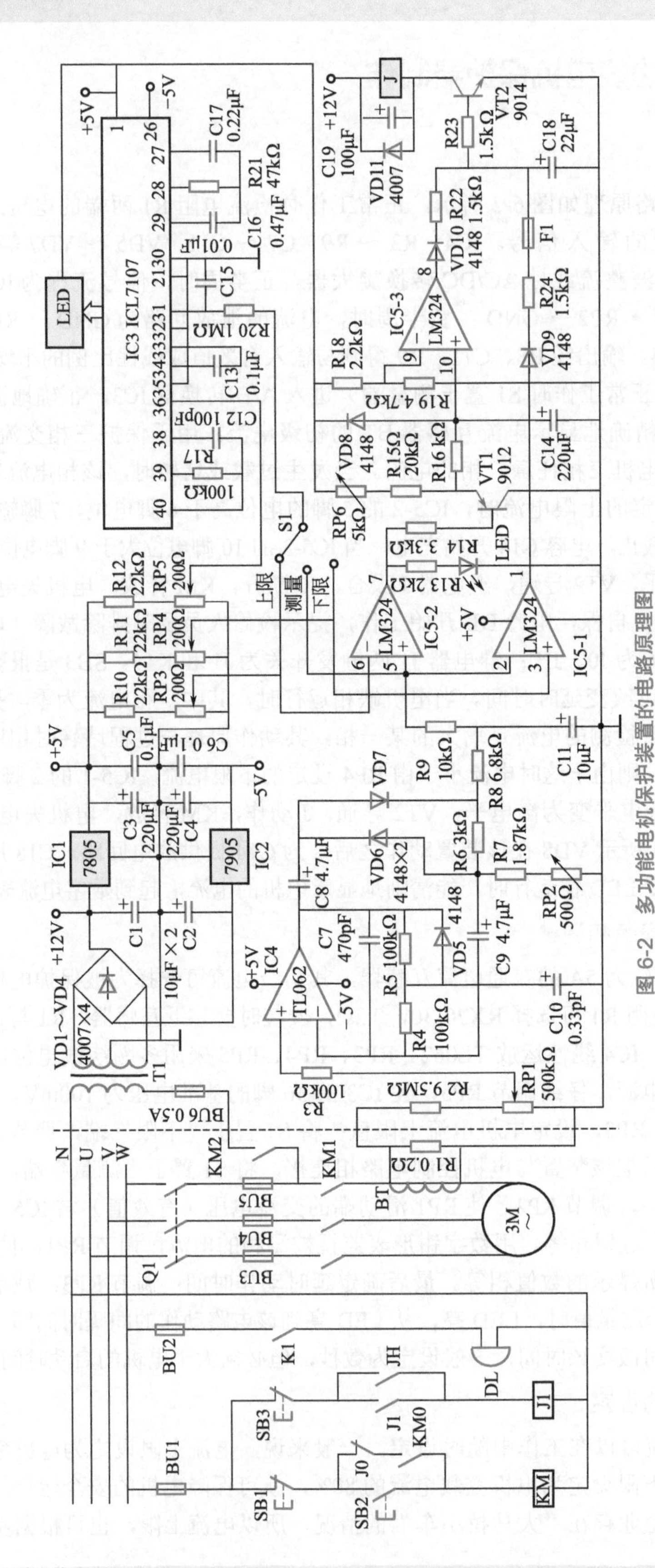

图 6-2 多功能电机保护装置的电路原理图

定为电机正常工作电流的 100% ～ 120%，下限设定为正常工作电流的 60% ～ 80%，这样不但电机能得到更为可靠的保护，而且能时刻监视、保护与它连接的机械装置。例如由于机械方面的某些故障，造成电机电流偏离了正常的工作范围，该装置即能及时动作并报警，可避免故障的进一步扩大。

4.本装置的其他应用

把 B1 线圈接入任意电流通路线，该保护器即变成一个可用于多种场合的限电器。它可以对一幢宿舍楼、一个车间、一个单位等的用电电流上限进行精确控制。主开关采用接触器时，电路与保护电机类似。当主开关采用 DW10、DW15 等系列万能式断路器时，将该装置中继电器 J 的常闭触点串接在断路器的失压脱扣线圈引线中即可。

例112 电动机保护装置制作

1.电路工作原理

L1、L2、L3 为三只互感器，它可固定于控制柜内任何部位，只需三相主回路动力线分别穿过互感器即可。按图 6-3 所示将三只互感器接于保护器的 1、2、3、4 端。

保护器电源为 9、10 端；它接在主回路交流接触器（后简称：主 KM）上主触点的任意两相上。

断开主 KM 线圈的任意一端（如 A 处），断开处分别接在 5、6 端。找出主 KM 闲置的任意一副常开辅助触点，接于保护器 7、8 端。

控制柜通电后，保护器得电，通过继电器 J2 的常闭触点使继电器 J1 吸合，此时 5、6 端接通，即接通了断开的“A”处。使其恢复到改前的状态，原控制功能不变。当主 KM 吸合时，辅助触点接通了 7、8 端，使该装置的保护电路进入守备状态。

保护电路由以下两部分组成：

（1）断相保护电路 当电机运行时 L1 ～ L3 均有感应电压输出。以 L1 为例，互感器产生的感应电压通过 VD8、C5 整流、滤波，再由 R7、R10 分压后加在运算放大器 IC1-A 正相输入端，其反相输入端的电位是由 R18、R19 分压后取得，电机在正常运转情况下，IC1-A 同相输入端电位高于反相输入端电位，这时输出高电平，三极管 VT2 处于截止状态，当动力线 U 相断开时，L1 无输出电压。IC1-A 反相输入端电位高于同相输入端的电位，IC1-A 输出低电平。VT2 导通，集电极电位提高，触发晶闸管 VS2 导通，继电器 J2 吸合，其常闭点切断 J1 供电回路，即切断了“A 处”，主 KM 释放，电机停止运转，此时晶闸管维持导通，发光管 LED2 亮表示电路处于“断相”状态，此时，L2 常开点通电后接通了报警器，提醒值班人员排除故障。L2、L3 及所对应的电路与上述完全相同，C4、R4 为延时抗干扰电路，以防止晶闸管误触发。

电机在运行过程中断相，常称为动态断相，电机运行中 V 相或 W 相有一线断相时，将会导致变压器初级电压大幅度下降，此时，降低的直流电压将难以维持 J2 吸合，这里专门设置了电解电容 C2，在电压降低的瞬间，储存的电能足以保证 J2 吸合，以确保 J2 的顺利释放。

（2）过流保护电路 电机正常运行时，L1 ～ L3 的感应电压稳定在某一数值上，由二极管 VD11 ～ VD13 并联接在 IC1-D 反相输入端，同相输入端的电位由电阻 R17、电

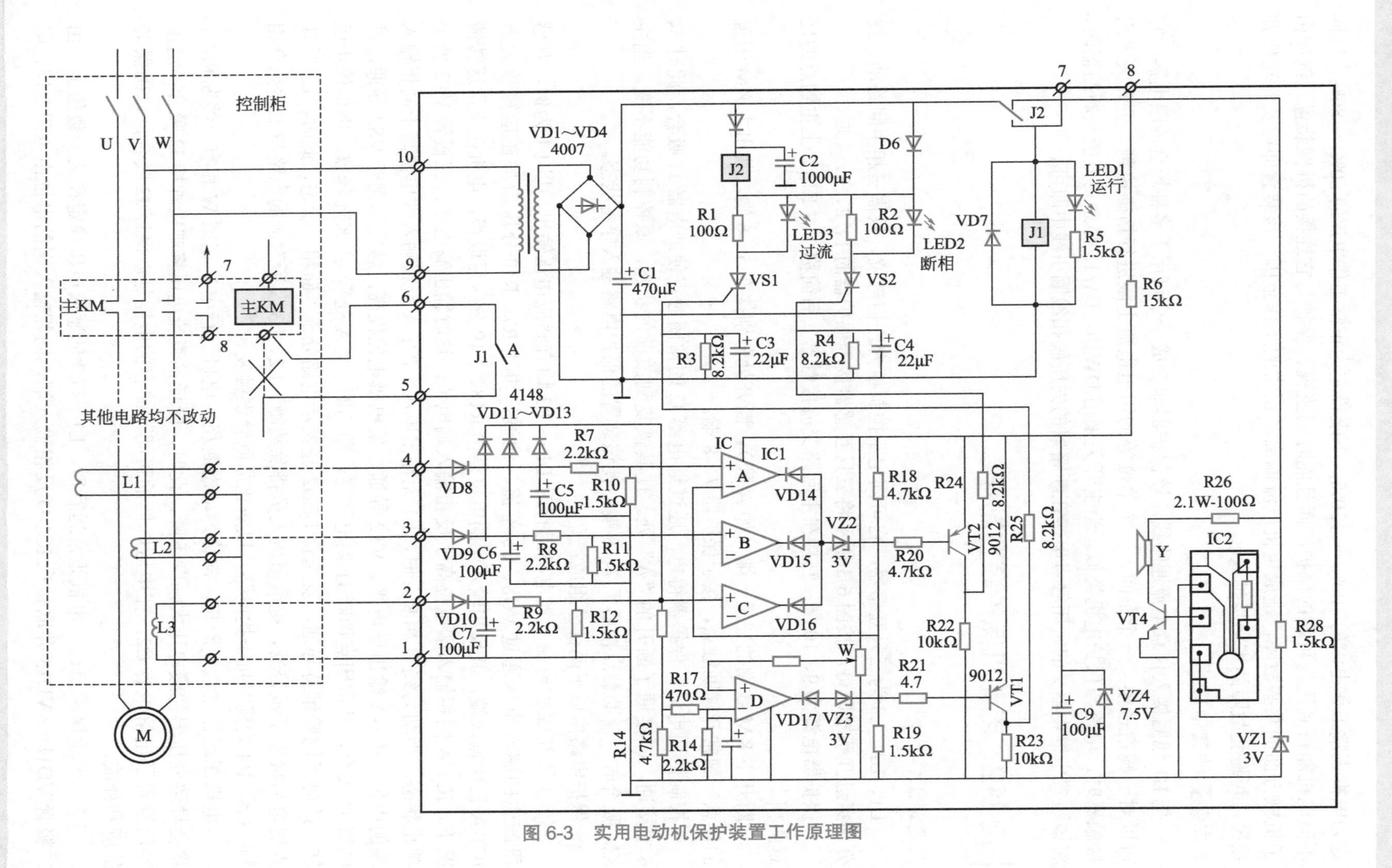

图 6-3 实用电动机保护装置工作原理图

位器 W 的分压得到，调整 W 可使同相输入端电位刚刚大于反相输入端。在电机运行过程中因过载、阻转、滞转、工作电压过低等原因造成电机工作电流增大时，L1 ～ L3 的感应电压随之增高，致使反相输入端的电位高于同相输入端，IC1-D 翻转输出低电平，三极管 VT1 导通、VS1 导通、J2 得电、J1 得电、电机停止运行，“过流”指示灯 LED3 亮，报警器响。

为了避免电动机在启动时，瞬间电流过大而造成 IC1-D 的误动作，这里设置了电容 C8 等组成延时电路，以保证电机的正常启动。

2.元器件选择及调试

任何电流互感器均可使用，其电流比可任选。IC1 采用四运放 LM324，IC2 采用四声报警片 9561。三极管 VT1、VT2 采用 9012。单向晶闸管 VS1、VS2 采用 100-6。断电器

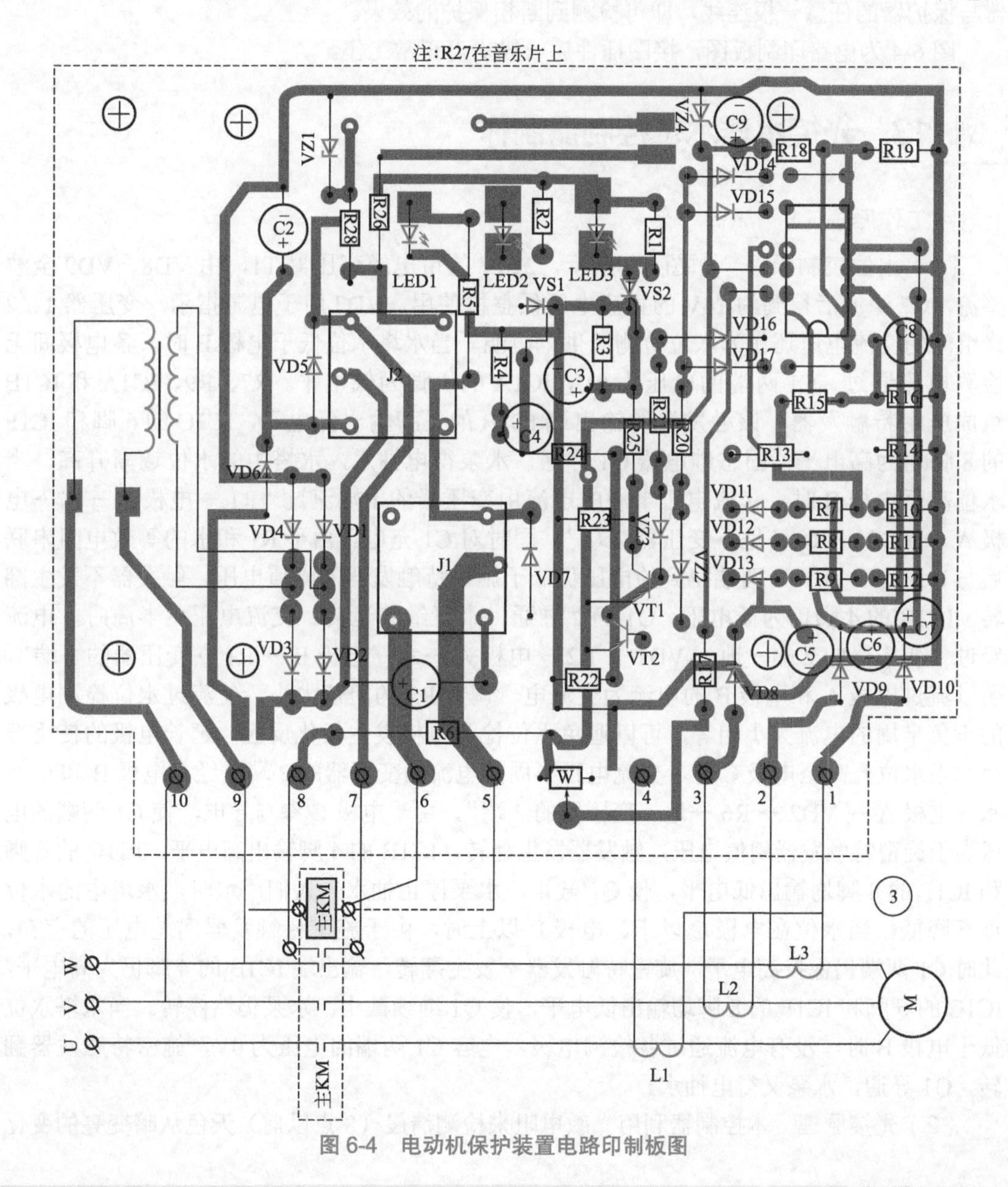

图 6-4　电动机保护装置电路印制板图

J1 为 4098/12V，J2 为 4123/12V。变压器初级为 380V、次级为 12V、功率为 8W。其他阻容件均可按图 6-3 所示标注取值，除限流电阻 R26 为 1W 外，其他均为 1/8W。

一般接线无误，即可上电试机，初调试时不必接入电机，通电后运行指示灯亮，说明控制接通且正常。然后短路 7、8 端，将保护电路投入，此时由于 L1、L2、L3 没有互感电压，保护器应处于“断相”保护状态。

对于任何超载工作方式的机电设备，该装置均可改装使用。首先找出主回路的交流接触器主 KM，并按以上介绍稍加改动，其他电路均无须做任何变动。上机运行前先将过流调整电位器 W 顺时针调到头，使过流门限为最大值。当电机运行后，逆时针缓慢调动 W，旋至“过流”停机、报警状态，此时门限值与电机工作电流相等，然后再逆时针增大一点，即完成过流调整。断相保护可通过人为断线故障体现，也可以拆断三只互感器与保护器的任意一根连线，即可检测到断相保护的效果。

图 6-4 为电路印制板图，接图插件后一般均可正常工作。

例 113　光控水塔水位控制器制作

1.电路工作原理

（1）水位控制原理　如图 6-5 所示，220V 的市电经变压器 T1，由 VD8、VD9 全波整流，C7 滤波后得到约 14V 的直流电压供整机使用，VD7 用于电源指示。变压器 1、2 绕组间的交流电压还作为水位检测的供电电源。当水塔水位低于电极 B 时，各电极间无检测电流通过，C1 两端的电压为 0V，IC1A 的 1 脚为低电平。R7、R9、IC1A 和 IC1B 组成施密特触发器，该触发器的输出端 IC1B 的 4 脚输出低电平，IC1C 的 6 脚和 IC1F 的 8 脚均为高电平，固态继电器 Q1 导通，水泵得电抽水，水塔中的水位逐渐升高，当水位高至电极 B 时，交流电正半周的电流由变压器的 1 端流过“R1 →电极 B →水→电极 A → VD2 → R6 →地→变压器 2 端”，同时对 C1 充电。由于 R1 和水的等效电阻串联后与 R6 分压，使 C1 两端得到的电压仍低于施密特触发器的阈值电压，触发器不发生翻转，IC1B 的 4 脚仍为低电平，Q1 仍然导通，水泵继续运转。交流电压负半周时，电流经过“变压器的 2 端→地→ VD1 → R2 →电极 A →水→电极 B → R1 →变压器的 1 端”，所以流过电极 A 和电极 B 的电流为交流电。调节 R2 的阻值大小，使流过水位检测电极的正负半周的电流大小相等，可以避免水位检测电极发生极化反应，延长电极的使用寿命。当水位升高至电极 C 时，交流电正半周的电流由变压器的 2 端流经“电极 B 和 C →水→电极 A → VD2 → R6 →地→变压器的 2 端”，由于电极 C 参与导电，使 C1 两端的电压高于旋密特触发器阈值电压，触发器发生翻转，IC1B 的 4 脚输出高电平，IC1C 的 6 脚和 IC1F 的 8 脚均输出低电平，使 Q1 截止，水泵停止抽水。人们用水时，水塔中的水位逐渐降低，当水位在电极 C 以下、电极 B 以上时，由于施密特触发器回差电压的存在，此时 C1 两端仍保持高电平，旋密特触发器不发生翻转，输出端 IC1B 的 4 脚仍为高电平，IC1C 的 6 脚和 IC1F 的 8 脚均输出低电平，使 Q1 继续截止，水泵仍然停转。当水塔水位低于电极 B 时，没有电流通过各检测电极，电容 C1 两端的电压为 0V，施密特触发器翻转，Q1 导通，水泵又得电抽水。

（2）光控原理　本控制器利用光敏电阻来检测清晨（8 点以前）天色从暗变亮的变化

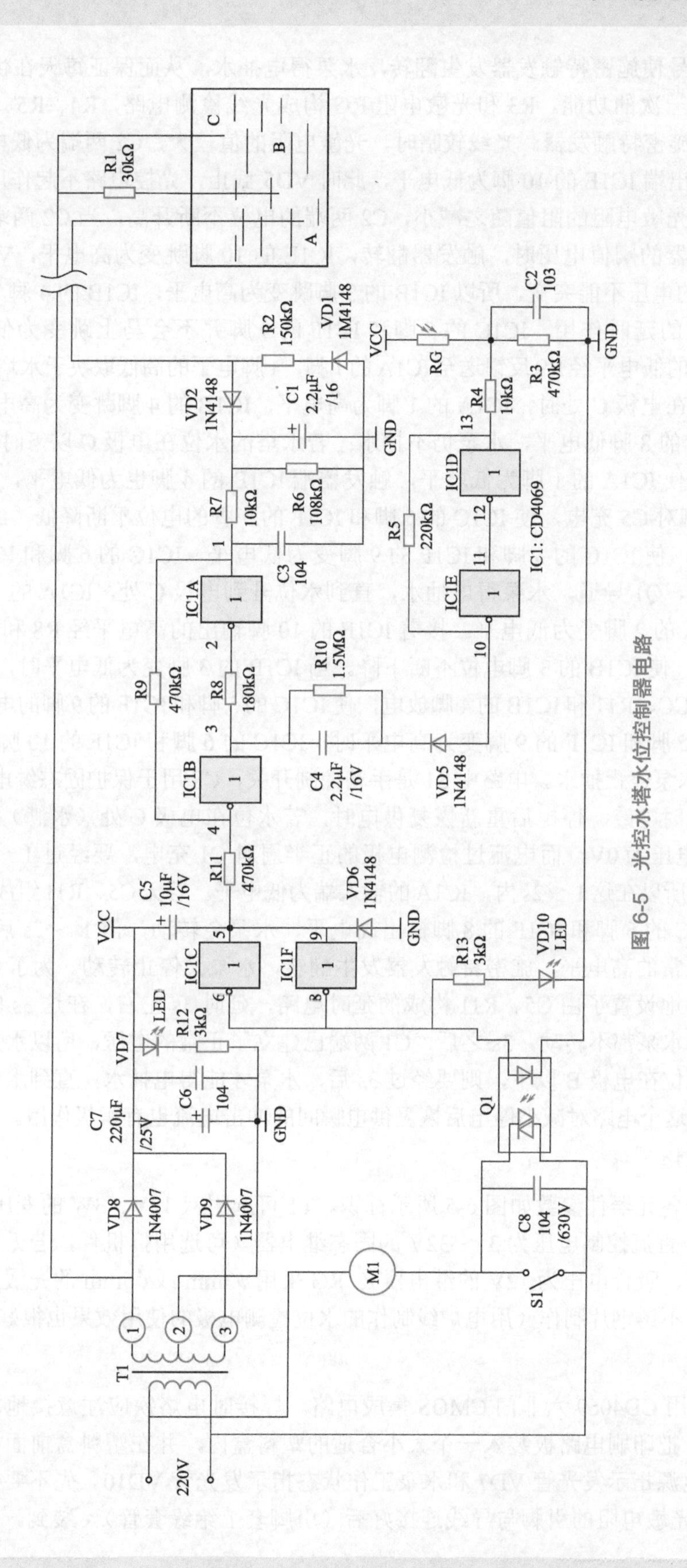

图 6-5　光控水塔水位控制器电路

作为触发信号使施密特触发器发生翻转，水泵得电抽水，从而保证每天在供电时间内实现自动抽水一次的功能。R3 和光敏电阻 RG 构成光线检测电路，R4、R5、IC1D、IC1E 也构成一个施密特触发器。光线较暗时，光敏电阻的值较大，C2 两端为低电平，施密特触发器的输出端 IC1E 的 10 脚为低电平，此时 VD5 截止，光控电路不起作用。当天色逐渐变亮时，光敏电阻的阻值随之减小，C2 两端的电位不断升高，当 C2 两端的电位大于施密特触发器的阈值电压时，触发器翻转，IC1E 的 10 脚跳变为高电平，VD5 导通。由于 C4 两端的电压不能突变，所以 IC1B 的 3 脚跳变为高电平，IC1B 的 4 脚为低电平，由于 C5、R11 的延时作用，IC1C 的 5 脚和 IC1F 的 9 脚并不会马上跳变为低电平。另外 IC1B 的 4 脚的低电平经 R9 反馈送至 IC1A 的 1 脚，1 脚电平的高低取决于水塔的水位情况，若水塔水位在电极 C 处时，IC1A 的 1 脚为高电平，IC1B 的 4 脚跳变为高电平，IC1C 的 6 脚和 IC1F 的 8 脚低电平，水泵仍不抽水；若水塔的水位在电极 C 以下时，由于 R9 的反馈作用，使 IC1A 的 1 脚为低电平，触发器端 IC1B 的 4 脚也为低电平，VCC 经 R11、IC1B 的 4 脚对 C5 充电，使 IC1C 的 5 脚和 IC1F 的 9 脚的电位不断降低，经过一段时间后（约 3s），使 IC1C 的 5 脚和 IC1F 的 9 脚变为低电平，IC1C 的 6 脚和 IC1F 的 8 脚跳变为高电平，Q1 导通，水泵得电抽水，直到水位升到电极 C 处，IC1A 的 1 脚又变为高电平，IC1A 的 2 脚变为低电平。接着 IC1E 的 10 脚输出的高电平经 R8 和导通的 VD5，对 C4 充电，使 IC1B 的 3 脚电位不断下降。当 IC1B 的 3 脚变为低电平时，C5 两端充得的电荷经 VCC、R11 和 IC1B 的 4 脚放电，使 IC1C 的 5 脚和 IC1F 的 9 脚的电位不断上升。当 IC1C 的 5 脚和 IC1F 的 9 脚变为高电平时，IC1C 的 6 脚和 IC1F 的 10 脚变为低电平，Q1 截止，水泵停止抽水。电路中 S1 是手动控制开关，C8 用于保护固态继电器 Q1。

（3）延时电路　停电后重新恢复供电时，若水位在电极 C 处（水满），则由于此时 C1 两端的电压为 0V，而电流过检测电极的正半周对 C1 充电，要经过 1 ～ 2s 才能建立正常电压，所以在这 1～2s 内，IC1A 的输入端为低电平。若无 C5、R11 组成的延时电路，则此时 IC1C 的 6 脚和 IC1F 的 8 脚输出高电平，水泵会转动，但 1 ～ 2s 后，C1 两端的电压趋于正常的高电平，施密特触发器发生翻转，水泵又停止转动。为了克服水泵的短时现象，特地设置了由 C5、R11 构成的延时电路，延时 3s 左右，在这 3s 内，不管水位情况如何，水泵都不转动，3s 之后，C1 两端已建立了正常的电压，所以水泵也不会转动了。如果水位在电极 B 以下，则要经过 3s 后，水泵才能得电抽水，直到水位上升至电极 C 处，同时这个电路对减小停电后恢复供电瞬间的冲击电流也有积极作用。

2.元器件选择

电路中各元器件参数如图 6-5 所示标识。T1 可选用双 12V、3W 的变压器。Q1 选用 10A/480V、直流控制电压为 3 ～ 32V 的固态继电器（可选用拆机件，若无也可采用触点电流为 10A、吸合电压为 12V 的继电器）。RG 采用 ϕ3mm 或 ϕ5mm 的光敏电阻。水位检测电极可用不锈钢片制作（用电炉线制作的水位检测电极的使用效果也很好）。

3.制作调试

IC1 选用 CD4069 六非门 CMOS 集成电路。焊接时电烙铁应注意接地，整个电路焊接完成后，把印刷电路板装入一个大小合适的塑料盒内，并在塑料盒前面板的适当位置上固定好电源指示发光管 VD7 和水泵工作状态指示发光管 VD10。先不要接上固态继电器 Q1，将光敏电阻的引脚与导线连接好后（引脚套上绝缘套管），装到一个长度为 5cm

左右的塑料管中（可截取长度合适的圆珠笔杆代替），并在塑料管口贴上透明胶带纸，以防雨水流入。安装塑料管时把光敏电阻的感光面对向天空，再用一根双芯电缆线把水位检测极与控制器连接起来，注意电缆线与电阻 R1 及各水位检测电极之间的接头处应用硅胶或热熔胶做防水处理。最后把电极 A 插入水中，电极 B 和电极 C 悬空，此时 VD10 不发光，再用黑胶布摀住装光敏电阻的塑料管口，然后再揭开黑胶布，VD10 应能继续发光，再把电极 C 插入水中，VD10 熄灭，至此整个电路调试完毕。若调试过程中出现异常，应重点检查设计的印制电路板是否正确、选用的元器件的质量是否有问题、焊点是否可靠等，只要仔细检查，一般故障都会顺利排除。最后接上固态继电器和水泵，并在 Q1 两端并接一个耐压为 630V、容量为 0.1μF 的涤纶电容 C8，就可投入使用了。

例 114　大电流延时继电器电路制作

图 6-6 所示是由双 D 触发器 CD4013 组成的单稳态延时继电器。接通 S1 后，CD4013 的 1 脚在稳态时为低电平，继电器 K 不工作。按一下按钮 S2，IC 的 CP 端 3 脚受正脉冲上升沿触发，数据端 5 脚 D 的高电平传送给输出端 Q，IC 的 1 脚变为高电位，电路进入单稳状态。这时三极管 VT1 饱和导通，继电器线圈得电动作，其触点闭合，直流大电流有输出。IC 的 1 脚变为高电位的同时，电容 C 经过电阻 R2 和电位器 RP 充电，当 C 两端电压充到 CD4013 的 4 脚的阈值电平时，IC 的 1 脚恢复低电位，单稳态结束，继电器释放，大电流电源与外电路断开。IC 处于单稳态的时间约为 t=0.7（R_2+R_P）C。本电路可在约 15 ～ 30s 的范围内调整定时时间，能满足实验室的定时要求，在其他场合的应用可通过选择 R2、RP 和电容 C 的参数改变定时时间。单稳态结束后，IC 的 1 脚变为低电平，电容 C 经二极管 VD2 和电阻 R4 迅速放电，为下一次触发做好准备。

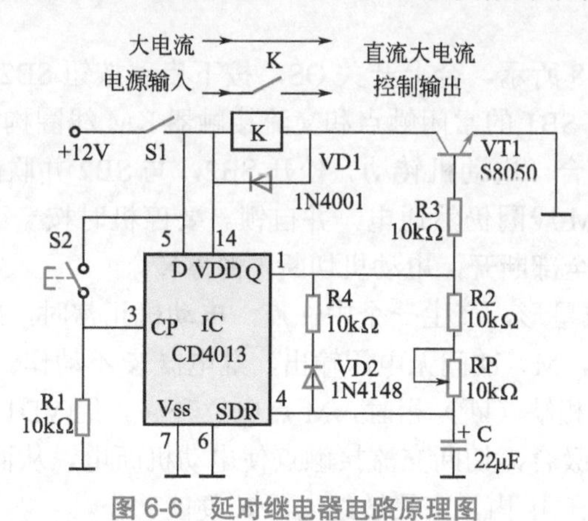

图 6-6　延时继电器电路原理图

图 6-7 是由时基电路 NE555 组成的单稳态型时间继电器，合上开关 S1，电路进入稳定状态，IC 的 3 脚和 7 脚均为低电平，这时电容 C 不能充电；三极管 VT1 截止，继电器 K 无动作。按一下启动按钮 S2，IC 的 2 脚受低的脉冲触发，IC 的 3 脚变高，7 脚呈悬空状态，电路进入单稳态。这时三极管 VT1 饱和导通，继电器线圈得电动作，其触点闭合，直流大电流有输出。同时，电容 C 经过电阻 R2 和电位器 RP 充电，当电容 C 两端电压达到 2VCC/3 时，单稳态结束，IC 的 3 脚变低，继电器失电释放，直流大电流停止输出。

电路恢复稳态后，电容 C 经 IC 的 7 脚放电，等待下一次触发，单稳态持续时间 t 即直流大电流输出时间的长短由单稳态电路的定时元件电阻 R2、电位器 RP 和电容 C 的参数决定，可由下式进行估算 t=1.1（R_2+R_P）C，经过调整 RP 可满足延时（20±2）s 的时间要求。

以上两电路中的继电器 K 选用 HG4119 超小型电磁继电器，其余元件按图中标注的参数选择即可。若欲应用到需要准确定时的应用场合，则定时元件选择钽电容、金属膜电阻、多圈电位器或数字电位器，就能满足大部分电子制作中的精度要求。

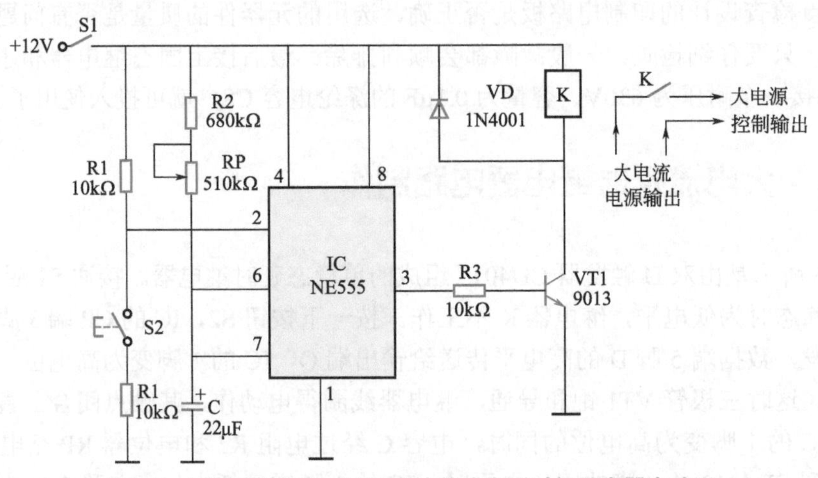

图 6-7　时基电路 NE555 组成的单稳态型时间继电器电路图

例 115　三相交流电机缺相保护器制作

1.电路工作原理

电路原理图如图 6-8 所示。合上开关 QS，按下启动按钮 SB2，通过 B、C 相以及继电器 K，热继电器 FR，SB1 的常闭触点和交流接触器 KM 线圈构成回路得电，串接在主电路中的三个主触点闭合，电动机转动。松开 SB2，与 SB2 并联的交流接触器辅助触点和主触点同时闭合，KM 线圈仍然通电，并自锁。要停机时按一下 SB1 使触点断开，接触器辅助触点和主触点全部断开，电动机切断电源停转。

电容 C1 ～ C6 接成星形，产生一个中性点，电动机正常时，M 点的电压为零，与三相四线的中点电位一致，M、N 间无电压输出，继电器 K 不动作。

当供电线路任意一相缺（断）相时，M 点电位升高。经 VD1 ～ VD4 整流、C4 滤波后，K 继电器线圈得电吸合，切断交流接触点使电动机断电，从而保护电动机不被烧坏。电动机缺（断）相时间在 1s 内，高灵敏继电器 K 便能动作。

本电路对星形或三角形接法的 0.1 ～ 50kW 电动机均通用，电动机容量超过 30kW 时应选用容量较大的交流接触器。

2.元器件选择

QS 是刀开关，可选 HD13-200/3；FR 热继电器选用 JR10-10；SB2 选用 LA-10（绿色），SB1 型号 LA-10（红色）；KM 交流接触器选用 CJ0-20A，线圈吸合电压为 380V；C1 ～ C6 选用 2.4μF 油浸电容器，耐压为 630V；VD1 ～ VD5 选用 1N4007；C4 选用 150μF/50V 电

解电容；K 为直流继电器线圈，吸合电压为 24V，型号为 JRX-13F，一组触点就行。其他元件按图 6-8 中所示标注为准，无特殊要求。

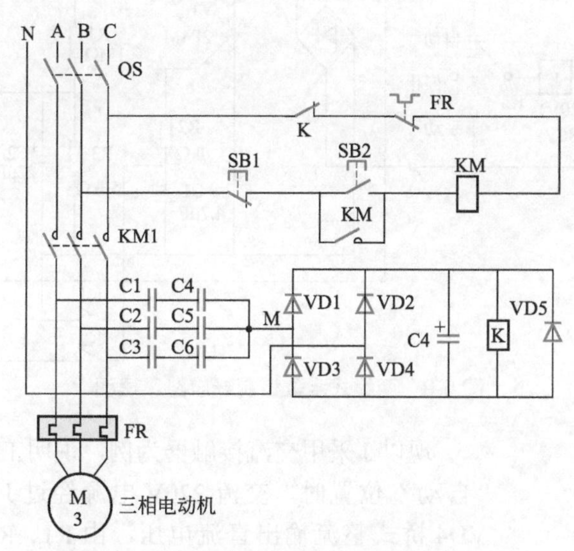

图 6-8 三相交流电机缺相保护器电路原理图

电路中电容 C1 ～ C6 每两个串接，每组 12μF，共三组，是为了提高耐压值，增加工作可靠性。由于电动机为感性元件、外接电容可进行补偿，从而还可实现节能。

例116 两线式水位控制器制作

该两线式水位控制器的电路仅使用了 10 个元器件，可直接焊在一小块线路板上（业余条件下可直接搭焊），连同用作水位检测的两个干簧管，一起封装在不锈钢管内。此控制器虽然体积小，但驱动功率大，不仅可直接驱动 220 ～ 380V 的各种功率的交流接触器，还可省去交流接触器，直接驱动功率小于 400W 的单相交流电动机。由于只有两根连线串联在负载回路中，因此最大限度地简化了外围接线，使整体结构非常简单，容易安装，使用方便，不用调试，自身功耗非常小，空载时几乎不耗电。此外根据需要，还可外接控制开关，做“自动上下一停止上水一手动上水”三个不同工作状态的相互转换，使用更加灵活方便。

1.电路工作原理

图 6-9 是电路原理图。图中虚线框内为控制电路，10 个元件安装在一小块线路板上；K1、K2 是两个干簧管，安装在长度适当的一段不锈钢管的两端，配合装有永久磁铁的浮子式水位检测装置，分别检测上水位和下水位；K3 是工作状态控制开关，分为“自动上水”“停止上水”“手动上水”三种工作状态；J 是交流接触器，也可以是上水电磁阀或小功率上水电动机。

图 6-10 是两线水位控制器的结构示意图。控制电路和两个检测开关封装在一段两端封闭的不锈钢管内。不锈钢管外有一个可以上下活动的、装有永久磁铁的浮子和两个限制浮子活动范围的水位止挡器，仅用两条引线和外围连接。

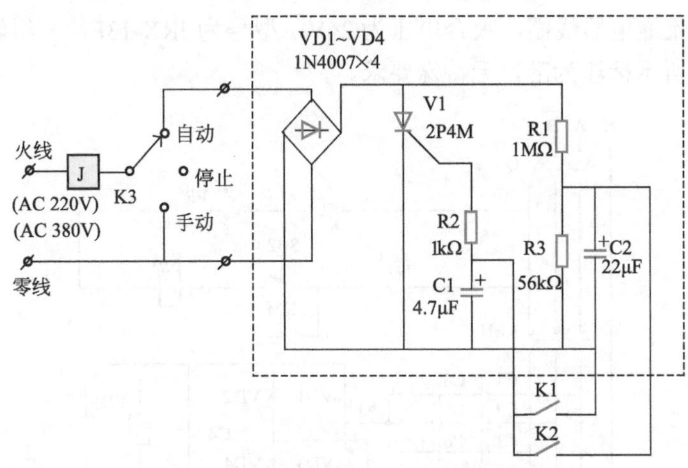

图 6-9　两线式水位控制器电路原理图

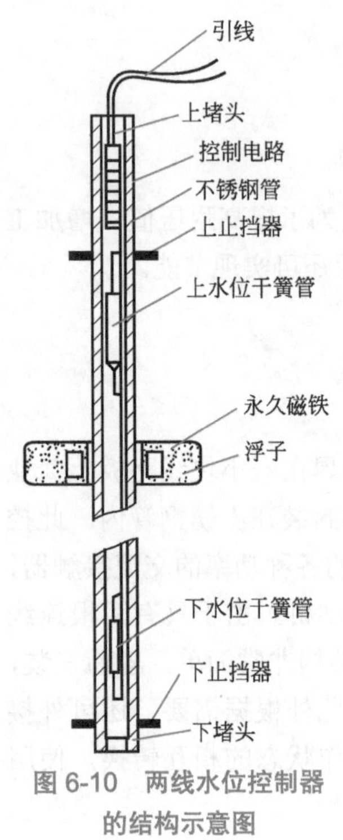

图 6-10　两线水位控制器的结构示意图

现以 J 采用交流接触器为例，说明工作过程。在 K3 置于“自动”位置时，交流 220V 电源经过 J 的线圈，经 VD1 ～ VD4 桥式整流输出直流电压，由 R1、R3 分压，在 C1 上约有 10V 直流电压作晶闸管控制的触发电压。当水箱水位低于下水位检测干簧管 K2 时，池子内的永久磁铁使下水位检测干簧管吸合接通，C1 上的电压经 R2 供给晶闸管 V1 触发端触发电压，此时 V1 导通，交流接触器 J 得到工作电压吸合，J 的触点提供用于上水的水泵电动机工作电源，水箱水位开始上升；随着水位的上升，浮子离开下水位干簧管，K2 断开，但 V1 仍处于导通状态。这是由于 V1 导通以后，R2 的电阻很小，有漏电流经 V1 的阳极与门极通过 R2 向 C1 充电，使 C1 两端仍维持一定电压，也就是维持 V1 的导通状态不变，水泵继续工作；当水位达到上水位检测开关 K1 时，浮子内的永久磁铁使上水位检测干簧管吸合接通，晶闸管触发端接零，C1 上的电压降落为零伏上，交流接触器 J 失去工作电压断开，水泵电动机停止工作。即使水位下降，浮子离开 K1，V1 仍保持断开状态，直到下一个工作周期开始，由此实现了水位的自动控制。

J 可以是上水电磁阀，由控制器控制打开或关闭；也可以是小功率交流电动机，由控制器直接控制水泵上水 / 停止上水。

如果需要，还可增加一个三位开关 K3 来设置上水水泵电动机的不同工作状态，当自动控制部分出现故障或需要随时上水时以满足需要。

2.元器件选用

晶闸管 V1 要用微触发电流一类，例如 2P4M；驱动功率不大时可用 2N6565 等代替，以减小体积。采用 380V 交流接触器时，可选用 2P6M。二极管也要根据驱动功率选用，采用 220V 或 380V 交流接触器，小功率时选用 1N4007，当直接驱动电动机或大功率驱动输出时选用 1N5404 或 N5407。管材要选用不锈钢管等非磁性材料，长度根据水箱深度或要控制的水位差来定，最好选用不锈钢管材，PVC 材质也可以，但强度和使用寿命要差一些。管材内径取 ϕ18 ～ 25mm，根据电路板体积大小决定，由于元件少，实际上电路板可以做得很小。浮子内安装永久磁铁 2 对或 4 对，极性相背靠近钢管面粘牢靠，浮子材料选用成品球形不锈钢浮球或不吸水发泡塑料成形制作。

3.几点需要注意的问题

① 电源接线方向。由于电路直接采用 220V 或 380V 没有隔离，故 220V 时相线要连接接触器一端，要注意做好绝缘处理。

② 接电动机时要有熔丝保护，防止电动机过载、过流损坏控制器。

③ 不锈钢管两端确保不渗水、不漏水，电路板要做绝缘处理，以防止漏电。

④ 干簧管各种型号都可以，要适当固定并做保护处理，防止振动破碎。

例 117　风扇运转自动控制电路制作

1.电路工作原理

电路如图 6-11 所示。

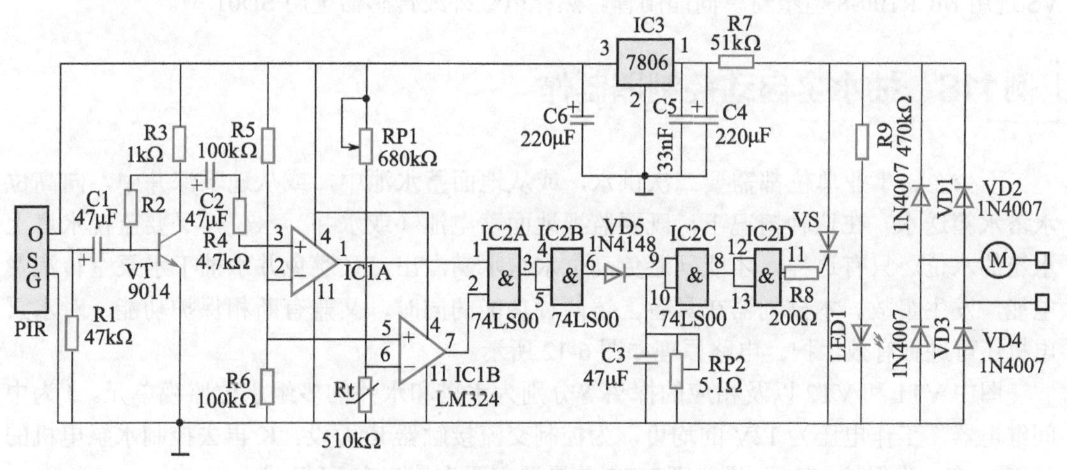

图 6-11　教室风扇运转自动控制电路图

（1）**电源电路**　市电经 VD1、VD4 整流，R7 降压、限流，7806 稳压后给各控制电路供电。

（2）**感应人体红外线**　当热释电红外线传感器 PIR 探测到教室内人体辐射出的红外线信号时，该传感器的 2 脚输出微弱的电信号，经 C1 耦合，三极管 VT 放大后再经 C2、R4 输入到运算放大器 LM324 的 IC1A 中，因 IC1A、R5、R6、C2、R4 等元件构成比较器，当 3 脚电位大于 2 脚电位时，1 脚输出高电平，送入 IC2（74LS00）四 - 二输入与非门的 IC2A 的 1 脚。

（3）**温度检测电路**　R5、R6、RP1、Rt 构成电桥电路，用于温度的变化，Rt 为负温度系数的热敏电阻，通过调节 RP1，使气温等于或大于 28℃时，IC1B 的 6 脚电位低于 5 脚电位，IC1B 的 7 脚输出高电平，送到 IC2A 的 2 脚。

（4）**驱动与延时**　IC2 主要起驱动作用；对 IC2A，在上述条件下，两输入端为高电平，故输出低电平，经IC2B反相后输出高电平，VD5导通，C3被充电，当C3上的电位上升到高电平时，经IC2C、IC2D两级反相后输出高电平触发晶闸管使其导通，风扇M得电启动运转。

（5）延时的作用　当人体坐着身子不动时，IC1A输出低电平，则IC2B输出也为低电平，C3经RP2放电，因RP2较大，C3放电较慢，故可保持高电平一段时间，使晶闸管导通一段时间，从而使风扇继续运转；当人的身体再次活动时，IC2B又输出高电平，对C3再次充电，从而保持晶闸管触发导通，这就做到了当气温大于或等于28℃且有人在教室时风扇保持运转；当气温低于28℃或无人在教室时，风扇不能启动；气温虽大于或等于28℃，但当人离开教室一段时间后（如5s，延时长短通过RP2设定）风扇就会自动停转，避免低温或人走后风扇不关的现象。R9与LED构成电源指示电路。

2.元器件选择

器件参数见图6-11。R1、R2、R3、R4选用1/8W碳膜电阻，R7、R8选用1/2W碳膜电阻，R5、R6选用金属膜电阻，RP1选用线绕电位器或金属膜电位器，RP2选用玻璃釉电位器，Rt选用常温为510kΩ且具有负温度系数的热敏电阻。VD1～VD4选用普通整流二极管，VD5选用4148。IC1选用LM324，IC2选用74LS00或CD4011，IC3选用7806。VS选用MCR100-8型塑封单向晶闸管。热释电红外线传感器选用SD01型。

例118　抽水全自动控制器制作

不少企、事业单位都需要二次供水，或从地面蓄水池中，或从地下深井中，向高位水塔水箱送水。在这种情况下，既要监视地面蓄电池（或水井）水位，又要监视水塔上水箱的水位。只有这样，才能既避免高位水箱水满溢出，又避免井水抽干水泵空转浪费电能，发生事故。本控制器在具备上述两种功能的同时，又兼有断相保护功能，对水泵电机还可进行有效保护。电路原理如图6-12所示。

图中VT1和VT2以及相应的探头等分别为水塔和水井的多组水位监视单元。J为中间继电器，工作电压为12V的均可，为控制交流接触器K而设。K再去控制水泵电机的开停。VD1为保护VT3而设，而VD2的设置主要为使VT3可靠截止。

当深井水位升到d点或d点以上时，VT1因加上了正向偏置电流而导通，这时VT3导通与否还要视VT2所处的状态（或水塔水箱的水位状态）而定，如果这时水箱水位又降到了b点以下，则VT2会因失去基极偏流而截止，VT3因而获得基极正向偏流而导通，VT3集电极电流驱动继电器J吸合，J0闭合，从而接通水泵主回路交流接触器K的线包电路，使K吸合，从地下深井中向水塔上水。反之，如果这时水箱水位处于a点或a点以上，VT2导通，VT3仍然处于截止状态，水泵还是不能上水（工作）。

若水泵开始上水，则由于K的吸合，水泵水位回路中的常闭触点Ka也由常闭变为常开，以维持VT2截止，直到水箱水位升到a点时，VT2的基极才重新获得偏置电流，使VT2导通，VT3因失去基极电位而截止。由于VT2的存在，提高VT3的发射极电位至0.7V，故VT2导通后能使VT3可靠地截止。这样J迅速释放，K线包断电，水泵停止向水箱上水。

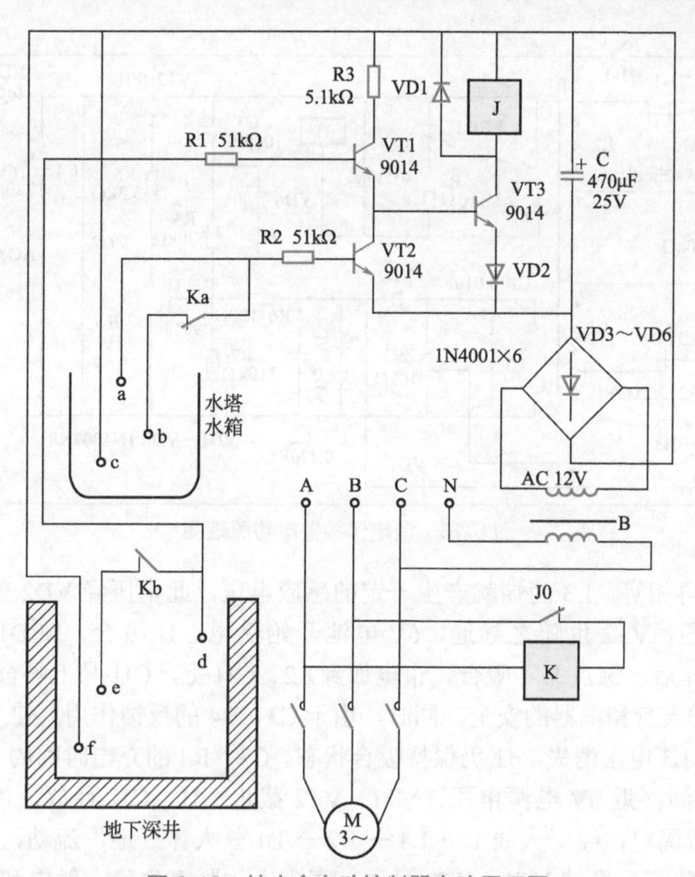

图 6-12　抽水全自动控制器电路原理图

再看深井水位的监控状况。当井中水位降到 e 点以下时，VT1 因基极失电而截止，VT3 也必然截止，水泵不会运转。深井中水位探极的设置原理与水塔相似。水塔水位低于 b 点时，需要上水，但若要上水，则水位必须在 d 点以上，VT1 才导通，从而使 VT3 也导通，水泵才能上水。又由于在 e 极回路串接了常开触点 Kb，在水泵上水时 K 才吸合，Kb 闭合，这样，只有在井中水位降到 e 点时泵才停转。

电机的断相保护功能主要靠合理配接交流接触器和电源变压器的交流供电来实现。从图 6-12 中可以看出，水泵主回路控制器 K 的 380V 线包供电电压是由电源进线中的 A、B 两相提供的，而控制器电源变压器 B 的电源（220V）又能通过相线 C 和零线供给，A、B、C 三相中的任何一相断电，电机都立刻与电网断开，从而保护了电机的安全。

例 119　漏电保护器制作

1.电路工作原理

电路原理如图 6-13 所示。变压器 B1 用于电压检测，L1、L2 采用双线并绕，1、4 端为市电输入端，2、3 端为输出端接负载。线路正常时，流过 L1、L2 的电流大小相等，方向相反，在 B1 中产生的磁通量相互抵消，副线圈 L3 中没有感应电压输出。当发生触电或漏电时，来自 L1 的电流被人体或用电器对地分流，部分电流不再流过 L1，使 L1、

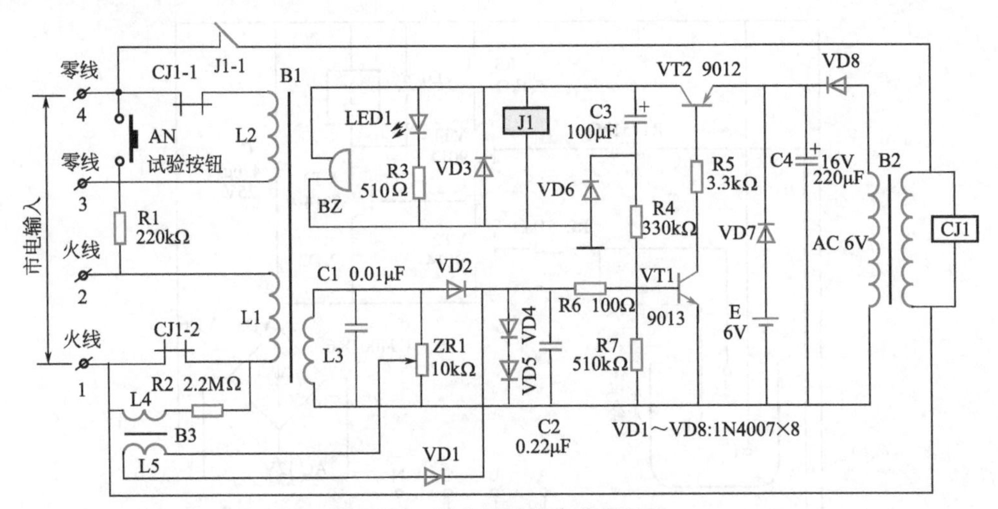

图 6-13　漏电保护器电路原理图

L2 中的电流不再相等，L3 两端就产生一定的感应电压，此电压经 VD2 整流后加到 VT1 基极，使其导通，VT2 也随之导通，6V 电池开始供电，J1 吸合，LED1 发光，蜂鸣器 BZ 报警。J1 动作后，触点 J1-1 吸合，市电加到 R2、CJ1 上，CJ1 马上吸合，其触点断开，切断市电以保护人身和电器的安全。同时，由于 C3、R4 的反馈作用，使 VT1 仍导通“自锁”，这时即使 L3 电压消失，J1 仍保持吸合状态。C3、R4 的充电时间约 30s，经 30s 后，C3 上电压上升到接近 6V 电源电压，VT1、VT2 截止，J1、CJ1 释放，恢复供电。如果此时仍有触电或漏电，经“火线 1 → L4 → R2 → L1 →人体→地”流动，在 L4 次级感生的电压经 VD1 整流后维持 VT1、VT2 导通，直到人体脱离危险，触电和漏电彻底消除，VT1、VT2 才能截止。经实际调试时，检测出数毫安的漏电电流就能使电路可靠动作。

C1 为高频旁路电容，防止节能灯等的高频信号干扰。C2 为延时电容，防止雷电及电火花干扰。VD4、VD5、R6 为幅值电流限制保护元件，防止触电或漏电电流过大时，L3 感应电压过大而损坏 VT1。E 为内置待机电池，平时因 VT1、VT2 截止，电路不消耗电能，一旦保护器动作，电源主要由 B2、VD8、C4 回路提供。VD7 用于防止 E 被充电。VD6 为 C3 提供放电通路。J1 为 6V 小型继电器。

2.元器件选择与制作

B1、B3 必须输出 1 ～ 2V 左右电压才能启动保护器。要求 B3 较 B1 有更高的电流 / 电压转换灵敏度。为安全起见，流过人身的电流不能超过 0.1mA。L4 用 ϕ0.15mm 漆包线在 12mm×18mmE 形铁芯上绕 200 匝，L5 用 ϕ0.07mm 漆包线绕 6000 匝。B1 初级用 ϕ1mm 漆包线在 12mm×18mmE 形铁芯上双线并绕 50 匝，次级用 ϕ0.15mm 漆包线绕 2000 匝。B1、B3 绕制好后用以下方法测试是否适用，分别将 L3、L5 与 5.1kΩ 和 100kΩ 电位器串联后接到 6 ～ 9V 交流电源上（可用自耦变压器降压取得），调节电位器，当两电位器两端的交流电压分别为 0.5V、5.1V 时，L3、L5 两端的电压应在 2V 左右，空载电压应在 1.8 ～ 3V 范围内，否则应适当增减线圈的匝数。B2 可选市售 3W 电源变压器。CJ1 选用小型 220V 交流接触器。

3.安装调试

电路按图 6-13 所示焊接并检查无误后即可调试，2、3 输出端暂不接负载，通电到 1、

4 脚后，调节 ZRI（10kΩ）到最大，按下试验按钮 AN，J1 应能立即吸合，J1 释放后，反复试三次，最后按下 AN 不放，1min 内 J1 不释放即可。C2 一般取 0.22 ～ 0.47μF，太小保护器易受电火花干扰而误动，太大则灵敏度会降低。E 用 4 节 5 号电池。安装时，B3 应尽量远离 B2。安装好后，接上负载运行，保护器应不动作，按下 AN，保护器马上动作，发出声、光报警信号，CJ1 切除负载，约经 30s 后，报警解除，CJ1 重新接通负载。至此，安装调试结束。

例120　交通灯控制电路制作

1.电路工作原理

这是一个模拟十字路口交通灯控制的实验电路。可以设置东西通行和南北通行的时间，以及黄灯闪烁。电路如图 6-14 所示。

① 电路刚上电时，所有 LED 灯都不亮，此时按下 S1，U1 的 2、4 脚同时为低电平，U1 的 3 脚也输出低电平，再松开 S1 时，U1 的 4 脚变为高电平，而此时 U1 的 2、6 脚都为低电平，所以 U1 的 3 脚输出高电平，三极管 Q2 导通，于是 L1、L2、L3、L4 全部点亮，即允许东西通行，禁止南北通行。同时，三极管 Q3 也导通，U2 的 2、4 脚同时为低电平，U2 的 3 脚也输出低电平，三极管 Q4 截止，L5、L6、L7、L8 都不亮。

② 在 U1 的 3 脚输出高电平期间，它通过 VD2 向 C3 充电，使得 U4A 的 2 脚输入高电平，同时电源 VCC 通过 R28 和 R5 向 C1 充电，U1 的 6 脚电压逐渐升高，当超过 VCC 时，U1 的 3 脚电压变为低电平，Q2 截止，L1、L2、L3、L4 全部熄灭，U4A 的 3 脚输出低电平，U4C 的 10 脚输出高电平，U3 启动振荡，3 脚输出高低跳变的电平，使得 Q5 交替工作在导通和截止的状态，L9、L10、L11、L12 四个黄灯亮灭闪烁。同时，Q3 截止，U2 的 4 脚变为高电平，3 脚也输出高电平，Q4 导通，L5、L6、L7、L8 全部点亮，即允许南北通行，禁止东西通行。

③ 在黄灯闪烁期间，C3 将通过 R30 和 R3 放电至低电平，使得 U4A 的 2 脚变为低电平，3 脚输出高电平，U4C 的 10 脚输出低电平，U3 停振，黄灯停止闪烁。

④ 在南北通行期间，电源 VCC 通过 R29 和 R6 向 C2 充电，U2 的 6 脚电压逐渐升高，当超过 VCC 时，U2 的 3 脚电压变为低电平，Q4 截止，L5、L6、L7、L8 全部熄灭，同时黄灯亮灭闪烁，L1、L2、L3、L4 全部点亮，又开始允许东西通行，禁止南北通行，周而复始，一直循环下去。

2.电路组装及调试

根据元器件清单（如表 6-1 所示）及电路原理图、印制板标号图组装电路，焊接好的电路板如图 6-15 所示。调试时通过电位器调节设置，不同颜色的发光二极管 LED 显示，可以分别设置东西通行和南北通行的时间，以及黄灯闪烁的时间。

R3：东西通行转南北通行时黄灯闪烁时间调节；

R4：南北通行转东西通行时黄灯闪烁时间调节；

R5：东西通行时间调节；

R6：南北通行时间调节。

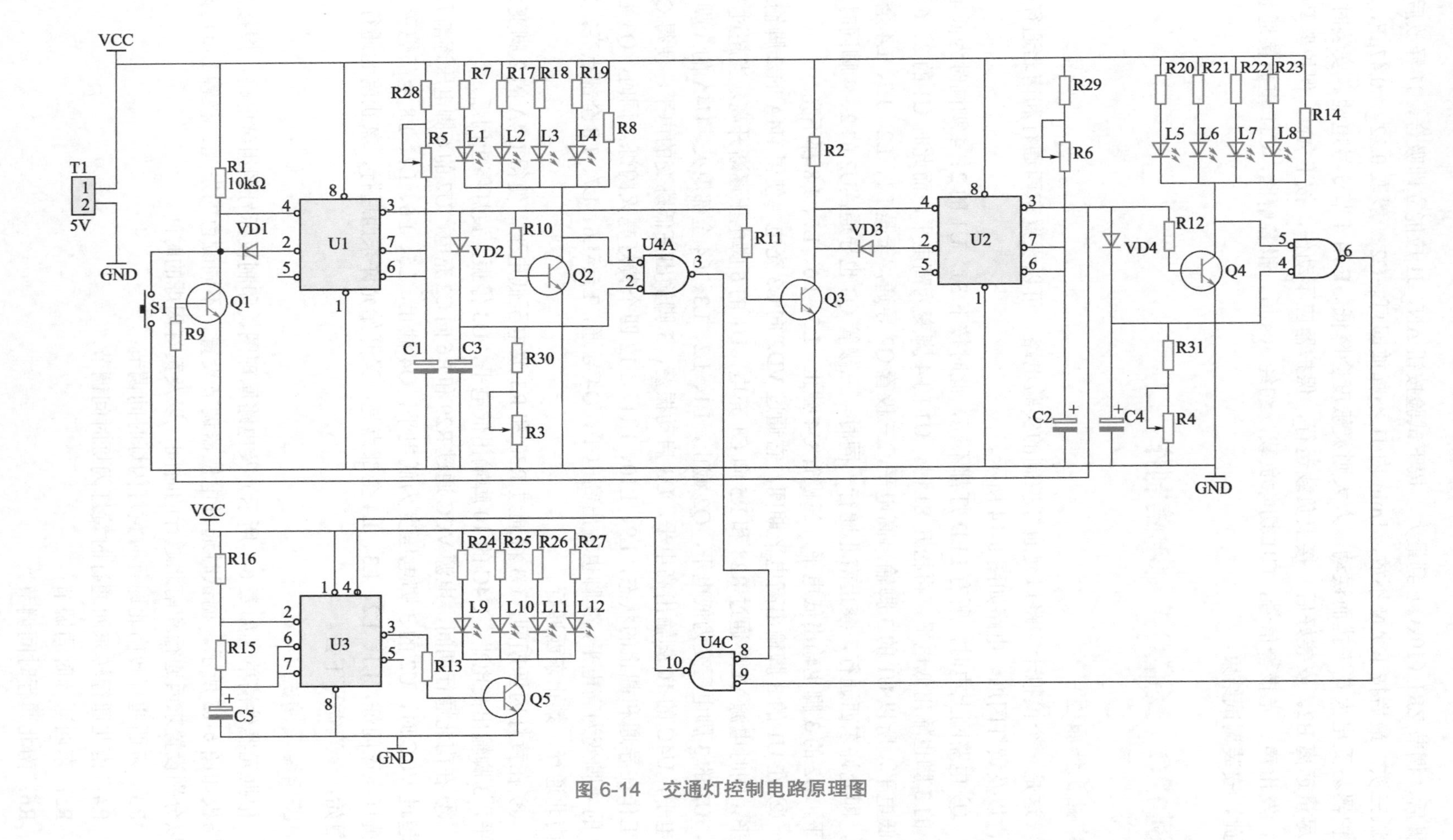

图6-14 交通灯控制电路原理图

表 6-1　交通灯控制电路元器件清单

序号	元器件名称	参数	标号	数量
1	电解电容	47μF/25V	C1、C2	2
2		10μF/25V	C3、C4	2
3		1μF/50V	C5	1
4	二极管	1N4001	VD1 ～ VD4	4
5	发光二极管	5mm 红色	L3、L4、L7、L8	4
6		5mm 黄色	L9、L10、L11、L12	4
7		5mm 绿色	L1、L2、L5、L6	4
8	三极管	8050	Q1 ～ Q5	5
9	贴片电阻	10kΩ	R1、R2、R8、R14、R16	5
10		470kΩ	R15	1
11		100Ω	R7，R17 ～ R27	12
12		1kΩ	R9 ～ R13，R28 ～ R31	9
13	3296W 电位器	1MΩ	R3、R4、R5、R6	4
14	按键开关	6mm×6mm×5mm	S1	1
15	集成电路	NE555	U1、U2、U3	3
16		CD4011	U4	1
17	集成电路插座	DIP-8	配 U1 ～ U3	3
18		DIP-14	配 U4	1
19	电源线	杜邦线		2
20	电路板安装柱	3mm×10mm		4
21	安装螺钉	3mm×6mm		4

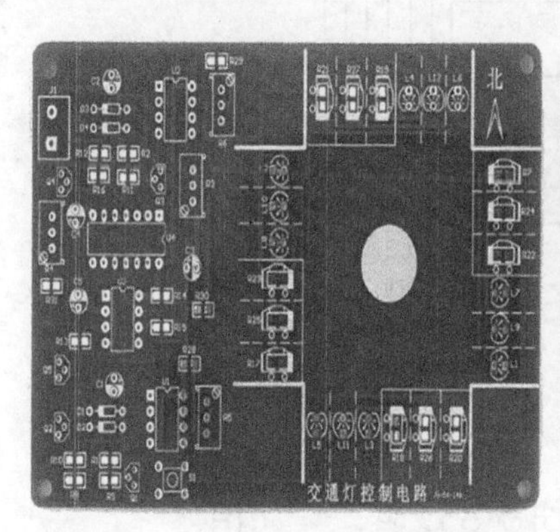

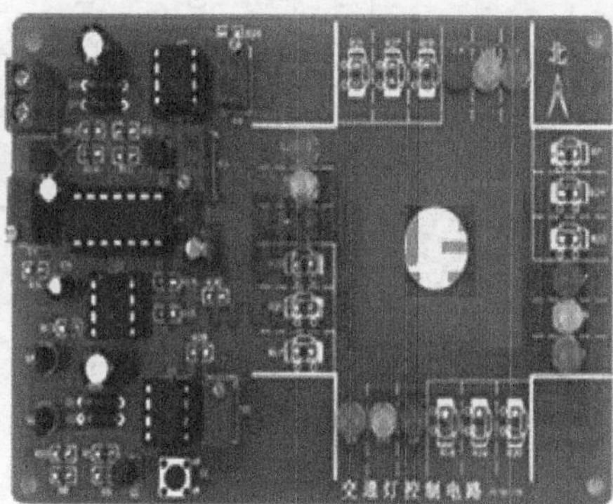

图 6-15　交通灯控制电路板

例121　15路彩灯控制器制作

1.电路工作原理

如图 6-16 所示，此电路是由数字集成电路 CD4060 和 74HC138 组成的发光二极管自动控制电路，CD4060 内部由一个振荡器和一个有 10 级输出的二进制计数器组成，振

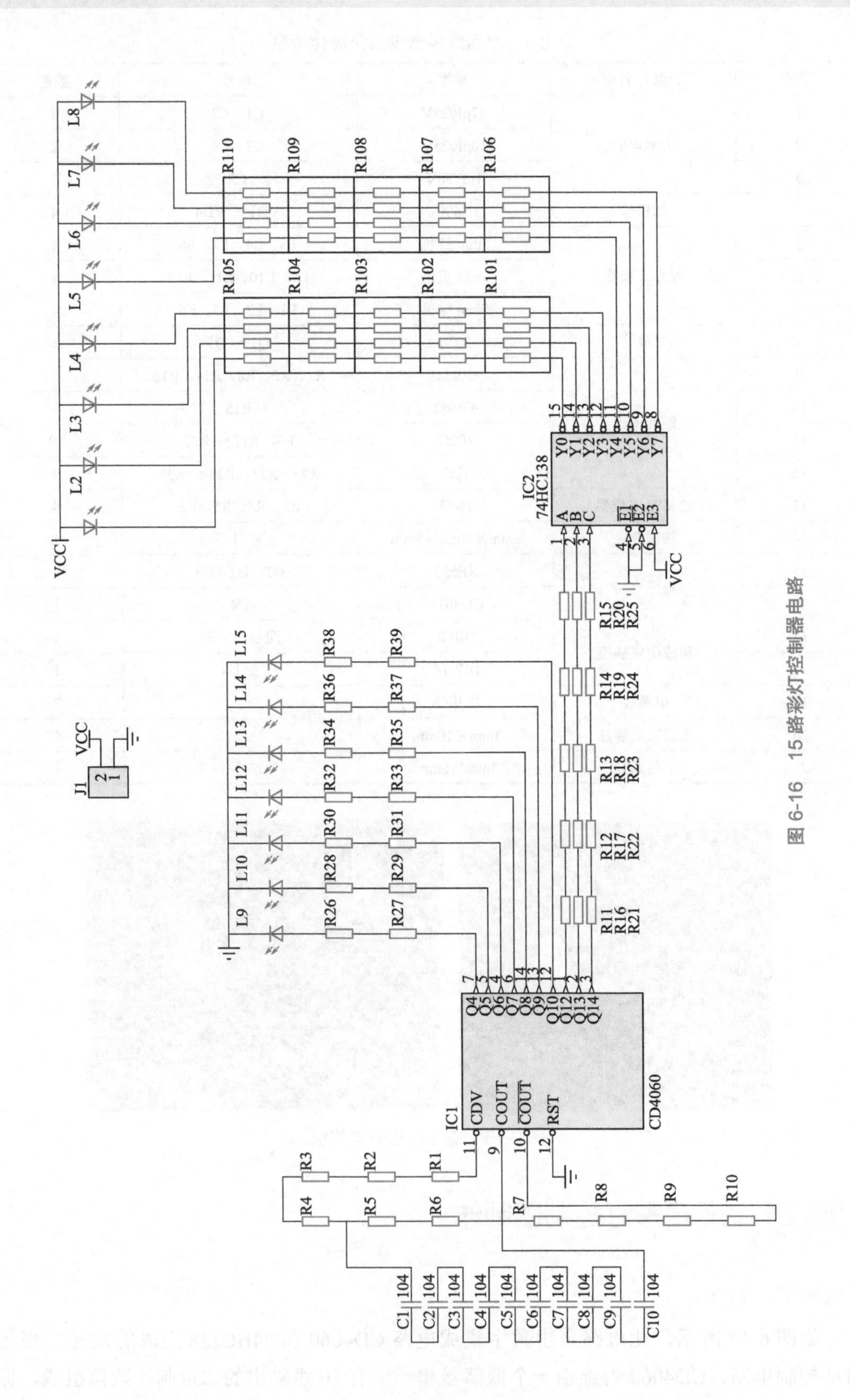

图 6-16 15路彩灯控制器电路

荡器外部可以连接晶振或者 RC，本控制电路连接为 RC 振荡方式，由 R1 ～ R10 串联与 C1 ～ C10 串联组成，电阻串联的阻值为各个电阻阻值之和，相同容量电容串联等于单个电容容量 / 电容个数（104/10）。CD4060 振荡电路起振后，计数器对振荡信号进行计数，计数器的每一个二进制位随着计数不断发生翻转，从而在引脚 Q4 ～ Q14 上输出频率从高到低的方波信号，其中 Q4 ～ Q10 各驱动一个发光二极管 L9 ～ L15，使得这 7 个发光二极管产生不同频率的闪烁。Q12 ～ Q14 接到集成电路 74HC138 的输入端，74HC138 为 3-8 线译码电路，在输出端同时只有 1 位为低电平。随着输入端的数据变化，Y0 ～ Y7 依次变成低电平，从而在 L1 ～ L8 上形成一个流水灯的效果。CD4060 计数溢出后会变成 0 重新计数。从而实现 15 路 LED 的自动控制。

2.电路组装

制作时根据电路原理图元器件清单（表 6-2）、印制板标号图组装电路，焊接无误通电即可工作，如图 6-17 所示。

表 6-2　15 路彩灯控制器元器件清单

名称	规格	数量
1206 贴片电阻	30kΩ	3
1206 贴片电阻	4.7kΩ	7
0805 贴片电阻	1kΩ	15
0603 贴片电阻	1kΩ	14
0603 贴片电容	104K	10
0603 贴片排阻	1kΩ	10
0805 贴片发光二极管	红色	7
3528 贴片发光二极管	白色	8
贴片集成电路	CD4060	1
贴片集成电路	74HC138	1
PCB	60mm×47mm	1

图 6-17　15 路彩灯控制器印制板图

例122 MF47型万用表制作

1.电路工作原理

MF47 型万用表的外形及套件参见图 6-18。内部电路参见图 6-19。

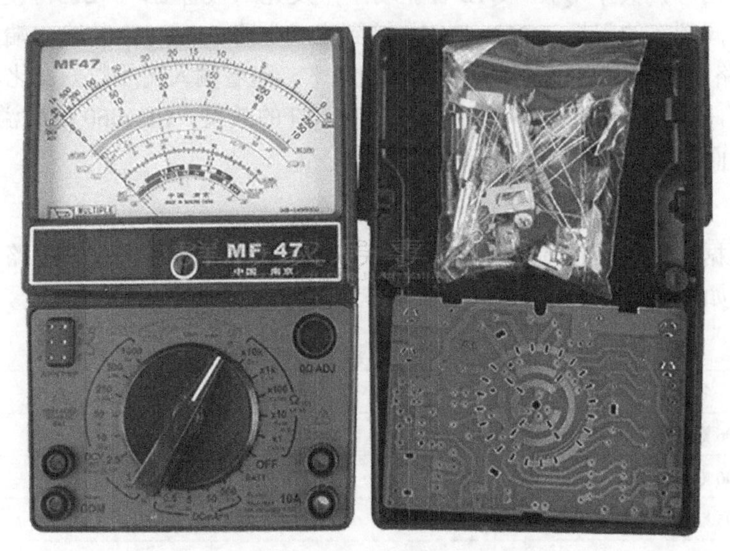

图 6-18 MF47 型万用表外形及套件图

2.万用表组装

（1）安装 首先在按照元件清单清点元件，然后用万用表测量所有元器件。按照原理将所有元件装入规定位置。要求标记向上，字向一致。尽量使电阻器的高度一致然后焊接，焊完后将露在印制电路板表面多余引脚齐根剪去。焊接转换开关上交流电压挡和直流电压挡的公共连线，各挡位对应的电阻元件及其对外连线，最后焊接电池架的连线。将挡位开关旋钮打到交流 250V 挡位上，将电刷旋钮安装卡转向朝上，V 形电刷有一个缺口，应该放在左下角，因为电路板的 3 条电刷轨道中间的 2 条间隙较小，外侧 2 条较大，与电刷相对应。当缺口在左下角时电刷接触点上面有 2 个相距较远，下面 2 个相距较近，一定不能放错。电刷四周都要卡入电刷安装槽，用手轻轻按下，即可安装成功。

（2）MF47 型万用表的调试过程 首先查看自己组装的万用表的指针是否对准零刻度线，如果没有对准，则进行机械调零。然后装入一节 1.5V 的二号电池和一节 9V 的电池。

① 挡位开关旋钮打到 BUZZ 音频挡，在万用表的正面插入表笔，然后将它们短接，听是否有鸣叫的声音。如果没有，则说明安装的蜂鸣器线路有问题或者电刷安装错误，应进行查找。

② 挡位开关旋钮打到欧姆挡的各个量程，分别将表笔短接，然后调节电位器旋钮，观察指针是否能够指到零刻度线。

③ 挡位开关旋钮打到直流电压 2.5V 挡，测量一节 1.5V 的电池，在表盘上观察指针的偏转的位置应准确。

④ 挡位开关旋钮打到直流电压 10V 挡，测量一节 9V 的电池，在表盘上观察指针的偏转的位置应准确。

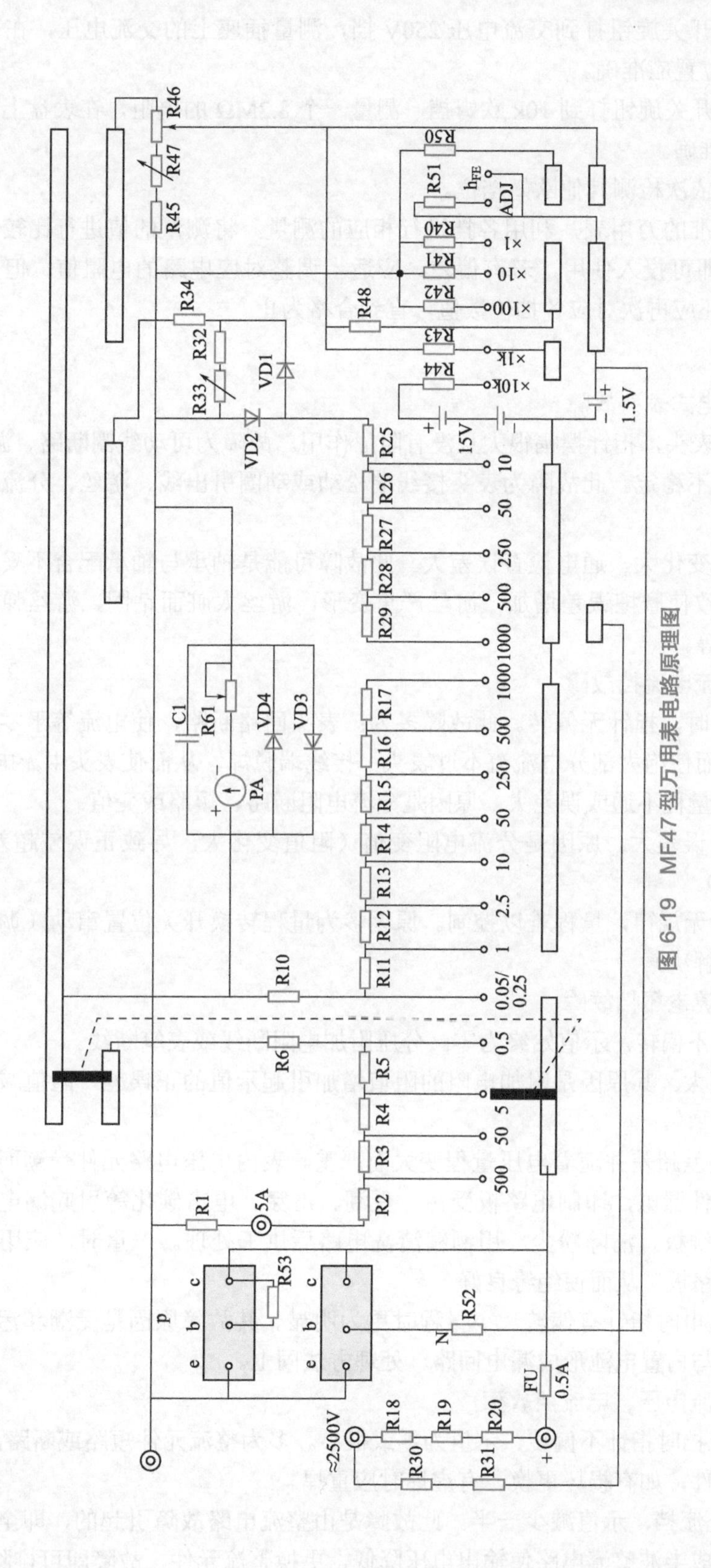

图 6-19　MF47 型万用表电路原理图

⑤ 挡位开关旋钮打到交流电压250V挡，测量插座上的交流电压，在表盘上观察指针的偏转的位置应准确。

⑥ 挡位开关旋钮打到10k欧姆挡，测量一个8.2MΩ的电阻，在表盘上观察指针的偏转的位置应准确。

⑦ 然后依次检测其他欧姆挡位。

⑧ 用标准的万用表，利用各挡进行相应的测量，将测量的值进行比较，各挡检测符合要求后，即可投入使用，若有偏差，应适当调整对应电路的电阻值，但是应注意是微调，调整后还应再次对应各挡位数值，直到合格为止。

3.检修

（1）磁电式表头故障

① 摆动表头，指针摆幅很大且没有阻尼作用。故障为可动线圈断路、游丝脱焊。

② 指示不稳定。此故障为表头接线端松动或动圈引出线、游丝、分流电阻等脱焊或接触不良。

③ 零点变化大，通电检查误差大。此故障可能是轴承与轴承配合不妥当，轴尖磨损比较严重，致使摩擦误差增加，游丝严重变形，游丝太脏而粘圈，游丝弹性疲劳，磁间隙中有异物等。

（2）直流电流挡故障

① 测量时，指针无偏转。此故障多为：表头回路断路，使电流等于零；表头分流电阻短路，从而使绝大部分电流流不过表头；接线端脱焊，从而使表头中无电流流过。

② 部分量程不通或误差大。原因是分流电阻断路、短路或变值。

③ 测量误差大。原因是分流电阻变值（阻值变化大，导致正误差超差；阻值变小，导致负误差）。

④ 指示无规律，量程难以控制。原因多为量程转换开关位置窜动（调整位置，安装正确后即可解决）。

（3）直流电压挡故障

① 指针不偏转，示值始终为零。分压附加电阻断线或表笔断线。

② 误差大。其原因是附加电阻的阻值增加引起示值的正误差，阻值减小引起示值的负误差。

③ 正误差超差并随着电压量程变大而严重。表内电压电路元件受潮而漏电，电路元件或其他元件漏电，印制电路板受污、受潮、击穿、电击碳化等引起漏电。修理时，刮去烧焦的纤维板，清除粉尘，用酒精清洗电路后烘干处理。严重时，应用小刀割铜箔与铜箔之间电路板，从而使绝缘良好。

④ 不通电时指针有偏转，小量程时更为明显。其故障原因是受潮和污染严重，使电压测量电路与内置电池形成漏电回路。处理方法同上。

（4）交流电压、电流挡故障

① 交流挡时指针不偏转、示值为零或很小。多为整流元件短路或断路，或引脚脱焊。检查整流元件，如有损坏更换，有虚焊时应重焊。

② 于交流挡，示值减少一半。此故障是由整流电路故障引起的，即全波整流电路局部失效而变成半波整流电路使输出电压降低，更换整流元件，故障即可排除。

③ 交流电压挡，指示值超差。为串联电阻阻值变化超过元件允许误差而引起。当串联电阻阻值降低、绝缘电阻降低、转换开关漏电时，将导致指示值偏高。相反，当串联电阻阻值变大时，将使指示值偏低而超差。应采用更换元件、烘干和修复转换开关的办法排除故障。

④ 于交流电流挡时，指示值超差。为分流电阻阻值变化或电流互感器发生匝间短路，更换元器件或调整修复元器件排除故障。

⑤ 交流挡时，指针抖动。为表头的轴尖配合太松，修理时指针安装不紧，转动部分质量改变等等，由于其固有频率刚好与外加交流电频率相同，从而引起共振。尤其是当电路中的旁路电容变质失效而无滤波作用时更为明显。排除故障的办法是修复表头或更换旁路电容。

（5）电阻挡故障

① 电阻常见故障是各挡位电阻损坏（原因多为使用不当，用电阻挡误测电压造成）使用前，用手捏两表笔，一般情况下表坏应摆动，如摆动则对应挡电阻烧坏应予以更换。

② R×1 挡两表笔短接之后，调节调零电位器不能使指针偏转到零位。此故障多是由于万用表内置电池电压不足，或电极触簧受电池漏液腐蚀生锈，从而造成接触不良。此类故障在仪表长期不更换电池情况下出现最多。如果电池电压正常，接触良好，调节调零电位器指针偏转不稳定，无法调到欧姆零位，则多是调零电位器损坏。

③ 在 R×1 挡可以调零，其他量程挡调不到零，或只是 R×10k、R×100k 挡调不到零。出现故障的原因是分流电阻阻值变小，或者高阻量程的内置电池电压不足。更换电阻元件或叠层电池，故障就可排除。

④ 在 R×1、R×10、R×100 挡测量误差大。在 R×100 挡调零不顺利，即使调到零，但经几次测量后，零位调节又变为不正常，出现这种故障，是由于量程转换开关触点上有黑色污垢，使接触电阻增加且不稳定，通过清洗各挡开关触点直至露出银白色为止，保证其接触良好，可排除故障。

⑤ 表笔短路，表头指示不稳定。故障原因多是线路中有假焊点，电池接触不良或表笔引线内部断线，修复时应从最容易排除的故障做起，即先保证电池接触良好，表笔正常，如果表头指示仍然不稳定，就需要寻找线路中假焊点加以修复。

⑥ 在某一量程挡测量电阻时严重失准，而其余各挡正常，这种故障往往是由于量程开关所指的表箱内对应电阻已经烧毁或断线。

⑦ 指针不偏转，电阻示值总是无穷大。故障原因大多是表笔断线，转换开关接触不良，电池电极与引出簧片之间接触不良，电池日久失效已无电压，以及调零电位器断路。找到具体原因之后做针对性的修复，或更换内置电池，故障即可排除。

例123　数字显示电容表制作

1.电路工作原理

本例介绍一种测量范围为 10pF ～ 99.9μF 的数字显示电容表。图 6-20 是电容表的电路原理图。图中定时电路所用的 IC3 为 NE556，内含两个 555 定时器，S1-b 所接的 5 个高精度电阻与要测量的电容器组成定时电路。这样，所测电容器的容量大小就转换成了

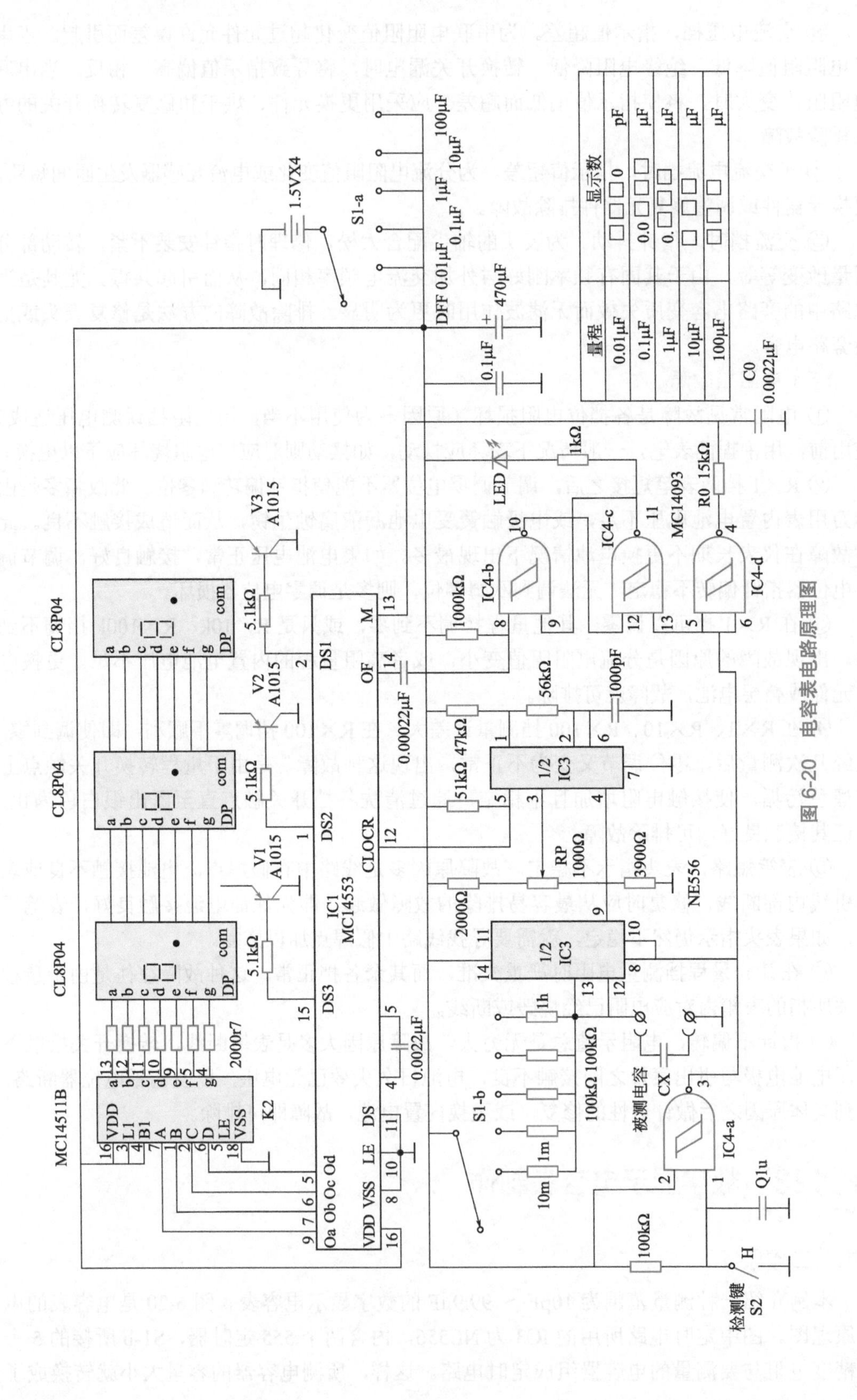

量程	显示数
0.01μF	□□□0 pF
0.1μF	0.0□□□ μF
1μF	0.□□□ μF
10μF	□ □□ μF
100μF	□□□ μF

图 6-20　电容表电路原理图

定时器的时间长短。

当定时器输出为高电平时，使NE556余下部分组成的振荡电路起振，这样电容量转换成振荡的脉冲数，然后利用三位计数电路IC1（MC14553），转换成三位十进制数值，用MC14511B进行7段LED显示。晶体管Vl～V3（A1015）进行数位转换，这样就可把电容器的容量表示成三位数的值。

若数值在三位（999）以上，把溢出信号送到由两个施密特与非门（MC14093B）组成的触发电路，使溢出信号LED亮。

在测量控制电路中，R0（15kΩ）电阻和C0（0.0022μF）电容器，使计数器IC1的复位信号稍稍延迟，这样，可以减少电路和布线电容的影响。

2.组装调试

根据电路板标号焊接好元器件。调试时，将一已知容量的电容器接到被测端上，量程开关打到与被测电容相应的挡上，按下检测键。若电容器的容量与显示值有差异，则调整微调电阻RP，反复调整，直至容量和显示值一致为止。

其中量程开关S1选用2刀6位波段开关，附表表示量程与三位显示之间的关系。若溢出时则LED亮，此时，应手动转换到较大的量程。调整时，所用的检测电容愈准确，本机的精度愈高。

例124 易制的运动计步器制作

该运动计步器，可以帮助散步或跑步的人随时掌握运动量。其主要功能有：利用振动传感器感知散步或跑步状态；设定某一时间单位进行计步；电路具有显示、报警及节电功能。

电路原理如图6-21所示。其电路由振动传感器CLA-2M、IC1-1、IC1-2组成的传感触发电路；IC1-3、IC1-4组成的时间设定电路；IC2、IC3及外围元件组成的计数显示电路及VT1、UM66组成的报警电路四部分构成。CLA-2M为二维振动传感器（外形尺寸9mm×9mm×6mm，灵敏度＞0.1g，工作频率0.3～20Hz）。它具有极高的灵敏度，因振动使它输出的低电平脉冲触发IC1-1、IC1-2组成的RS触发器，其输出送至计数电路。计数前IC1-2输出高电平，IC1-3输出低电平，C4经导通的钳位二极管VD放电，IC1-4输出高电平。CLA-2M受振动触发IC1-2输出一个下降沿有效的计数脉冲之后，单稳态电路受低电平触发IC1-3输出高电平，VD反偏截止，RP、C4延时电路启用，调RP可改变单位时间的设定。当暂稳时间结束时IC1-4输出低电平，使RS触发器翻转初始化，允许下一次计数触发。可见RS触发器的翻转受控于单位时间计数设定电路。

IC2使用单片BCD计数器（CD4553B），自动复位电路C2、R3使IC2加电初始化，C3为IC2内时钟振荡器的定时电容，12脚输入负沿触发计数脉冲，9、7、6、5脚输出BCD计数信号，由七段锁存 / 译码，驱动器IC3（CD4511B）驱动3位共阴极数码管LC5011-11S的a～g七个笔段，IC2的15、1、2脚则输出位驱动信号，使VT2、VT3、VT4分时导通。由3位数码管显示运动计步数值。

VT1、音乐三极管UM66、扬声器BL等组成超速报警电路，当运动过快时，IC2的14脚输出溢出正脉冲信号，VT1导通，UM66驱动扬声器BL发出音乐声。R5为限流电阻，

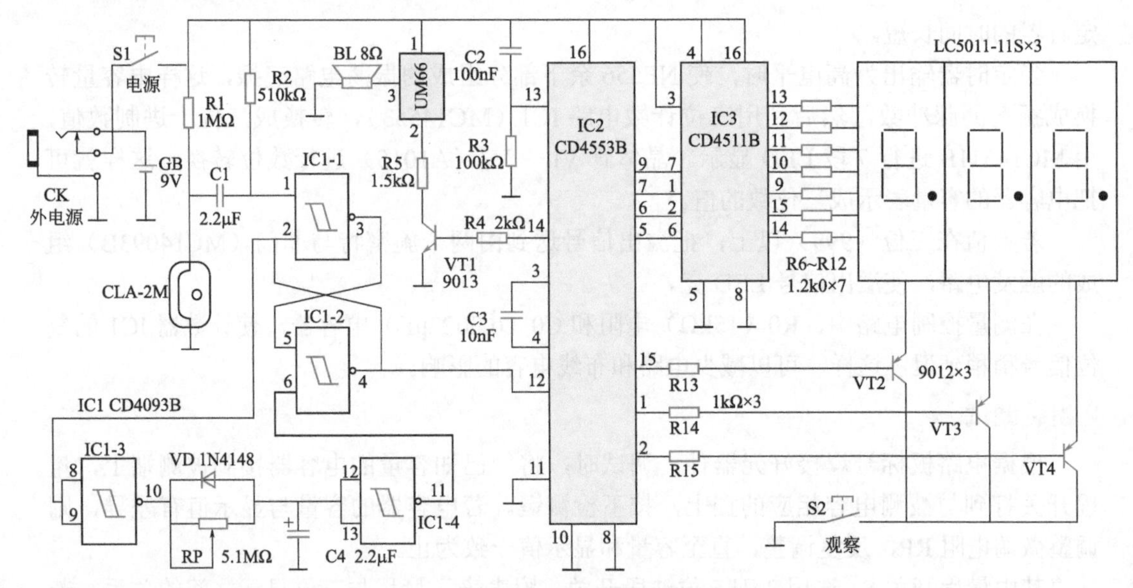

图 6-21 运动计步器电路原理图

使 UM66 获得合适的工作电压（典型值为 3V）。

根据电路板标号焊接好元器件，只要焊接无误，通电即可工作。

例125 车牌防盗撬/防意外脱落报警器制作

1.电路工作原理

报警器采用了 TWH8778 型开关式集成电路，开关电流达 1A，并且开关速度快，工作电压 6 ～ 24V，极限电压为 30V，能够采用摩托车、汽车等电瓶对其直接供电，而不需增加任何降压保护措施。该集成电路的 5 脚为控制端 EN，具有微电流触发驱动（典型 80μA）能力，当输入电压高于 1.6V 时，1-2、3 脚电子开关导通，低于 1.6V 时关断。电路原理图如图 6-22 所示。

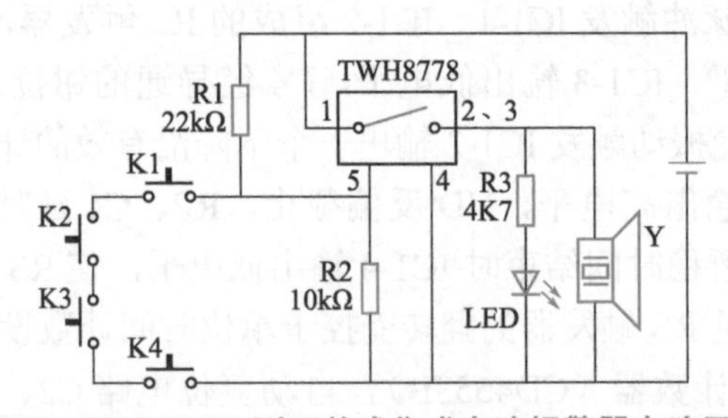

图 6-22 TWH8778 型开关式集成电路报警器电路原理图

报警器由车辆电瓶供电，图 6-22 中元器件参数以汽车常用的 12V 和摩托车常用 6V 为例设计。R1、R2 为 TWH8778 集成电路 5 脚控制端 EN 的分压电阻，在用作传感器的非锁存型开关 K1 ～ K4 均保持被按下（即车牌未被撬盗或意外松动脱落）时，由于 R2 被 K1 ～ K4 短路，TWH8778 开关集成电路 5 脚控制端 EN 的电压被下拉至 0V，TWH8778 开关集成电路关闭，报警发光二极管指示器 LED 处于熄灭状态，超响度的警笛报警器 Y

无电不工作，保持静默状态。

一旦车牌被不法分子盗撬或在行驶过程中出现意外松动脱落现象时，本报警器中用作传感器的非锁存型开关 K1 ～ K4 将有一个（或几个）开关在自身弹力的作用下被释放，R2 被接入电路。此时，由于 R1、R2 的分压作用，使 TWH8778 开关集成电路 5 脚控制端 EN 的电压跳变到 3.75V（使用 12V 电瓶供电时）或 1.875V（使用 6V 电瓶供电时）左右，高于 TWH8778 开关集成电路导通门限电压（1.6V），TWH8778 开关集成电路迅速导通，报警发光二极管指示器 LED 点亮，超响度的警笛报警器因得电而发出高达 130dB 的报警音，阻吓盗撬分子，并提醒车场安保值班人员或驾车司机注意。

2.制作安装

TWH8778 采用 5 脚封装，整个装置的印刷电路板图略。

（1）元器件选择　报警器工作原理简单，但因机动车工作环境比较恶劣，车辆行驶过程中长时间处于强烈振动颠簸状态，并经常会面临风雨泥沙等侵蚀。所以，元器件必须选择高品质、耐腐蚀的，特别是作为传感器使用的 4 个非锁存型的按钮开关，一定要选用水密性好、触点可靠，受振动因素影响小，且复位弹力比较大的，按键行程以在 5mm 以下为宜。因报警器工作电流比较小（≤ 200mA），所以不需为 TWH8778 集成电路加装散热片。超响度的警笛报警器选用额定工作电压 12V 的，经试验在 6V 时也可正常工作（报警音量会小一些）。

（2）安装调试　装用作传感器的非锁存型开关前，先把 2 根引线用防水胶与开关封固在一起，防止车辆行驶过程中造成引线脱落。一般情况下，前后车牌可各安装 2 个传感器开关。先取下车牌，在机动车车牌安装孔周围等易被盗撬的部位（以距车牌安装孔 5cm 左右为宜）钻 2 个孔，将用作传感器的非锁存型开关安装牢固，再照原样安装车牌，保证车牌安装后，4 个非锁存型开关均被车牌“按下”即可；报警发光二极管指示器 LED 安装在驾驶室控制面板上。本装置的报警主体，以及其与传感器开关之间的连线视情况安装在车体内部离高热源部位较远的隐蔽位置，由于本装置静态电流非常小，无须使用电源开关，直接接入汽车电瓶供电系统即可。

（3）注意事项　由于 TWH8778 开关集成电路要求控制端电压不得高于 6V，否则会造成器件永久性损坏，所以在使用 24V 电瓶供电的大型车辆上使用本装置时，应将分压 R2 更换为 4.7kΩ 左右的电阻，以将报警触发电压值限制在 6V 以下，换成额定工作电压 24V 的超响度的警笛报警器。

例126　家用脉冲治疗仪制作

1.电路工作原理

此脉冲治疗仪运用以高阻抗运算放大器 LF353 为核心的窄脉冲发生器，产生重复周期 0.1 ～ 0.5s。

宽为 10ms 的脉冲，经过电压－电流转换器和电流扩展电路组成的输出回路，实现输出脉冲电流 2 ～ 40mA，重复周期为 0.1 ～ 0.5s，脉冲宽度为 20ms 的电脉冲。自制脉冲治疗仪的电路原理如图 6-23 所示。

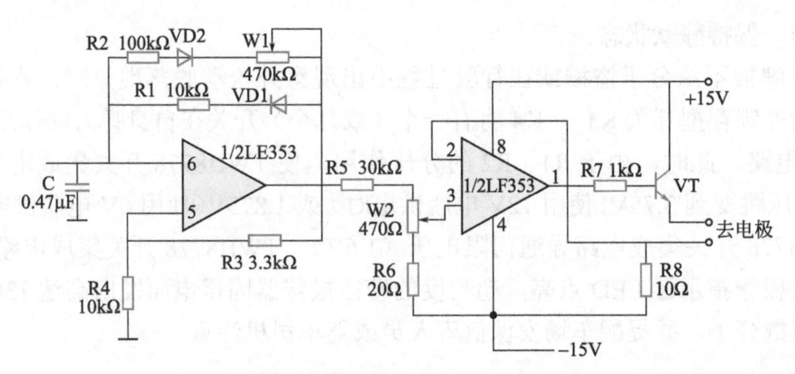

图 6-23 家用脉冲治疗仪电路原理图

2.制作过程

电路根据元器件清单（表 6-3）及电路原理图进行焊接组装，自制脉冲治疗仪的电极可采用直径为 2 ～ 3cm 的圆形金属片（铁皮），外面垫上 2mm 厚的药棉，用纱布固定好。使用时，导电液可用专用药液或食用白醋，将药棉蘸湿。

表 6-3 家用脉冲治疗仪元器件清单

元器件	型号	参数
VD1、VD2	1N4148	
C		0.47μF/63V 薄膜电容
VT	3DA87	U_{ceo} ＞ 50V；β：20 ～ 100；额定功率＞ 1W；I_{cm} ＞ 100mA

使用时，调 W1，可以重复频率；调 W2 可以改变电脉冲输出电流。

例 127 从串联开关电源的制作学习自励、他励电源电路原理与维修

1.电路工作原理

开关电源电路是利用单片双极型线性集成电路 U1（MC34063）及外围元件构成的一个大电流降压变换器电路，如图 6-24 所示。MC34063 是由具有温度自动补偿功能的基准电压发生器、比较器、占空比可控的振荡器，RS 触发器和大电流输出开关电路等组成的。输入电压范围 2.5 ～ 40V，输出电压可调范围 1.25 ～ 40V，输出电流可达 1.5A。

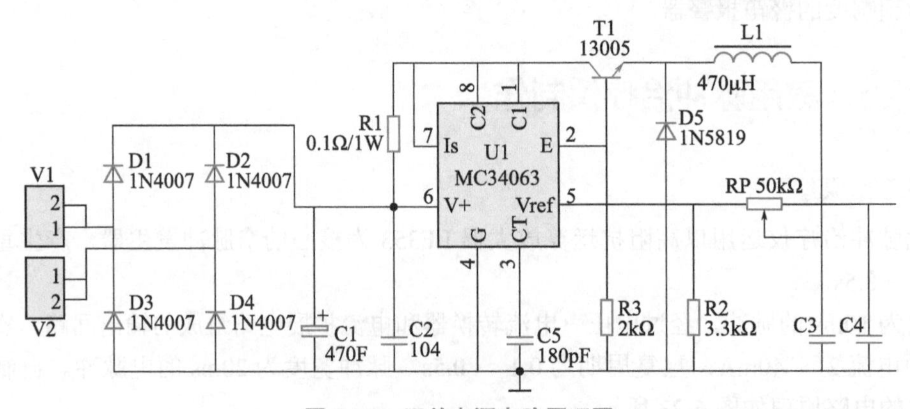

图 6-24 开关电源电路原理图

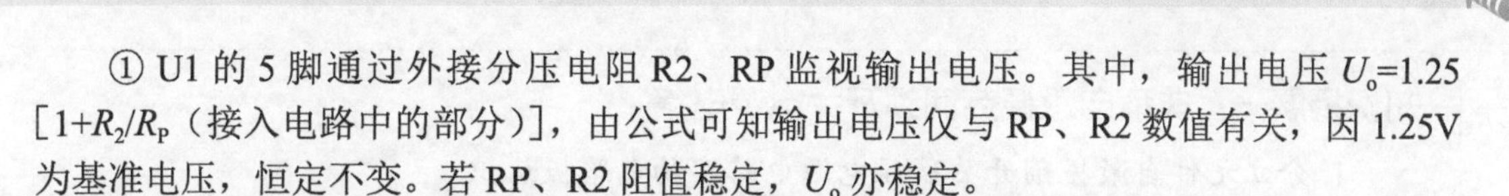

① U1 的 5 脚通过外接分压电阻 R2、RP 监视输出电压。其中，输出电压 U_o=1.25［$1+R_2/R_P$（接入电路中的部分）］，由公式可知输出电压仅与 RP、R2 数值有关，因 1.25V 为基准电压，恒定不变。若 RP、R2 阻值稳定，U_o 亦稳定。

② U1 的 5 脚电压与内部基准电压 1.25V 同时送入内部比较器进行电压比较。当 5 脚的电压值低于内部基准电压（1.25V）时，控制内部电路导通，使输入电压 U_i 向输出滤波器电容 C3 充电以提高 U_o；当 5 脚的电压值高于内部基准电压（1.25V）时，控制内部电路截止，从而达到自动控制输出电压 U_o 稳定的目的。

2.电路组装调试

根据元器件清单（表 6-4）及电路板编号安装焊接元器件，焊好后检查元器件无误，即可通电实验。调试时要接 100W 灯泡作假负载，开关电源调试检修过程参见下面自激振荡开关电源的调试与检修，并参看视频讲解（图 6-25）。

表 6-4　开关电源元器件清单

序号	元器件型号	参数	标号	数量
1	0805 贴片电阻	3.3kΩ	R2	1
2		2kΩ	R3	1
3	1W 功率电阻	0.1Ω	R1	1
4	电位器	50kΩ	RP	1
5	电解电容	470μF/50V	C1	1
6		1000μF/25V	C3	1
7	瓷片电容	104	C2，C4	2
8		180pF（181）	C5	1
9	贴片二极管	1N4007	D1，D2，D3，D4	4
10	二极管	1N5819	D5	1
11	电感	470μH	L1	1
12	三极管	13005	T1	1
13	贴片集成块	MC34063	U1	1
14	电路板	50mm×40mm		1

图 6-25　开关电源电路板

知识拓展一：典型自激振荡调频开关电源电路

1. 分立元件自激振荡开关稳压电源电路实物电路板认识

很多电器中使用分立元件开关电源作稳压电路，如彩色电视机，多种型号充电器等设备，电路实物图如图 6-26 所示。

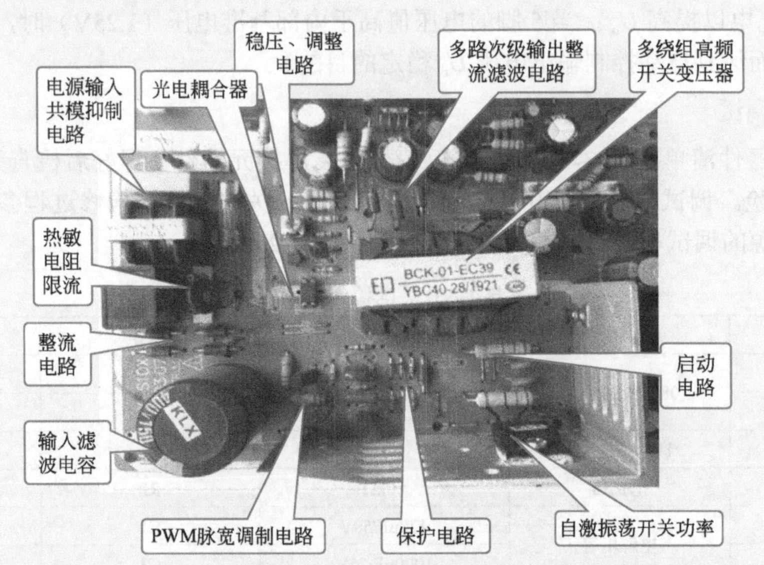

图 6-26　分立元件自激振荡开关电源电路板实物图

典型分立件开关电源无输出检修

分立件开关电源输出电压低检修

自激振荡分立元件开关电源

开关电源检修注意事项

典型直接稳压开关电源电路的工作原理如图 6-27 所示。

（1）熔断器、干扰抑制、开关电路　FU501 是熔断器，也称为熔丝。彩色电视机使用的熔断器是专用的，熔断电流为 3.14A，它具有延迟熔断功能，在较短的时间内能承受大的电流通过，因此不能用普通熔丝代替。

R501、C501、L501、C502 构成高频干扰抑制电路，可防止交流电源中的高频干扰进入电视机干扰图像和伴音，也可防止电视机的开关电源产生的干扰进入交流电源干扰其他家用电器。

SW501 是双刀电源开关，电视机关闭后可将电源与电视机完全断开。

（2）自动消磁电路　彩色显像管的荫罩板、防爆卡、支架等都是铁质部件，在使用中会因周围磁场的作用而被磁化，这种磁化会影响色纯度与会聚，使荧光屏出现阶段局部偏色或色斑，因此，需要经常对显像管内外的铁质部件进行消磁。

常用的消磁方法是用逐渐减小的交变磁场来消除铁质部件的剩磁。这种磁场可以通过逐渐变小的交流电流来取得，当电流 i 逐渐由大变小时，铁质部件的磁感应强度沿磁滞回线逐渐变化为零。

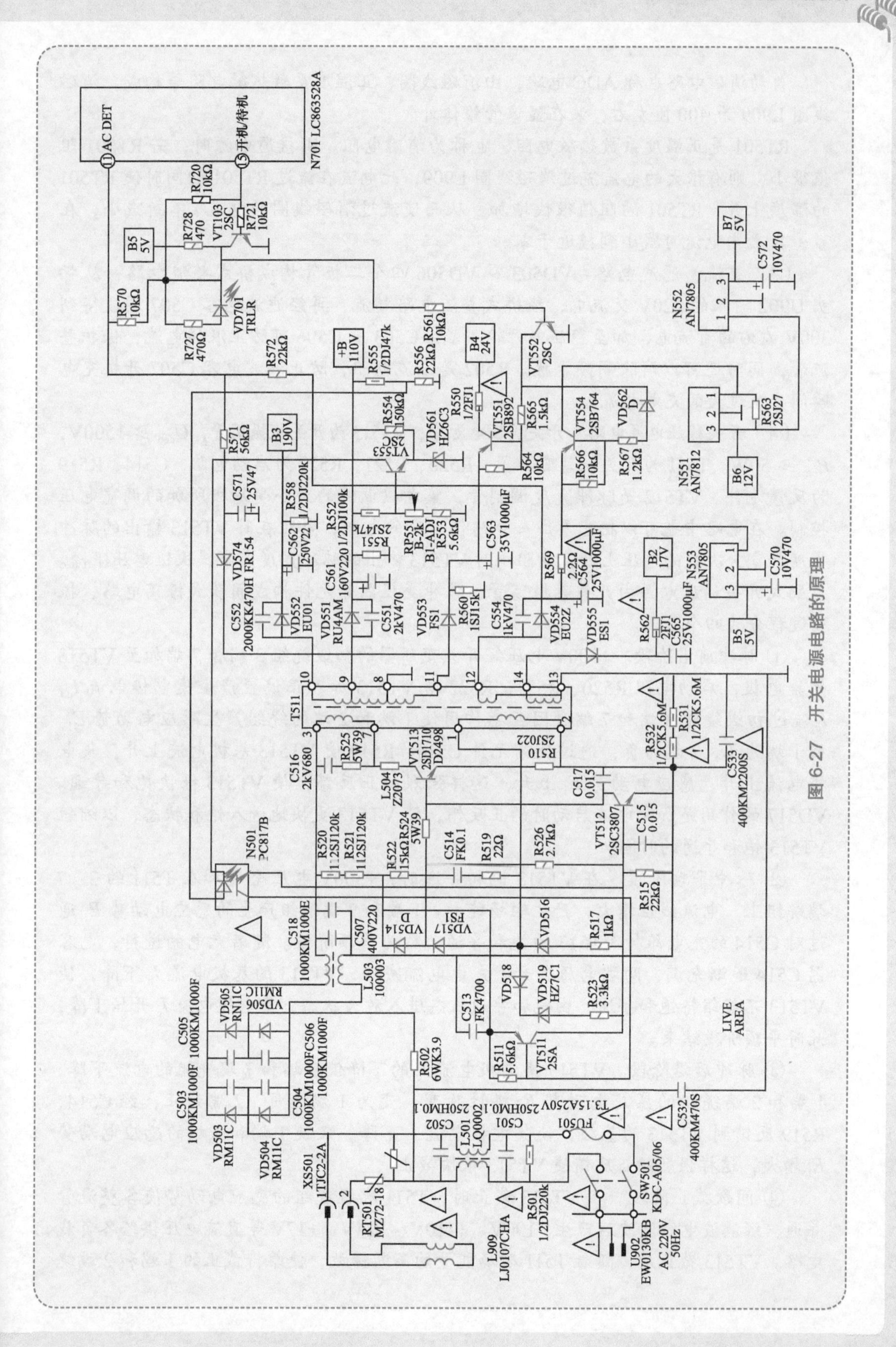

图 6-27 开关电源电路的原理

自动消磁电路也称ADC电路，由消磁线圈、正温度系数热敏电阻等构成，消磁线圈L909为400匝左右，装在显像管锥体外。

RT501是正温度系数热敏电阻，也称为消磁电阻。刚接通电源时，若RT501阻值很小，则有很大的电流流过消磁线圈L909，此电流在流过RT501的同时使RT501的温度上升，RT501的阻值很快增加，从而使流过消磁线圈的电流i不断减小，在3～4s之内电流可减小到接近于零。

（3）整流、滤波电路　VD503～VD506四个二极管构成桥式整流电路，从插头U902输入的220V交流电，经桥式整流电路整流，再经滤波电容C507滤波得到300V左右的直流电，加至稳压电源输入端。C503～C506可防止浪涌电流，保护整流管，同时还可以消除高频干扰。R502是限流电阻，防止滤波电容C507开机充电瞬间产生过大的充电电流。

（4）开关稳压电源电路　开关稳压电源中，VT513为开关兼振荡管，$U_{ceo}\geqslant 1500V$，$P_{cm}\geqslant 50W$。T511为开关振荡变压器，R520、R521、R522为启动电阻，C514、R519为反馈元件。VT512是脉冲宽度调制管，集电极电流的大小受基极所加的调宽电压控制。在电路中也可以把它看成一个阻值可变的电阻，电阻在时VT513输出的脉冲宽度加宽，次级的电压上升，电阻小时VT513输出的脉冲宽度变窄，次级电压下降。自励式开关稳压电源由开关兼振荡管、脉冲变压器等元件构成间歇式振荡电路，振荡过程分为四个阶段。

① 脉冲前沿阶段。+300V电压经开关变压器的初级绕组3端和7端加至VT513的集电极，启动电阻R520、R521、R522给VT513加入正偏置产生集电极电流I_c，I_c流过初级绕组3端和7端时因互感作用使1端和2端的绕组产生感应电动势E_1。因1端为正，2端为负，通过反馈元件C514、R519使VT513基极电流上升，集电极电流上升，感应电动势E_1上升，这样强烈的正反馈，使VT513很快饱和导通。VD517的作用是加大电流启动时的正反馈，使VT513更快地进入饱和状态，以缩短VT513饱和导通的时间。

② 脉冲平顶阶段。在VT513饱和导通时，+300V电压全部加在T511的3、7端绕组上，电流线性增大，产生磁场能量。1端和2端绕组产生的感应电动势E_1通过对C514的充电维持VT513的饱和导通，称为平顶阶段。随着充电的进行，电容器C514逐渐充满，两端电压上升，充电电流减小，VT513的基极电流I_b下降，使VT513不能维持饱和导通，由饱和导通状态进入放大状态，集电极电流I_c开始下降，此时平顶阶段结束。

③ 脉冲后沿阶段。VT513集电极电流I_c的下降使3端和7端绕组的电流下降，1端和2端绕组的感应电动势E_1极性改变，变为1端为负、2端为正，经C514、R519反馈到VT513的基极，使集电极电流I_c下降，又使1端和2端的感应电动势E_1增大，这样强烈的正反馈使VT513很快截止。

④ 间歇截止阶段。在VT513截止时，T511次级绕组的感应电动势使各整流管导通，经滤波电容滤波后产生+190V、+110V、+24V、+17V等直流电压供给各负载电路。VT513截止后，随着T511磁场能量的不断释放，使维持截止的1端和2端绕

组的正反馈电动势 E_1 不断减弱，VD516、R517、R515 的消耗及 R520、R521、R522 启动电流给 C514 充电，使 VT513 基极电位不断回升，当 VT513 基极电位上升到导通状态时，间歇截止期结束，下一个振荡周期又开始了。

（5）稳压工作原理　稳压电路由 VT553、N501、VT511、VT512 等元件构成。R552、RP551、R553 为取样电路，R554、VD561 为基准电压电路，VT553 为误差电压比较管。因使用了 N501 的光电耦合器，使开关电源的初级和次级实现了隔离，除开关电源部分带电外，其余底板不带电。

当 +B110V 电压上升时，经取样电路使 VT553 基极电压上升，但发射极电压不变，这样基极电流上升，集电极电流上升，光电耦合器 N501 中的发光二极管发光变强，N501 中的光敏三极管导通电流增加，VT511、VT512 集电极电流也增大，VT513 在饱和导通时的激励电流被 VT512 分流，缩短了 VT512 的饱和时间，平顶时间缩短，T511 在 VT513 饱和导通时所建立的磁场能量减小，次级感应电压下降，+B110V 电压又回到标准值。同样若 +B110V 电压下降，经过与上述相反的稳压过程，+B110V 又上升到标准值。

（6）脉冲整流滤波电路　开关变压器 T511 次级设有五个绕组，经整流滤波或稳压后可以提供 +B110V、B2+17V、B3+190V、B4+24V、B5+5V、B6+12V、B7+5V 七组电源。

行输出电路只为显像管各电极提供电源，而其他电路电源都由开关稳压电源提供，这种设计可以减轻行电路负担，降低故障率，也降低了整机的电源消耗功率。

（7）待机控制　待机控制电路由微处理器 N701、VT703、VT522、VT551、VT554 等元件构成。正常开机收看时，微处理器 N701 的 15 脚输出低电平 0V，使 VT703 截止，待机指示灯 VD701 停止发光，VT552 饱和导通，VT551、VT554 也饱和导通，电源 B4 提供 24V 电压，电源 B6 提供 12V 电压，电源 B7 提供 5V 电压。电源 B6 控制行振荡电路，B6 为 12V，使行振荡电路工作，行扫描电路正常工作处于收看状态。同时行激励、N101、场输出电路都得到电源供应正常工作，电视机处于收看状态。

待机时，微处理器 N701 的 15 脚输出高电平 5V，使 VT703 饱和导通，待机指示灯 VD701 发光，VT522 截止，VT551、VT554 失去偏置而截止，电源 B4 为 0V，B6 为 0V，B7 为 0V，行振荡电路无电源供应而停止工作，行扫描电路也停止工作，同时行激励、N101、场输出电路都停止工作，电视机处于待机状态。

（8）保护电路

① 输入电压过压保护。VD519、R523、VD518 构成输入电压过压保护电路，当电路输入交流 220V 电压大幅提高时，使整流后的 +300V 电压提高，VT513 在导通时 1 端和 2 端绕组产生的感应电动势电压升高，VD519 击穿使 VT512 饱和导通，VT513 基极被 VT512 短路而停振，保护电源和其他元件不受到损坏。

② 尖峰电压吸收电路。在开关管 VT513 的基极与发射极之间并联电容 C517，开关变压器 T511 的 3 端和 7 端绕组上并联 C516 和 R525，吸收基极、集电极上的尖峰电压，防止 VT513 击穿损坏。

2. 调频－调宽直接稳压型电路故障检修

典型使用开关稳压电源，电路比较复杂，所用的元器件较多，电源开关管工作在大电流、高电压的条件下，因此，电源电路也是故障率较高的电路之一。因电源电路种类繁多，各种牌号彩色电视机的开关电源差异较大，给我们维修带来了一定的难度。尽管各种电源电路结构样式不同，但基本原理是相同的，我们在检修时要熟练地掌握开关稳压电源的工作原理和电源中各种元器件所起的作用，结合常用的检测方法，如在路电阻测量法和电压测量法等，逐步地积累维修经验，就可以较快地排除电源电路的故障。

图 6-27 所示为开关电源电路检测原理图。它属于并联自励型开关稳压电源，使用光耦直接取样，因此除开关电源电路外底盘不带电，也称为“冷”机芯。电路原理与检修可扫二维码学习。

检修电源电路时为了防止输出电压过高损坏行扫描电路元件和显像管、电源空载而击穿电源开关管，首先要将 +110V 电压输出端与负载电路（行输出电路）断开，在 +110V 输出端接入一个 220V、25 ~ 40W 的灯泡作为假负载。若无灯泡也可以用 220V、20W 电烙铁代替。

（1）关键在路电阻检测点

① 电源开关管 VT513 集电极与发射极之间的电阻。测量方法：用万用表电阻 R×1 挡，当红表笔接发射极，黑表笔接集电极时，表针应不动；红表笔接集电极，黑表笔接发射极时，阻值在 100Ω 左右为正常。若两次测量电阻值都是 0Ω，则电源开关和 VT513 已被击穿。

② 熔丝 FU501。电源电路中因元器件击穿造成短路时，熔丝 FU501 将熔断保护。测量方法：用万用表电阻 R×1 挡，正常阻值为 0Ω。若表针不动，说明熔丝已熔断，需要对电源电路中各主要元器件进行检查。

③ 限流电阻 R502。限流电阻 R502 也称为水泥电阻，当电源开关管击穿短路或整流二极管击穿短路时，会造成电流增大，限流电阻 R502 将因过热而开路损坏。

测量方法：用万用表 R×1 挡，阻值应为 3.9Ω。

（2）关键电压测量点

① 整流滤波输出电压。此电压为整流滤波电路输出的直流电压，正常电压值为 +300V 左右，检修时可测量滤波电容 C507 正极和负极之间的电压，若无电压或电压低，说明整流滤波电路有故障。

② 开关电源 +B110V 输出电压。开关电源正常工作时输出 +B110V 直流电压，供行扫描电路工作。检修时可测量滤波电容 C561 正、负极之间的电压，若电压为 +110V，说明开关电源工作正常；若电压为 0V 或电压低，或电压高于 +110V 则电源电路有故障。

③ 开关电源 B2+17V、B3+190V、B4+24V、B5+5V、B6+12V、B7+5V 各电源直流输出电压。可以通过测量 B2 ~ B7 各电源直流输出端电压来确定电路是否正常。

3. 各种状态故障的检修

（1）+B 输出电压偏低　B1 端的电压应为稳定的 130V，若偏低，则去掉 B1 负载，接上假负载，若 B1 仍偏低，说明 B1 没有问题。

B1 虽低但毕竟有电压，说明开关电源已起振，稳压控制环路也工作，只是不完全工作。这时应重点分析检修稳压控制环路元器件是否良好。通常的原因多为 VD516 断路。换上新元器件后，故障消除。因 VD516、R517 是 V512 的直流负偏置电路，若没有 VD516 和 R517 产生的负偏压加到 VD512 的基极，则 V512 的基极电压增高，V512 导通程度增加，内阻减小，对 V513 基极的分流作用增加，使 V513 提前截止，振荡频率增高，脉冲宽变窄，使输出 B1 电压降低。

另外，如 VD514 坏了，则电压可升高到 200V 左右，将行输出管击穿，然后电源进入过流保护状态而停机，出现“三无”故障。在维修此类 B1 电压过高故障时，一定要将 B1 负载断开，以免行输出管因过压损坏。VD514 为 V511 的发射极提供反馈正偏置电压，若 VD514 断路，则 V511 的发射极电压减小，V511 导通电流减小，使 V512 导通电流减小，内阻增加，对 V513 基极分流作用减小，V513 导通时间增长，频率降低，脉冲占空系数增加，可使 B1 电压增加。

在维修电源前弄清电路中的逻辑关系，会给维修带来很多方便。例如，因使用光电隔离耦合电压调整电路，并且误差取样直接取自 B1 电压，若无 B1 电压就无其他电压，因此 A3 电源维修时，应首先检测 B1 电压。因此机型芯彩电使用微处理器进行过载保护，即若电视机能进入正常工作状态，至少有 3 个电压 B1、B4 和 B5 是正常的。

（2）+B 输出电压偏高　这类故障在整机中的表现为：开机后，无光栅、无图像，烧行输出管 V432，实测 B1 电压远远大于 130V。

在检修时，先断开 130V 负载电路，开机检测 130V 电压端，结果约为 170V，调 RP551，B1 输出电压不变，这说明开关稳压电路已起振，但振荡不受控，已说明开关稳压电源频率调制稳压电路出现故障。

查误差电压取样电路 R551、R552A、RP551 时，较常出现问题有 R552A 开路。代换 R552A 后，B1 电压降低到正常值，接上 B1 电压负载后，故障即可消除。

这是因 R552A 为误差电压取样电阻之一，当 R552A 开路后，V553 基极电压为 0V，发射集电压为 6.2V 左右，故 V553 截止，无电流流过光电耦合器 VD515 二极管部分，使 VD515 截止，从而可使 V511、V512 截止，V513 失去控制，导通时间增长，使输出电压增高。因 B1 电压远远高于 130V，行输出级工作时产生很高逆程脉冲电压，导致 V432 行输出管击穿损坏。

知识拓展二：典型计算机用开关电源（他励振荡桥式电源）电路

他励桥式开关稳压电源具有功率大、输出电压稳定、可多极性多路输出、效率高等优点，被广泛应用于各种电器，如计算机电源、电动车充电器，各种工业电器等设备。常见的计算机开关电源如图 6-28 所示。

TL494 组成电源典型电路分析与检修。

1. 工作原理

电路如图 6-29 所示。

典型集成电路
开关电源原理

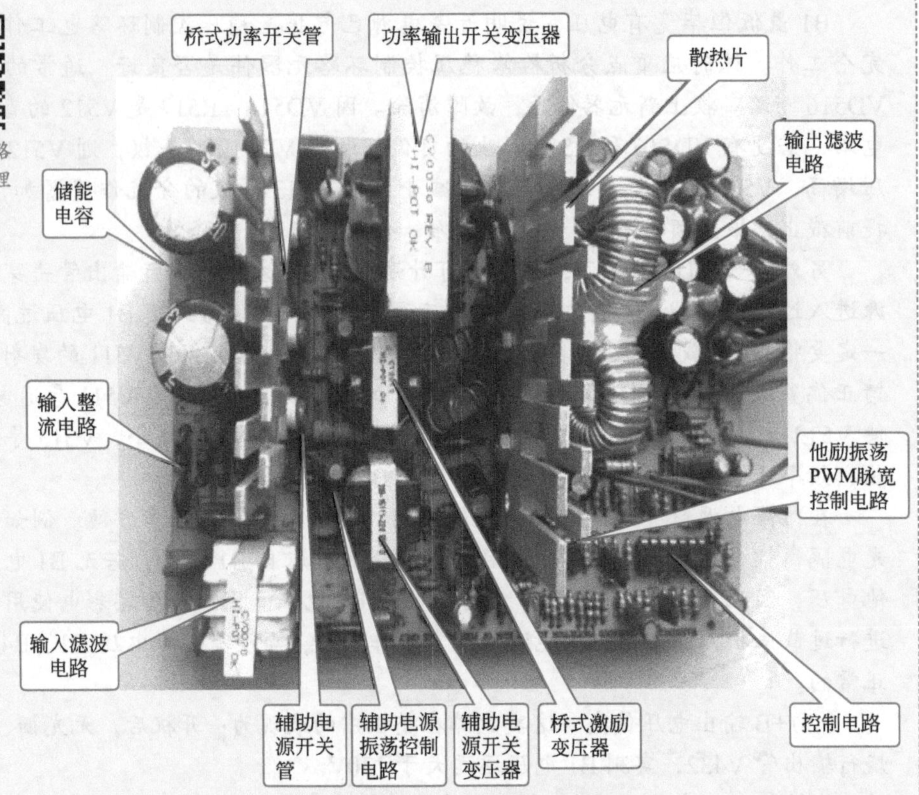

图 6-28　他励桥式开关电源

（1）主变换电路原理　银河 2503B ATX 电源在电路结构上属于他励式脉宽调制型开关电源（图 6-29），220V 市电经 BD1 ~ BD4 整流和 C5、C6 滤波后产生 +300V 直流电压，同时 C5、C6 还与 Q1、Q2、C8 及 T1 原边绕组等构成所谓“半桥式”直流换电路。当给 Q1、Q2 基极分别馈送相位相差 180° 的脉宽调制驱动脉冲时，Q1 和 Q2 将轮流导通，T1 副边各绕组将感应出脉冲电压，分别经整流滤波后，向微机提供 +3.3V、+5V、+12V、−5V 直流稳压电源。THR 为热敏电阻，冷阻大，热阻小，用于在电路刚启动时限制过大的冲击电流；VD1、VD2 是 Q1、Q2 的反相击穿保护二极管，C9、C10 为加速电容，VD3、VD4、R9、R10 为 C9、C10 提供能量泄放回路，为 Q1、Q2 下一个周期饱和导通做好准备。主变换电路输出的各组电源，在主机没有开启前均无输出。

（2）辅助电源　整流滤波后产生的 +300V 直流电压还通过 R72 向以 Q15、T3 及相关元件构成的自励式直流辅助电源供电，R76 和 R78 用来向 Q15 提供起振所需（+）初始偏流，R74 和 C44 为正反馈通路。此辅助源输出两路直流电源：一路经 IC16 稳限后送 +5VSB 电源，作为微机主板电源监控部件的供电电源；另一路经 BD56、C25 整流滤波后向 IC1 及 Q3、Q4 等构成的脉宽调制及推动组件供电。正常情况下，只要接通 220V 市电，此辅助电源就能启动工作，产生上述两路直流电压。

（3）脉宽调制及推动电路　脉宽调制由 IC1 芯片选用开关电源专用的脉宽调制集成电路 TL494，当 IC1 的 VCC 端 12 脚得电后，内部基准电源即从其输出端 14 脚

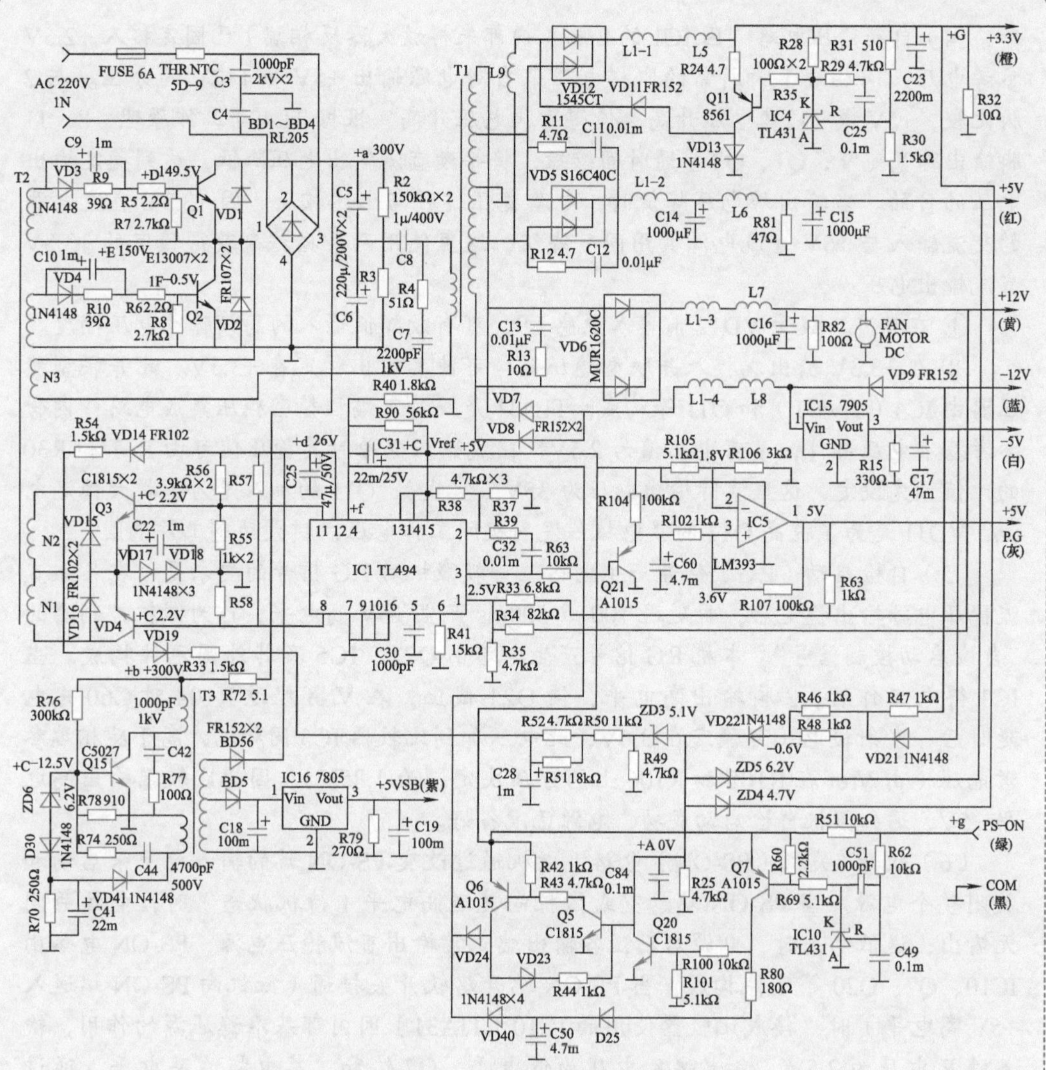

图 6-29 ATX 计算机电源电路

向外提供 +5V 参考基准电压。首先，此参考电压分两路为 IC1 组件的各控制端建立起它们各自的参考基准电平：一路经由 R38、R37 构成的分压器为内部采样放大器的反相输入端 2 脚建立 +2.5V 的基准电平，另一路经由电阻 R90、R40 构成的分压器为“死区”电平控制输入端 4 脚建立约 +0.15V 的低电平；其次，Vref 还向 IS-ON 软开 / 关机电路及自动保护电路供电。在 IC1 12 脚得电，4 脚为低电平的情况下，其 8 脚和 11 脚分别输出频率为 50kHz（由定时元件 C30、R41 确定），相位相差 180° 的脉宽调制信号，经 Q3、Q4 放大，T2 耦合，驱动 Q1 和 Q2 轮流导通工作，电源输出端可得到微机所需的各组直流稳压电源。若使 4 脚为高电平，则进入 IC1 的“死区”，IC1 停止输出脉冲信号，Q1、Q2 截止，各组输出端无电压输出。微机正是利用此“死区控制”特性来实现软开 / 关机和电源自动保护的。VD17、VD18 及 C22 用于抬高推动管 Q3、Q4 射极电平，使得当基极有脉冲低电平时 Q3、Q4 能可靠截止。

（4）自动稳压电路　因IC1的2脚（内部采样放大器反相端）已固定接入+2.5V参考电压，同相端1脚所需的取样电压来自对电源输出+5V和+12V的分压。与2脚比较，+5V或+12V电压升高，使得1脚电压升高，根据TL494工作原理，8、11脚输出脉宽变窄，Q1、Q2导通时间缩短，将导致直流输出电压降低，达到稳定输出电压的目的。当输出端电压降低时，电路稳压过程与上述相反。因+3.3V直流电源的交流输入与+5V直流电源共用同一绕组，这里使用两条措施来获得稳定的+3.3V直流输出电压：

① 在整流二极管VD12前串入电感L9，可有效降低输入的高频脉冲电压幅度。

② 在+3.3V输出端接入并联型稳压器，可使其输出稳定在+3.3V。此并联型稳压器由IC4（TL431）和Q11等构成。TL431是一种可编程精密稳压集成电路，内含参考基准电压部件，参考电压值为2.5V，接成稳压电源时其稳压值可由R31和R30的比值预先设定，这里实际输出电压为35V（空载），Q11的加入是为了扩大稳定电流，VD11是为了提高Q11的集电极－发射极间工作电压，扩大动态工作范围。

（5）自检启动（P.G）信号产生电路　一般微机对P.G信号的要求是：在各组直流稳压电源输出稳定后，再延迟100～500ms产生+5V高电平，作为微机控制器的“自检启动控制信号”。本机P.G信号产生电路由Q21、IC5及其外围元件构成。当IC1得电工作后，3脚输出高电平，使Q21截止，在Vref经过R104对C60充电延时后，发射极电压可稳定在3.6V，此电压加到比较器IC5同相端，高于反相端参考电压（由Vref在R105和R106上的分压决定，为1.85V），因此比较器输出高电平+5V，通知微机自检启动成功，电源已准备好。

（6）软开/关机（PS-ON）电路　微机通过改变PS-ON端的输入电平来启动和关闭整个电源。当PS-ON端悬空或微机向其送高电平（待机状态）时，电源关闭无输出；送低电平时，电源启动，各输出端正常输出直流稳压电源，PS-ON电路由IC10、Q7、Q20等元件构成，当PS-ON端开路软开关接通（微机向PS-ON端送入+5V高电平）时，接成比较器使用的IC10（TIA31）因内部基准稳压源的作用，输入端R电压为2.5V，输出端K电压为低电平，Q7饱和，集电极为高电平，通过R80、D25、D40将IC1的4脚上拉到高电平，IC1无脉冲输出，与此同时，因Q7饱和，Q20电饱和，使得Q5基极（保护电路控制输入端）对地短路，禁止保护信号输入，保护电路不工作。当将PS-ON端对地短路或软开机（微机向PS-ON端送低电平）时，IC10的R极电压低于2.5V，K极输出高电平，Q7截止，VD25、VD40不起作用，IC1的4脚电压由R90和R40的分压决定，为0.15V，IC1开始输出调宽脉冲，电源启动。此时Q20处于截止状态，将Q5基极释放，允许任何保护信号进入保护控制电路。

（7）自动保护电路　此电源设有较完善的T1一次绕组过流、短路保护电路，二次绕组+3.3V、+5V输出过压保护，−5V、−12V输出欠保护电路，所有保护信号都从Q5基极接入，电源正常工作时，此点电位为0V，保护控制管Q5、Q6均截止。若有任何原因使此点电位上升，因VD23、R44的正反馈作用，将使Q5、Q6很快饱和导通，通过VD24将IC1的4脚上拉到高电平，使IC1无脉冲输出，电源停止工作，

从而保护各器件免遭损坏。

2. 检修方法

在没有开盖前可进行如下检查：首先接通220V市电，检查+5VSB（紫）端电压，若有+5V可确认+300V整流滤波电路及辅助电源工作正常；其次，将PS-ON（绿）端对COM（黑）端短路，查各直流稳压输出端电压，只要有一组电压正常或风扇正常运转，可确认电源主体部分工作正常，故障仅在无输出的整流滤波电路。此时若测得P. G（灰）端为+5V也可确认P. G电路正常。上述检查若有不正常的地方，需做进一步检查。下面按照电源各部分工作顺序，给出一些主要测试点电压值。检查时可对照原理图按表6-5、表6-6顺序测试，若发现某一处不正常，可暂停往下检查，对不正常之处稍加分析，即可判断问题所在，待问题解决后方可继续往下检查。检查位置中的a、b、c……各点，均在电路中标明，请对照查找。

表 6-5 PS-ON 开路时的检查顺序

检查位置	a	b	c	d	e	f	g
电压值	300V	300V	−12.5V	15～26V	5V	＞3V	＞3V
主要可疑元件	BD1～BD4	R72	T3，Q15，R74，C44	R76，BD56	IC1	VD25，VD40，Q7，IC10	R61，R62

表 6-6 PS-ON 对地短路后的检查顺序

检查位置	A	B	C	D	E	F	G
电压值	＜0.2V	0.15V	2.2V	149.5V	150V	−0.5V	3.3V
主要可疑元件	Q5及保护取样	Q6	IC1，C30，R41	Q1，Q2，R2，R3	Q1，Q2，R2，R3	Q1，Q2，R2，R3	IC4，Q11，R30，R31

3. ATX 电源辅助电路

ATX开关电源中，辅助电源电路是维系微机、ATX电源能否正常工作的关键。其一，辅助电源向微机主板电源监控电路输出+5VSB待机电压，其二，向ATX电源内部脉宽调制芯片和推动变压器一次绕组提供+22V左右直流工作电压。只要ATX开关电源接入市电，无论是否启动微机，其他电路可以有待机休闲和受控启动两种控制方式的轮换，而辅助电源电路即处在高频、高压的自激振荡或受控振荡的工作状态，部分电路自身缺乏完善的稳压调控和过流保护，使其成为ATX电源中故障率最高的部分。

银河银星-280B ATX电源辅助电路（图6-30）：整流后的300V直流电压，经限流电阻R72、启动电阻R76、T3推动变压器一次绕组L1分别加至Q15振荡管b、c极，Q15导通。反馈绕组产生感应电势，经正反馈回路C44、R74加至Q15基极，加速Q15导通。T3二次绕组感应电势上负下正，整流管BD5、BD6截止。随着C44充电电压的上升，注入Q15的基极电流越来越少，Q15退出饱和而进入放大状态，L1绕组的振荡电流减小，因电感线圈中的电流不能跃变，L1绕组感应电势反相，L2绕组的反相感应电势经R70、C41、D41回路对C41充电，C41正极接地，负极负电位，使ZD3、VD30导通，Q15基极被很快拉至负电位，Q15截止。T3二次绕组L3、L4感应电势上正下负，BD5、BD6整流二极管输出直流电源，其中+5VSB是主机唤醒ATX电源量控启动的工作电压，若此电压异常，当使用键盘、鼠标、网络远程方式开机或按机箱板启动按钮时，ATX电源受控启动输出多路直流稳压电源。截止时，C44电压经R74、L2绕组放电，随着C44放电电压的下降，Q15基极电位回升，一旦大于0.7V，Q15再次导通。导通时，C41经R70放电，若C41放电回路时间常数远大于Q15的振荡周期时，最终在Q15基极形成正向导通0.7V，反向截止负偏压的电路，减小Q15关断损耗，VD30、ZD3构成基极负偏压截止电路。R77、C42为阻容吸收回路，抑制吸收Q15截止时集电极产生的尖峰谐振脉冲。此辅助电源无任何受控调整稳压保护电路，常见故障是R72、R76阻值变大或开路，Q15、ZD3、VD30、VD41击穿短路，并伴随交流输入整流滤波电路中的整流管击穿，交流熔丝炸裂现象。隐蔽故障是C41因靠近Q1散热片，受热烘烤而容量下降，导致二次绕组BD6整流输出电压在ATX电源接入市电瞬间急剧上升，高达80V，通电瞬间常烧坏DBL494脉宽调制芯片。这种故障相当隐蔽，业余检修一般不易察觉，导致相当一部分送修的银河ATX开关电源没有能找到故障根源，从而又烧坏新换的元件。

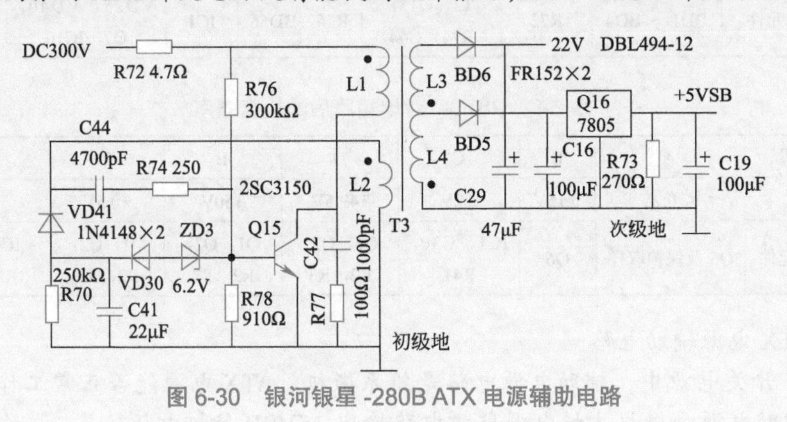

图6-30　银河银星-280B ATX电源辅助电路

第七章 从制作中学习编程技术

单片机与数字集成电路相比掌握起来不太容易，问题在于单片机具有智能化功能，不光要学习其硬件还要学习其软件，而软件设计需有一定的创造性。这虽然给学习它的人带来一定难度，但这也正是它的迷人之处。初学者通过自学在短暂的时间内掌握单片机技术是做得到的，如果再经过反复实践将自己培养成单片机开发应用工程师也是完全可能的。本章节简要地讲解几款单片机制作，使读者简单了解一下单片机，提高电子制作兴趣。要学好单片机编程技术，还要阅读专业汇编语言（实际应用中处理信号程序时汇编语言速度和稳定性好）或C语言书籍，以快速提高自己的知识水平。

例128　单片机制作的密码控制器——认识汇编语言

1.硬件电路

电子密码锁一般由电路和机械两部分组成，图7-1所示的电子密码锁可以完成密码的修改、设定及非法入侵报警、驱动外围电路等功能。从硬件上看，它由以下几部分组成，分别是：LED显示器，显示亮度均匀，显示管各段不随显示数据的变化而变化，且价格低廉，它用于显示键盘输入的相应信息；无须再加外部EPROM存储器，且外围扩展器件较少的AT89C1051/2051单片机是整个电路的核心部分；振荡电路为CPU产生赖以工作的时序；显示灯是通过CPU输出的一个高电平，通过三极管放大，驱动继电器吸合，使外加电压与发光二极管导通，从而使发光二极管发光，电机工作。现在来进行修改密码操作。修改密码实质就是输入的新密码去取代原来的旧密码。密码的存储：存储一位密码后地址加1，密码位数减1，当八个地址均存入一位密码，即密码位数减为零时，密码输入完毕，此时按下确认键，新密码产生，跳出子程序。为防止非管理员任意修改密码，必须输入正确密码后，按修改密码键，才能重新设置密码。密码输入值的比较主要有两部分，密码位数与内容任何一个条件不满足，都将会产生出错信息。当连续三次输入密码出错时，就会出现报警信息，LED显示出错信息，蜂鸣器鸣叫，提醒人注意。

在电路中，P1口连接8个密码按键AN1～AN8，开锁脉冲由P3.5输出，报警和提示音由P3.7输出。BL是用于报警与声音提示的喇叭，发光管VD1用于报警和提示，L是电磁锁的电磁线圈。

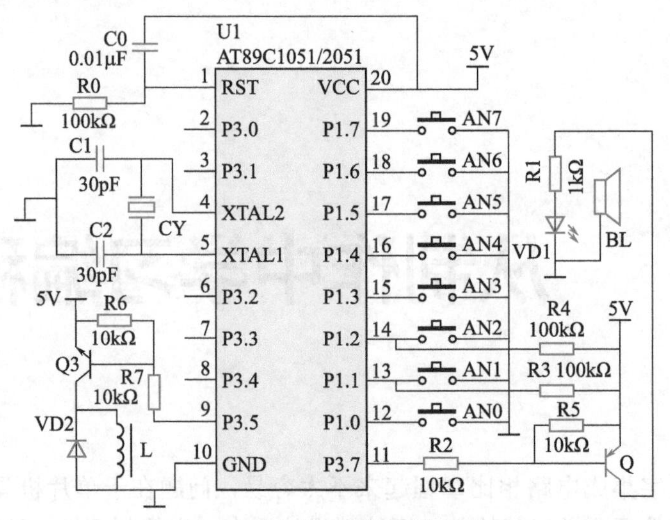

图 7-1 电子密码锁硬件电路

2.软件设计

图 7-2 给出了该单片机密码锁电路的软件流程图。

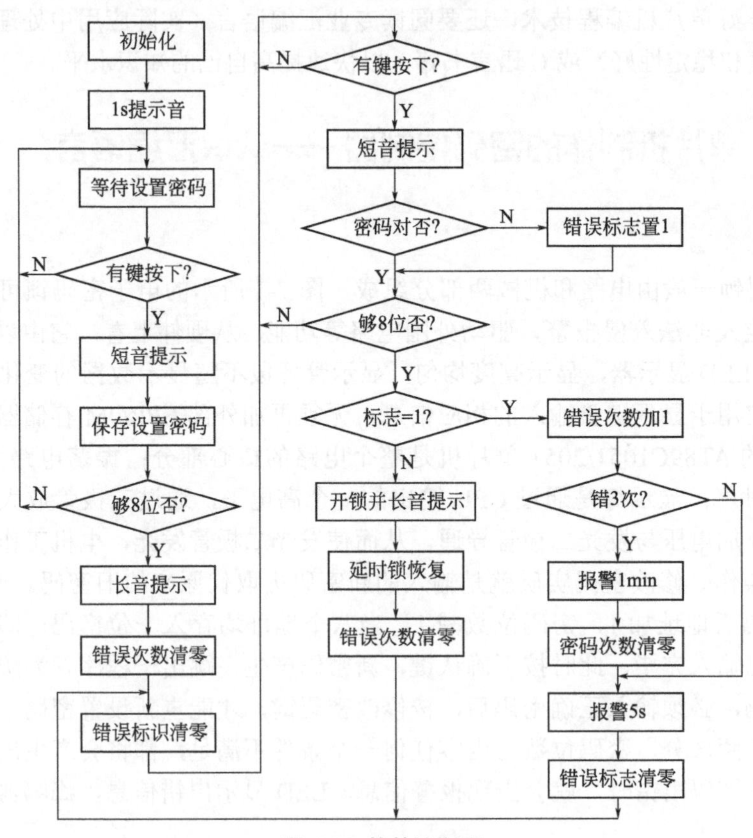

图 7-2 软件流程图

3.存储单元的分配

该密码锁中 RAM 存储单元的分配方案如下：

31H ～ 38H：依次存放 8 位设定的密码，首位密码存放在 31H 单元；

R0：指向密码地址；

R2：已经键入密码的位数；

R3：存放允许的错码次数 3 与实际错码次数的差值；

R4 至 R7：延时用；

00H：错码标志位。

对于 ROM 存储单元的分配，由于程序比较短，而且占用的存储空间比较少，因此，在无特殊要求时，可以从 0030H 单元（其他地址也可以）开始存放主程序。

4.汇编语言编程程序

```
ORG  0000H
AJMP  START
ORG  0030H
START：ACALL BP
MOV：R0, #31H
MOV：R2, #8
SET：MOV：P1, #0FFH
MOV：A, P1
CJNE：A, #0FFH, L8
AJMP SET
L8：ACALL DELAY
CJNE A, #0FFH, SAVE
AJMP SET
SAVE：ACALL BP
MOV @R0, A
INC R0
DJNZ R2, SET
MOV R5, #16
D2S：ACALL BP
DJNZ R5, D2S
MOV R0, #31H
MOV R3, #3
AA1：MOV R2, #8
AA2：MOV P1, #0FFH
MOV A, P1
CJNE A, #0FFH, L9
AJMP AA2
L9：ACALL DELAY
CJNE A, #0FFH, AA3
AJMP AA2
AA3 ACALL BP
CLR C
SUBB A, @R0
INC R0
CJNE A, #00H, AA4
AJMP AA5
AA4：SETB 00H
AA5：DJNZ R2, AA2
JB 00H, AA6
CLR P3.5
L3：MOV R5, #8
ACALL BP
DJNZ R4, L3
MOV R3, #3
SETB P3.5
AJMP AA1
AA6：DJNZ R3, AA7
MOV R5, #24
L5：MOV R4, #200
L4：ACALL BP
DJNZ R4, L4
DJNZ R5, L5
MOV R3, #3
AA7：MOV R5, #40
ACALL BP
DJNZ R5, AA7
AA8：CLR 00H
AJMP AA1
BP：CLR P3.7 MOV R7, #250
L2：MOV R6, #124
L1：DJNZ R6, L1
CPL P3.7
DJNZ R7, L2
SETB
```

```
RET                              DJNZ R7, L7
DELAY MOV R7, #20                RET
L7：MOV R6, #125                 END
L6：DJNZ R6, L6
```

例129 数字温度计制作——认识C语言编程

1.硬件电路

本电路由AT89C51构成，无须再加外部EPROM存储器，且外围扩展器件较少的AT89C51单片机是整个电路的核心部分；振荡电路为CPU产生赖以工作的时序；AT89C51 CPU直接输出，驱动数码管显示。电路原理图如图7-3所示。

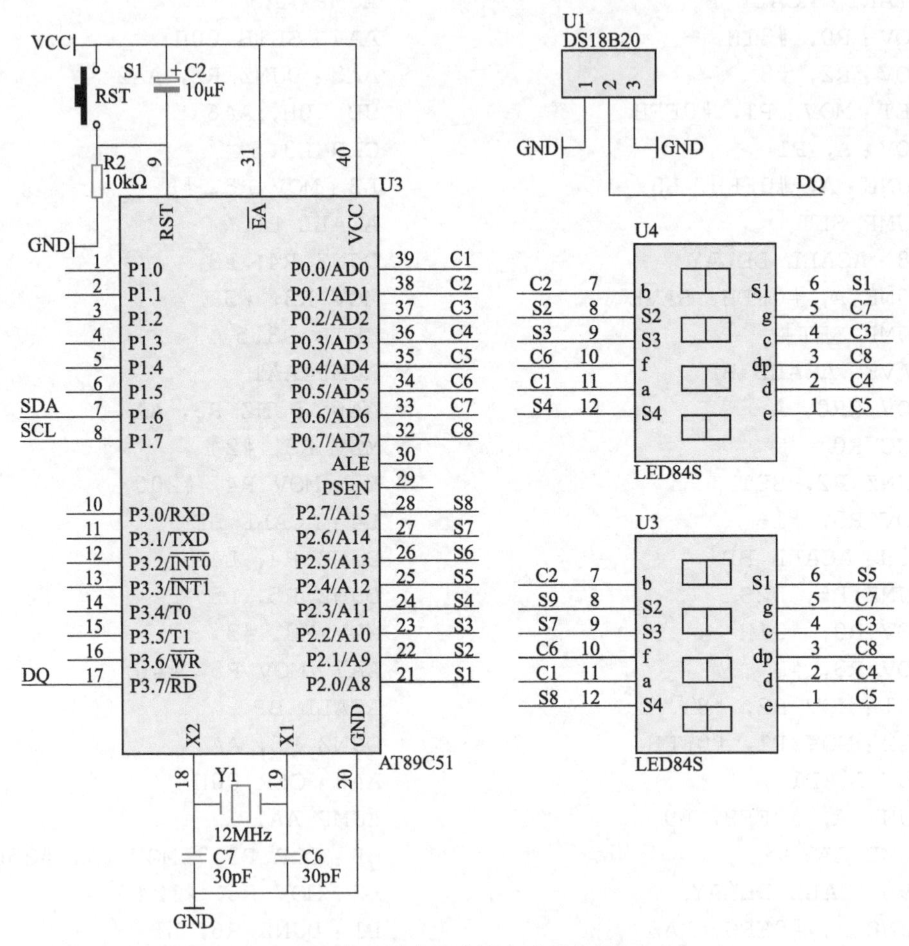

图7-3 数字温度计电路原理图

2.电路连接

①把“单片机系统”区域中的P0.0～P0.7用8芯排线连接到“动态数码显示”区域

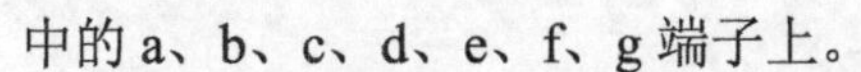

中的 a、b、c、d、e、f、g 端子上。

② 把“单片机系统”区域中的 P2.0 ～ P2.7 用 8 芯排线连接到“动态数码显示”区域中的 S1、S2、S3、S4、S5、S6、S7、S8 端子上。

③ 把 DS18B20 芯片插入“四路单总线”区域中的任一个插座中，注意电源与地信号不要接反。

④ 把“四路单总线”区域中的对应的 DQ 端子连接到“单片机系统”区域中的 P3.7/$\overline{RD}$ 端子上。

3. C语言编程

```
C 语言源程序
#include <AT89X52.H>
#include <INTRINS.H>

unsigned char code displaybit [ ]={0xfe, 0xfd, 0xfb, 0xf7,
0xef, 0xdf, 0xbf, 0x7f};
unsigned char code displaybit [ ]={0x3f, 0x06, 0x5b, 0x4f,
0x66, 0x6d, 0x7d, 0x07,
0x7f, 0x6f, 0x77, 0x7c,
0x39, 0x5e, 0x79, 0x71, 0x00, 0x40};
unsigned char code dotcode [32]={0, 3, 6, 9, 12, 16, 19, 22,
25, 28, 31, 34, 38, 41, 44, 48,
50, 53, 56, 59, 63, 66, 69, 72,
75, 78, 81, 84, 88, 91, 94, 97};
unsigned char displaycount;
unsigned char displaybuf [8]={16, 16, 16, 16, 16, 16, 16, 16};
unsigned char timecount;
unsigned char readdata [8];
sbit DQ=P3^7;
bit sflag;

bit resetpulse (void)
{
unsigned char i;

DQ=0;
for (i=255; i>0; i--);
DQ=1;
for (i=60; i>0; i--);
return (DQ);
for (i=200; i>0; i--);
}

void writecommandtods18b20 (unsigned char command)
```

```
{
unsigned char i;
unsigned char j;

for (i=0; i<8; i++)
{
if ((command & 0x01) ==0)
{
DQ=0;
for (j=35; j>0; j--);
DQ=1;
}
else
{
DQ=0;
for (j=2; j>0; j--);
DQ=1;
for (j=33; j>0; j--);
}
command=_cror_ (command, 1);
}
}

unsigned char readdatafromds18b20 (void)
{
unsigned char i;
unsigned char j;
unsigned char temp;

temp=0;
for (i=0; i<8; i++)
{
temp=_cror_ (temp, 1);
DQ=0;
_nop_ ();
_nop_ ();
DQ=1;
for (j=10; j>0; j--);
if (DQ=1)
{
temp=temp | 0x80;
}
else
{
temp=temp | 0x00;
```

```
}
for (j=200；j＞0；j--);
}
return (temp);
}

vold main (void)
{
TMOD=0x01；

THO= (65536-4000) /256；
TLO= (65536-4000) %256；
ETO=1；
EA=1；

while (resetpulse ());
writecommandtods18b20 (0xcc);
writecommandtods18b20 (0x44);
TRO=1；
while (1)
{
；
}
}

void t0 (void) interrupt 1 using 0
{
unsigned char x；
unsigned int result；

THO= (65536-4000) /256；
TLO= (65536-4000) %256；
if (displaycount==2)
{
P0=displaycode [displaybuf [displaycount] ] | 0x80
}
else
{
P0=displaycode [displaybuf [displaycount] ]；
}
P2=displaycode [displaycount]；
displaycount++；
if (displaycount==8)
{
displaycount=0；
}
```

```
timecount++;
if (timecount==150)
{
timecount=0;
while (resetpulse () );
writecommandtods18b20 (0xcc);
writecommandtods18b20 (0xbe);
readdata[0]=readdatafromds18b20 ();
readdata[1]=readdatafromds18b20 ();
for (x=0; x<8; x++)
{
displaybuf [x]=16;
}
sflag=0
if ((readdata[1]& 0xf8) !=0x00)
{
sflag=1;
readdata[1]=~ readdata[1];
readdata[0]=~ readdata[0];
result=readdata[0]+1;
readdata[0]=result;
if (result>255)
{
readdata[1]++;
}
}
readdata[1]=readdata[1]<<4;
readdata[1]=readdata[1] & 0x70;
x=readdata[0];
x=x>>4;
x=x & 0x0f;
readdata[1]=readdata[1] | x;
x=2;
result=readdata[1];
while (result/10)
{
displaybuf[x]=result%10;
result=result/10;
x++;
}
displaybuf [x]=result;
if (sflag==1)
{
displaybuf [x+1]=17;
}
```

```
x=readdata [0] & 0x0f；
x=x <<1；
displaybuf [0]= (dotcode [x]) %10；
displaybuf [1]= (dotcode [x]) /10；
while (resetpulse ());
writecommandtods18b20 (0xcc);
writecommandtods18b20 (0x44);
}
}
```

例130　智能避障车制作——认识机电一体化技术

单片机智能循迹避障车的制作

1.功能

① 前方位红外循迹模块实现智能寻迹功能（可走黑线或白线）。

② 前方左右两对红外反射探头实现智能防撞（避障）功能和机器人走迷宫，板载避障处理芯片，使得避障距离更远。

③ 前方左右两对红外反射探头实现智能机器人走迷宫实验。

④ 前方左右两对红外反射探头实现智能机器人物体跟踪功能。

⑤ 将红外接收二极管改为光敏为机器人增加了白天黑夜识别功能，也可以作为寻光机器人使用（寻光和红外避障不同时使用）。

⑥ 板载串口在线程序下载接口，串口通信与电脑软件的结合，给予电脑控制机器人的方法，串口库的开放实现自由电脑编程控制，笔记本电脑也可以使用。

⑦ 按键中断与查询的加入也成为控制小车的又一方法。

⑧ 电机驱动芯片为电机控制提供了最优的方法，让软件编写变得简单可行，增加了 PWM 调速功能，让机器人按照编程随时改变运行速度。

⑨ 本机最大特点，完全实现 ISP（IAP）在线编程，让用户不用再为购买编程器而担心，完全不需要编程器。

⑩ 完全支持 C 语言与汇编语言开发与在线调试。

提示

由于源程序太大，限于篇幅，本书中不在列写源程序，在购买套件时芯片中都以烧录好程序，一般还配有配套软件及相关资料，可自行下载应用。

2.机器人寻光

主要是通过主板左右两个光敏传感器感应光照，当右边光敏传感器检测到光照而左边没有检测到时，小车则向右转弯，当两个光敏传感器同时检测到光照时，小车则前进，当光照源移动时，若左边光敏传感器检测到光照，右边没有检测到，则小车左转，当左右两个传感器同时检测到光照，则小车前进，周而复始。智能机器人电路如图 7-4 所示。

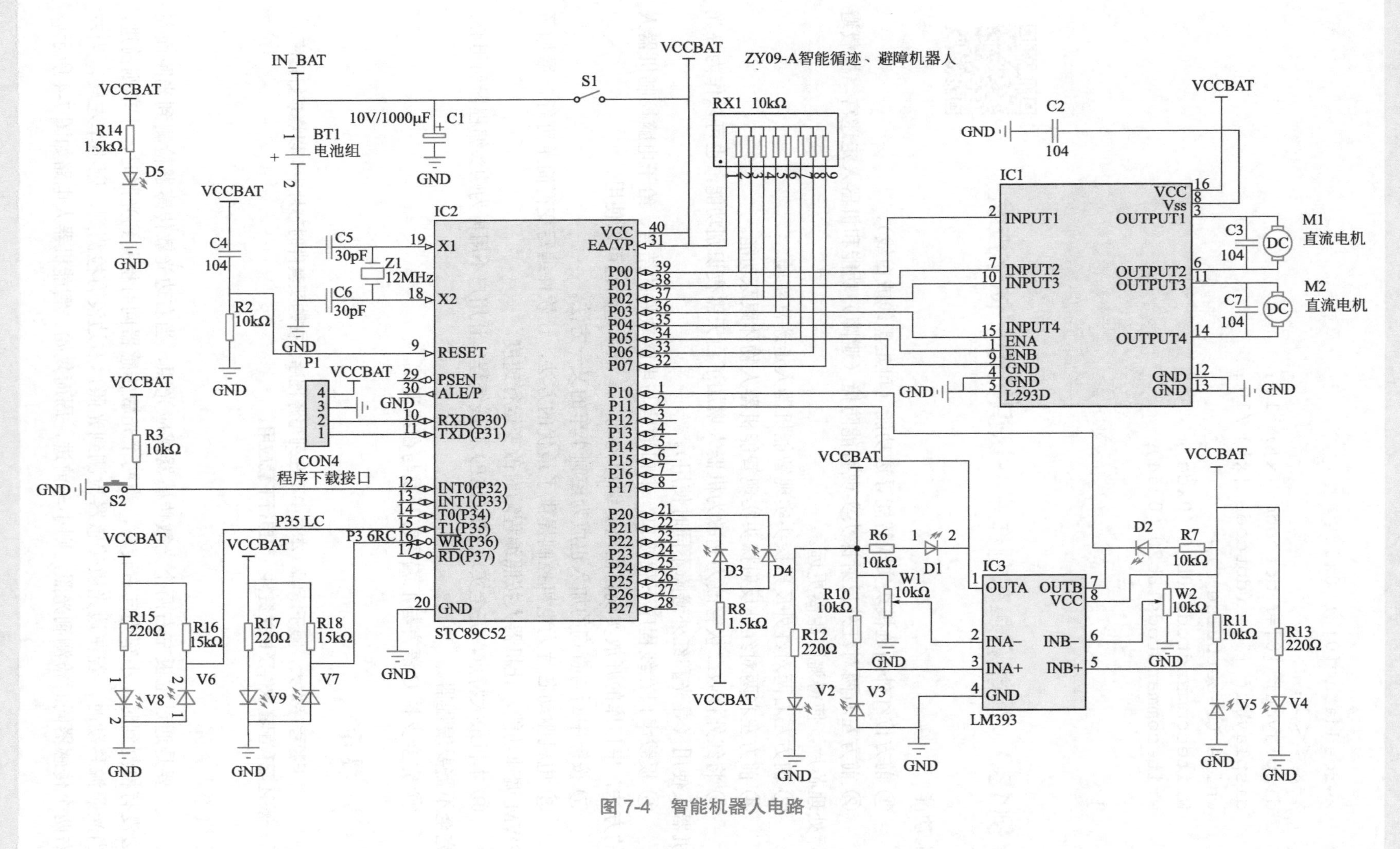
ZY09-A智能循迹、避障机器人
VCCBAT
GND
IN_BAT
S1
C1
10V/1000μF
BT1
电池组
RX1 10kΩ
R14
1.5kΩ
D5
C4
104
R2
10kΩ
P1
CON4
程序下载接口
R3
10kΩ
S2
C5
30pF
C6
30pF
Z1
12MHz
IC2
STC89C52
X1
X2
RESET
PSEN
ALE/P
RXD(P30)
TXD(P31)
INT0(P32)
INT1(P33)
T0(P34)
T1(P35)
WR(P36)
RD(P37)
VCC
EA/VP
P35 LC
P3 6RC
R15
220Ω
R16
15kΩ
R17
220Ω
R18
15kΩ
V6
V7
V8
V9
D3
D4
R8
1.5kΩ
IC1
L293D
INPUT1
INPUT2
INPUT3
INPUT4
ENA
ENB
Vss
OUTPUT1
OUTPUT2
OUTPUT3
OUTPUT4
C2
C3
C7
M1
直流电机
M2
直流电机
DC
IC3
LM393
OUTA
OUTB
INA−
INA+
INB−
INB+
R6
10kΩ
D1
W1
10kΩ
R10
10kΩ
R12
220Ω
V2
V3
D2
R7
10kΩ
W2
10kΩ
R11
10kΩ
R13
220Ω
V4
V5

图 7-4　智能机器人电路

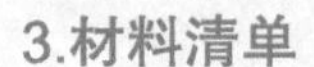

3.材料清单

材料清单如表 7-1 所示。

材料清单

表 7-1　ZTHHB09-C 智能循迹、避障机器人材料清单

一、主控制板元器件清单					二、结构底板（传感器板子）元器件清单				
序号	名称	规格	位号	用量	序号	名称	规格	位号	用量
1	瓷片电容	104	C2，C3，C4，C7	4	1	电解电容	10V/1000μF	C1	1
2	瓷片电容	30pF	C5，C6	2	2	3MM LED	F3 绿色 LED	D1，D2	2
3	3MM LED	F3 绿色 LED	D3，D5	2	3	红外接收管	F3 红外接收管	V3，V5，V7，V6	4
4	3MM LED	F3 绿色 LED	D4	1	4	红外发射管	F3 红外接收管	V2，V4，V9，V8	4
5	驱动芯片	L293D	IC1	1	5	IC	LM393	IC3	1
6	IC 座	16 脚 IC 座子		1	6	IC 座	DIP8		1
7	单片机芯片	STC89C52	IC2	1	7	色环电阻	10kΩ	R6，R7，R10，R11	4
8	IC 座	40 脚 IC 座子		1	8	色环电阻	220Ω	R12，R13，R15，R17	4
9	排针	4P 排针	P1，P2，P3	3	9	色环电阻	15Ω	R16，R18	2
10	色环电阻	10kΩ	R2，R3	2	10	拨动开关		S1	1
11	色环电阻	1.5kΩ	R8，R14	2	11	可调电阻	10kΩ 可调电阻	W1，W2	2
12	插件排阻	10kΩ　排阻	RX1	1	12	跳线	用剪脚的电阻铁丝短路	黑色底板上面有丝印，接跳线	3
13	插件按键	6mm×6mm×5mm 按键	S2	1	13				
14	晶振	12MHz 晶振	Z1	1	14	排针	3P 排列	P5，P7	2
三、额外附件清单									
序号	名称	规格	备注	用量	序号	名称	规格	备注	用量
1	直流减速电机			2	10	M3mm×8mm 螺钉			3
2	5 号 4 节电池盒			1	11	M3mm×25mm 螺钉			4
3	2P 单头线		7cm 长	2	12	热塑管 5cm 长			1
4	轮子防滑圈			2	13	电机固定小板子			4
5	M3　螺母			7	14	黑色底板（传感器板子）			1
6	有孔轮子			2	15	主板一块			1
7	无孔轮子			2	16	电机与轮子紧锁柱（黄色轮子就用 M2.5mm×8mm 自攻螺钉）			2
8	铁棒			1	17	说明书一张			1
9	紧锁插		固定后轮	2	18	垫圈			2

4.安装详细步骤

① 按照提供的元器件清单清点器件，然后按照从小到大的顺序依次将主板和底板传感器板子焊接好，举个简单的例子：就是先焊接电阻，最后焊接 40 脚 IC 座。电子元件的安装如图 7-5 所示。

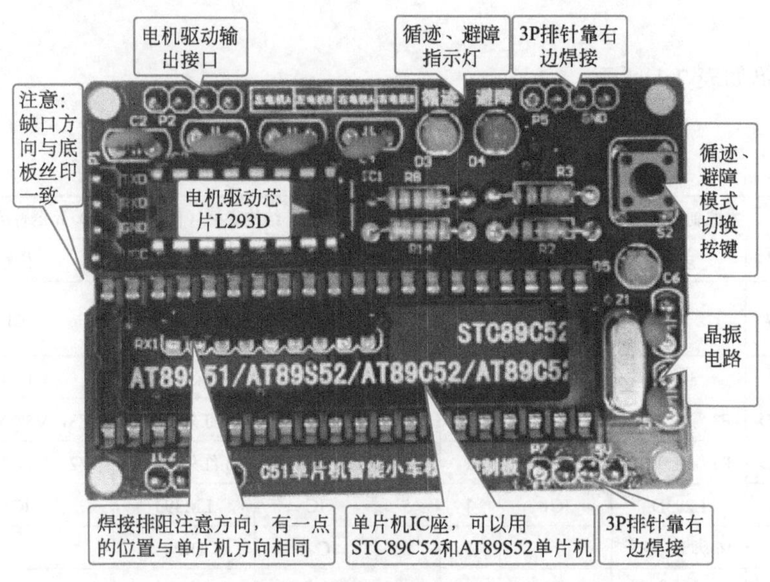

（a）先小后大焊接效果图

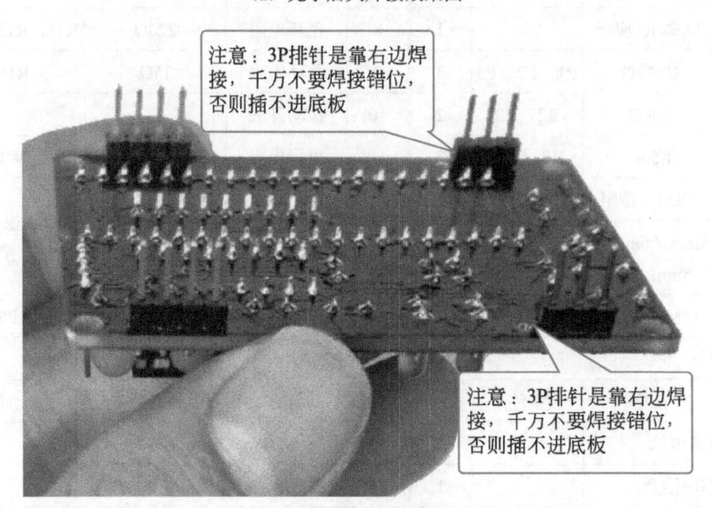

（b）主板背面焊接效果图

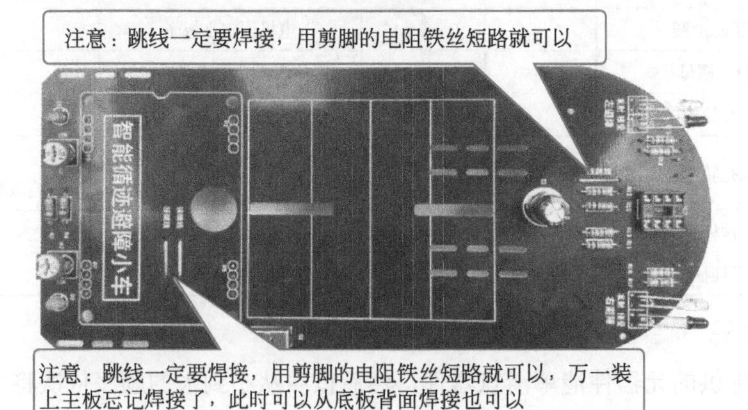

（c）黑色底板焊接效果图

图 7-5　寻迹车电子元件的安装

② 结构件的安装。首先如图 7-6 所示把 2 个尾轮安装好，并且结构固定要上锡。

图 7-6　安装后轮轮子

注意

两个轮子安装时，铁棒外头的固定圈，在保证两个轮子很自由地滑动时，尽可能地往里面移，以保证两个轮子在转动时不歪，保持平稳地走动。

③ 将两个尾轮装好以后，再将两条电机电源线按照图 7-7 所示方式从底板的正面和反面各一条装好，然后按照图 7-7 所示方式接在电机上面，注意方向，电机的上端接红色线，下端接黑色线。

在焊接底板传感器板子的时候注意红外避障传感器的方向，长脚是正极，短脚是负极，白色透明的是红外发射管，黑色是红外接收管。焊接效果如图 7-7 所示。

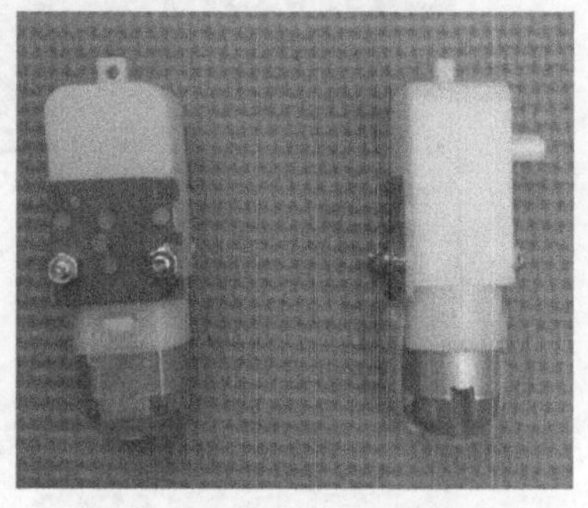

图 7-7　安装电机及焊接连接线

④ 装前轮。如图 7-8 所示，先将两个紧锁柱分插入电机里面，注意是有螺纹的一头插入电机的滚动轴里面，然后再将轮子装进去。

提示

在装轮子进去之前，先将轮子的防滑套装好。

图 7-8　安装前轮

⑤ 组装循迹传感器（如图 7-9 所示）。装配循迹传感器时注意图 7-9 的要求，严格按照图片要求组装，循迹传感器要装热塑管。组装好的寻迹车如图 7-10 所示。

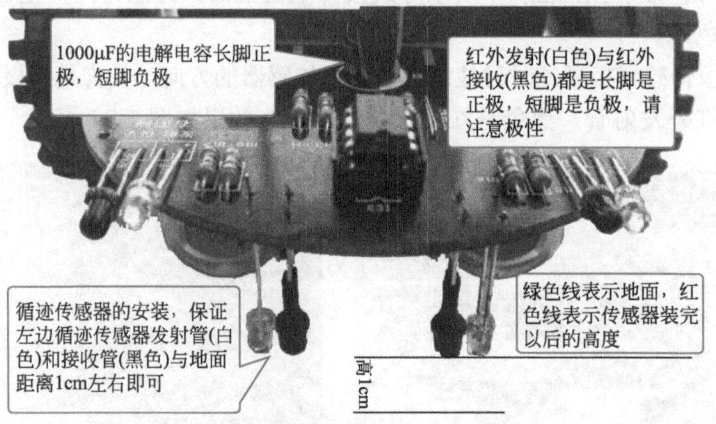

图 7-9　安装循迹传感器

图 7-10　寻迹车

5.调试

打开手电筒功能之前，首先确保在没有开手电筒功能的时候，黑色底板左侧 LED D1 和右侧 LED D2 没有亮，如果亮了就用一字形螺丝刀把对应的电位器细致调节下，直到 LED 熄灭；然后打开手机的手电筒功能，照一下左右两个光敏传感器看是否会亮，如果不亮说明之前那一步调过头，那么就要再细微调节下，直到亮为止。这样系统测试完毕，就可以正常寻光了。

6.故障检修

① 不能循迹，小车在地面上不走。通常情况下不能循迹，并且摆在地面上不走，主要是两路循迹探头没有检测到地面，所以检测一下循迹探头的发射二极管和接收二极管有没有焊接好，高度是不是离地面 1cm 左右。然后就是发射和接收二极管尽量靠近一点，如果还是不行，就要检查红外发射二极管有没有红外光发出，打开手机拍照功能对着红外发射二极管，看有没有红外光发出。如果有红外光发出，就说明发射没有问题，然后再检查红外接收有没有焊接反。

② 摆在地面上面转圈。碰到这个问题，主要的原因是其中一路循迹探头没有检测到地面，也就是说地面没有反射信号给单片机，此时要检查一下那个没有检测到地面的循迹探头是不是红外发射二极管有红外光发出，如果有红外光发出，再看下红外发射二极管和红外接收二极管是不是靠在一起，如果不是靠在一起，就要把发射二极管和接收二极管靠近一下。因为循迹的原理是，地面有反射能力，把红外发射的光线反射到红外接收二极管上面，黑线没有反射能力，不能将红外光线反射到红外接收头上面，所以转圈类似于另外一个循迹探头检测到黑线一样，但是实际没有黑色就是这个原因。

③ 小车在地面上可以直走，循迹的时候跑出轨道。这种情况下，主要是因为循迹探头灵敏度太强了，此时要看是从哪边跑出轨道，就把对应的那个循迹探头的发射二极管和接收二极管稍微隔开一点就差不多了。

④ 小车不能避障。检查一下避障探头的发射二极管和接收二极管是不是靠在一起，然后再检查红外发射二极管有没有红外光发出，用手机拍照功能对着发射二极管看有没有光，只要焊接没有问题，基本是一次性搞好。

参考文献

[1] 孙艳．电子测量技术实用教程．北京：国防工业出版社，2010.
[2] 张冰．电子线路．北京：中华工商联合出版社，2006.
[3] 杜虎林．用万用表检测电子元器件．沈阳：辽宁科学技术出版社，1998.
[4] 华容茂．数字电子技术与逻辑设计教程．北京：电子工业出版社，2000.
[5] 王永军．数字逻辑与数字系统．北京：电子工业出版社，2000.
[6] 祝慧芳．脉冲与数字电路．成都：电子科技大学出版社，1995.
[7] 赵学敏．新编家用电器原理与维修技术．北京：中国科学技术出版社，2000.
[8] 张伯虎，等．无线电修理技术．北京：北京大学出版社，1995.
[9] 黄签名，黄鹂．家庭厨用电器使用与维修．北京：金盾出版社，2007.
[10] 张振文．小家电故障维修笔记．北京：国防工业出版社，2010.